– 개정판 –

군사 전략론

Military Strategy

| 편저자 약력

· 1929년 포항에서 출생
· 공군사관학교 및 공군대학 졸업
· 경희대학교 대학원 사학과 졸업
· 충남대학교 명예 군사학 박사
· 공군사관학교 교수부 군사학과장
· 공군대학 교수부 제2·3처장
· 국방대학원 교수 및 교수부 제3학처장
· 한국군사사학회 창설 및 초대 회장
· 현재 : 서라벌군사연구소장
충남대학교 평화안보대학원 겸임교수

군사전략론 〈개정판〉

발행일 2009년 7월 10일 **발행인** 송용호 **편저자** 이종학
펴낸곳 충남대학교 출판부 **주소** 대전광역시 유성구 대학로 79
전화 042-821-6045 **홈페이지** cnupress.cnu.ac.kr **E-mail** cnupress@cnu.ac.kr

ISBN 978-89-7599-309-1 93390
값 : 25,000원

– 개정판 –

군사전략론

Military Strategy

군사전략에는 두 가지의 변이 있는데, 즉 이론변理論面과 실제변實際面이다. 이론변은 전략의 원칙 및 전쟁계획 작성상의 이론적 근거가 되는 것을 다루게 된다. 실제면은 공세, 수세, 선수후공先守後攻 및 전략적 규모의 군사행동의 신속한 준비 및 실행 등과 같은 특정한 구체적 문제를 다루게 된다. 이 책은 특히 군사전략의 수립에 있어서 구체적 방법, 절차 및 기준에 역점을 두고 엮었다.

이종학 편저

충남대학교출판부

머 · 리 · 말

전쟁이란 싫어하거나 좋아하거나, 그것은 국가 존망의 문제요, 국민 생사의 문제일 뿐만 아니라, 패자는 승자의 의지 앞에 굴욕적인 굴복을 당하고 만다는 것이다. 그리고 전쟁은 상호의 약속이나 계약에 의해 발발하는 것이 아니라, 그것을 시작하고자 하는 자의 의지에 의해 이루어지는 것이다. 지금까지 민족이나 국가처럼 단위가 커지면 그 사이에서 일어난 분쟁을 조정기관에 의해 해결된 일은 거의 없었고, 유일한 해결 수단으로 전쟁을 구사해 왔다. 그리고 전쟁은 오랫동안 인류생존의 기본요소가 되어왔고 또 인간의 천성이 갑자기 변하지 않는 한, 그 전쟁 양상을 달리하면서 계속 존속한다는 것이다. 이것이 바로 우리가 왜 전쟁의 문제를 진지하게 연구하여, 이에 대처해야 하는가 하는 이유이다.

국방을 튼튼히 해야 한다고 하면, 먼저 군사력, 즉 무기와 장비 및 병력의 증강 등을 생각해야 된다. 그러나 이것으로 끝나는 것은 아니다. 이러한 군사력을 어떻게 효과적으로 운용하여 정치목적을 달성하는가 하는 문제는 대단히 중요하고 또 이것이 군사전략의 분야에 속한다. 전자前者는 자원의 문제요, 후자는 두뇌와 의지意志의 문제이며, 왕왕 약자로 평가되는 측이 강자를 패배시키는 것은 바로 후자에서 비롯되는 것이다. 우리들은 그동안 한국전쟁과 월남전쟁을 통하여 많은 실전實戰경험을 쌓았다. 그러나 우리들은 '전투'는 했어도, '전쟁'을 하지 않았다는 것을 결코 잊어서는 안 된다.

군사전략에는 두 가지의 면이 있는데, 즉 이론면理論面과 실제면實際面이다. 이론면은 전략의 원칙 및 전쟁계획 작성상의 이론적 근거가 되는 것을 다루게 된다. 실제면은 공세, 수세, 선수후공先守後攻 및 전략적 규모의 군사행동의 신속한 준비 및 실행 등과 같은 특정한 구체적 문제를 다루게 된다. 이 책은 특히 군사전략의 수립에 있어서 구체적 방법, 절차 및 기준에 역점을 두고 엮었다.

1982년 여름 미국의 워싱턴에서 국제군사사학회國際軍事史學會의 회의가 개최되었으며, 거기에 참석할 기회가 있었다. 편저자에게 있어서 국제회의에 참석하는 것도 중요했지만, 더 관심이 있었던 문제는 이 기회를 이용하여 미국의 국방대학원과 육군전쟁대학원을 방문하여 군사전략의 실제면에 대한 교육 내용을 아는 데 있었다. 한 가지 놀라운 사실은 두 학교에서 『손자병법』과 클라우제비츠의 『전쟁론』을 중점적으로 학생들에게 연구시키고 있다는 점이었다. 왜냐하면, 미국은 제2차 대전 후, 핵전략 일변도로 흐르는 경향이 있었기 때문이다. 가장 큰 수확은 그 해 양 학교에서 발간한 군사전략의 교재를 획득할 수 있었다는 것이다. 그래서 그 책 가운데 우리 실정에 필요한 것을 골라서 이 책을 엮었다는 것을 밝혀둔다.

그리고, 한국의 지정학적 위치와 수도 서울의 방위종심防衛縱深이 얕다는 사실을 바탕으로 하지 않은 외교·군사정책, 안보·국방 논의國防論議 및 군사전략·전술 등은 우리들에게 도움을 주지 않을 뿐만 아니라 오히려 해로운 것이 되리라.

이 책을 박영사에서 출판하게 된 것을 기쁘게 생각하며, 협조하여 준 최병갑, 정준호 양 교수께 감사를 드린다. 특히 출판을 쾌히 승낙해 준 안종만 사장과 출판에 협조해 준 사원 여러분께 감사의 뜻을 전하는 바이다.

1987. 2.

편저자 이종학

- 고양군 덕은리에서 -

개·정·판·을·내·면·서

이 책을 발간한 지 벌써 20여년의 세월이 흘러갔고, 세계의 군사정세는 많이 변했다. 그러나 한반도의 남·북한 군사적 대결은 변화 없이 지속되어 왔고 또 지속되고 있다. 따라서 군사적 대결에 대한 대비책에는 조금도 소홀함이 없어야 하겠다.

그리고 군사고전인 『손자병법』(기원전 513?)은 우리들이 취해야 할 전략태세에 대해 다음과 같이 밝혀 두었다.

- 백번 싸워 백번 승리하는 것이 결코 훌륭한 전략이 아니고, 싸우지 않고 적을 굴복시키는 것이 최상의 전략이다.
- 용병의 원칙은 적이 오지 않으리라고 믿어서는 안 되며, 언제와도 대적할 수 있는 자신의 대비태세를 믿어야 하며, 적이 공격하지 않으리라는 것을 믿을 것이 아니라, 공격해 오지 못하도록 하는 방비태세를 믿어야 한다.

그래서 편저자는 지난 반세기에 걸친 체험과 연구를 통해, "**평화를 바란다면, 전쟁을 이해하고 이에 대비하라**"고 주장하는 것이다.

1950년 7월, 6·25전쟁의 어려운 시기에 이승만 대통령은 전쟁수행의 효율화를 위해 당시 유엔군 총사령관 맥아더 원수에게 한국군의 '작전 지휘권'을 이양했다. 이로 인해 그 후 한국군은 군사전략의 수립절차와 방법의 연구를 소홀히 생각하게 만든 계기가 되었다는 것은 숨길 수 없는 사실이리라. 그래서 편저자는 그동안 이 문제 대해 그 중요성을 강조해 왔으며, 또 2012년 4월 17일이면 60여년 만에 '전시작전통제권'이 한국군에게 돌아오게 된다.

이런 시점에서 군사전략을 연구하고자 하는 군 간부들을 위해 개정판을 발간하게 되었는데, 우선 한자漢字를 한글화했고 또 일부 내용을 보완·수정 및 삭제했음을 밝혀둔다. 그리고 이 책의 초판에 대한 최병갑 교수의 서평은 내용이 간결하고 충실했기에 필자의 승인을 얻어 부록으로 첨가해 두었으니, 독자들은 참고하기 바란다.

'군사학 총서'의 발간을 쾌히 승인해 주셨을 뿐만 아니라, 적극적으로 지원해 주시겠다고 하신 충남대학교 송용호 총장님, 출판부장 이형권 교수의 협조로 개정판을 발간하게 되었음에 깊은 감사의 말씀을 드린다. 그리고 특히 최정화 연구위원에게 감사드리고, 또한 출판부의 직원들에게도 심심한 사의를 표한다.

끝으로, 우리나라의 군사학 발전을 위해 '군사학 총서'의 역할은 앞으로 대단히 중요하리라 생각하며, 독자들의 아낌없는 지도편달이 있기를 바란다.(e-mail : leechoy@paran.com)

2009년 5월

편저자 이종학

-경주, 풍석재에서-

Military Strategy

군사전략론

C·O·N·T·E·N·T·S

Military Strategy 군사전략론

제1편 군사전략의 기초

Ⅰ. 위협평가의 문제

－정보의 결핍은 눈을 가린 채 링 안에 서 있는 것이다.－

데이비드 슈프

국가 안보상의 제반 이익, 목표 및 정책은 단지 대내외적인 여러 위협과 관련하여 볼 때에만 의미가 있는 것이다. 무엇이 다루어져야 하며, 무엇이 이루어질 수 있고, 또 어떻게 착수해야 할 것인가에 대해서는, 흔히 적대자 측의 성격이 이를 제시해 주는 경우가 적지 않다.

1 위협의 인식

위협의 기본은 군사적인 것이다. 그것은 확인하기가 가장 쉬우며, 따라서 어떤 모양으로든 맞부딪치기에 가장 쉬운 것이다. 왜냐하면, 그것은 직접적이고 공개적이며 모든 당사국들을 아주 익숙한 장소에다 몰아넣기 때문이다. 그러나 묵인과 강제의 간접적 형태는 효과가 동일하기 때문에 이에 대처한다는 것은 더욱 더 어려운 것이다. 기만술欺瞞術은 '트로이의 말馬'의 시절 이전에 이미 나타나 있다. 구약성서에는 20세기 파시스트의 침투와 공산주의 음모를 연상케 하는 전복의 기록들이 들어있다. 국가의 이익과 영향력은 무력武力에 못지않게 정치전政治戰, 경제전經濟戰 및 심리전心理戰에 의하여 예외 없이 위협받을 수 있는 것이다.

1941년 스탈린은 자기의 옛 나치 동맹국들이 갑자기 서부 러시아를 침공하기 시작했을 때 발견한 바와 같이, 단순히 즉각적인 경계의 대상을 확인하는 것만으로도 가장 빈틈 없는 정보업무에 커다란 타격을 줄 수도 있는 것이다. 스페인 공화당원들은 전복이 사실상으로 가장 큰 위험이었던 당시에 유명한 '제5열' 형태의 군사위협에 대처할 태세를 갖춘 바 있다.

게다가 담당자들의 역할은 변한다. 25년 전 미국과 독일은 맞대결하는 상대였는데, 오늘날은 훌륭한 우방으로 되어 있다. 특히 현실적이든 가상적이든 간에 단 하나의 적을 가지고 있는 나라는 운이 좋은 것이다. 위협이 근절되기 어려운 것일 때에는 전략가들은 우선순위를 설정하여야 하며, 그리고 나서 가장 큰 위험에 집중하지 않으면 안 된다.

2 능력 · 의도 · 취약점

위협평가의 과정에서는 세 가지의 기본적인 고려사항으로 구분해서 보게 된다.

(1) 능력 : 적이 무엇을 할 수 있는가?

(2) 의도 : 적이 무엇을 할 것인가?

(3) 취약점 : 적의 두드러진 약점은 무엇인가?

의도와는 대립되는 전략적 능력은 전·평시를 막론하고 어떤 주어진 국가가 자신의 목적을 만족시키거나 타국의 목표를 특정한 시기 및 장소에 좌절시킬 수 있는 능력을 구성하는 것이다. 그와 같은 능력을 국가로 하여금 그의 사회 경제적 구조를 부당하게 손상시키거나 자국自國의 핵심적인 이익에 위협을 주지 않도록 하면서 바람직한 행동 노선을 수행해 나갈 수 있도록 해 준다.

능력이란 국력—정치적, 군사적, 경제적, 사회적, 과학적, 기술적, 심리적, 도덕적 그리고 지리적인 것들—과 이를 효과적으로 응용할 수단이 혼합된 채로의 총합을 의미하는 것이다.

능력은 비교적 안정적이며 거의 급속한 변화에 좌우되지는 않는다. 그것은 수량화數量化되고 비교될 수 있으며, 또한 객관적으로 분석될 수 있는 것들이다. 따라서 기획하는 데 상당히 확고한 토대를 마련하여 준다. 그러나 한 가지 주의할 점이 있다. 그것은 디엔 비엔 푸에서의 프랑스의 참상과 같은 외형적인 패배들, 쿠데타를 포함한 정치적 대변동 등은 유효한 지도력, 사기士氣 또는 그 밖에 이와 동등한 요소들을 변경시킴으로써 여러 능력은 급변할 원인이 될 수 있다.

의도는 특정 계획을 하고자 하는 한 국가의 결의를 뜻한다. 이것은 주관적인 마음의 상태이고 은폐되기 쉬우며, 갑작스런 변동에 예민하므로 일반적으로 능력의 경우보다 파악해 내기가 어렵다. 의도는 제반 이익, 목표, 정책, 원칙 및 공약들로 형성되는데 이들 여러 요소 중 일부는 결코 표출된 바도 없고 또 앞으로도 없을 것이다. 결과적으로 의도는 다루기가 아주 미묘한 것이다. 특히 군부 인사들은 이들을 제쳐 놓기를 좋아한다.

그럼에도 불구하고 있을 법한 적의 행동방안에 대한 감지는 의의意義 있는 전략의 형성에 있어서 긴요한 것이다. 적의 능력 아니면 의도에만 의존하는 것은 대단히 위험한 일이다. 영리한 전략가들은 의도의 표현이 흔히 사람들이 말하는 바를 통해서가 아니라, 이들이 행동하는 바를 통하여 가장 잘 나타난다는 점을 인식하고 있기 때문에, 앞에 말한 두 가지를 모두 고려해 넣고 있는 것이다. 취약성이란 전쟁 잠재력 혹은 전투 효과를 감소시키거나 싸우려는 의지를 저하시키는 어떤 수단이든지, 이로 인하여 이루어지는 여하한 행동에 대해서도 한 국가나 그 군사력이 느끼는 감응을 말한다. 전략가의 견지에서 볼 때 취약점은 특수한 것이어야 하며 또한 치명적인 것이어야 바람직한 것이다. 예를 들어 전략지역이 집중된 국가들은 대량 파괴무기에 의하여 즉각적으로 전멸할 위험을 안고 있다. 인구가 적은 이스라엘과 같은 국가들은 인구가 많은 적대국가들과는 장기적인 재래식 전쟁을 치를 여유가 없는 것이 보통이다. 즉, 소모전은 치명적인 지경에 급히 도달하게 된다. 내부 불안에서 야기되는 취약성은 전복을 자초하게 된다.

한 가지 분명한 것은 위협평가 과정상의 여러 단계마다 오판할 여지가 매우 크다는 점이다. 전략가들이라고 해서 반드시 적측의 능력, 의도 및 취약성에 관한 올바른 판단에 접근하리라는 보장은 없으며, 심지어는 그들이 옳다고 믿을 만한 해답조차도 찾아내리라는 보장이 없는 것이다. 여러 가지 해답 중에는 틀림없이 대략적으로만 맞아 들어가는 것들이 몇 개 있고, 또 일부는 항상 행방이 묘연한 것들도 있다. 그러므로 임무는 가용可用한 도구를 가지고 그 한계를 이해하면서 최선을 다하는 데 있는 것이다.

3 정보업무의 과정

관련된 평가의 출발점은 파악된 대로의 상황 또는 합리적으로 구성된 대로의 상황이어야 한다. 이것은 겉보기만큼 단순한 것은 아니다. 왜냐하면 상대방, 시기, 장소, 수단 및 기타 변수들에 관한 여러 가정假定이 문제를 흐리게 하기 때문이다. 더욱이 상황에 대한 적측의 견해가 사실상으로는 우리의 평가와는 다를 수 있으므로 쌍방이 전적으로 그릇된 인상을 가지고 시작할 가능성이 있는 것이다.

가. 요 청要請

정책결정자들이 확인한 것이든 아니든 정보계에서 추정한 것이든 간에 가용可用정보에 있어서 미흡한 부분이 있을 때는 어느 확인 계통에서 이들을 보완할 가능성이 가장 큰지를 자세히 검토하여 알아내어야 한다. 여기에는 올바른 의문의 제기, 즉 극소수만이 통달할 기술문제가 내포되어 있는 것이다. 이 방면의 명저인 『미국의 세계정책을 위한 전략정보』의 저자, 셔만 켄트는 훌륭한 지침의 중요성을 강조하고 있다.

"정보기구가 어째서 존재하고 또 그것이 생산해 내는 결과를 어디에 쓰게 되며, 무슨 종류의 이행履行과 관련된 어떤 종류의 행동이 기대되는지를 알지 못하면 실질적인 문제의 분석 및 적절한 체계화는 그에 비례하여 어렵게 된다."[1)]

나. 수 집蒐集

이번에는 기초적 배경 자료에서부터 주제에 걸쳐서 여러 문제의 해결을 위한 자료의 필요성이 생긴다.

입수 그대로의 첩보와 완결된 정보가 방대하게 집대성되어 있다. 사실상 그와 같은 막대한 양은 유익한 것이 못 되는 것이다. 방대하고 다양한 현행 및 상응하는 자료은행들을 유지하기란 심지어 컴퓨터를 활용해도 주도국들에게는 더욱 더 어려워지는 것이다. 더욱이 모든 우발사태를 예기豫期한다는 것은 불가능한 일이다.

그런고로 공개적·비공개적인 또는 은밀한 수집기관들은 추가 부분에 대

1) Sherman Kent, *Strategic Intelligence for American World Policy* (Princeton, N.J. : Princeton University Press, 1966), p. 164.

한 현실적인 수요에 계속적으로 부응해야 한다. 여러 의도에 관한 첩보를 누적해 나간다는 것은 특히 귀찮은 일이다. 심지어 제임스 본드의 007에서 구체화된 매혹적인 음모극 조차 그런 점에서 상당한 제한을 받고 있는데 이를 지적한 셔만 켄트는 1950년의 한국의 경우를 들어 다음과 같이 설명하고 있다.

> 가령 소련인들이 우리의 가장 중요한 정보철情報綴을 마음대로 활용할 수 있었더라면, 그들은 우리가 싸우겠다는 사실을 …표시하는 문서를 발견하였을까? 이것은 중요성에 있어서 가장 큰 문서임에 틀림없었을 것이다. 그러나 그들은 이를 결코 찾아내지는 못했으리라. 그것은 존재하지 않았기 때문이다. 싸우겠다는 결정은 트루먼 씨가 한 것인데, 그는 소련 지원하의 공격이 진행된 후에, 즉석에서 내린 결정이었다. 이처럼 타인의 의도에 관한 파악이 그의 자세한 문서를 읽음으로써 이루어지고, 또한 한 개인 자신의 정책이 사람이 발견하는 바를 기초로 하여 설정될 성질의 것이라면 정책이 거의 틀림없이 진퇴양난에 빠졌을 법한 사례事例의 하나가 여기에 있다."[2]

다. 처리과정處理過程

첩보information가 일단 수집되면 그 자료원의 신빙성뿐만 아니라, 적절성, 정확성 및 타당성에 관하여 평가되어야 한다. 이 때 그와 같은 평가의 범위는 완전히 믿을 수 있는 수준에서부터 신뢰할 가치가 없거나 알려져 있지 않은 수준에까지 도달할 수 있다. 출처는 다르나 서로 밀접한 관련이 있는 자료를 제공한 기관이 확실할 때에는, 기획자들은 모호한 접촉을 통하여 얻은 확증 없는 단편적인 자료를 입수할 때보다 더욱 자신 있게 진행할 수도 있겠으나 반드시 그런 것만은 아니다. 정보 분석가들은 항상 '속임수'를

2) *ibid.*, p. xxiv.

경계하지 않으면 안 된다. 상대방이 직접 보유하고 있고 또한 배포선이 제한된 상황 하에서 바로 얻은 간행물일지라도 의심할 여지가 있다는 것은 다음과 같은 경우를 통하여서도 알 수가 있는 것이다.

> 알렉산더 올림 장군의 후계자들인 소련의 비밀정보기구의 요원들이 상당히 많은 양의 비밀문서들을 치우라고 지시한 것은 의심할 여지가 없는 것이다. 그러나 그들이 그것들을 손에 쥐고서 어떻게 하였는가? 모든 문서가 표면상으로 어떻게 다음과 같이 나타났는지 의아스럽다. 즉, "나는 고위층이면서도 상례常例를 벗어난, 한 보좌관의 엉뚱한 생각과 권고가 아니다. 나는 토의의 기초로서만 활용되는 그리고 그 출처가 고위층의 축소인 초안草案이 아니다. 나는 다음날 구두로 취소되거나 깔개 밑으로 처박혀지고 잊어버려지거나 또는 이행자들에 의하여 깎여 없어질 그러한 여러 결정기록들 중의 하나가 아니다. 나는 진짜이다. 나는 권위 있고 단호하다. 나는 승인된 한 의도를 대표하며 또한 효력을 가지고 있다."[3]

말할 것도 없이 입수 그대로의 첩보가 무엇을 의미하는가 하는 것이 가장 중요한 문제인 것이다. 그 해답은 정보처리의 중요한 한 단계인 해석과정에서 나오는데, 이 해석이 분석, 가정假定 및 추리를 결합시켜 주는 것이다.

이미 평가된 첩보해석은 적의 교리와 과거의 실례實例를 포함하여 적에 대한 전반적인 상황, 지식 그리고 우방의 여러 목표에 관하여 분류하는 것에 해당된다. 전략정보학도戰略情報學徒인 미 육군의 퇴역 장군인 워싱턴 플라트 준장은 이 과정을 적분학積分學의 기본 원칙에 비유하고 있는데, "만약 당신이 아무 것도 아닌 것들을 많이 모아 놓는다면 그 총계는 무엇인가가 된다"라는 것이다. 각기 그 자체로는 무의미한 사실들은 분명히 무관한 상태대로 모아놓고, 이를 적절히 속이면 의미심장한 내용이 될 수 있다는 점

3) *ibid.*, p. xxii.

을 그는 주시하고 있다.

"가장 간단한 상황 기호로 씌어진 몇 마디는 판독이 불가능한 데 오히려 간단한 기호로 된 한 페이지 전체는 대단히 빠르게 읽혀질 수 있다…."

여러 사실들을 종합하여 이를 적용하는 방첩의 경우를 보면 명백해진다. 안보상의 여러 가지 제한 사항은 항상 인기가 없고 흔히 부담이 된다. 부과된 안보규칙을 놓고 우리는 흔히 "이 정도의 소량의 첩보로 어떻게 적에게 도움이 될 수 있을까?"라는 말을 한다. 이에 대한 대답은, "그 정도의 첩보에 한한 경우에는 도움이 되지 않는다"라는 것이다. 그러나 이미 밝힌 바와 같이 "거의 전적으로 무해無害한 이 조그마한 첩보가 다른 소규모의 무해한 첩보들과 합쳐질 때 흔히 적에게는 상당한 도움이 될 수 있다."[4)]

여러 조각들을 묶어서 논리적인 유형들로 만들면 여러 가정이 전개되게 되는 바, 이런 임무에는 상당히 선천적인 기능, 고도의 훈련, 상상력 그리고 허심탄회한 마음의 상태가 필요한 것이다. 이는 심도 있고 추론적推論的인 탐색작업인데, 심지어는 가정자假定者가, "인도양에서의 소련의 목표는 무엇인가?"라든가, 또는 "인도지나에 대한 중공의 개입의 계기는 무엇인가?"와 같은 단조로운 문제를 취급할 때에도 추리작업이라는 점에서는 같다. 만일 가용첩보可用諜報가 분석자의 학교 교육이나 경험을 가지고서도 그럴싸한 결론 도달에 도움이 될 것 같지 않을 경우, 즉 의외의 무지無知의 지경으로 유도된다면 그 처리 과정은 더욱 더 좌절의 방향으로 영구히 진행될 수 있다.

1940년대 초 V-1, V-2 로켓트를 포함한 페네뮌데Peenemünde에서의 히틀러

4) Washington Platt, *Strategic Intelligence Production* (New York : Praeger, 1957), pp. 50, 53~54.

의 비밀 무기계획이 그와 같은 상황을 야기시킨 바 있다. 입체경立體鏡에 나타난 특이한 발사대 때문에 영국의 항공사진 판독자들은 결국 그 수수께끼가 풀리기 전까지 여러 달 동안 당황해 한 바 있다. 이와 비슷한 수수께끼는 앞으로 계속 나타날 것이다.

여러 가정에 응용된 추리과정은 해석의 마지막 단계가 된다. 전문적 기술(그리고 다소의 행운)이 투입되면 총계總計와 사건들이 가진 완전한 의미가 나올 것이다. 만일 그렇지 않다면 발견된 여러 사항에 의존하는 전략가들은 큰 난관에 봉착하게 될 것이다.

4 정보판단

대량의 조잡한 입수 그대로의 첩보information가 평가의 해석을 통하여 정보intelligence로 전환됨으로써 있을 법한 적의 행동방안을 예측하게 되는 단기, 중기, 장기의 판단이 나온다. 어떤 위협은 우리나라 또는 동맹국의 국가 존립을 위태롭게 한다. 또 어떤 것들은 순위가 낮은 이익들을 침해할 뿐이다. 의도를 예측하는 것은－이는 판단의 일차적인 목적임－ 전투정보의 전문가들보다도 전략정보 전문가들에게 더욱더 큰 성공의 기회가 된다. 왜냐하면, 보통은 상황을 검토함으로써 적의 능력, 제약 요소, 특수 취약점, 습성, 유형 및 부족한 점들에 관한 결론에 도달할 시간적 여유가 더욱 많기 때문이다. 그럼에도 불구하고 판단한다는 일은 모험적인 직업인 것이다. 그 필수 요건은 주로 교육에서 얻어진 자연과학과 사회과학에 관한 광범위한 지식이다. 정보절차에 관한 지식, 적측의 권력계층의 지적知的 습성과 특질에 대한 통찰력, 그리고 경험에서 나오는 지혜와 완숙한 판단들이 이에 속한다. 객관성을 띠려고 하는 노력에도 불구하고 모든 판단자들은 자신의 배경과 선입견에 어느 정도는 사로잡혀 있는 것이다.

이와 같은 점에서, 판단자들은 인간이기 때문에 때로는 감정에 사로잡히게 된다. 어떤 사람들은 신중과 상식으로 판단한 자신의 생산물을 제도판에 올려놓은 다음에도 오랫동안 이를 옹호하는 경향이 있다. 예를 들면, '보다 큰 위협'을 알려 주되, 그 전체의 증거가 그와 같은 가능성을 상실할 때 제시하여 주는 것은 정보계와 속기 쉬운 활용자들이 다같이 신뢰성을 잃게 되는 원인이 될 수 있다. 이러한 행위는 찾아보기 어려우며 또한 이를 증명해 내기는 더욱 힘들지만 이를 방지하기 위하여서는 노력의 중첩과 과외의 비용이 들기는 해도 다수의 경쟁적인 개인 또는 기관들이 동일한 기본 자료를 분석하는 것이 상례常例이다. 그렇다고는 하더라도 전략가들은 최선의 평가자들조차 틀리기 쉽다는 사실을 인식하여야 할 것이며, 만일 예측이 틀린 것을 발견하게 되면 또다시 알맞은 해답을 만들지 않으면 안 될 것이다.

적용된 여러 처리과정이나 편집자들의 권능에는 관계없이, 만일 해당 시간 내에 바른 사용자에게 상품을 배당하지 못하면, 피나는 노력 전체가 완전히 허사가 될 수도 있는 것이다. 결과적으로 중요한 연구는 학자적인 자세를 떠나, 신속한 처리를 하여야 하므로 심한 압력을 받는 가운데에서 나올 수밖에 없을 때가 종종 있다. 만일 요청하는 측이 조그마한 선견지명을 발휘하고 정보 분석가들이 자신의 기본 과제를 해낸다면, 그런 유형의 바람직하지 못한 거래관계는 최소화될 수 있는 것이다.

5 방 첩防諜

적극적인 정보뿐만 아니라, 방첩도 위협평가 과정을 좌우한다. 보통 'CI'(Counter Intelligence)라고 부르는 방첩은 간첩의 침투로부터 우리의 첩보를 보호함으로써 적의에 찬 외국의 정보활동 효과를 감소시켜 준다. 적측이 가진 힘의 효과적인 적용 능력을 감소시킴으로써 CI는 위험을 줄이고 기습에 대비한다. 그것은 또한 전복 및 파업형태의 대내적 위협을 취급하기도 한다.

방첩활동은 보통 두 가지의 사항을 만족시키고자 하는 데 있다. 즉, 통신장비 안보의 유지와 국가 기밀의 보호가 그것이다. 그 여행용 가방 속에는 다양성이 큰 적극적 및 소극적인 계획들이 들어 있다. 즉, 방호防護의 기만欺瞞의 기획, 전자장치의 대항수단, 외국 여행상의 제한사항, 민간이동의 통제, 정치적 감시, 특정 유형의 비밀정보를 위한 특수 취급, 그리고 기업체의 보호 등이 있다. 폐쇄사회는 방첩 상태가 우수하다. 왜냐하면, 그들의 도구가 국가생활의 모든 분야에 퍼져 있기 때문이다.

특히 중국의 공산주의자들은 과거의 대중들이다. 아주 별것도 아닌 첩보조차 여하한 수단으로써도 그들의 국경을 넘지 못하게 한다. 반대로 미국은 국가 안보문제를 공공연히 토론하는 상황에 묶여 있고, 통신보안의 규정을 참지 못하며, 적의 요원의 작업을 용이하게 하는 국민생활 양식을 조성하여 주고 있다. 이와 같은 호사스런 생활로 인하여 어느 일류 국가보다도 미국 방첩의 감시망이 허술해질 수밖에 없게 되어 있다. 그러한 두 가지의 환경이 전략 형성의 목적을 위해서는 크게 다른 것이다.

6 난 점難點

요컨대 위협평가의 과정에 있어서는 모든 단계마다 장애물이 놓여 있다는 것이다. 전략정보의 양·질 및 적시성適時性은 기껏 해서 구멍으로 가득 찬 사실상의 망을 가지고 작업하지 않으면 안 되는 정책 결정자들에게는 고정적이고도 중대한 제약이 된다. 최악의 경우, 그들은 주변에 작은 망이 뚫려져 있는 구멍들을 가지고 작업하게 된다. 여기서 그 차이점을 말한다는 것은 반드시 쉬운 일은 아니다.

II. 군사사와 이론

트레버 듀피

1 나폴레옹과 군사이론

군사사軍事史란 항상 군인의 실험실이었다. 전쟁에 대해서 고대부터 조사를 해보면 전투원은 그들 이전에 싸움을 한 사람들의 경험을 기초로 하여 자신들의 욕구와 능력에 일치하는 전술과 전략을 택하고 무기를 선택하며 새로운 무기를 추가한다는 것이 명백하다. 전쟁에 관하여 그리고 전투가 어떻게 행하여졌으며 또한 어떻게 행하여져야 하는가에 관하여 수세기 동안 많은 글이 씌어져 왔지만, 19세기에 와서야 비로소 사람들은 여러 이론理論을 성문화成文化하려고 노력했으며, 또한 전투에 포함된 근본 요인들과 어떠한 곳의 어떠한 전투에 있어서든, 최선의 처신방법과 군대의 지휘명령방법에 관하여 정리 정돈하여 묘사하려고 노력했다.

현대의 전쟁술art of war에 관한 여러 이론들을 명확하게 하려는 시도는 나폴레옹으로부터 기원한다. 비록 그는 자신의 이론을 직접 기록하지는 않았지만, 후에 다른 사람들이 의존하는 많은 군사 격언을 제시했다. 그는 그의 군사 격언이 그보다 앞서 살았던 사람들로부터 이끌어 내어졌음을 분명히 했다.

"알렉산더(Alexander), 한니발(Hannibal), 케사르(Caesar), 구스타프스(Gustavus), 트르엔너(Turenna), 유젠(Eugene), 프레드릭(Frederick)의 전역戰役을 읽고 또 읽어서 그들을 당신 자신의 '모델'로 만들어라. 이것이 위대한 장군이 되는 유일한 길이며 전쟁술戰爭術의 비결에 숙달하는 유일한 길이다. 이러한 연구에 의해 당신의 재능이 개발된다면 당신은 이러한 위대한 지휘관들의 군사격언軍事格言에 반대되는 것들을 모두 제거할 수 있을 것이다."

분명히 나폴레옹에게는 군사작전의 실질적인 이론적 기초가 존재하고 있었다. 그의 말과 그의 행동에서 비롯하여 상당한 정도까지 전투이론을 발전시키는 방향으로 꾸준한 지적知的인 진보가 있어 왔다.

2 19세기와 20세기의 이론가들

나폴레옹의 실행에서 시작하여 이론에 이르는 이러한 지적知的인 진보에 있어서 10명이 돋보여 왔다. 그들과 다른 사람들의 노력에 의하여 약 1세기 이상 전투이론의 첫 번째 의식적인 명확화明確化, 즉 전쟁원칙의 명확화가 나타났다.

조미니(Henri Jomini)는 나폴레옹의 작전 재능에 대한 이론적 기초를 설명하려고 노력했으며, 그리고 그는 의심할 바 없이 나폴레옹의 의중을 분명히 이해했다. 그러나 그의 많은 작품에서 그는 결코 만족스러울 만큼 전쟁에 대한 나폴레옹의 사고思考의 철학적 측면을 파악할 수 없었으며, 또한 그 이론의 정수를 추출해 낼 수도 없었다. 그 결과는 토론, 규칙, 경구警句, 그리고 격언을 다소 혼합한 것이었다.

클라우제비츠(Carl von Clausewitz)는 나폴레옹의 뒤를 이어 역사상 전쟁에 관한 매우 심오한 사색가이었다. 그는 나폴레옹의 철학을 이해하였으며, 그리고 거기에다 자신의 생각을 다소 덧붙였다. 그러나 그는 조미니가 그러했던 것처럼 이러한 철학으로부터 한 이론을 추출해 내는 문제에 의해 좌절되었다. 신학神學에 있어서 성경과 같이 군사문제에 있어서 클라우제비츠는 사람들이 증명하기를 원하는 건전한 개념 혹은 불건전한 개념의 양쪽을 지지하기 위하여 인용될 수 있다. 이것은 클라우제비츠가 시시하거나 자기 모순적이라는 것을 뜻하지는 않는다. 그것은 단순히 그가 문맥을 무시하고 쉽사리 인용됨을 의미한다. 왜냐하면, 그는 그의 작품에 대한 궁극적인 견해를 편집할 기회를 갖지 못했기 때문이다.

전쟁에 대한 불변의 원칙이 존재할 수 있고 또한 존재해야만 한다는 생각을 비웃는 것으로 클라우제비츠는 자주 인용된다. 이것이 문맥에 개의치 않고 그를 인용하는 예例이다. 사실 그는 여러 장章에서 전쟁의 이론에 관해 토론을 하였으며, 그리고 그는 여러 원칙들 ― 우리가 통상 인정하는 9개의 원칙 중에서 8개를 그는 목록으로 만들었다 ― 이 존재한다고 확신했다. 그러나 그는 이론을 명백하게 하는 것이 『전쟁론戰爭論』(*On War*)을 저술하는 것보다 더 많은 노력이 들지도 모르며 또한 과학적 방법의 측면에서 볼 때 달성되어질 수 있는 최대한도 이상의 노력이 들지도 모른다는 것을 암시적으로 인정하고 있다. 그리고 그는 전투에 대한 정확하고 수학적인 규칙을 만들어 내려는 노력을 비방했는데, 이러한 정확하고 수학적인 규칙은 만약 전장戰場에서 장군들에 의해 수행되어 진다면 승리의 관건이 될 수도 있을 것이다.

마한(Dennis Hart Mahan)은 조미니를 통하여 나폴레옹의 추종자가 되었다. 그는 첫 번째의 위대한 미국인 군사이론가였다. 그는 그가 미국에서의 군사이론에 적절하다고 생각하는 자신의 군사 격언과 규칙을 수집했다. 그러나 그도 또한 결코 하나의 이론을 세우려고 노력하지는 않았다.

몰트케(Helmuth von Moltke)는 저명한 역사가이며 군사 사상가였다. 그는 또한 뛰어난 조직가이었으며 전투 지휘자였다. 전술적 수세를 전략적 공세와 결합시켜야 할 필요성에 관한 그의 통찰력이 있는 논평은 주요한 논문이었다. 그는 프러시아 일반 참모의 조직의 우수성을 과시했던 것이다.

두 피크(Charles J.J.J. Ardant du Picq)는 전쟁에서 정신적 힘moral force이라는 문제 - 행태적 고려 - 에 대한 가장 통찰력이 있는 저자일 것이다. 그의 저서 『전투연구戰鬪研究』(*Battle Studies*)는 사실로 위대한 군사고전軍事古典 중의 하나이며 그리고 최상의 것 중 하나이다. 프랑스를 위해서는 불행하게도 그의 작품이 이론적인 문맥으로 통합되기 전에 그는 전투(보불전쟁普佛戰爭)에서 전사했다.

마한(Alfred Thayer Mahan)은 조미니, 그의 아버지 그리고 몰트케류流의 군사이론가이었다. 그는 군사문제에 대한 심오하고 재능 있는 사색가 - 특히 해군에 대한 - 였으며, 그는 군사사軍事史와 그 당시 존재하고 있던 군사적 문제와의 관계를 잘 이해하고 있었다. 그는 원칙들을 인정하였으며, 분석적으로 이용하였지만 결코 군사이론에 대해 과학적 접근을 시도하지는 않았다.

골츠(Baron Colmar von Goltz)는 몰트케와 슐리펜 휘하에서 프러시아 일반참모가 전성기를 구가하고 있을 때 그곳에서 배출된 많은 독일 군사 사상가 중의 한 사람이었다. 그는 이러한 기록에 실려 있는 많은 지적知的인 사람들의 무리에 포함될 만한 가치가 없을지는 모르지만, 그러나 그의 저서는 독일, 프랑스 그리고 특히 영국에 큰 영향을 미쳤다.

슐리펜(Count Alfred von Schlieffen)은 전쟁에 대한 또 하나의 심오한 사색가이었는데, 그는 군사사와 그 당시의 전쟁에 대한 자신의 해박한 지식을 기준으로 하여 정확하고 또한 추상적인 이론을 이끌어 내려고 하지 않았다. 군인으로서 그리고 장군으로서 그는 아마 몰트케보다 뛰어났을 것이나, 그러나 우리는 결코 알 수가 없을 것이다. 만약 그가 1914년에 독일군을 지휘하였더라면 그의 계획은 성공했을 것이고 그리고 후세의 역사는 달라졌을 것이다.

포슈(Ferdinand Foch)는 클라우제비츠와 두 피크의 제자 중의 한 사람이며, 나폴레옹 이후 전투의 모진 시련을 겪고서 고위직에 올라간 몇 안 되는 이론가들 중의 한 사람이다. 그는 아마 어떠한 사람에게도 뒤지지 않을 만큼 클라우제비츠를 알고 있었다.－대부분의 독일인보다 더 잘 알고 있었음이 분명하다. 그러나 역설적으로 그는 자기 나라 사람인 두 피크는 잘못 이해하고 있었다. 그는 과학적이고 이론적인 관점에서 생각하고 글을 쓰려고 했으며, 군사이론에 대한 그의 접근법에는 확실한 것들이 많이 있다. 그러나 그의 영향력과 '최대한의 공세'의 정신적 중요성에 대한 기여가 제1차 세계대전의 시초에 프랑스 군대를 파멸시킨 것 같다.

플러(John F. C. Fuller)는 금세기의 가장 위대한 군사 사상가이었으며 그리고 아마 클라우제비츠 이래로 가장 중요한 인물일 것이다. 그의 초기 작품에 있어서 그는 클라우제비츠를 격하시키려는 경향이 있었으나, 후기에는 그 자신의 군사이론에 대한 접근법은 클라우제비츠적的이라는 것을 인정하기 시작했다. 그는 자신을 코페르니쿠스(Copernicus), 뉴턴(Newton) 그리고 다윈(Darwin)과 비교할 만큼 건방진 사람이었다. 그는 사실을 과장하지는 않았다. 그는 금세기에 알려져 있는 전쟁의 원칙을 성문화한 최초의 사람이었다. 그는 최초의 위대한 기갑전술가機甲戰術家(armored tactician)이었다. 플러는 전쟁의 원칙보다는 전투이론에 더 많은 것－보다 만족스럽고 보다 과학적인 엄밀성－이 있어야 한다는 것을 알았다. 그러나 그는 결코 이론을 공식화하는 데 성공하지 못했다.

이들은 한 세기가 넘는 동안의 자신들의 통합 노력에 의하여 전투이론, 즉 전쟁원칙을 최초로 표현한 사람들이다.

 전쟁의 원칙

공식적인 미국 군대교리에 표현된 것처럼 전쟁원칙은 아래에 적힌 바와 같다. 현대의 군사학자들은 전쟁의 원칙에 대한 반응과 그것의 평가에 있어 완전히 분리되어 있다. 그러나 이러한 개념들의 수집은 인류가 널리 인정한 전투이론을 공식화하는 상태에 가까이 도달한 것이다.

· 목표Objective : 모든 군사작전은 결정적이고 획득할 수 있는 목표로 지향해야 한다.

· 공세Offensive : 단지 공세적 행동만이 결정적인 결과를 달성할 수 있다.

· 간명Simplicity : 전투에서는 모든 것이 어렵다. 그런데 복잡성은 혼란과 오해와 실수를 조장한다.

· 지휘의 통일성Unity of Command : 모든 전투력을 결정적으로 이용하기 위해서는 명령의 통일성이 요구된다. –나는 이것을 통제Control라고 지칭하고 싶다.

· 집중Mass : 이용 가능한 최대한의 전투력이 결정적인 순간에 이용되어져야 한다. 어떤 사람은 이 원칙을 Concentration이라 부르기도 한다.

· 병력의 절용Economy of Forces : 결정적인 순간에 이용되지 않는 군대는 가능한 소규모이어야 한다. 그리하여 집중을 용이하게 해야 한다.

· 기동Maneuver : 군대는 자신의 효율을 최대한으로 높이고 적의 전투력을 최소한으로 줄이도록 배치되어야 한다.

· 기습Surprise : 군대는 예측하지 못한 일에 대응해야 한다. 그러므로 기습은 적시適時에 적당한 장소에서 적절한 방법으로 행해져야 한다.

· 경계Security : 기습당할 가능성을 최소화하여라. 그리고 만약 기습을 당하였다면 그 결과를 최소화 시켜라.

이러한 원칙들은 전투이론을 위한 좋은 준거準據(framework)이다. 그러나 전장戰場에서는 실제로 어떠한 일이 일어나는가? 사람이나 무기, 기후, 사기士氣, 지휘자 그리고 포함된 다른 모든 요소들이 어떻게 행동하며, 그리고 서로서로 어떻게 영향을 미쳐야 승리를 얻을 수 있으며, 혹은 패배하게 되는가? 이것은 작전분석가들이나 계획가들에게는 상당히 중요한 문제이다. 과거의 전투를 분석하는 것보다 더 좋은 방법이 있겠는가?

4 전쟁 게임과 계량적 판단 모형

아마 전쟁이 있는 한 전쟁 게임은 행하여 질 것이다. 가장 잘 알려져 있으며 아직도 행해지고 있는 가장 오래된 것은 체스chess이다. 수 세기 동안 군사령관들은 전투를 계획하고 사건의 전후에 한두 가지 방법으로 그것을 도표로 표시했다. 전투를 연구하기 위해서 그리고 미래의 작전을 계획하기 위해서 게임판을 사용하는 것은 최근의 일로서, 특히 19세기에 프러시아 일반 참모들에 의해서 장려되었다. 제2차 세계대전 이후의 새 시대에서의 컴퓨터의 도입과 향상은 전쟁이 모든 면을 계획하기 위한 기초로서 그리고 여러 유형과 많은 수의 무기들을 조달하기 위한 기초로서 전쟁 게임의 개발을 촉진시켰다. 수학적으로 정교한 이러한 게임들은 무기와 다른 여러 요인들의 특성을 나타내는 여러 숫자에 의해 유지되는 데, 이러한 무기나 여러 요인들의 대부분은 무기 시험계획 혹은 다른 게임들의 산출물에서 추출되어진다.

현재 사용 중에 있는 여러 게임들 중에서 단지 하나만이 경험을 기초로 입력input을 끌어내어 전투에서 그들에게 영향을 끼치는 모든 요인들을 인정하려고 한다. 길지만 그러나 단순한 대수적 공식인 계량적 판단 모형 quantified judgement model은 사람과 장비의 수를 인정할 뿐만 아니라, 그들에게 작용을 해서 전장에서의 전투결과를 결정짓는 여러 요인들을 인정한다. 이 모형은 실제 전투경험에 관련된 데이터로부터 개발되었다.

계량적 판단 모형은 전투가 실제로 무엇이냐는 문제에 완전한 해답이 되지 못한다. 비록 그것이 실제로 파악하기 어려운 많은 요소들을 계량화하지만, 그들의 영향을 알기는 극히 어렵다. 이러한 알려지지 않은 것들이 전투를 가장 적합하게 이해하는 방향으로 탐구되고 있다. 이러한 연구는 전투에 대한 총괄적인 이론을 위해서 계속 진행 중이다.

Ⅲ. 현대 전략가를 위한 클라우제비츠의 교훈

토마스 이솔드

피터 파레트(Peter Paret)가 주지한 바와 같이 클라우제비츠는 기술에 관한 것이든 전쟁에 관한 것이든, 이론은 역사에 대한 이해를 촉진시켜야 한다고 믿었다. 클라우제비츠에게는 개인적 경험과 역사에 대한 깊은 통찰이 고도의 지식을 훌륭한 판단으로 변형시키는 연금술을 위한 꼭 필요한 촉매제이었다. 그의 생각에 그러한 판단은 군대와 전문 지도자의 자질이었으며 교육의 바람직한 결과이자 산물이었다.[1] 이러한 견해는 클라우제비츠 자신의 이론적 회유가 그의 검증을 충족시키는가, 즉 정치·군사적인 문제에 있어서의 판단을 정제하는 방법으로 역사 이해를 돕는가 하는 질문을 야기시킨다. 예를 들어 클라우제비츠가 정성들여 만든 전쟁이론은 나폴레옹 전쟁을 이해하는 데 도움을 주는가? 만약에 도움을 준다면 어떠한 방법으로 도움을 주는가? 전쟁에 대한 클라우제비츠의 이론은 현재의 전략가들에게 교훈을

1) Peter Paret, "The Genesis of *On War*", edited and translated by Michael Howard and Peter Paret (Princeton, New Jersey : Princeton University Press, 1976), pp. 3~25, esp. pp. 8, 11, 12, 14, 15, 23. See also Clausewitz's own discussions on pp. 140~142, 146, 147, 156~176.

주는 방법으로 수 세대를 통한 전쟁의 역사를 설명하는가? 만약 그렇다면 그러한 교훈은 무엇인가?

이러한 각각의 질문에 대한 대답은 분명히 "예"이다. 위의 문제에 대한 이러한 대답은 한 가지 주장에서 유래하는 데, 그 주장이란 전쟁의 본질과 원동력에 대한 클라우제비츠의 설명은 전쟁에 있어서의 승자와 패자 – 전성기의 나폴레옹과 최악 상태의 나폴레옹 – 의 운명은 말할 것도 없고 그들의 문제를 밝힌다는 것이다. 전쟁에서의 승자와 패자의 난점難點을 분석하는 문제에 있어서 클라우제비츠의 안목의 타당성은 전쟁의 역사를 연구하는 데 있어서 클라우제비츠 분석의 보편적 효용성과 클라우제비츠의 이론과 교훈의 현시대에서의 중요성에 대한 가장 중요한 이유 중의 하나를 형성한다.

어떤 사람은 성급하게 덧붙이기를, 우리 혹은 어떠한 사람도 그러한 범위에 관한 결정적인 주장이나 포괄적인 대답을 제시할 수 없다는 가정에서 이러한 주장이 나온다고 한다. 클라우제비츠에 대한 주석자들은 그의 지식의 깊이와 폭에 대해서, 즉 그의 업적의 광대廣大에 대해서 언급한다. 사소한 점을 과장하여 단순화시키는 모험을 걸지 않고는 클라우제비츠 이론과 논리의 보다 중요한 요소들을 간결하게 다룰 수 없는 것은 어떤 의미에서 볼 때 압도당한다는 인식으로부터 나오는 지적知的 고뇌를 겪고 있는 주석자들의 운명이다. 브로디(Bernard Brodie)의 우울한 관찰은 설득력이 있다. 즉 전쟁 – 현재 그리고 미래의 전쟁이든 과거에 행하여진 전쟁이든 간에 – 을 연구하는 학도들에게 대용물이 없다는 것이다. "클라우제비츠의 작품은 후의 작품 안에 적절하게 흡수 동화되지 않는 깊고 근원적인 통찰력을 나타내고 있는 매우 적은 수의 고전古典들 사이에서 두드러진다."[2)]

그의 격언 중에서 가장 잘 알려진 것, 즉 "전쟁은 다른 수단에 의한 정책의 계속에 불과하다"는 격언을 상기하고 회고함으로써, 전쟁의 본질과 원동력에 관한 클라우제비츠의 교훈에 가장 잘 접근할 수 있을 것이다.[3] 한 때는 거의 이해되지 않았지만 현재는 이러한 관점이 매우 쉽게 이해될 것이다. 클라우제비츠 주장의 단순한 논리를 학자와 군인들에게 인상 지우려는 현재의 주석자들과 대학 교수단들의 노력은 또한 성공했다. 정치·군사적인 사건과 전쟁에 있어서조차 목적은 수단을 지배해야 하며 목표는 작전을 지배해야 한다는 것은 자명할 만큼 사실이며 열심히 연구하는 학도들조차도 더 이상의 묵상을 하지 않아도 될 정도로 평범한 것이다. 브로디는 퇴직한 영국의 고위 장교에 관해서 이야기했는데, 그 장교는 그가 한 때 클라우제비츠를 연구하려고 하였으나, 결코 아무 것도 얻지 못했다고 말했다. "만약 그가 이해하기 위해서는 약간의 노력을 요구하는 새로운 사고思考에 접하게 되면 그가 그러한 노력을 하며 적당히 보상받는다는 감정에 빠지게 되는 것이 당연하다. 대신에 그는 지혜를 만나게 되며 그리고 그는 그것은 더 이상 새로운 것이 아니라고 생각했다."[4] 현재의 주석자들과 강의가 클라우제비츠를 연구할 때 발견되어지는 일종의 지혜를 전달하기 위해서 많은 역할을 하는지에 대해 생각해 볼 가치가 있다.

바로 이러한 이유로 인해서, 파레트가 전쟁의 이론을 다룸으로써 전쟁의 이론에 대한 클라우제비츠의 작품을 최근에 가지런히 한 것은 때가 알맞으며 교훈적인 것 같다. 술art의 이론과 나아가서 이론과 실제實際 사이의 일반적인 상호작용에 관해서 토론할 때, 클라우제비츠는 수단과 목적의 관계의 중요성을 주장했다. "이론의 규칙은 개개의 경우를 위해서 의도된 것이 아

---

2) "The Continuing Relevance of *On War*" in Howard and Paret, Carl von Clausewitz, *On War*, p. 50.

3) Clausewitz, *On War*, pp. 69, 86, 87, 605~610.

4) Carl von Clausewitz, *On War*, edited and translated by M. Howard and P. Paret, p. 45.

니며, 개개의 경우의 활동은 단지 목적과 수단에 의해서만이 결정되어질 수 있다"[5]고 그는 글을 썼다. 그러나 클라우제비츠가 그의 작품에서 특히 『전쟁론』에서 되풀이 하여 지적하였듯이, 이것은 실행되기보다는 말하기가 더욱 쉽다. "전쟁에서 모든 것은 매우 간단하나 가장 간단한 일이 어렵다. 그러나 어려움이란 박학博學이나 커다란 재능이 요구된다는 것이 아니다. 작전의 훌륭한 계획을 고안해 내는 기술이란 존재하지 않는다. 어려움이란 여기에 놓여 있다. 즉 행동을 할 때도 우리 자신들을 위해서 우리가 세워 놓은 원칙에 충실을 기하는 것이다."[6]

왜 그러한 어려움이 계획과 행동 사이에서 일어나느냐에 대해서 클라우제비츠는, 전쟁의 이론에 대한 그의 잘 알려져 있으며 또한 진실로 근본적인 공헌, 즉 마찰friction의 개념으로써 설명했다. 클라우제비츠의 정의定義에서 볼 때, 마찰은 항상 전쟁의 경험으로 하여금 그것에 대한 기대에서 벗어나도록 유발하는 많은 요소들－기회, 불확실성, 노력, 기후 그리고 다른 심리적이고 물질적인 요인들－을 망라하고 있었다.[7]

클라우제비츠 이론의 중심적 장식품인 마찰의 개념은 또한 목적-수단의 고려를 확장시켜 클라우제비츠 이론의 다른 중요한 요소들과 관련시키는 열쇠를 제공한다. 그러한 요소들은 비교적 모호함에도 불구하고 미래의 전쟁뿐만 아니라 과거의 전쟁에서도 패자와 더불어 승자에게 부여되는 전쟁의 결과를 이해하려고 노력하는 역사가와 현재의 전략가들에게 많은 교훈적 가치를 주고 있다.

전략과 전쟁에서 목적과 수단을 다룸에 있어 클라우제비츠는 한 국가가

---

5) *Ibid.*, pp. 14, 15.
6) *On War*, p. 119 ; Paret, "The Genesis of *On War*", p. 17.
7) Paret, "The Genesis of *On War*", pp. 100~126.

한편으로 합리적으로 받아들이는 노력, 비용, 모험의 규모와 다른 한편에서의 목적의 가치 사이의 비율을 논리적이고 심리적인 문제로 의미했다. 클라우제비츠가 제한된 목적을 가진 전쟁과 무제한의 목적을 가진 전쟁과의 사이에서 이끌어 낸 구별의 한 가지 중요한 이유는 이러한 점과 관련이 있다. 양보를 위해 싸우는 국가는 전복顚覆이나 일소一掃를 위해 전쟁을 수행하는 국가보다 극단의 폭력에 덜 의존하며 그리고 애써 고갈의 상태에 이르도록 하는 경향이 덜 하다고 생각하는 것은 현명한 일이다.[8]

그러나 실제 전쟁에서 그리고 주로 마찰의 작용으로 인해서 수단과 목적 사이의 합리적인 비율이 항상 깨어졌다. 더군다나 승자와 패자, 즉 자신의 미래의 운수가 올라가는 사람과 내려가는 사람들은 이러한 사실로부터 고통을 겪는다. 전쟁에서 최초의 승리를 얻은 사람에게 그것을 획득하기의 용이함과 그것으로부터 나오는 여러 이득들은 전쟁의 목적을 확장, 즉 기대를 확장시키는 것을 고무한다. 근원적으로 계획된 것으로부터 노력의 수준에 따라 늘어나는 의지가 있는 것 같다. 전쟁 초기에 패배를 겪은 사람에게는 불만족한 결과를 받아들일 것인가 혹은 보다 큰 모험을 감행할 것인가 하는 문제 사이에서 불쾌한 선택을 해야 하는데, 불만족한 결과를 수락한다는 것은 처음에 전쟁을 인정하여 착수하도록 하는 정치적 목적을 버리는 것이며, 보다 큰 모험을 감행한다는 것은 전쟁을 행하려는 초기의 결정을 옹호하고 전쟁에서 획득될 수 있는 이득을 계속하여 추구하려고 하는 것이다. 보통 후자의 입장에서는 초기의 후퇴로 인한 비용을 보상하기 위해서 혹은 전쟁을 수행하는 데 기대되는 것보다 더 많이 소요된 비용, 노력, 희생을 메우거나 되찾기 위해서 전쟁의 목적을 확장시키는 경향이 있다.

---

8) Paret, "The Genesis of *On War*" p. 21 ; *On War*, pp. 91, 92, 579~610.

승자이든 패자이든 간에 그들에게는 목적과 수단의 관계 혹은 정책과 전략 사이의 관계가 파괴됨이 분명하다. 더군다나 그러한 붕괴는 양쪽으로 하여금 전쟁에 쏟는 노력과 전쟁에서의 야망의 크기를 확대시킬 것이다.

여기에서 전쟁의 여세는 절대적인 방향으로 흐르는 경향을 띠기 시작한다. 억제할 수 없는 방향으로 전쟁이 흘러가는 것에 대해 클라우제비츠가 얼마나 근심을 했는지는 아마 충분히 인식되지 않을 것이다. 그는 전쟁이란 극단적인 폭력으로 흐를 가능성이 있다는 것이 사실임을 알았지만, 단순히 그 사실만을 경고한 것은 아니었다. 가장 침울한 결론으로 그는 전쟁이란 일단 시작이 되면 관리할 수도 없고, 통제할 수도 없으며, 어떤 방향으로 가는지 알 수도 없게 된다고 경고했다.[9)]

무엇이 잘못인가? 클라우제비츠의 견해로 볼 때, 전쟁은 거의 보편적인 문제점들을 야기시킨다. 왜냐하면, 전쟁이 일단 시작되면 전장戰場의 성공과 좌절은 전쟁 수행자遂行者의 목적이 부적절하고 획득될 수 없으며, 그리고 단순히 잘못인 것처럼 보이도록 하기 때문이다. 위에서 지적한 것처럼 이러한 상황에서는 보통 목적이 커진다. 목적을 확대하면 전쟁수행을 위한 노력을 증진시키지 않을 수 없다. 혹은 폐허를 면하게 하든 이득을 구체화하든 간에 노력을 증가시키려는 욕구는 목적을 확대시킨다. 그 어느 경우이든 수단과 목적의 관계는 불안하다. 왜냐하면 수단과 목적은 사람들이 답례적이라고 묘사할지도 모르는 바와 같이 서로서로의 위에서 행동하기 시작하며, 각각은 다른 것으로 하여금 베트남 사건의 미국인들에게 잘 알려진 단계적 확산의 형태를 증대시키도록 유발한다. 이러한 단계적 동력을 지닌 답례적 행동은 전쟁의 여세를 형성하여 극단의 폭력으로 흐르려는 경향이 있으며 그

---

9) *On War*, pp. 75, 76, 77, 87, 88.

리고 수행자의 목적이 유출되거나 혼란됨에 따라 통제를 벗어나 버리는 경향이 있다.

성공에 의해서든 후퇴(패전)에 의해서든 간에 전쟁의 목적이 불명확해지거나 획득될 수 없는 것처럼 여겨질 때 정치가와 장군들은 협상에 의한 평화를 추구하려고 하는 것 같다. 그러나 정치 지도자와 군사 지도자들은 거의 보이지 않는 비용을 무시할 수 없다. 그들은 그들의 손실로 인해 과세 신용과 정치적 신임을 얻지 못할 뿐만 아니라, 그들은 보다 큰 이익과 보다 적은 책임이 존재하는 순간으로 손익損益의 결과를 물릴 수도 없다.

전쟁은 무조건으로 흐르는 경향이 있다는 클라우제비츠의 공식에서 사람들은 정치적 목적을 위해서 폭력에 의존하는 데에는 조심을 해야 한다는 것을 알게 된다. 클라우제비츠는 전쟁이란 통제에서 벗어나는 경향이 있음을 의미한다. 더군다나 이러한 냉정한 원동력은 주어진 전쟁에서 시간이 흐름에 따라 그리고 폭력이 강해짐에 따라 더욱 악화된다고 그는 제시했다. 마지막으로 그리고 가장 중요한 것으로서 그는 노력과 목표의 규모가 증대함에 따라 전쟁의 통제 가능성은 희박해진다고 가르치고 있다.[10]

그리하여 그는 양보를 위한 전쟁, 즉 제한적 목적을 가진 전쟁과 전복顚覆을 위한 전쟁, 즉 무제한의 목적을 가진 전쟁을 질적으로 구별하고 있다. 클라우제비츠의 경우에 있어서는 무제한의 목적을 지닌 전쟁은 통제에서 벗어나고 극단의 폭력으로 치닫는 경향과 관련된 질적으로 분명한 모험을 행한다. 실제적인 면에 있어서는 국력의 작용에 관한 클라우제비츠 견해의 윤리적 가정假定은 외교 문제에서의 제한된 목적을 띠고 있다는 파레트의 심오한 관찰의 의의가 여기에 있다.[11]

10) *Ibid.*, pp. 582~594, 60~610.

전쟁이 무조건의 경향을 띨 때, 그것은 클라우제비츠의 이상理想을 역류시킨다. 목적을 통제하는 대신에 임무를 추구하는 능력이 있다. 즉 정치적이거나 군사적인 기회주의가 있으며, 전쟁에는 작전을 위한 작전이 있다. 전략은 정책을 지배한다. 즉 수단과 목적이 된다. 전쟁은 처음의 전쟁에 책임이 있는 정책과 지도자를 파멸시킴에 의하여 정책의 목적을 연장시킴으로써 시작된다. 여기에는 확실하고 강인한 정의正義가 있는 것 같다. 그리고 훨씬 더 확실한 파국이 있다.

이 에세이를 시작할 때 제시한 문제로 돌아가서, 클라우제비츠에 의한 전쟁이론은 나폴레옹 전쟁을 이해하는 데 도움이 되는가? 그렇다. 그것은 전역戰役을 연구하는 학도들에게 몇몇 진실을 상기시키기 때문이다. 그러한 진실들은 너무 쉽게 불명료하게 되거나 혹은 집합적으로 성급하게 버려졌기 때문에 천재를 신격화神格化 할 수 없다. 나폴레옹과 같은 사람조차도 전쟁의 본질과 원동력의 힘이 아닌 그 시대를 통하여 움직이는 힘에 예속되었지, 그것들을 지배하지는 못 했다고 생각해야 한다. 사람들은 보통 시대의 희생물이며, 제도와 환경을 거의 지배하지 못하고 그들의 운명도 결코 지배하지 못한다. 나폴레옹의 재능은 전쟁의 기법, 국내외의 자신과 적들의 정치적 취약성, 그리고 공화국에 의해 창조된 군사기구와 제도들의 잠재력을 파악했다는 데에 있다. 그의 실패는 주로 단순한 성격상의 결함－지나친 야망, 이기주의 그리고 불합리성－의 결과일 뿐만 아니라, 그의 둘레에서 그를 돕는 사람이나 그의 적들의 덜 명석함으로 인해서 그가 처한 상황에 전쟁의 원동력이 작용한 결과이다.

---

11) *Ibid.*, pp. 90~99, 585, 586 ; Paret. "Clausewitz and the Nineteenth Century" in Michael Howard, editor. *The Theory and Practice of War* (New York : Frederick A.Praeger, Inc. 1966), p. 38.

1808년 이래로 나폴레옹은 그의 목적을 이루기 위해서 요구되는 자원과 노력의 비율에 관한 계산이 계속하여 와해되는 곤란을 겪었다. 경제전쟁과 대륙에서의 군사적 성공에 의하여 영국을 종국終局으로 몰고 가려는 그의 노력은 다시 좌절되었다. 나폴레옹의 목적-수단 계산의 불안정은 대륙봉쇄를 행정적으로 수정하는 것과 같은 신중한 예에서도 나타났다. 그런데 이 때에 나폴레옹은 밀수를 억제하는 것이 불가능하다고 판단하였기 때문에 행정적 수정을 가했다. 또한 그러한 목적-수단 계산의 불안정은 국력의 약화를 초래한 1809년에서 1814년에 치러진 이베리아 반도전쟁Peninsular war과 비참한 재난을 야기시킨 러시아 침공과 같은 예에서도 볼 수 있다. 실제로 초점의 변동과 제국帝國의 형태를 갖춘 나폴레옹 집권의 후기에서의 노력은 매우 복잡하여서 학자들은 과연 진실로 그가 어떤 확고한 목표를 가졌는지에 대하여 논란을 아직도 벌이고 있으며, 또한 만약 그렇다면 그러한 목표는 무엇이냐에 대하여 논쟁을 하고 있다.

클라우제비츠의 전쟁관에서 볼 때, 분명한 목표를 갖지 못하고 있다는 것은 확실히 바람직하지 못한 것이다. 그러나 그것은 또한 평범한 것이다. 왜냐하면, 그것은 수 년 간의 전쟁 후에 국가나 그들의 지도자가 처할 수 있는 가장 가능한 상태이기 때문이다. 전쟁은 다룰 수 없이 되어 버리며, 정책을 붕괴시켜 버리고, 목적을 변화시키도록 하며, 이리하여 수단에 대한 목표의 지배로부터 이끌어 낼 수 있는 적당한 모든 제약들을 파기시켜 버리는 경향이 있다. 이리하여 이와 같은 사실들은 정치적 분석 혹은 심리적 분석만큼 나폴레옹 전쟁의 방안과 결과에 대해서 많은 설명을 한다.

클라우제비츠 이론은 전쟁의 일반적인 역사를 명료화하여 현재의 전략가들에게 교훈을 주는가? 또한 대답은 "예"이다. 왜냐하면 전략 계획가들은 일반적으로 그들의 기회와 문제점들을 구체화하기 위해서 인력人力을 과대

평가하기 때문이다. 적절한 계획은 전쟁의 처참한 결과로부터 군대와 국가를 보호해 주며 적어도 전쟁에서의 성패成敗의 가능성과 관련이 있는 방법으로 그들을 완화시킨다고 믿는 것은 군사 전문가들 사이에는 흔히 있는 일이다. 현대의 군사관리military management는, 개연론적蓋然論的 수학과 혁신적인 인사정책의 조화에 의하여 계획가와 사령관들은 전쟁이 계획에 일치되도록 할 수 있으며, 군사적인 범위 내에서의 기회와 불확실성이라는 효과를 억제할 수 있다는 믿음을 강화시킨다.

그럼에도 불구하고 클라우제비츠는 전쟁은 계획한 대로 되지 않는다. 즉 마찰과 전쟁의 타성이 불가항력으로 작용하기 시작한다고 가르친다. 이러한 힘들은 전쟁에 참여한 사람들의 전쟁에 대한 경험이 그들이 기대한 것과는 상당히 다르다는 것을 확실하게 해 준다. 이번에는 계획상의 전쟁과 실제 전쟁의 차이가 비교적 잘 되기도 하고 잘못 되기도 하는 목표에 대한 노력의 미묘한 관계를 어지럽게 할 것이다. 전쟁에 대한 클라우제비츠의 이론을 이해하려면 군사적 노력과 정치적 결과 사이의 상호관계를 과장하려고 하는 유혹을 어떠한 희생을 치르고라도 전략 계획가들은 회피해야 한다. 폭력에 호소하는 것은 어떤 의미에서 볼 때 외과적 혹은 정확할 수 있다는 생각은 우리 시대의 가장 잘못 되고 위험스러운 명제 중의 하나이다. 왜냐하면 클라우제비츠의 견해에서 볼 때 실제로 전쟁은 극히 부정확하고 일정치 않은 위정술爲政術의 도구이기 때문이다. 이러한 의미에서 이해하면 전쟁에 관한 클라우제비츠의 작품은 전쟁과 전략에 대한 모든 문헌에서 발견되어지는 정치목적을 위해 전쟁을 행하는 것에 대한 가장 논리적이고 지속적인 논증이다.

무엇보다도 중요한 의미에서 보면 전쟁은 승자와 패자, 양자 모두에게 같은 결과를 초래한다. 전쟁에 관한 이론을 안다고 해서 마찰의 영향 혹은 전쟁의 억제할 수 없는 경향을 띠는 것을 피할 수는 없다. 전쟁에 의존하는 것은 억제할 수 없는 힘을 움직일 것이라는 사실을 승자와 패자, 양자가 모두 인정하여야 한다. 전쟁은 패자에게 뿐만 아니라 승자에게도 의도하지 않았고 기대하지 않았으며 원하지도 않은 결과를 가져온다. 제1차 세계대전에 관한 바네트(Correlli Barnett)의 유창한 연설에서 보면 “전쟁은 제도의 커다란 회계 감사관이다.”[12] 제도와 지도자들은 전쟁의 가혹한 테스트에 저항하는 것보다 더욱 자주 실패한다고 그가 덧붙였을지도 모른다.

이리하여 과거와 같은 오늘날의 계획가, 장군 그리고 정치가들의 업무는 전쟁을 계획에 일치하도록 하는 것이 아니고, 계획이 전쟁의 확실한 본질과 원동력에 일치하도록 하는 것이다. 그들은 역사의 연구에서 이것들을 배워야 한다. 클라우제비츠의 전쟁이론과 지속적인 역사연구는 오늘날의 정치 지도자와 군사 지도자들에게 매우 중요한 지적知的인 식이요법regimen을 형성한다. 이와 같이 필요한 연구는 위정술爲政術에 있어 필연적이며 그리고 전략에 있어서도 동등하게 중요한 것이 확실하다고 자주 이야기되어지는 신중이라는 도덕적 미덕을 강화한다. 그것은 또한 정치에 있어서 그리고 특히 전쟁에서 기대를 낮추는 데 기여한다. 왜냐하면 장군들과 정치가들은 그들이 운명이나 행운의 지배자 혹은 왕이라기보다는 종속인 그리고 대행자라는 것을 항상 애써 기억해야만 할 것이기 때문이다.

---

12) Correlli Barnett, *The Swordbearers : Supreme Command in the First World War* (New York : William Morrow and Company, 1964), p. xvi.

Ⅳ. 전략의 잊어버린 차원

마이클 하워드

1

'전략'이라는 용어는 계속적인 정의定義가 필요하다. 대부분의 사람들에게 전략이란 클라우제비츠의 "전쟁의 목적을 달성하기 위한 전투의 운용"이라는 공식화公式化라든가 또는 리델 하트가 풀이했던 것과 같이 "정책의 여러 목적을 달성하기 위해 군사적 수단을 배분하고 응용하는 기술技術"이라고 해도 충분히 명확하다. 전략이란 주어진 정치적 목적을 달성하기 위해서 군사력을 전개하고 운용하는 것과 관련이 있다. 전략의 여러 역사는 리델 하트 자신의 간접접근전략strategy of indirect approach을 포함해서 통상적으로 알렉산더 대왕으로부터 맥아더 장군에 이르기까지 전략이 시행되었던 방법에 관한 사례연구事例硏究로 구성되어 있다. 그러나 지나간 세기의 경험에 비추어 보면 이러한 접근방법은 하찮은 점에서 부적당하다는 것을 나타내고 있다. 서방측에 '대전략'grand strategy이라는 개념이 도입되었던 것은 20세기에 들어와서 현저하게 나타난 전쟁의 산업적, 재정적, 인구 통계학적, 그리고 사회적 여러 국면을 포괄하기 위해서였다. 한편 공산제국共産諸國에서는 모든 전략사상은 마르크스·레닌주의의 전체론적인 교리에 의해서 확인되지 않으면 안 된다. 이와 같은 기존 개념을 버리지 않고, 지나간 200년 이상 동안 전략교리戰略教理와 전쟁 그 자체가 함께 발전되어 왔던 연구방법을 기초로 해서 필자는 약간 상이相異하고 아마도 조금은 보다 간편한 분석의 틀을 제공하고자 한다. 또한 필자는 서방측의 현 전략적 태세에 대한 분석 양식에 내포된 의미에 관해서 몇 가지 이야기하고자 한다.

2

클라우제비츠의 전략에 관한 정의定義는 의도적으로 그리고 대담하게 간단하였다. 그 정의는 그 이전의 300년 이상 동안에 있었던 전쟁－대단히 많았다－에 관해서 기술記述되었던 일체의 것을 실질적으로 일소하여 버렸다. 보다 옛날의 저술가들은 거의 전적으로 야전지野戰地에서 군대를 모집하고, 무장시키며, 장비를 갖추고, 이동하며 정비를 하는 것에 관심을 쏟았는데, 클라우제비츠는 칼 만드는 사람 솜씨와 펜싱 기술과는 직접 관계가 있는 것처럼, 그러한 접근방식은 전투와 관련이 있는 것이기 때문에 그러한 것을 파기해 버렸다. 클라우제비츠는 이러한 것 중에 그 어느 것도 전쟁을 실제로 수행하는데 중요한 것이 아니며, 또한 이론理論을 수립하지 못한 것은 그들이 군대를 유지하는 것과 사용하는 것을 구별하지 못했기 때문이라고 주장했다.

필자는 이것을 전쟁에 있어서 '군수적軍需的 차원'과 '작전적 차원'이라고 부르겠는데, 이들을 구별지음으로써 클라우제비츠도 전략사상에 큰 공헌을 하였으나, 그러한 구별을 통해서 도출해 낸 결론들은 의문의 여지가 많으며, 또한 그러한 결론의 결과는 불행한 것이었다. 첫째, 클라우제비츠가 살았던 그 당시에도 그가 대단히 존경하였던 지휘관들－나폴레옹, 프리드리히 대왕－도 클라우제비츠가 고려대상에서 제외시킨 제반 군사활동의 모든 분야에 걸쳐서 깊은 이해가 없었더라면 작전적 승리를 결코 거둘 수 없었을 것이다. 둘째, 군수문제를 작전의 진전과 마찬가지로 철저하게 연구하지 않으면 어떠한 전역戰役도 이해할 수가 없으며 거기에서 도출해 낸 결론은 온당할 수가 없다. 또한 마틴 반 크레벨드 박사(Dr. Martin van Creveld)가 최근에 그의 저서 『보급전』*(Supplying War)*에서 지적하였던 것처럼 100명의 군사가軍史家 중 99명이 군수적 요소를 무시해버렸으며, 그와 같은 소홀함이 그들의 판단을 왜곡시켰고 그들의 여러 가지 많은 사태에 대한 결론들을 몹시 그르치게 만들었다.

클라우제비츠의 우선순위에 대한 독단적인 주장－그가 전쟁에 있어서 군수적 요소를 작전적 요소보다 하위에 둔 것－은 아마도 모든 시대, 모든 전투 용사들에게 공통적으로 있는 어떠한 편견 때문이었는지도 모른다. 그것은 틀림없이 1806년에 작전상의 어리석음 때문에 프러시아군을 패배케 하였던 지나치게 조심스런 '과학적인' 장군들에 대한 클라우제비츠의 반발에 의한 것이 많았다. 그러나 나폴레옹 시대에 들어와서 매 전역마다 결정적이었던 것은 건전한 군수계획이라기보다는 오히려 작전기술이었다는 사실을 부인할 수 없다. 그래서 나폴레옹 전역戰役은 19세기 전반全般에 걸쳐서 모든 전략문서나 사상의 기초가 되었기 때문에 일반 대중에게 '전략'이라는 용어는 일반적으로 작전전략operational strategy과 동일한 것이 되었다.

그러나 미국의 남북전쟁을 연구한 사람들에게는 이러한 개념의 부적절성이 남북전쟁의 경과에 의해서 대단히 명백하게 드러났다. 남북전쟁에서 작전전략의 대가大家들은 승리를 거둔 북군에서가 아니라 남군의 지휘관 가운데서 찾아볼 수 있다. 리(Lee) 장군이나 잭슨(Jackson) 장군은 나폴레옹이나 프리드리히 대왕과 같을 정도로 칭찬할 만한 융통성과 상상력을 가지고 그들의 부대를 다루었다. 그럼에도 불구하고 그들은 패했다. 리델 하트의 분석은 거의 작전적 수준을 넘지 못하고 있으나, 리델 하트는 남군의 패배를 주로 작전적인 요인, 특히 셔만(Sherman) 장군이 채택하였던 '간접전략'의 탓으로 돌리고 있다. 그러나 북군의 승리는 근본적으로 북군 장군들의 작전적인 능력 때문이 아니라, 북군의 우세한 산업력과 인력을 군대에 동원할 수 있는 능력 때문인데, 그란트 장군과 같은 지휘관들은 도로 수송과 하천수송의 덕분으로 충분한 병력을 전개할 수 있었기 때문에 그들의 적수의 작전기술을 거의 무색하게 만들 수 있었다. 궁극적으로 전략의 군수적 차원이 작전적 차원보다도 더 중요하다는 것이 입증된 일종의 소모전消耗戰에서 남군은 파멸되고 말았다. 가장 중요한 것은 최대의 그리고 최고의 장비를 갖춘 군대를 작전지역에 투입하고 그들을 유지할 수 있는 능력이라는 사실이 입증되었다. 그때부터 오늘날에 이르기까지 미국 군대의 전략교리를 형성해 왔던 것은 바로 그러한 경험이었다.

그러나 이러한 능력은 전략의 세 번째 차원에서 좌우되며, 클라우제비츠는 이러한 차원에 관심을 끌게 만든 제일 첫 번째의 주요한 사상가이다. 즉 이러한 군수지원능력으로 의존하고 있는 것은 국민의 참여와 극기를 자발적으로 하는가 하는 국민의 태도, 즉 사회적인 것에 달려 있다. 클라우제비츠는 전쟁을 정치적 목적, 그것의 작전적 수단 그리고 사회력을 의미하는 국민의 열정으로 구성된 '하나의 훌륭한 삼위일체三位一體'라고 묘사한 바 있다. 클라우제비츠가 지적하기를 프랑스 혁명전쟁이 프리드리히 대왕의 여러 전쟁과 본질적으로 다르게 된 것은 바로 후자後者 때문이며 그것은 앞으로 어떠한 전쟁과도 반드시 구별이 될 것이라고 하였는데, 그런 점에서 그는 옳았다.

절대주의 시대絶對主義時代의 종말과 함께 열정이 없는 직업적인 전사들에 의해서 수행되었던 순수한 정치적인 제한전쟁制限戰爭은 점점 자취를 감추게 되었다. 국민들의 정부에 대한 참여도가 증가한다는 것은 국민들이 전쟁에 휘말려 들어간다는 것을 의미하며, 또한 그것은 군대 규모의 증대를 의미하기도 하였는데, 그 당시, 즉 19세기의 과학기술이 그러한 군 규모의 증대를 가능하게 만들고 있었을 뿐만 아니라, 군 규모의 증대를 필요하게 만들고 있었다. 전쟁을 수행하는데 있어서 국민 여론의 관리 또는 국민 여론에 순응하는 것이 필수적인 요소가 되었다. 만일에 남북전쟁 당시에 남부연방의 지도자들이 최초에 바랐던 것만큼 북부군 주민들이 전쟁 결과에 대해서 무관심하였더라면, 전쟁 초기의 남군의 작전적 승리로 남부가 결정적으로 우세하게 되었을지도 모른다. 북부의 군수지원 잠재력이 크다 하더라도 그것을 사용할 결의가 없었다면 하찮은 가치 밖에 없었을 것이다. 그러나 남북 양측에 똑같은 결의가 있었으므로 궁극적으로 우세한 군사력을 동원할 수 있는 북부의 능력이 전쟁의 결정적 요소가 되었다. 기타 모든 요소가 동등하다면, 궁극적으로 수數가 결정적인 것이 된다는 클라우제비츠의 말이 또한 번 옳았다.

특별히 한 가지 점에서 기타 요소들은 동등하였다. 유럽의 혁명전쟁에서 그랬던 것처럼 남북전쟁에서 남북군 양측은 동일하지는 않지만 대등한 무기로 싸웠다. 우리 측이나 또는 적측에 결정적인 기술적 우위가 있으리라는 가능성은 전혀 상상할 수도 없었기 때문에 클라우제비츠와 그 당시의 사람들은 기술적 우위를 무시해 버리고 말았다. 그러나 미국의 남북전쟁이 끝나고 1년도 안 되어서 소화기小火器 부문에서 그와 같은 우위가 명백하게 드러났는데, 그 때 당시 후장총後裝銃으로 장비를 한 프러시아군이 그렇지 못하였던 오스트리아군을 격파하였다. 4년 후인 1870년에 프러시아군은 강재鋼材로 된 후장포後裝砲의 덕분으로 적군인 프랑스군보다 압도적인 우세를 나타내고 있었다. 그러한 우세는 결코 결정적인 것은 아니었다. 특히 보불전쟁에서는 미국의 남북전쟁에서처럼 강력한 국민의 참여에 바탕을 둔 우세한 군수지원역량軍需支援力量에 의해서 승리를 거두었다. 그러나 공업기술은 독립적이고도 중요한 차원으로서 이제는 무시할 수 없게 되었다.

증기시대蒸氣時代의 개막 이래로, 해상전海上戰에 있어서 기술적 대등성이 극히 중요하다는 것이 명백해졌으며, 식민지전쟁에 있어서도 기술적 요소가 대단히 결정적인 역할을 하게 되었다. 예전에는 토착민 군대의 것보다 약간의 기술적인 이점 밖에 없어서 때때로 수적 열세에 의해서 상쇄相殺되곤 하였던 유럽 무기의 우수성이 19세기 후반부에 들어와서는 압도적인 군사력 우위로 전환되었고 또한 그러한 군사력 우위로 유럽의 세력들은 같은 방법으로 대응을 할 수 없는 세계 도처에 새로운 제국적帝國的인 지배의 확립이 가능하게 되었다. 블러드(Captain Blood)는 그것을 "어떤 일이 일어났든 우리는 맥심총Maxim gun을 얻었다. 그런데 그들은 갖지를 못했다"고 간명하게 표현하였다. 그 때부터 오늘날에 이르기까지 군사 기획가들은 그 당시의 맥심총과 같은 것을 갖지 못하게 되는 것을 두려워 했다.

그래서 금세기 초까지 전쟁은 네 가지의 차원, 즉 작전적 차원, 군수적 차원, 사회적 차원 그리고 기술적 차원에서 수행되었다. 이들 네 가지 전부를 고려하지 않고서는 성공적인 전략을 수립할 수가 없었으나 상황의 변동에 따라서는 이들 중의 하나 또는 둘이 지배적일 수도 있다. 1914~15년에 이쪽에서는 슐리펜 계획, 상대편에서는 갈리폴리 전역戰役이라는 작전전략이 쌍방에서 기대했던 것처럼 결정적인 결과를 달성하지 못하자, 대치 중에 있는 쌍방 양군은 서로 상대방을 출혈시켜 격멸하고자 하였기 때문에 전쟁의 군수적 측면과 더불어 그들이 의존하고 있는 사회적 기반이 더 한층 큰 중요성을 띠게 되었다. 미국의 남북전쟁에서 그랬던 것처럼 가장 능숙한 장군들과 가장 용감한 병사들이 있는 쪽으로 승리가 간 것이 아니라, 최대의 병력과 화력을 동원하고 또한 가장 강력한 국민들의 지원으로 그들을 떠받칠 수 있는 쪽으로 갔다.

배후에 사회적 단결이 없는 단순한 병력 수만으로는 적절치 못하다는 것이 1917년에 러시아 제국이 붕괴됨으로써 잘 나타났다. 그러나 적대편이 결정적인 기술적인 이점을 확보할 수 있다면 그렇지 않다. 즉 1917년 봄, 연합군이 어느 정도 패배 직전에 있었을 때, 독일군의 잠수함 작전의 성공으로 연합군이 보유하고 있는 군수지원 및 사회력의 취약성을 동등하게 나타나게 하였다. 독일제국은 미국의 참전으로 연합국에게 제공된 군수면의 우세에 대처하기 위해서 기술상의 이점을 가지고 도박을 걸기로 결정한 바 있었다. 그러나 그들은 실패했다.

제1차 세계대전의 경험을 통해서 다른 전략 사상가들은 상이相異한 전략적 교훈들을 도출하였다. 서유럽에서 가장 모험적인 이론가들은 전쟁의 기술적인 차원이 앞으로는 지배적인 것이 될 것이라고 생각하였다. 특히 기갑전機甲戰의 주창자들은 나폴레옹 시대 이후 모르고 있었던 작전의 결정적인 면이 부활될지도 모른다고 믿고 있었는데, 즉 제2차 세계대전이 개시되고 첫 2년 동안에 그들이 옳았다는 것이 입증되었다. 능숙한 지휘와 훌륭하게 훈련된 군대가 군사적으로나 정신적으로나 함께 그들에게 저항이 불가능하였던 적군에 대해 작전을 전개하자 놀라운 성과를 달성했다.

과학기술을 신봉하고 있었던 또 다른 학파의 사상가들은 별로 순조롭지 못하였다. 그런데 이 학파에는 항공력의 발달로 작전적인 차원을 전적으로 제거하고 곧바로 적 사회력敵社會力의 근원, 즉 전쟁을 수행해 나갈 적 사회의 의지와 능력을 직접적으로 타격할 수 있다고 믿는 사람들도 포함되어 있었다. 항공력의 주창자들은 지상의 소모작전消耗作戰을 통해서 적 국민의 사기를 피폐케 하는 대신에 항공력은 그것을 막 바로 공격하여 분쇄할 수 있다고 믿고 있었다.

전쟁의 사태는 이러한 이론이 그릇되었음을 증명하게 되었다. 과학기술이 아직도 충분하게 발전하지 못해 작전 및 군수전략軍需戰略이라는 전통적인 요구조건을 제거할 수가 없었다. 영국 국민이나 독일 국민이나 어느 국민도 항공 공격에 의해서 사기가 저하되지 않았다. 그와 같은 공격으로 적 공군을 격멸하고 그들의 군수지원을 파괴시키기 위하여 새롭고도 복잡한 종류의 작전전략이 요구되고 있다는 것을 참으로 알게 되었다.

그러나 새로운 과학기술의 발전에 도움을 받아 항공전航空戰에서의 작전 성공으로 마침내 연합국 공군은 독일과 일본의 전쟁 노력을 지원하고 있었던 전체적인 군수 지원망을 파괴할 수 있게 되었으며, 또한 최후의 순간까지 독일이 우월하였던 작전기술을 미국의 남북전쟁 당시 잭슨이나 리 장군의 그것처럼 별로 효과를 보지 못하도록 만들었다.

과학기술은 사실상 전략의 성격을 변화시키지 않았다. 물론 적의 모든 군사 과학기술에 뒤지지 않고 따라가는 것은 대단히 중요하나 그것이 가능하였을 경우, 제2차 세계대전의 교훈은 제1차 세계대전의 그것과 다른 점이 거의 없는 것 같았다. 사회적인 기반은 작전상의 좌절로 인한 심리적인 충격을 견디어 내고, 지상, 해상 그리고 공중으로 가능한 최대의 군수지원을 제공할 수 있을 만큼 충분히 강력하지 않으면 안 되었다. 그런 식으로 육성된 힘은 적에게 가용可用한 작전상의 선택을 제거하고 적의 전쟁수행능력을 파괴시키기 위해서 적극적으로 사용되지 않으면 안 되었다.

어딘가 좀 과장된 표현으로 설명되었지만, 소련의 전략분석가들도 똑같은 결론에 도달하였었는데, 즉 1940년대 말과 1950년대 초에는 스탈린(J. V. Stalin)이라는 필명筆名으로 논평하였던 사람들이 적지 않다. 그러나 마르크스주의의 군사사상가들은 서방측에 있는 그들의 같은 연대의 사람들과 근본적으로 다를 바가 없지만 자연히 전략의 사회적 차원–적대국 사회의 구조와 단결력에 대해서 보다 큰 관심을 경주하였다. 소련의 저자들에게 이러한 관심이라는 것은 그들이 연구한 여러 가지 사회에 대해서 딱딱하게 판에 박힌 문구를 나열하는 정도로 뜻해 왔고 아직도 그런 정도이다. 억압된 인민들은 소수그룹의 제국주의적인 착취세력의 시대 역행적인 지배 하에 있고 착취세력 자신들도 대내적으로 필사적인 프롤레타리아의 혁명적인 열망에 취약한 상태에 있다는 그들의 세상 묘사는 하나의 선전적宣傳的인 신화로서 아무리 의심할 수 없는 가치가 있다고 하더라도 복잡한 실제 세상과는 유사한 점이 거의 없다. 그 결과 그들의 분석은 때때로 들떠서 부정확하고 또한 그들의 전략적인 처방은 잘못되었거나 아니면 진부한 것들이다.

그러나 서방측은 비판할 위치에 있지 않다. 의식적이든 무의식적이든 간에 우리를 둘러싸고 있는 정치적 구조에 관해서 우리가 나열했던 상투적인 문구들은 그래도 과거에는 현혹시키는 일이 있었다. 만일에 세계적으로 소련이 지도하는 마르크스주의자들의 음모를 근절시킬 수만 있다면 세계는 서방측의 보호 하에서 앵글로색슨 형태의 민주주의를 향해서 점진적이나마 평화적으로 발전시킬 수 있으리라는 세계적인 냉전관념冷戰觀念은 최소한 러시아 독단주의자들의 그것과 마찬가지로 천진난만하고 잘못된 것이었다. 서방국가들이 전후시대戰後時代를 특징지었던 1940년대의 중국으로부터 1960년대의 베트남에 이르는 여러 가지 혁명운동이나 간접침략들을 보다 효과적으로 대처하지 못하였던 근본 원인은 바로 우리가 다루고 있는 여러 가지 사회에 대한 사회정치적sociopolitical인 분석이 부적절한 데 있었다. 이러한 점에서는 과거의 어떠한 투쟁보다도 전쟁은 정말로 다른 수단을 혼합한 정치적 활동의 연장이었으며 그러한 정치적 활동 그 자체는 제2차 세계대전의 결과로 해서 견딜 수 없는 충동을 받은, 예전의 식민지 세계에서 야기된 중대한 사회적인 대변동의 결과였다. 전략의 네 가지 차원 중에서 사회적 차원이 여기에서는 비길 데 없이 가장 중요한 것이었으며, 마오쩌둥(毛澤東)과 그의 추종자들의 행위에 대해서 영속적인 역사적 중요성을 부여하였던 것은 전략의 사회적 차원에 대한 인식에서였다.

산업국가간의 전쟁에서 얻은 그들의 경험을 외삽적外揷的으로 쓰고 있기 때문에 서방측의 군사사상가들은 본질적으로 사회적 측면의 전쟁을 '대간접침략對間接侵略'의 작전기술을 발전시키거나 아니면 헬리콥터, 탐지장치 또는 스마트 폭탄과 같이 군사과학기술의 발전에 의해서 제공되는 기술적 이점들을 가지고 해결책을 찾으려는 경향이 있었다. 이러한 과학기술을 가지고 승리를 거두지 못하게 되자 프랑스 군사지도자나 미국의 군사지도자나 다 함께 1918년에 독일 군사지도자들이 그랬듯이–마치 정치적 차원과 군사적 차원은 전적으로 상호 의존관계가 없는 것처럼 군사적으로는 전쟁에 이겼지만, 정치적으로 전쟁에 졌다고 불만을 토하였다.

사실상 작전 및 군수 중심이었던 지난 양차 세계대전에 있어서 심리전의 도구가 보조적이었던 것처럼 주로 사회정치적인 전쟁에 있어서는 작전기술이나 기술적인 투쟁은 이제 보조적인 것이 되었다. 현저하게 단결력이 있는 사회간에 그러한 전쟁을 행할 때에는 병참 소모兵站消耗에 의해서 그 결과가 결정되었다. 선전과 전복활동은 부차적 역할을 하였고 그들이 거두었던 성과는 군대 자체의 성과와 엄격하게 연계되어 있었다. 반대로 월남전으로 최고 절정을 이루었던 식민지 해방전쟁에 있어서는 작전 및 기술적 요소가 사회정치전社會政治戰에 종속되었었다. 만일에 사회정치전이 능숙하게 수행되지 못하고 또한 사회정세에 대한 현실적인 분석에 기반을 두지 않았다면 아무리 작전에 대한 전문기술과 병참지원 또는 기술적 방법이 있다 하더라도 별로 도움이 될 수 없다.

만일에 전략의 사회적 차원이 1945년 이후의 어떤 전쟁형태에서, 지배적인 요소가 되었다고 한다면 그리고 그러한 전략분석가들을 믿는다면, 다른 형태의 전쟁에 있어서는 그것이 완전히 없어졌다고 해도 된다. 핵전쟁과 억제에 관한 논문을 보면 거의 전적으로 기술적 차원에서 일어나고 있는 일들을 통상적으로 논문의 주제로 삼고 있다. 그들의 논문에는 사회정치적인 요소뿐만 아니라, 작전적인 요소도 완전히 사라지고 없다. 거기에는 위험과 결과에 대한 계산이 철저하게 그리고 신중하게 되어 있기 때문에 전쟁에 대한 정치적 동기나 전쟁을 수행하는 데 관계가 있는 사회적 요인 또한 심지어는 전투의 군사적 활동마저도 전혀 고려해 넣지 않고 단지 핵무기 제조공장의 기술적 능력만이 결정적인 요인으로 다루어지고 있다. 그들의 모델에서는 정책을 결정하고 시행하는 데 있어서 정부가 절대적인 능력을 갖고 있는 것으로 간주하고 있으며, 따라서 마치 18세기에 유럽에서 전쟁을 할 때 왕자의 신하들의 반응을 조금도 고려해 넣지 않았던 것처럼 사회의 반응을 조금도 고려하지 않고 있다. 아나톨 라포포트(Anatole Rapoport) 교수는 클라우제비츠의 『전쟁론』 축소판에 붙인 서문에서 저자 특유의 표현법을 써서 그러한 사상을 가진 사람들을 '신新클라우제비츠파'Neo-Clausewitzians라고 불렀다. 왜 그랬는지 그 이유를 알기란 쉽지 않다. 클라우제비츠가 전쟁 고유의 것으로 규정한 정치적 동기, 작전활동, 그리고 사회적 참여라는 세 가지 요소 모두가 그들의 계산에서는 완전히 빠져 있다. 정치, 사회 그리고 작전내용을 빼버린 그러한 논문들은 18세기 이론가들의 연구물들과 오히려 유사한데, 클라우제비츠는 바로 그들을 논박하려고 집필하고 있었고 또한 클라우제비츠는 충분한 이유가 있어서 그들의 영향이 자기 자신의 시대에 비참하게 영향을 미쳤었다고 생각하고 있었다.

그러나 의문은 집요하게 꼬리를 물고 나타난다. 즉 핵무기로 무장을 한 국가간에 억제가 실패하고 전쟁이 발발하는 끔직한 우발사태가 일어날 경우에 해당 국민들은 어떻게 반응을 나타낼 것이며 또한 그들의 반응이 정책 결정을 하는 그들 정부의 의지와 능력에 어떻게 영향을 미칠 것인가? 요컨대, 핵전쟁의 사회적·작전적 차원은 무엇인가?

이러한 의문에 대해서 유럽의 사상가들이 해답을 구하려고 하는 것은 단순히 전통적인 문제에 사로 잡혀서가 아니라고 나는 생각한다. 일단 핵전쟁이 일어난다면 유럽에서 일어날 가능성이 아주 높다. 그리고 유럽에서 그와 같은 전쟁이 일어난다면 단순히 대륙간 핵미사일의 교환만이 아니라, 영토의 통제 그리고 좀더 정확하게 말하면 인구 밀도가 높은 영토의 통제를 위한 군대간의 투쟁이 포함될 것이다. 그와 같은 전쟁을 수행하는 데 있어서 소련의 저술가들이 표명한 관심 그리고 그에 대해서 서방에 있는 저술가들이 대단히 불길하게 생각하는 것은 상식에 지나지 않는 것으로 나는 생각된다. 만일에 그와 같은 전쟁이 일어난다면 그러한 전쟁이 제기하게 될 작전 및 군수상의 여러 문제를 철저하게 고려해 두는 것이 필요할 것이다. 서방측의 전략은 억제전략抑制戰略 심지어는 위기관리전략이라고 해서 족한 것은 아니다. 만일에 억제가 실패할 경우에 무엇을 할 것인가를 생각해 두는 것이 전략가의 업무이며, 그리고 만일에 소련의 전략가들은 자기들의 맡은 바 일을 수행하고 있는데, 서방의 전략가들은 하지 않는다면, 우리들이 그들에 대해서 불평을 할 일이 아니다.

그러나 고려하지 않으면 안 될 것은 작전 및 군수 차원뿐만 아니라, 사회적인 것도 고려하지 않으면 안 된다. 소련의 저술가들이 핵전쟁을 수행하는 국가에 있어서 사회구조의 안정성이 중요하다는 것에 주의를 경주하는 것은 그들의 것이든 우리들의 것이든 간에 현대사회에 관한 그들의 결론이 설사 무식한 풍자라고 하더라도 내가 보기에는 전적으로 옳은 일 같다.

서방의 분석가들은 핵전쟁의 작전적인 차원에 대해서는 최근까지도 어리둥절하였고, 동시에 패배주의자였다. 거의 20년 전에 맥나마라 국방장관과 그의 동료들의 활동에도 불구하고 그리고 '유연반응柔軟反應' 전략개념에 대한 찬사에도 불구하고 아직도 서유럽에 있는 군대들은 필요한 경우에 시민병사의 지원을 받아서 그들 자신이나 동맹제국의 영토에 대한 어떠한 공격이라도 이를 격퇴하는 일이 그들 직업군대의 임무가 아닌 것으로 생각하고 있다. 오히려 그들은 핵 대응의 신뢰성을 제고提高하기 위한 복잡한 매카니즘 속에 소모해도 좋은 하나의 요소로 생각하고 있다. 정말로 작전의 효율성을 증대시키게 되면 핵 보복의 신뢰성이 저하될 것이라는 이유로 해서 작전 효율성의 증대를 위한 기도가 아직도 때때로 반대에 봉착하고 있다.

그러나 그와 같은 신뢰성은 단순히 무기체계의 균형 또는 불균형이라는 인식에 의해서가 아니라, 그 사회 지도자들이 그와 같은 보복을 위협하고 있을 것이라는 사회적인 성격에 대한 인식에 의해서 좌우되는 것이다. 방어작전을 위해서 필요한 노력을 할 각오가 되어 있지 않은 국민들은 설사 가능한 최저 수준의 핵 확전核擴戰 범위 내에서 핵 교환 결정을 한다 하더라도 그것 때문에 거의 상상할 수 없을 정도의 파괴를 그들 자신이 입게 되기 때문에 그와 같은 결정을 지지할 가능성이 더욱 없다. 또한 국민들에게 알리지도 않고 그와 같은 결정이 이루어진다면, 그 결과로 하나의 단결된 정치적·군사적 실체로서의 기능을 계속 발휘할 수 있을 만큼 충분히 결의가 확고하고 단결된 상태로 남아 있지 않을 것이다. 평시에 적절한 군사력의 유지와 전시戰時에 그들을 전개시켜 작전적으로 지원하겠다는 의지는 사실상 사회적인 단결과 정치적인 결의의 상징인데, 그것은 불사신의 제2격 능력과 같이 핵 억제에 있어서 하나의 필수적인 요소이다.

그래서 20세기 전반부에 전략의 군수적 차원이 아주 중요했던 것처럼 20세기 후반에 들어와서 선진국간의 무력투쟁에 있어서는 확실히 전략의 기술적 차원이 다른 것보다 월등히 중요해졌지만, 각 사회에 증대하고 있는 정치적 자각과 그리고 적어도 서방사회에 있어서 정치적 참여에 대한 주장으로 사회적 차원이 대단히 중요하게 되어 무시해 버릴 수 없게 되었다. 사회 통제에 대한 강력한 매카니즘을 발전시켜 왔던 소련이나 중공은 같은 사회의 대내적인 의견 차이나 갈등을 극복해서 합의에 도달해야 운영되는 서방사회보다는 초기에 여러 가지 이점들을 분명히 가지고 있다는 것에는 의심의 여지가 없다. 강압 하에서의 이점이 크다는 것이 실제로 증명된다 하더라도 그것은 앞으로 두고 볼 일이다.

그들의 힘에 대한 평가가 어떻든지 간에 전략적인 산정算定을 하는 데 있어서 전략의 사회적 차원은 무시할 수 없는 요소들이다. 만일에 우리들이 핵시대에 있어서 전략의 사회적 차원을 고려해 넣는다면 서방측의 지도자들은 소련의 지도자들보다도 핵전核戰을 훨씬 더 개시하기가 어렵다는 것을 알게 될 것이고, 또한 더욱 중요한 사실은 상대방도 점점 어렵게 된다는 것을 인식하게 될 것이라고 결론을 내릴 수 있을 것이다. 만일에 이것이 사실이고 또한 서방측에서 볼 때 소련의 재래식 전력으로 말미암아 서방 지도자들이 선제를 취할 필요가 없게 된다면, 서방측 군사력의 작전 효율성이 다시 한번 억제와 방위의 양 측면에서 전략적으로 대단히 중요한 문제가 된다.

오늘날 대부분의 전략 시나리오들은 가능성이 거의 없는 정치적 상황, 즉 소련이 정치적 변명의 여지없이 서구에 대해서 전혀 까닭 없는 군사적 침공을 해온다는 것에 기초를 두고 있다. 그러나 하나님은 우리에게 그렇게 솔직한 것을 주실 것 같지 않다. 만일에 그와 같은 공격이 있다면 아마도 중부유럽에서 정치적 위기가 생겨서 그에 대한 시시비비로 말미암아 서방측의 국민 여론이 심각하게 그리고 타당성 있게 양분되었을 때에 그러한 공격이 있게 될 것이다. 소련의 군사목표는 아마도 라인 강 이상을 넘어서지 않을 것이다. 그와 같은 상황 하에서 서방측이 핵전을 개시하겠다는 정치적 의지는 전적으로 무시해 버리지 않으면 안 되고, 따라서 서독의 방위는 핵무기고核武器庫에 의존할 것이 아니라, 서방측 군대의 작전능력에 의존해야 할 것이다. 즉 어떠한 종류의 핵무기에도 의지하지 않고 선전善戰할 수 있을 때까지 선전할 수 있는 작전능력이다. 세계 다른 지역에서 일어날 전쟁들은 월남에서 그랬던 것처럼 정치적 애매성이 훨씬 커져서 핵전을 개시하겠다고 해 봐야 별로 신뢰성이 없게 보이는 그러한 정치적 상황 하에서 일어나게 될 것이라고 굳이 말할 필요는 없다.

요컨대 과학기술로 말미암아 작전의 효율성에 대한 필요가 없어지게 되었다는 생각은 제2차 세계대전에서 그랬던 것처럼 핵시대에 있어서도 옳지 않을 것이다. 오히려 그러한 전쟁에 있어서는 과학 기술이 작전용 무기체계의 개선 그리고 무기체계의 배비配備를 가능하게 만드는 군수지원체제를 발전시킴으로써 전략에 최대의 공헌을 할 수 있을 것이다. 정밀유도무기의 발전과 더불어 우리의 눈 앞에서 일어나고 있는 무기기술의 변화는 바로 그러한 현상이 지금 일어나고 있다는 것을 암시하고 있다. 새로운 무기체계는 1940~41년에 그랬던 것처럼 작전기술이 결정적인 성과, 즉 공격작전에 적극적 또는 방어작전에서 소극적인 성과를 다시 한번 달성할 수 있는 가능성을 제공하고 있다. 그러나 관련된 사회가 최초에 그러한 작전의 결정을 종국적으로 받아들이느냐의 여부는 1940~41년의 전쟁 그리고 그 이전의 모든 전쟁에서 그랬던 것처럼 클라우제비츠의 세 가지 요소 중의 두 가지 요소, 즉 정치적 목적의 중요성 그리고 교전국의 사회가 장기전에 따른 제반 희생을 견디어 낼 용의가 있느냐에 달려 있다.

이러한 희생 가운데에는 규모가 어떻든지 간에 핵전쟁의 경험이 포함될 수도 있고, 안 될 수도 있으나, 확실한 것은 언제라도 핵전화核戰化될지도 모른다는 우려와 함께 매일 심지어는 매 시간을 보내야 한다는 사실이 포함된다. 비록 몇 년은 아니라 하더라도 몇 달 동안 특히 시민방호市民防護를 위한 중요 조치가 이루어지지 않았을 경우에 그와 같은 긴장을 견디어 내는 것보다도 더 큰 사회적 단결에 대한 시련을 상상해 낸다는 것은 쉬운 일이 아니다.

20년 전에 미국에서 그와 같은 조치가 계획되었으나, 여러 가지 복잡한 동기로 해서 폐기되었다. 아무리 광범위한 준비를 하더라도 서방측 국민에 가해질 엄청난 규모의 피해를 방지할 수 없다는 평가가 있었다. 또 한편으로는 미국 국민들이 그와 같은 조치를 취하는 데 따르는 일종의 사회적 혼란과 자원의 분산을 받아들이기를 싫어했다. 이 계획의 폐기는 그 때 당시 상호확증파괴相互確證破壞(MAD)의 교리에 의해서 합리화되었다. 모든 사람들이 피할 수 있기를 바라는 전쟁이 실제로 일어날 경우에 어떠한 방호조치를 취해야 할 것인가를 연구하여 만들어 낸 전략사상가들의 여러 가지 시도는 어느 것이나 억제력을 약화시킨다고 해서 찬성을 받지 못하였다. 그러나 여기에서 다시 한 번 이야기할 것은 소련에서는 그와 같은 제지制止가 전혀 없었던 것 같고 또한 서방측의 사상가들은 중국의 그것처럼 소련의 민방위계획이 대단히 위협적인 것으로 알고 있는데 그것은 필자에게는 상식에 지나지 않는 것 같다. 핵전쟁이 일어났을 경우에 그들 사회의 잔존력을 아무리 조금밖에 향상시키지 못한다 하더라도 그와 같은 조치들을 완성해 낼 수도 있는 역량을 가진 정부를 부러워하지 않기란 어려운 일이다.

한편 서방측의 작전전략이 아주 명백하게 핵전쟁의 개시를 구상하고 있는 한, 서방측의 입장은 모순 되고 동시에 문자 그대로 변명의 여지가 없는 것 같다. 어떠한 규모이든 서유럽지역에서 전역戰域 핵무기를 사용하게 되면 준비가 불충분한 서방사회는 스스로 쓰라린 상처를 받게 될 것이고, 한편 전역핵戰域核을 동구지역에 확대 사용하게 되면 핵 보복에 대해서 전혀 준비가 되어 있지 않은 함부르크 항港, 앤트워프 항, 포츠머드 항과 같은 합법적인 군사목표에 대한 보복을 초래할 것이다. 서구지역을 겨냥하고 있는 소련의 핵무기에 비해서 사정거리, 투사량 및 정확도가 버금가는 핵무기를 서구지역에 계획적으로 배치하는 것이 소련의 핵전 개시를 억제하는 데 필요할 것이다. 그러나 소련이 핵무기에 전혀 의존하지 않고도 작전적 승리를 보장할 수 있는 위치에 있는 한, 그 문제는 해결되지 않을 것이다. 억제抑制는 양면으로 작용하기 때문이다.

7

필자가 위에서 개요概要를 밝힌 바 있는 전략적 결론은 서구의 방위에 대해서 불안한 암시가 내포되어 있다는 것을 부인할 수 없다. 우리들의 잠재적인 적국들은 대단히 현명하게도 사회적인 중요성을 무시하는 따위의 징후를 전혀 나타내지 않고 있는 데 반해서, 우리들은 그것을 무시해 버리고 전략의 작전적인 요구를 희생하고 전략의 기술적 차원에 의존하고 있는 것 같다. 그러나 핵전쟁의 전망은 대단히 가공可恐하기 때문에 만일 전쟁이 일어날 경우에 우리들의 적대국과 마찬가지로 우리들도 과거에 우리가 가졌던 것에 못지 않게 '재래식' 작전기술과 그것을 될 수 있는 대로 오랫동안 지원해 줄 수 있는 병참능력에 의존하게 될 것이다.

유럽에서의 전쟁은 거의 틀림없이 작전의 성과를 획득하거나 아니면 그것을 좌절시키는 것을 목적으로 한 군대간의 교전으로 시작될 것이다. 그러나 과거, 즉 1862년, 1914년 또는 1940~41년에 있었던 것처럼 사회적인 요소가 다음과 같은 것을 결정할 것이다. 즉, 최초의 작전 결과를 결정적인 것으로 받아들일 것인지의 여부, 또는 병참 소모에 의해서 교전국 사회의 결의를 더 시험해야 되는지의 여부 또는 핵전을 개시하기 위해서 자국 국민의 안전과 단결 그리고 적대국의 불안정성을 충분하게 신뢰할 것인지의 여부를 결정한다. 이러한 모든 사실은 강력한 핵전력核戰力이 계속해서 전쟁을 성공적으로 회피할 수 있기를 축원해도 되는 압도적인 이유를 우리들에게 제공하고 있다. 그것은 전쟁을 수행하지 않으면 안 되는 사람들에게 전쟁이 제기하게 될 전략적 문제에 관해서 망상에 사로잡힐 그 어떤 이유도 우리들에게 제공하고 있지 않다.

V. 전략가의 기본 문답 : 여섯 가지 질문※

필립 크로울

역사가 유용한 것이라는 점은 너무나 자명한 사실인 것 같아서 그것을 강조할 필요성을 느끼지 않는다. 간단히 말해서 역사는 기록된 추억이다. 추억이 없는 사람은 정신상으로 결함이 있는 사람이다. 마찬가지로 이에 상응한 집단으로서의 과거를 부인하거나 거부하는 국가나 사회 또는 제도 역시 그러하다.

역사가 쓸모 있는가, 없는가가 문제인 것이다. 여기에 논쟁의 여지가 있는 것이며 또 실제로 그러해 왔다. 그런데 우리는 군사전략의 형성문제에 관심을 갖고 있으므로 이제 잠시 과거 여러 세대에 걸친 전략가들이 자신들의 실질적인 목적을 위하여 실제로 역사를 어떻게 활용했는가를 살펴보기로 하자.

100년 전, 당시에 전쟁술을 진지하게 연구하는 사람치고 역사가 군사 실

※ 이 글은 1977년 10월 6일 미국 공군사관학교에서 행한 제20회 Harmon기념 軍事史講義에서 발췌한 것이며, 당시 크로울은 미 해군전쟁대학원 전략처장이었다.

무자들에게 쓸모 있는 교훈을 가르친다고 하는 주장에 대하여 도전하려고 생각한 사람은 없었을 것이다. 신념에 찬 당시, 즉 신학神學의 정설定說이 과학의 확실성에 밀리고 있던 당시에는 역사란 '전쟁의 과학적 법칙'을 추출할 수 있는 1차 자료를 제공하는 것이라는 사실이 마치 격언처럼 주장되었다. 이들 법칙은 전쟁의 여러 원칙으로 표현될 수 있는 것들이었다. 그래서 미 육군의 수석사가首席史家인 모리스 매트로프(Maurice Matloff)의 말을 빌면 "그와 같은 여러 원칙의 탐색은, 수 세기에 걸쳐 대량으로 쌓인 군사적 경험으로부터 전쟁의 안개 속에서 헤매는 지휘관들에게 지침이 될 간단하면서도 기본적인 진리들을 걸러내는"[1] 하나의 노력이었다.

이것이 해군대학원이 설립되면서 바로 해군사海軍史를 가르치러 부임해 온 마한(Alfred Thayer Mahan) 해군 대령의 기본 가정假定이었다. 19세기의 이른바 과학적 역사가들의 대부분이 그러하듯이, 마한은 역사를 연구하면 인간문제 분야에서는 우주의 자연계를 지배하는 과학의 여러 법칙에 비교될 만한 부동의 어떤 원칙들을 발견하게 될 것이라고 굳게 믿었다. 특히 그는 해군사를 연구하게 되면 해양전략海洋戰略의 어떤 원칙들이, 다시 말해서 어제의 것을 오늘에 똑같이 적용할 수 있고 오늘의 것을 내일에도 적용할 수 있는 어떤 영구불변의 진리들이 나타나게 될 것이라고 믿었다. 어쨌든 마한의 첫 번째 대작大作인 『해양력이 역사에 미친 영향』(*The Influence of Sea Power upon History, 1660~1783*)에서도 보면 그는 다음과 같이 말하고 있다. 즉, "…전쟁의 많은 조건들은 무기의 발달에 따라 시대마다 다양하지만, 역사학파의 입장에서는 불변적이면서 또한 일반원칙의 차원에 이를 수 있는

1) Maurice Matloff, ed., *American Military History* (Washington : Government Printing Office, 1969), p. 5.

어떤 교훈들이 있는 것이다. 이와 똑같은 이유에서 과거의 해양사海洋史에 관한 연구에서도 해양전쟁의 일반 원칙을 설명하노라면 교육적인 것이 발견될 것이다."[2]

이제 마한이 해군 전략가들에게 지침이 될 전쟁의 일반 원칙을 찾아내는 데 열을 올렸다고 한다면 서방세계 도처에 있는 육군 전략가들은 더욱 더 그러하였다고 할 수 있다. 지상地上전쟁을 수행하고 지배하는 일반 원칙들을 개발하기 위한 막대한 노력이 베를린에 있는 전쟁아카데미Kriegsakademie에서 또한 파리에 있는 고급전쟁대학École Superieure de Guerre에서, 그리고 펜실바니아주의 카라이슬에 있는 미 육군전쟁대학원Army War College에서 이루어졌다.

그러나 이와 같은 기관에 있는 군사 분석가들이 역사란 분명하고 쓸모 있는 교훈을 가르쳐 주는 것이며 또한 그와 같은 교훈들은 과학적 법칙 또는 '원칙'으로 표현될 수 있는 것이라는 점에 의견을 같이 한다고 하더라도 이들 원칙이 어떠한 것들이며 또한 얼마나 많은 것들이 존재하느냐에 관하여는 반드시 의견의 일치를 본 것은 아니었다. 가령, 스위스의 조미니 장군(General Jomini)과 프랑스의 포슈 원수(Marshal Foch)는 두 사람이 모두 네 가지씩을 열거하였지만, 이들의 항목은 서로 유사한 것이 거의 없는 것이었다.

미 육군의 야전교범은 여러 해에 걸쳐서 공식적인 원칙 목록에서 빼고 넣고 하다가 1968년에 와서 비로소 '전쟁수행을 지배하는 기본 원칙'을 아홉 가지로 담아 확정한 바 있다. 이것들을 순서대로 나열해 보면 다음과 같다. 즉 목표Objective, 공세Offensive, 집중Mass, 병력의 절용Economy of Force, 기동Maneuver, 지휘의 통일Unity of Command, 경계Security, 기습Surprise 그리고

2) (New York : Sagamore Press, 1957), p. 2.

간명Simplicity 등인데 이들 모두가 영구적인 규범으로서 미 육군의 야전교범에 대문자로 정식으로 기록되어 있다. 그러나 야전교범 자체가 지적하고 있듯이, 이들 원칙들은 '상호 보완적이거나 상충되는 경향을 가지고 있는 것들'이다. 그리고 육군의 역사편찬위원들도 그렇게 인정하고 있는 것처럼, 이들 원칙을 준수해서 성공을 거두는 것 못지않게 이들 원칙을 지키지 않고서도 전장戰場에서 성공한 예가 비슷할 정도로 많이 있다.[3] 따라서 『FM 100-5』의 최신판(1976년도)에서 '전쟁원칙'에 대한 특별 참고란이 모두 삭제되었다는 사실이 그렇게 놀라운 것은 아닐 것이다.

그런고로 사람들은 "그것들이 얼마나 좋은 것인가? 아니면 그것들이 얼마나 좋았었는가?"를 반문하지 않을 수 없게 된다. 진실로 이것들이 기본원칙으로서 존중될 만한 것인가? 아니면 그것들은 단지 판에 박은 문구나 동의어同意語 반복 또는 속이 비고 의미 없는 상투어인가? "모든 군사작전은 분명하게 규정되어지고 결정적이며 달성이 가능한 목표에 초점을 모으고 있는 것이어야 한다"는 육군 야전교범의 엄숙한 선언은 "많은 사람들이 일을 안 하고 있을 때 실업이 초래된다"는 켈빈 쿨리지(Calvin Coolidge)의 유명한 말보다 훨씬 도움을 주는 말인가? 만일 이것이 여러 세기 동안에 있었던 전쟁들을 수 년 간 치밀하게 연구한 끝에 얻은 산물이라 한다면 역사의 활용이란 과연 무엇이란 말인가? 군사 지도자나 민간 지도자들이 전쟁의 역사적 연구나 그 인과론因果論에서 유추해 낼 수 있는 실질적인 가치가 가령 있다면 그것은 무엇인가?

조금 안 된 이야기이지만, 역사란 그 자체가 정확하게 반복하지는 않는 것이라는 부인할 수 없는 이유 때문에서도 과학적인 전쟁법칙은 역사에서

3) Matloff, ed., *op. cit.*, p. 6.

정밀하게 유추해 내려질 수 없는 것이라는 사실이 차라리 진리가 아닐까 한다. 현재란 결코 정확하게 과거와 동일한 것이 아니다. 그렇기 때문에 과거와 현재 사이에서 단순한 어떤 유사점들을 찾으려는 사람들은 실패의 쓴 잔을 마실 수밖에 없는 것이다. 심지어 마한도 기본 원칙의 탐색에 몰두하였지만 역사적 유사점이 갖는 위험성을 알고 있었다. 그는 "역사 속에는 어떤 불변적인 교훈"이 있다고 믿으면서도 급속한 과학기술의 변화 때문에 "미래의 해전海戰에 관한 이론들이란 거의 전적으로 가정적假定的인 것이다"고 경고한 것이다. 그는 과거와 현재간의 "상이점相異點들을 간과하는 경향이 있을 뿐만 아니라, 유사점들을 과장하는 경향도 있다"고 경고하였다.[4] 요컨대 마한은 해전사海戰史 연구를 통하여 전쟁원칙들을 추출하려고 전심전력하였음에도 불구하고 최소한의 과거란 정밀한 예측 도구로는 사용될 수 없는 것이라는 사실을 알게 된 것이다.

그렇다면 전쟁과 평화, 전략과 정책 그리고 정치가의 위정술과 장군의 용병술 등에 관한 커다란 현안문제들에 대하여 관심을 갖고 있는 우리로서 그것을 왜 계속하여 연구하고 있는 것인가? 우리가 과거를 토대로 미래를 예측할 수 있다는 것이 나의 대답은 물론 아니다. 왜냐하면 우리로서 예측할 수 없는 부분이 대부분이기 때문이다. 나의 대답은 단지 역사의 연구란 우리로 하여금 올바른 질문을 하도록 하는 데 도움을 줌으로써 그 문제가 어떠한 것이든지 우리가 그것을 바로 정의定義할 수 있게 해 준다는 것이다.

그래서 오늘 저녁, 내가 하고자 하는 것은 전략가들로서 전쟁을 개시하기 전이나 전쟁에 이르게 될 행동을 취하기 전에, 또는 전시전역戰時戰役에 착수하거나 이미 치르고 있는 전쟁을 종결시키기 전에 반드시 검토해야 한다고

---

4) Mahan, *The Influence of Sea Power*, pp. 4~6.

역사가 암시해 주는 몇 가지 문제를 대략적으로 만들어 제시하려는 것이다. 내가 여기서 전략가들이라고 하는 말은 우리나라나 다른 국가들이 그와 같은 중대한 사항들에 관하여 정책을 결정할 주 책임을 맡겨준 민간 및 군부 지도자들과, 아마도 여러분 중에는 장차 이들의 보좌관으로 참여하겠지만, 그와 같은 업무수행에 자문을 맡고 있는 보좌관들 모두를 뜻한다. 이제 나는 각기 여러 가지의 변형을 가질 수도 있는 여섯 가지의 검토해야 할 사항들을 하나하나 설명하고자 한다. 여기의 여섯 가지라는 수치는 임의적인 것으로 아마도 그 이상 축소시키기는 용이하지 않겠지만 확대시키기는 어렵지 않을 것이다. 이들 검토 사항들은 모두 과거 1세기 반에 걸친 서방세계의 전쟁 및 외교에 관한 역사가 암시해 주고 있는 것들이다.

미래전未來戰 또는 앞으로 있을 기타 군사행동에 관하여 제기할 가장 기본적이고 또 **첫 번째 질문**은 "문제가 되는 것은 무엇인가?"이다. 이를 달리 포슈 원수의 말로 바꾸면 "무엇이 문제인가"[5]라는 것이다. 과연 계획된 군사행동이 기여할 특정한 국가 이익과 정책목표는 무엇인가, 그리고 이와 같은 이익과 목표 속에 담겨진 가치는 어느 정도로 큰 것이며 그에 상응한 값은 얼마나 되는가를 따져 보아야 할 것이다.

물론 우리가 이 문제 배후에 놓여 있는 개념의 첫 번째의 정밀한 형성을 이룰 수 있는 것은 독일의 위대한 전략가인 클라우제비츠의 덕택이다. 클라우제비츠는 "전쟁이란 오락이 아니다. 진지한 목적을 달성하는 진지한 수단이다. …전쟁은…하나의 정책행동이다. …다른 수단을 통하여 행하는 정치활동의 연장延長이다. …정치목적은 그 목표이며 전쟁은 그것에 도달하는

5) Bernard Brodie, *War and Politics* (New York : Macmillan, 1973)의 제1장 제목으로서 적절히 인용된 것이다.

수단이다. …전쟁은 결코 어떤 자동적인 것으로 생각되어서는 안 되며 항상 정책의 한 도구로 여겨져야만 한다. …전쟁은 단순히 다른 추가적인 수단을 갖고 하는 정치적 교섭의 연장인 것이다. …실로 전쟁은 스스로의 문법은 갖고 있으나, 스스로의 논리論理는 갖지 않는다. 그 논리는 그 자체의 것이 아니다."[6)]

그런고로 전쟁의 가능성이 제기될 때에는 먼저 "전쟁에 호소하게 되면 어떤 특별한 정책목표달성에 도움이 될 것이며 또한 이들 목표를 달성할 경우에는 어떤 특별한 국가 이익이 충족될 것인가? 그리고 과연 이들 이익과 목표는 전쟁을 치르고 달성할 만한 가치를 갖고 있는 것들인가?"에 대해서 정치 지도자 및 군사 지도자들은 스스로 자문해 보아야 할 것이다. 되풀이해서 강조하지만, 이 문제만큼은 정치와 군사 지도자들로서 반드시 검토해야 할 것이다. 더욱 적절히 표현한다면, '안 하면 불리하다'는 것이다. 그들이 가끔 그렇게 하지 않는 고로, 그리고 그들이 그렇게 하지 않을 경우에는 최종 결과는 비참해질 수가 있다.

1914년 독일제국의 예를 들어보자. 카이저(Kaiser)와 그의 보좌관들은 프랑스와 러시아에 대한 양면전선전쟁兩面戰線戰爭을 어째서 선택하였는가? 비록 그들은 포위당한 희생자라고 주장했지만, 7월 위기가 닥쳤을 때도 독일 사람들은 자기들은 자기들의 인접국가들로부터 공격받을 위험에 처해 있지 않았던 것이다. 그들의 중구中區지배는 도전을 받지 않았다. 요컨대 그들은 '포만飽滿한 세력'이었다. 그런데도 그들은 자기들의 동맹국인 오스트리아인들에게 '백지 수표'를 주어 세르비아에 대해 터무니없는 요구를 하게 함

---

6) Michael Howard and Peter Paret, eds. and trans., *On War* (Princeton : Princeton University Press, 1976), pp. 86, 87, 88, 605.

으로써 세르비아의 동맹국인 러시아가 거의 불가피하게 전면전쟁으로 확산될 군사행동을 하지 않을 수 없게 하였다. 왜 그렇게 했을까?

역사가들도 60년 이상 동안 최종적인 해답을 얻지 못하였다. 독일인들은 오스트리아를 저지할 힘이 없었는가? 사실은 그렇지 않다. 이미 전에 불안한 발칸문제에 대한 타협이 이루어진 바 있었으며 또 다시 이루어질 뻔하였다. 그들이 프랑스와 영국이 해외에 세운 제국帝國을 부러워했는가? 그렇다. 그러나 그들은 멀리 떨어진 아시아·아프리카에 몇 개 안 되는 식민지를 놓고 전쟁에 호소할 만큼 부러워한 것은 아니다. 독일 지도층이 국내 사회의 불안을 충격요법으로 치료할 방안으로서 전쟁을 치르기를 원할 만큼 당시의 독일 사회가 아주 걱정스러운 것이었는가? 일부의 사가史家들은 이것을 하나의 해답으로 내어놓았으나 모두 확실한 것은 아니었다. 나의 생각에는 카이저와 그 주변의 인물들 및 특히 군사 보좌관들이 어리석었다는 간단한 해답이 나온다고 본다. 그들은 자신들이 흔쾌히 착수한 전쟁의 비용·효과분석을 할 만한 정보를 갖지 못하였다. 그들은 기본적인 문제, 즉 '목표가 무엇이며 그것이 가치 있는 것인가?'의 문제를 진지하게 검토해 보지 않았다.

'어리석다'는 말은 베트남에서 전면전쟁으로 말려든 문제를 주재한 우리들의 지도자들과 보좌관들에게 적용할 말은 아니다. 다비드 헬버스템(David Halberstam)의 아이러니컬한 표현을 빌면, 그들은 "그들의 세대 중에서 가장 훌륭하고 가장 똑똑한" 부류이었다.[7] 그러나 분명한 것은 이들의 경우도 역시 지력知力의 실패, 즉 '그것이 무엇에 관한 것이냐'의 문제에 충분한 관심을 갖지 못하여 빚어진 실패인 것이다. 무엇이 우리의 국가 목적이었으며 어떤 부분의 국가 이익이 문제된 것인가? 이 문제는 당시로서 매우 불명확

---

7) *The Best and Brightest* (Greenwich, Ct. : Fawcett Crest, 1973)

했으며 오늘날에도 역시 애매한 상태에 있다. 호치민(胡志明)을 꼭두각시로 한, 중·소의 단합된 공산주의의 팽창을 봉쇄하는 데에 1차적인 목적이 있었는가? 하기야 이것은 우리의 목적 중에서 가장 널리 알려진 것이었음이 사실이다.

그러나 호치민이 모스크바나 베이징北京의 꼭두각시였다는 것이 사실인가? 그렇게 되었을 가능성은 있었겠지만 이를 증명할 길은 없다. 단합된 공산주의에 관해서 1960년대 초에는 이미 중·소 블록이 분열하고 있었던 것이 확실해졌다. 우리가 베트남에 대거 개입해야 할 조약상의 의무를 갖고 있었는가? 전혀 그렇지 않다. 유엔기구의 회원이나 북대서양 동맹회원이기 때문에 그렇게 행동하도록 요구받은 바도 없다. 그렇다면 미국은 한 지역으로부터의 동남아에 어떤 중요한 이익이라도 갖고 있었는가? 이것은 전략적 관점에서도 또한 경제적 관점에서 보아도 그렇지는 않았다. 과거에 우리가 개입했던 역사도 분명히 없었다. 프랑스는 그 지역을 포기하였다.

그런데 왜 우리는 그 안으로 들어갔어야 했는가? 아이젠하워 대통령은 만일 베트남이 공산주의자들에게 넘어가면 다른 동남아 국가들도 '도미노의 줄'처럼 될 것이라고 경고한 바 있었다. 도미노 이론이 문제가 되는 것은 그것이 기껏해야 추측성이 높다는 점이며 최악의 경우에는 그것은 핵심문제를 교묘히 피하려는, 말하자면 도미노 식으로 쓰러지지 않도록 보호해야 할 필요가 있는 미국의 중대 이익이란 무엇이냐의 문제에 대하여 해답 없이 지나가려 하는 점이라는 것이다.

결국 우리의 베트남 군사개입을 옹호하는 사람들은 국가의 신뢰성과 위신이 문제된다는 주장으로 돌아가야만 하였다. 말하자면 우리는 베트남 공화국을 창설하였으므로 그것을 유지해야 할 도덕적 의무를 갖고 있다는 것 그리고 베트남에서 너무 많은 피와 재물을 쏟아 부었으니 피해를 만회한다는 것은 명예문제라는 것 등이 그것이다. 이런 것들이 우리가 일단 베트남에 깊이 개입한 이상 끝까지 싸워야 할 타당한 이유로 여겨져 왔다. 실로 이런 이유들이 본인마저도 납득할 만한 결과를 얻을 때까지 전쟁을 계속하는데 지지하도록 한 것들이었다.

그러나 그것들은 우리의 당초 개입의 타당한 이유가 되지 못한다. 우리의 국가 위신과 신뢰도는 우리 스스로가 문제 삼을 때까지는 문제거리로 등장한 것이 아니었다. 그처럼 문제 삼았어야 할 만한 긴요성은 없었다. 만일 케네디 대통령이나 존슨 대통령, 아니면 이들의 보좌관들이 우리가 베트남에 군사개입을 처음 시도할 당시에 예상되는 비용·효과분석을 철저히 했었다면 그들이 그와 같이 행동했으리라고는 생각되지 않는다. 그들은 있어야 할 문제의 검토를 무시했던 것이다.

전략에 대한 **두 번째의 문제**는 개전開戰결정에 관련된 것이 아니라, 일단 전쟁이 발발한 경우에 수행해야 할 적절한 전투방식에 관한 문제이다. 가령 전쟁에 돌입한 한 국가가 어떤 합리적인 목표를 설정하였다고 볼 경우에 그 다음에 오는 문제는 '그 국가의 군사전략이 해당 국가의 정치목적에 적합하게 짜여진 것인가?'이다. 이 문제가 제기하는 바는 전쟁이 갖는 정치목적과 이들 목적을 달성하기 위해 채택된 군사 수단 간에는 밀접한 상호관계가 있다는 사실이다.

비스마르크(Otto von Bismarck)가 그와 같은 상호관계를 달성한 대가大家 중의 한 사람일 것이다. 보오전쟁普墺戰爭이 바로 해당되는 사례로 볼 수 있다. 당시 오스트리아와 전쟁을 개시한 비스마르크의 목적은 여러 개의 주권국가로 분할된 독일국가들을 프러시아인의 지배 하의 하나의 제국帝國으로 만들려는 데 있었다. 이 일을 하기 위해서는 독일어를 사용하는 사람들 사이에서의 주도권을 주장하는 오스트리아의 오랜 구실과 명분을 제거해야만 했다. 오스트리아인의 위신을 실추시키는 데는 단 한 번의 결정적인 군사 패배로서 충분하였을 것이며, 이에 따라 프러시아는 쉽게 두각을 나타낼 수 있었다. 그래서 실제로 프러시아인들이 오스트리아 육군을 코니그라츠에서 완전히 패배시켰을 때, 비스마르크는 전쟁의 중지를 명령하였다. 이에 대해 프러시아 장군들은 그들의 승리에 멈추지 않고 비엔나로 계속 진군하여 오스트리아인과 그 황제를 굴복시키기를 원하였다. 그러나 비스마르크는 단지 그 제안이 과도하다는 이유만으로 거부하였다. 전쟁목적이 달성되었으므로 오스트리아인들과의 적대관계를 연장하기보다는 그들과의 선린관계를 발전시키는 것이 이제는 훨씬 더 쓸모 있는 것이었다. 비스마르크는 오늘의 적군이 내일의 우군이 될 수 있고 또 그 반대의 경우도 성립될 수 있다는 것을 완전히 인식했던 것이다.

이와 똑같은 예는 1945년 히틀러의 독일에 대항한 승리의 전역戰役이 종결을 향해 줄달음쳐 가던 당시 루즈벨트 대통령의 경우에서 볼 수 있다. 아이젠하워의 부대들은 실제보다는 그 이상으로 독일과 체코 쪽으로 깊숙이 계속 동진東進해 갈 수 있는 능력이 있었던 것은 사실이었다. 그러나 루즈벨트는 물론이거니와 그의 후계자인 트루먼도 아이젠하워 장군에게 그렇게 하도록 명령하지는 않았을 것이다. 어쨌든 아이젠하워는 그 반대의 정치적 지시가 없는 가운데 엘베 강에서 멈추고 패튼(Patton)을 프라그로 진격하지 못하도록 하였다. 그는 순수한 군사적인 근거에 입각한 이 결정이 전적으로 정당한 것이라는 생각이 들었으며 또 사실상 그와 같은 근거 위에서만 그의 생각이 옳았을 것이다.

그런데 그 때까지는 이미 많은 사람들은 소련 육군부대들로 하여금 중앙유럽에서 절대적인 필요 이상의 과속진군過速進軍을 하지 못하도록 할 그럴듯한 정치적 이유가 있으리라고 분명히 인식하고 있었다. 이와 관련하여 처칠은 "우리는 가능한 한 멀리 떨어진 동부지역에서 소련과 악수하는 것이 매우 중요한 것이라고 생각한다"[8]고 하였다. 그런데도 워싱턴 당국은 정책이 전략을 지배하여야 한다는 생각을 받아들이고자 하지 않았다. 마샬 장군은 "미국인의 생명을 순전한 정치목적을 위하여 내맡기기는 싫다"는 이유로 서방 동맹국들의 손에 의한 프라그Praque 해방을 반대하기까지 하였다. 실로 여기에 조지 마샬(George C. Marshall)과 같은 경험을 가진 군인 겸 정치가로부터 나온 기묘한 발언이 있다. 사람이라면 누구나 능히 다음의 문제를 제기할 수 있를 것이다. 즉 "도대체 그 전쟁이 정치적 목적에서가 아니라면 왜 수행되었는가?"라는 말이다. 마샬의 말이 품고 있는 목적과 수단 간의 혼돈은 아마도 루즈벨트의 책임일 것이며 또한 전쟁의 유일한 목적은 "무조건 항복"이라고 한 그의 공언公言에 그 원인이 있을 것이다. 그는 1943년 1월에 카사블랑카에서 그 발언을 한 바 있다. 그 후 그는 전후戰後 유럽의 세력균형에 대하여는 별로 진지하게 생각하지 않았다. 무조건 항복의 교리는 워싱턴으로 하여금 유럽의 세력균형에 위협이 되며, 또 독일 세력을 완전히 제거하게 되면 소련으로부터의 또 다른 위협이 등장하게 될 가능성을 보지 못하게 하는 것 같았다. 그것은 비스마르크도 범하지 않았던 하나의 실책이었다.

전략가들이 제기해야 할 가장 중요한 **세 번째의 문제**는 '어디까지가 군사력의 한계인가?'라는 것이다. 이 문제는 그 어느 것보다도 난해한 문제이다. 특히 본래 방대함을 타고난 우리들 미국인의 가슴을 찌르는 문제이다. 더욱이 '할 수 있다'는 세 마디 속에 직업적인 신조가 가장 잘 표현되고 있는 미군

---

8) Stephen E. Ambrose, *The Supreme Commander, The War Years of General Dwight D. Eisenhower* (Garden City, N.Y. : 1970), p. 639.

장교들에게는 매우 어려운 문제이다. 그렇지만 군사력이 제아무리 강력하다고 해도 할 수 없는 일들은 많이 있는 것이다. 전에 몽고메리(Montgomery) 원수가 "전쟁의 제1 원칙은 모스크바까지 걸어가 보려는 시도를 하지 않는 것이다"[9]고 말한 적이 있다. 나폴레옹과 히틀러 두 사람은 모두 시도하였으나 이룰 수 없었다. 이들은 러시아의 지세地勢와 기후 그리고 러시아인들의 의지를 잘못 파악하였다. 그래서 이 문제의 해답에 대한 첫째의 요건은 동맹국들의 자원을 포함한 자신의 자원과 상대방 및 그 맹방들의 자원을 신중히 계산하는 일이다. 그런데 이러한 계산상의 정확성은 기하기 어려운 것으로서 따라서 착오의 기회는 매우 많다. 그런고로 단지 신중성만이 표어가 된다.

그러나 신중한 계산이라는 요건을 넘어서 현명한 전략가들은 단순한 군사력만으로 성취할 수 있는 데는 한계가 있다는 사실을 인식할 것이다. 클라우제비츠는 말하기를 전쟁의 목적은 "우리의 의지를 적에게 강요시키는 데 있다"는 것이며, 물리적인 힘이란 거기에 이르는 수단이라고 한다. 그러나 적의 저항 의지는 사용된 물리적인 힘의 양에 정확히 반비례한다고 볼 수는 없다. 양차 대전 간에 일부의 전략 공군력을 주장하는 사람들은 적의 도시들을 대량폭격하게 되면 표적이 된 주민들에게 공포를 느끼게 하여 신속한 항복을 얻어내게 되리라고 확신하였다. 그러나 실제는 그렇지 못하였다. 런던 기습은 처칠 정부를 항복하도록 설득하지 못하였으며, 베를린을 대대적으로 폭격했지만 독일인들은 항복하지 않았다. 베트남에서는 우리가 제공권制空權에 있어 압도적으로 우세하였는데도 결과는 훨씬 더 실망적인 것이었다. 1971년 말경에는 600만 톤의 폭탄과 총탄을 인도지나에 공중 투

9) Brodie, *War and Politics*, p. 85.

하하였음에도 불구하고 월맹과 베트콩은 계속 항전하였다. 실로 여기에 군사력이 한계를 갖고 있다는 값진 교훈이 있었다.

네 번째의 문제는 간단한 것으로서 '다른 방도는 무엇인가?' 다시 말해서 '전쟁 이외의 다른 선택은 무엇인가?'이다. 특히 선택한 방도가 실패할 경우 전역戰役에 대처할 또 다른 전략은 무엇인가, 그리고 승리의 가능성이 거의 없을 경우에는 어떻게 하면 전쟁을 멋지게 종결시킬 것인가가 문제인 것이다.

클라우제비츠에 의하면 전쟁환경을 형성하는 네 가지 요소 중에는 '불확실성'과 '기회'가 포함된다고 한다. 기회와 불확실성은 "군사 기획과정"의 천연적인 적들이다. 작전계획, 참모연구, 워 게임war game 시나리오 그리고 이들의 해결안－이 모두가 똑같은 고유의 약점 때문에 어려움을 겪고 있다. 말하자면 이들 모두가 철저하게 추측적인 것들이라는 것이다. 그들은 발생할 수도 있고 어쩌면 결코 일어나지 않을 수도 있는 미래의 사건들에 대하여 정확한 사태의 연속을 가정假定하지 않으면 안 된다. 그런데 그와 같은 유동적인 가정假定 위에서 정밀한 청사진이 그려지고 방대한 수의 인력, 함정, 항공기, 전차, 화기 그리고 보급품을 위한 위치 선정, 이동 및 행동 방향의 선택이 세부적으로 규정되는 것이다. 만일 사태가 기대한 것과는 달리 전개되면 어떻게 할 것인가? 물론 현명한 전략가들은 돌발사태에 대비한 계획을 만들어 놓을 것이다. 그러나 이것들마저 해당되는 상황에 꼭 맞아떨어지지 않을지도 모른다. 이 지점이 클라우제비츠가 말하는 군사분야의 천재가 등장하게 되는 지점이다. 진정으로 우수한 전략가는 무엇보다도 융통성이 있을 것이며 변화된 환경에 신속히 적응해 갈 것이고 기회나 심지어는 불리한 상황까지도 자기에게 이롭게 바꾸어 갈 것이다.

이와 관련하여 두 가지의 역사적 사례가 있는데, 하나는 실패한 예이고 또 하나는 성공한 예이다.

1914년 8월 1일, 대독일군은 이전에 오랜 동안 구상·작성하였던 병참계획의 세부안에 따라 프랑스와 러시아를 상대로 동원을 개시하였다. 그 날 오후 베를린에 있는 외무성에는 만일 독일이 동부전선에만 동원하고 프랑스에 대한 동원을 중지한다면 영국은 중립을 지킬 것이라는 내용의 전문이 날아 들어왔다. 황제는 오직 단일전선전쟁單一戰線戰爭만을 치르도록 하는 꾐에 넘어간 것이다. 그리하여 그는 비스마르크의 동료이며 경쟁자였던, 고故 몰트케 장군의 조카인 몰트케(Helmuth von Moltke) 참모총장을 불러들였다. 그리고 황제는 전체의 동원보다는 동부전선에 집중 이동하도록 강력히 역설하였다. 몰트케는 이에 대하여 "폐하, 그럴 수가 없습니다."라고 간단히 답변하였다. 100만의 병력을 방향을 바꾸어 서부에서 동부로 이동 배치한다는 것은 이 유능하면서도 고집 센 프러시아 출신 장군으로서는 상상할 수 없는 일이었던 것이다. 황제는 불쾌해서 말하기를 "그대의 삼촌이었더라면 나에게 다른 답변을 했었을 것이오."[10] 하였다. 어쨌든 사태는 돌이킬 수 없이 진행되어 마침내 독일제국은 파괴되고 황제는 황제위皇帝位를 잃었다.

한편 군사적인 사고思考란 반드시 그렇게 융통성이 있는 것은 아니다. 그렇지만 하나의 좋은 예가 있다. 2차 대전 중에 야프Yap 섬을 불침한 사건이 문제의 사례가 될 것이다. 1944년 9월의 퀘벡회담에서 연합참모총장 맥아더 장군에게 동월同月 내로 모로타이Morotai를 점령하라고 명령하였고, 니미츠(Nimitz)에게는 페레리우(Peleliu)를 점령하도록 하였으며, 한 달 후에 가서 캐롤라인 군도群島에 있는 야프 섬을 접수하라고 명령한 바 있었다. 그러고 나서 두 사람은 12월에 필리핀에 있는 레이트Leyte에서 만나기로 되어 있었

10) Barbara W. Tuchman, *The Guns of August* (New York : Macmillan, 1962), pp. 79~80.

다. 태평양 함대 측에서는 이에 따라 세부계획을 만들었으며 9월에는 야프 섬으로 갈 기동타격대가 진주만을 출발하였다. 그런데 이들 함선들이 애드미럴티 제도Admiralty Islands에 있는 집결지에 도착할 때는 이미 그 계획은 변경되어 버렸다. 야프 섬은 그대로 지나치게 되어 있으며 기동타격대는 일정계획보다 두 달이나 앞당긴 10월에 레이트 섬을 공략하기로 되어 있었다. 그리하여 새로운 병참계획이 착수되었으며, 새로운 해도海圖가 발간되었고 작전명령들은 수정되었다. 그리고 우리들은 맥아더 장군을 필리핀으로 돌려보내기 위하여 출항하였다. 여기서 내가 '우리'라는 말을 하는 이유는 나의 함선이 그 중의 하나로 포함되어 있었기 때문이다. 그 당시 미숙한 나이에 있던 나로서는 이 거대한 기계들의 움직이는 속도와 능률에 놀랐다. 아니 지금도 놀랍다고 생각된다. 그것은 군사가 갖는 융통성의 한 모델이었다.

이제는 펜타곤의 기획자들이나 팔걸이 의자에 앉아 있는 전략가들이 똑같이 흔히 눈여겨보지 못하는 군사전략의 또 다른 측면에 착안해 보자. 즉 나의 **다섯 번째의 문제**는 '후방home front이 얼마나 든든한가?'이다. 말하자면 여론이 해당 전쟁을 지지하고 있으며, 그 전쟁을 수행하기 위해 적용하고 있는 군사전략을 또한 지지하고 있느냐의 문제를 검토해야 할 것이다. 이와 관련하여 다음의 문제들도 제기될 것이다. 집권당 정부 내외에 있는 영향력을 가진 엘리트들의 태도는 어떠한 것인가? 희생을 요구하는 전시戰時의 압력하에서 민간사회가 긴장상태를 얼마나 견디어 낼 수 있는가? 그 전쟁은 도덕적으로 납득이 갈 만한 것인가? 그 전쟁이 '정당한 전쟁'으로서 공감을 받을 수 있도록 설명할 수 있는가?

오늘날은 핵심이 너무나 분명한 것이기 때문에 열거의 필요성이 거의 없다. 베트남 전쟁을 경험하면서 살아온 우리들은 그 누구도 여론이 군사전략에 미친 영향을 잊을 사람이 없을 것이다. 켄트주州의 학생폭동, 지식인들의 이반, 군 시설에 대한 습격—이 모두가 쉽게 잊어버리기에는 너무나 최근의 기억들이다. 만일 베트남 전쟁이 우리에게 어떤 교훈이라도 남긴 것이 있다면, 그것은 적어도 미국에서는 국내적 지지 없이는 지구전을 성공적으로 수행해 낼 수 없다는 점일 것이다. 독재체제에서는 그것을 해내겠지만, 민주주의 체제 하에서는 그렇지 못한 것이다.

그런데 여기서 베트남 전쟁에 관한 언급을 끝내기 전에 한 가지 더 자세히 검토해 볼 문제가 있다. 그것은 다름 아니라, 우리가 그 교훈들을 너무나 잘 배웠다는 사실일 것이다. 한 때 있었던 바로 그대로의 베트남 전쟁은 결코 다시는 발생하지 않을 것이다. 그리고 만일 이 나라(미국)가 '베트남은 이제 다시는 싫다!'는 단순한 문구로 앞으로 닥쳐오는 모든 국제 위기에 대응한다면, 우리는 중대한 문제에 봉착하게 될 것이다.

이것은 앞서 역사란 결코 그 자체가 동일하게는 반복되지 않으며 따라서 단순한 역사상의 유사점에만 의존한다는 것은 매우 위험하다고 한 나의 말을 되새기게 해 주는 것이다. 뿐만 아니라 이것은 또한 전략가로서 고려해야 할 **여섯 번째**인 동시에 마지막이 되는 문제로 옮겨가게 해주는 것이기도 하다. 그런데 이 마지막 문제는 이미 우리가 주목한 바 있는 마한의 경고를 다른 말로 바꾸어 표현한 것이다. "오늘날의 전략은 과거와 현재간의 차이점들에 대하여는 눈여겨보지 않고, 유사점들에 대해서는 이를 과장하고 있는 것인가?" 과거의 성공과 실패에 대한 관심에 끌려서 전략가들은 눈이 멀어 새롭고 또 다른 대응을 요구하는 환경변화를 보지 못하게 되는 신경성 집착증세로 빠져 버렸는가?

장군과 제독들은 항상 지나간 전쟁을 치르고 있거나 방금 끝난 전쟁을 준비한다고 비난받고 있다. 그렇지만 때로 그와 같은 비난은 타당한 것이다. 이제 1914~15년간의 프랑스 육군에 대하여 잠시 눈을 돌려 보자.

프랑스의 총참모부는 보불전쟁普佛戰爭 당시 독일의 작전이 가져온 빠른 성공에 현혹되고 또한 나폴레옹의 돌진하는 보병종대步兵縱隊가 가져온 승리를 회상하다가 공세의 '원칙'에 심취된 바 있었다. 프랑스인들은 이들 두 가지의 역사적 사례에 너무 지나치게 의지한 나머지 승리하겠다는 의지와 승리 그 자체를 동일시하는 전투이론을 개발하였다. 군사적 승리를 위한 그들의 간단한 공식은 '공격! 공격! 공격!'이었다. 물론 이 공식이 보지 못하고 넘긴 점은 기관총이었다. 전쟁 초기의 2년간에는 이 점을 보지 못했기 때문에 수 천 명의 프랑스 군인들이 죽어갔다. 나폴레옹이나 심지어 1870년의 프러시아 부대들도 알지 못한 포위술의 향상에 더하여 기관총은 공격을 압도하는 전술적 방어의 이점利點을 대대적으로 높여 주었다. 전쟁이 끝날 즈음에 가서 프랑스인들은 그 교훈을 알게 되었다. 아마도 그들은 너무 잘 배웠다고 할 수 있을 것이다. 그래서 이번에는 전차와 항공기들이 가진 새롭고도 막대한 공격력을 과소평가하고 그들은 그들의 너무나 많은 자원을 마지노선 공사에 쏟아 넣어 방어전선을 너무 과도하게 의존한 나머지 마침내 1940년에 가서는 패배를 맛보게 된 것이다. 역사 그 자체는 되풀이 되지 않았던 것이다.

이 불행한 사실을 끝으로 나는 나의 연구를 마치려 한다. 그러나 내가 여러분들에게 분명히 해 둘 것은, 나는 스펭글러Spengler 류類의 비관론자는 아니라는 점이다. 전쟁과 외교에 있어서, 전략과 정책에 있어서 인간은 영원히 과거의 실수를 되풀이하거나, 그와 같은 실수로 지나친 피해를 받도록 저주받았다고는 믿지 않는다. 여기서 내가 상세히 이야기한 대부분의 실수한 그 근본을 보면 상상력의 실패, 지력知力의 실패 등이다. 전략문제는 근본적으로는 하나의 지적 능력의 문제이다. 그리고 그것은 표현되기 전에 반드시 정의定義되어야 한다. 따라서 그 문제를 정의하기 위하여 사람들은 다음과 같은 질문들을 먼저 검토하는 법이다. 즉, 그 목표는 무엇인가? 그것을 달성하는 수단은 무엇인가? 그와 같은 수단들은 쓸만한 것들인가? 비용은 얼마나 드나? 이득은 어떠한가? 이에 수반되는 위험은 어떤 것들인가? 제한사항은 무엇인가? 일반 대중은 어떻게 반응할 것인가? 요구되는 행동은 도덕적으로 타당한 것들인가? 경험이 주는 교훈은 어떤 것들인가? 현재는 과거와 어떻게 다른가? 등의 문제로부터 시작하는 것이다.

전략가로서의 최종 경력을 쌓아 올리고 있는 여러분들에게 마지막으로 할 한 가지 경고는, 여러분의 모든 기획이 완성되고 모든 방도의 검토가 끝나고 모든 돌발사태가 고려되고 난 후에는 한 가지 최후의 문제를 스스로 제기해 보라는 것이다. 즉, **'내가 보지 못하고 넘긴 점은 무엇인가?'**를 말이다. 그러고 나서 내일도 역시 다루기 힘든 의외의 일들을 가져다 줄 것이라는 사실을 각오하고 기도한 후 취침하라는 것이다.

제2편 군사전략의 이론

VI. 군사전략의 이해

아더 라이케 2세

군사전략이란 무엇인가? 고대 그리스에서는 '장수의 책략'art of the general이라 했으며, 군사용어사전에서 미 육군전쟁대학원U.S. Army War College은 8가지로 군사전략을 정의定義하고 있다. 이것은 중요하고도 복잡한 주제의 연구에 있어서 여러 문제 중 첫 번째로 강조하고 있다. 군사전략은 보편타당한 정의가 없으며, 합의의 근사치에 도달치 못하고 있다. 오늘날 전략이란 용어는 광범위하고 애매하게 사용된다. 어떤 사람은 지도상에 선을 그려서 전략이라 하며, 또 어떤 사람은 국가 목표의 목록을 전략이라 한다. 문제는 어의語義에 있는 것이 아니고, 그것은 군 직업의 가장 기본적인 도구의 하나를 훌륭하게 사용하는 데 있는 것이다.

대안적代案的 전략을 선정하는 데 있어 사과와 오렌지를 비교하는 문제에 때때로 봉착하게 되는 데, 선택은 똑같은 요소를 고려하지 않기 때문이다. 군사전략을 이루는 것이 무엇인가를 상호 이해함으로써만이 전략적 대화가 증진될 수 있기를 바란다. 군사전략에 대한 개념적 접근에 일반적인 합의가 필요하다. 즉 정의定義 ; 군사전략을 이루는 기본 요소의 기술記述과 이들 요소들이 서로 어떻게 관련되었는가의 분석인 것이다. 토의 목적상 미 합참에 의해 승인된 정의定義를 사용하면 다음과 같다.

> 무력의 사용 또는 무력의 위협으로 국가정책의 목표를 확보하기 위한 한 국가의 군대를 운용하는 술術 및 과학[1)]

1981년 미 육군전쟁대학원을 방문했을 때, 테일러(Maxwell D. Taylor) 장군은 전략을 목표, 방법 및 수단으로 구성되는 것으로 특징화하였다. 이 개념을 등식으로 설명하면 다음과 같다.

전략=목적(지향하는 목표)**+방법**(행동 방안)**+수단**(특정 목적을 달성하기 위한 도구)

이 일반적 개념은 어떤 유형의 전략－사용되는 국가 요소에 따라 군사, 정치, 경제 등－형성의 기초가 된다.

군사전략과 국가전략을 혼동해서는 안 된다. 국가전략을 정의하면 다음과 같다.

> 국가목적을 보장하기 위하여 평화 및 전쟁기간 동안 군대를 포함한 정치적, 경제적, 심리적 힘을 개발하고 사용하는 술術과 과학이다.[2)]

군사전략은 이러한 모든 것을 망라한 국가전략의 일부분이다. 국가전략의 군사적 부분은 국가 군사전략national military strategy이라고 부르기도 한다. 최고 수준에서의 군사전략은 군사계획과 작전의 기초로서 사용되는 작전전

---

1) JCS Pub., 1 : *Dictionary of Military and Associated Terms* (Washington : U.S. Department of Defense, 1 June 1979), p. 217.
2) *Ibid.*, p. 228.

략과는 상이相異하다. 군사전략은 국가전략을 지원해야 하며, 국가정책에 상응해야 한다. 국가정책은 국가목적을 추구하기 위하여 국가 수준의 정부가 채택한 광범위한 행동 방안 또는 지침으로 정의된다.[3] 바꾸어 말하면, 국가정책은 군사전략의 능력 및 제한에 영향을 받는다.

전략=목적+방법+수단이라는 공식은 전략의 일반적 개념으로서 군사전략으로 접근할 수 있는 방법을 개발할 수 있다. 목적은 군사목표로 표현할 수 있으며, 방법은 군대를 사용하는 여러 가지 방안과 관련된다. 근본적으로 이것은 군사목표를 달성하기 위한 행동 방안의 모색을 의미한다. 이러한 행동 방안은 군사전략개념military strategy concept으로 표현된다. 수단은 임무를 달성하기 위한 군사자원(인력, 물자, 금전, 부대 등)으로 표현된다. 따라서 이것은 군사전략=군사목표+군사전략개념+군사자원으로 결론지을 수 있다.

어떤 사람은 이와 같은 등식에 의문을 제기할지 모른다. 즉 군사자원은 전략을 지원하는 데 필요하나 전략의 구성 요소는 아니기 때문이다. 그들은 군사전략을 군사목표 및 군사전략개념으로 한정하는 것이다. 그러나 수적 우위를 논의하면서 클라우제비츠는 군대의 규모를 결정하는 것은 "전략의 중요한 부분"[4]이라고 언명하였다. 그리고 버나드 브로디도 "평시의 전략은 무기체계의 선택"[5]이라고 표현할 수 있다고 지적하였다. 군사자원을 군사전략의 기본 요소로서 고려함으로써 군 구조문제에 주로 관심을 두면서 군사목표 및 전략개념의 중요성을 무시해 버리는 문제를 완화시킬 수 있다.

---

3) *Ibid.*, p. 228.
4) Carl von Clausewitz, *On War*, edited by Michael Howard and Peter Paret (Princeton, New Jersey : Princeton University Press, 1976), p. 196.
5) Bernard Brodie, *Strategy in the Missile Age* (Princeton, New Jersey : Princeton University Press, 1965), p. 361.

예를 들면, 국방장관은 "상·하 양원의 군사위원회에 차기 회계연도의 미국의 대외정책 및 군사력 구조에 대한 서면보고書面報告를 매년 하게 되어 있으며, 여기에 정책과 군사력 구조가 어떻게 상호 연관되었으며, 각각에 대한 정당성을 제시토록 되어 있다."[6)]

군사전략이란 전혀 언급되지 않았다. 이러한 의회의 군 구조에 대한 강조로 군 인력 및 무기체계에만 관심을 집중하게 되고 이러한 군사력으로 무엇을 달성할 것이며, 어떻게 운영될 것인가에 대한 결심에 대해서는 무시되고 있다.

군사전략에는 두 가지 형이 있는데, 하나는 작전전략operational strategy이고, 또 하나는 전력개발전략force developmental strategy이다. 현 군사 능력에 입각한 전략이 작전전략, 즉 단기간의 행동을 위한 특정계획의 수립의 기초로서 사용된다. 이런 수준의 전략을 고등전술higher tactics 혹은 대전술grand tactics, 작전술operational art이라고도 한다. 장기전략은 장래의 위협 및 목표의 예측에 기초해야 하기 때문에 현 병력 수준에는 제한을 받지 않는다. 이러한 장기전략은 성질상 세계적인 것이며, 군사 능력의 개선을 요구하기도 한다. 군사전략은 특정 위협 시나리오에 따라서 세계적이기도 하며, 국지적局地的이기도 하다.

군사전략의 군사목표 및 군사전략개념은 자원의 소요량을 설정하지만, 반면에 자원의 가용可用에 따라 영향을 받는다. 군사자원을 군사전략의 구성 요소로 간주하지 않으면, 소위 전략-능력의 불균형strategy-capabilities mismatch을 초래케 한다. 다시 말하면 전략개념을 이행하고 군사전략의 목

6) Harold Brown, *Posture Statement Presented to the 96th Congress, 2nd Session, 1980.* Washington : U.S. Department of Defense, 29 January 1980, p. 29.

표를 달성하기에는 부적절한 군사능력이 된다는 것을 말한다. 이런 상황은 개선된 군사력 구조능력이 요구되는 장기전략을 수립시 흔히 발생한다. 어쨌든 우발계획(偶發計劃) 및 군사작전의 기초가 되는 작전전략을 고려치 않으면 불행한 사태가 발생된다. 이것이 작전전략이 능력에 기초하여야 한다는 이유이다.

군사전략의 가장 기본적인 요소인 군사목표에서 시작하자. 이것은 군사능력 및 자원을 투입해야 할 특정 임무 혹은 과업으로 표현할 수 있다. 예를 들면 침략의 억제, 병참선의 보호, 조국의 방위, 실지(失地)의 회복 및 적의 분쇄 등이다. 이 목표는 성질상 군사적인 것이다. 클라우제비츠, 레닌, 마오쩌둥(毛澤東) 모두가 전쟁 및 정치의 통합적 관계를 강조하였지만, 군대는 능력 범위 내에 적절한 임무가 주어져야 한다. 리델 하트는 다음과 같이 강조하고 있다.

> 전략에서 목표라는 주제를 논의함에는 정치 및 군사목표의 구별을 분명히 하는 것이 기본적이다. 이 둘은 서로 다르나 분리되는 것은 아니다. 왜냐하면 국가들은 전쟁 그 자체를 위해 싸우는 것이 아니고, 정책을 추구하기 위해서 싸우는 것이기 때문이다. 군사목표는 정치목적의 수단인 것이다. 그러므로 군사목표는 정치목적에 의해 통제되어야 하며, 정책이 군사적으로 불가능하다고 요구하지 않는 기본적 조건에 따라야 한다.[7]

군사전략의 정의에서 궁극적 목표는 국가정책 목적이다. 종종 정책 지침은 찾기 힘들며, 있다 해도 애매하고 불분명하다. 국가정책은 국력의 기본요소－정치, 경제, 사회 · 심리, 기술 및 군사－와 관련되고 있다.[8] 흥미 있는 것은

---

7) B. H. Liddell Hart, *Strategy* (New York : Praeger Publishers, 1975), p. 351.

8) *Field Manual No.100-1 : The Army* (Headquarters, Department of the Army, Washington, D.C. : 14 August 1981), p. 4.

국가정책은 여러 분야에서 서로 중복되며, 서로 모순적인 경우도 있다. 순수한 군사적 또는 순수한 정치적 목표는 거의 존재하지 않는다. 국가 지도자는 성질상 정치적 또는 경제적인 국가정책 목적을 추구하기 위해서 국력의 군사적 요소를 사용하기도 한다. 때때로 군대는 적절한 도구가 아닌 경우도 있다. 군 지휘관은 국가정책의 목적에서 가능한 군사목표를 도출하는 데 어려움이 있을지도 모른다. 어쨌든 성질상 경제적인 '중동中東 오일oil 자원의 접근로를 보호하라'는 목표는 군사적 행동의 필요성을 의미하며, 군사적 행동의 군사적 목표는 유전油田, 정유공장 및 항구를 보호하기 위한 미군의 사용뿐만 아니라, 유조선의 안전 운항을 보장하기 위하여 특정 지리적 해역의 장악을 포함하는 것이다. 군사목표는 범위에 있어서 세계적일 수도 있으며 일정 지역 또는 동맹국, 특정 국가에 제한될 수 있다.

군사전략 개념의 모색에 대해서 언급해 보자. 그것은 전략적 상황의 예측의 결과로 채택된 군사 행동방안으로 정의할 수 있다.[9] 군사전략개념은 광범위한 선택을 포함한다. 예를 들면 전진방어前進防禦(전진기지 및 전진배비前進配備), 전략예비, 증강, 무력의 시위, 예비 비축, 집단안보 및 안보협력 등이다. 이것들은 군사력이 일방적으로 또는 동맹국과 협조하여 사용할 수 있는 몇 개의 방도이다. 전략개념의 결정은 매우 중요하나, 종종 관심을 두지 않거나 무시되는 경우도 있다.

마지막으로 군사전략 등식의 수단 부분에 대해 연구해 보자. 즉 능력을 결정하는 군사자원의 부분이다. 이것은 재래식 또는 비재래식 일반 목적군, 전략 및 전술 핵부대, 방어 및 공격부대, 현역 및 예비부대, 인력·전시물자

---

9) JCS Pub., 1 : *Dictionary of Military and Associated Terms* (Washington : U.S. Department of Defense, 1 June 1979), p. 328.

및 무기체계를 포함한다. 동맹국 및 우방국의 역할과 잠재적 공헌에 대해 고려해야 한다. 총병력 비용은 전투, 전투지원과 전투근무지원으로 균형을 유지해야 한다. 개발된 전략의 유형에 따라서 운영하고자 하는 부대는 현재 실재할 수도, 안 할 수도 있다. 단기 작전전략에서 부대는 실재해야 하며, 장기전력개발전략에서는 전략개념은 실재해야 할 부대의 유형 및 운영되어야 할 방법을 결정하여야 한다.

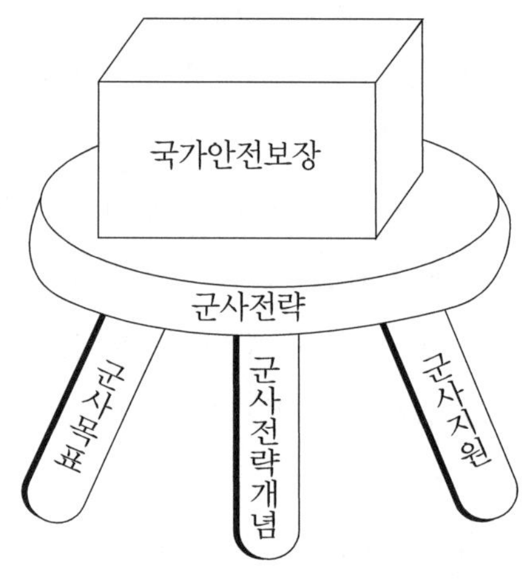

〈그림 1〉 군사전략의 모형

지금까지 군사전략의 기본 요소를 고찰해 보았고, 다음은 이들 요소를 의미 있는 방법으로 조립해 보고자 〈그림 1〉에 가능한 유형을 제시한다. 가장 중요한 이익인 국가안보는 군사전략이라는 세 개의 지주로 지지되고 있다. 이 세 개의 지주는 목표, 개념 및 자원으로 명명되고 있다. 이러한 단순한 유추類推는 지주支柱들 간에 서로 균형되어야 하며 그렇지 않으면 국가안보는 위험에 처하게 된다는 것을 쉽게 알 수 있다. 군사자원이 전략 구상에 부응하지 못하거나, 임무 부여가 군사 능력과 일치하지 못했을 경우 곤란에 봉착하게 된다. 벗어난 각도는 위험을 나타내며, 또 실패, 손실의 가능성 혹은 목표달성의 불가능성을 의미한다. 전략과 관련된 위험과 위험의 정도가 있는지를 결정하고, 그것을 명확하게 하여 민간 지도자의 관심을 얻도록 하는 것은 군의 책임이다.

군사전략을 설명하는 데 유용한 것인지를 파악하기 위해 예를 들어 모델을 검증해 보자. 카터 교리敎理는 국가정책을 언명한 것이다. 즉

> 우리의 입장을 분명히 하자. 페르시아만 지역을 통제하려는 외부 세력의 시도는 미국의 지극히 중요한 이익에 대한 침략이라고 생각할 수 있다. 이러한 침략은 군사력을 포함한 가능한 수단을 동원하여 격퇴되어야 한다.

이 정책을 수행하기 위한 군사전략을 수립해 보자. 내포된 군사목표의 하나는 아라비아만의 유류油類 공급의 접근로를 확보하는 것이다. 전략개념은 전략예비戰略豫備에서 신속배비군迅速配備軍(RDF)의 수단에 의한 것이 될 것이다. 그러나 세 지주의 균형을 유지하기 위한 충분한 전략 기동성과 병력 투입능력을 갖고 있는가? 세 지주 중 어떤 지주를 조정해야 하는가? 군수자원은? 전략개념을 전진방어로 변경하고 지역에 좀더 많은 미군을 배비 또는 전개시키는 것이 현명한 것인지도 모른다.

아마, 군사전략의 주제는 충분히 검사되어 그 성질에 대한 일차적인 결론에 도달하게 되었다.

첫째, 전략의 명칭에 대한 것이 아니고 고려되어야 할 내용에 있는 것이며, 명칭은 수시로 변경된다. 역사를 연구해 보면 군사전략은 여러 가지 명칭으로 나타났다는 것을 알 수 있다. 아이젠하워 행정부의 대량보복, 케네디 행정부의 유연반응柔軟反應 그리고 최근의 현실적 억제는 전략의 명칭이었던 것이

다. 중·소 분쟁 및 $2\frac{1}{2}$전쟁을 동시에 수행할 수 있도록 평시에 군사력을 유지하는 것을 깨닫고, 존슨의 $2\frac{1}{2}$전략은 $1\frac{1}{2}$전략으로 변경되었다. 뒤의 예는 군사전략이라기보다 군 구조를 위한 획득지침을 나타낸다. 수 년 동안 전략에 대한 여러 명칭이 주어졌다. 소모전략, 섬멸전략, 대도시전략countervalue, 대병력전략counterforce, 억제, 실전위주전략warfighting, 직접 및 간접 접근전략, 탐색 및 파괴, 실증파괴, 봉쇄 및 상쇄countervailing 등이다.

여러 군사력 태세를 비교하면 기술적記述的 용어가 나타난다. 우위, 균형, 기본적 동등성 등이다. 여기서 기본적 문제는 세계에서 군사적으로 첫째냐, 근사한 둘째냐, 또는 명확한 둘째를 지향하느냐이다. 이 문제에 대한 해답은 국가정책목표에 달려 있다. 목표가 온건한 것이면, 아마 첫째보다 못한 것도 만족스러운 것이 될 것이다.

이상적理想的인 상황에서 군사목표 및 전략개념은 군 구조와 군사력의 세계적 전개를 결정한다는 것을 명심해야 한다. 그러나 현실적 군사목표 및 전략개념은 반드시 현존 군사력의 능력 및 제한에 영향을 받는다는 것이다.

군사전략은 선언적일 수도 있고 혹은 실질적일 수도 있다. 환언하면 지도자들이 언명하는 것처럼 그것은 실제전략일 수도, 아닐 수도 있다. 미국의 군사전략은 명확하게 표현된 것이 없으며, 극히 드물게 모든 사람이 이해하기에 충분하리만큼 상세히 기술記述되기도 했다. 어떤 사람은 군사전략은 공개적으로 표명한다는 것은 현명치 못하며 불가능하거나 위험하다고들 한다. 그러한 행동은 위험상황에서 선택을 제한하거나 또는 가상적국에 우리의 행동에 대한 정보를 누설한다는 것이다.

한 국가는 한 번에 한 개 이상의 군사전략을 가지고 있어야 한다. 예를 들면, 한 국가가 단지 억제전략만 갖고 있다가 억제가 실패하면 다음은 무엇을 할 것인가? 축차적 공격을 시도하고 점증적 피해만 입을 것인가? 대량 핵 공격을 시도할 것인가? 실전위주전략을 갖고 있지 않으면 몇 개의 선택이 있다. 군사전략은 목표가 즉각적으로 변경되기 때문에 신속하고 빈번하게 변경될 수 있다. 그러나 새로운 목표 및 개념에 반응하기 위하여 군사력의 변경은 상당히 시간이 걸린다.

요약하면, 군사전략은 군사목표의 설정, 목표달성을 위한 군사전략개념의 형성 및 개념을 수행하기 위한 군사자원의 사용으로 구성된다. 이 기본요소의 어떤 것이 다른 것과 양립하지 못할 때 국가안보는 위기에 봉착하게 될 것이다.

Ⅶ. 군사전략의 범위

에드워드 애케슨

전략이란 장수의 책략이라는 의미를 가진 그리스어 Strategos에서 유래된 말이다. 이 말은 전쟁술戰爭術에 관한 저술가와 연구가들이 많았던 18, 19세기에 많이 통용되었다. 오늘날에는 특정한 과업이나 임무를 성취하기 위한 어떤 개념을 대부분 표시하는 일반적인 용어로 되어 버렸다. 즉 기업전략과 소송전략, 의학전략과 교육전략 등이 있다. 이 용어가 너무 광범위하게 적용됨으로써 그 의미에 대한 보편적인 이해를 하는 데에 근본적인 지장을 주었다. 이 문제에 대한 수많은 견해가 있기 때문에 다른 사람들의 설명내용에 갑론을박甲論乙駁하느니보다 이 논문의 목적에 알맞은 정의를 제시하는 것이 훨씬 의의가 있을 것 같다.

전략이란 어디까지나 개념적인 것이며, 어느 정도의 위험을 수반하는 계획된 행동을 통하여 목적을 달성하는 데 연관이 있는 것이 분명하다. 그 본질은 힘의 요소이거나 힘의 위협이다. 보통 어떤 사람의 전략이란 자기에게는 유리하고, 상대방에게는 불리한 환경을 조성하게끔 고안되는 것이다. 제로 섬 게임zero sum game이라는 다른 체계에서 하게 되는 시합에서는 왕왕 쌍방에게 모두 모호한 결과가 돌아가게 된다.

전략이 개념적인 것이기 때문에 개념을 실현시키기 위하여 특정한 계획과 행동을 포함하고 있는 전술과는 다르다. 그러나 양자간의 한계선은 분명하지가 않다. 보다 낮은 전략적 국면에 비해서 월등히 높은 차원의 전술 임무를 띠고 있는 상급제대上級梯隊의 경우에는 전술과 전략을 혼용해서 생각하는 것이 유용한 경우가 있다.

군사전략에 더욱 가깝게 접근하기 위해서는 국가전략이라고 말하는 고차원의 학문에 대해서도 알아보아야 할 것이다. 이것은 한 국가의 생존을 보전하기 위해서 국내외 정세에 심혈을 기울이는 지적知的인 노력의 전부를 포함하고 있다. 이러한 노력은 국제사회의 정치요소가 그의 전체적인 안전보장 그리고 독립과 번영을 위해 추구해야만, 영구적인 탐구에 결국 경주하게 되는 것이다. 전술에서와 마찬가지로 국가전략은 군사전략과 중복되며, 이에 따라서 상호 보완적이다. 군사전략이 장수의 책략이라고 한다면, 국가전략은 정치가의 책략이라고 할 수 있다.

전술과 군사전략 그리고 군사전략과 국가전략 사이에 있는 중복성은 정치적 또는 군사적인 지도자의 관심사항에 뚜렷한 한계점이 없다는 것을 제시하는 것이다. 오히려 양자간에 서로 상반되는 수준의 관심사항이 존재하는 것이다. 정치가가 국가전략에 관여하는 대부분의 경우 평화시의 민주주의 범주 내에 있는 군사적 전술에 대한 그의 관심이 겨우 그 명분일 것이다. 군인의 경우에는 그 관심이 반대가 된다. 군사적인 여러 요소는 전술면에 있어서는 현저하게 중요하지만, 국가전략의 발전면에 있어서는 그렇게 중요한 것이 되지 못한다. 이 말은 군사전략의 영역에 있어서나 양자간의 어딘가에 교차점이 존재한다는 것을 시사하는 것이다. 〈그림 1〉에서 분명하게 설명될 것이다.

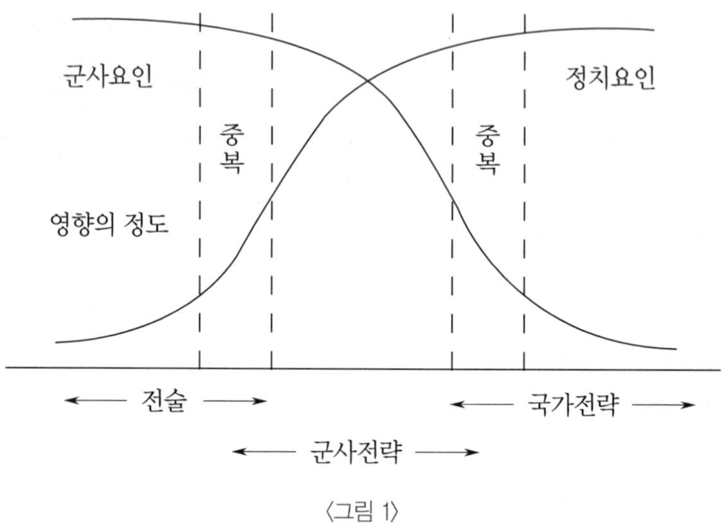

〈그림 1〉

두 곡선이 비대칭적으로 영zero에 접근한다는 것은 중요한 사실이다. 정치적 또는 군사적 요소, 어느 것이나 요도상 어디에서도 완전히 비논리적인 것은 결코 아니다. 정치 및 군사 지도자들은 국가 공직公職에 있어서는 불가분의 관계를 가진 동반자이며, 높은 지위에 있어서는 상호 의존하는 것이다.

두 개의 요소가 군사전략의 영역에서 서로 교차하면서 그 중요성이 높게 유지된다는 것도 설명해 준다. 이것은 북대서양 동맹기구北大西洋同盟機構의 입장을 잠시 살펴봄으로써 경험을 통해서도 입증될 수 있다. 예를 들면, 중부지역에서의 방위계획은 전방방어前方防禦를 취하는 것이다. 그러한 선택을 하는 군사적인 지혜가 될 수 있는 경우에는 정치적 가치성은 논의할 필요가 없는 것이다. 확실히 군사적·정치적 양 요소는 이러한 결심에 있어서 큰 비중을 차지한다. 군사적 또는 정치적 요소 어느 것 중 서로 비교해서 약화되는 것은 주로 전술에 관계되는 문제가 야기되는 때이거나, 또 다르게는 국가적인 수준의 전략에 관계되는 문제가 야기될 때에만 그러한 것이다.

전략이 술術임과 동시에 과학인가, 아닌가에 대한 약간의 논쟁이 있다. 술임에는 틀림이 없다. 어떤 저자著者는 이 문제를 다음과 같이 설명한다.

> 전략은 물리학이란 의미에서의 '과학'이거나 또는 과학이 될 수 있다고 나는 주장하는 것이 아니다. 그것은 최고 수준의 지적知的인 훈련이어야 하며, 전략가는 물리적 실체, 즉 전쟁 도구를 월등하게 사용할 수 있도록 하기 위하여 스스로 정확하고 분명하게 또 풍부한 상상력으로 그의 사상을 운용할 준비가 되어야 한다. 그렇기 때문에 전략이란 그 자체는 과학이 아닐지 모르지만, 전략적 판단은 어느 정도까지는 규칙적이고, 합리적이고, 객관적이고, 포괄적이고, 분별 있고 그리고 지각력이 있어야 하기 때문에 과학적이 될 수 있는 것이다.[1)]

우리는 여기에서 나름대로의 무엇을 결론으로 얻을 수 있을 것이다. 하지만 그렇게 하는 데 있어서, 우리는 그 논쟁의 진수는 간과해서는 안 된다. 그 전략 원리의 성격이 어떠한 것이든, 구조와 법칙이 있건 없건 간에 과학적인 방법으로 분석하는 데 도움이 되는 것이다. 이 논문에서 가장 중요한 것은 여러 가지의 서로 다른 접근방법을 사용하여 전략적 분석을 시도하게 될 것이며, 선택한 각기의 접근방법은 유용하고 통찰력이 있는 이해력을 제공할 것이지만, 그러나 끌어내는 결론이 어떠한 것이든지 간에 고도의 확신을 주는 충분한 자료를 제공하는 접근방법은 하나도 없을 것이다.

본 논제論題에 있어서 다음으로 중요한 것은 여러 가지의 접근방법이 중복되고, 분명치 못하지만, 주제의 무한한 국면을 설명해 주고 결심에 필요한 지식을 조합하는 데 골격을 제공해 준다는 것이다. 중요한 전략적 과제

---

1) J. C. Wylie, *Military Strategy : A General Theory of Power Control* (New Brunswick : Rutgers University Press, 1967), p. 10.

가 한 개 이상의 접근방법과 관련이 있게 되는 경우에는 각기의 접근방법은 그 과제에 대한 여러 가지 다른 국면을 비추어 줄 것이며, 어떠한 심도 있는 분석의 경우에는 부득이 여러 가지의 접근방법에 의존하지 않을 수 없는 것이다. 여러 가지의 분석적 접근방법에 따른 개념적 전략 조감도conceptual strategic landscape 내에서의 이러한 과제의 상호관계에 대하여는 〈그림 2〉에서 설명하고 있다.

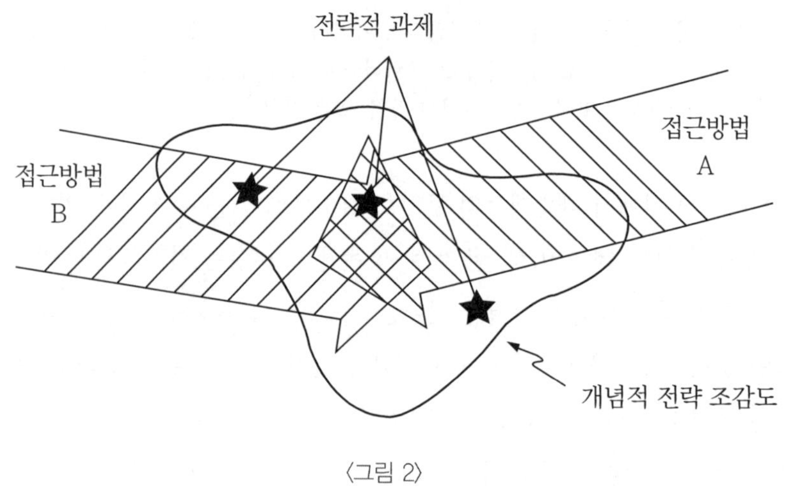

〈그림 2〉

전략적 문제에 대하여 여러 가지의 투시도를 제공하고, 또 분석 초점의 중심적 역할을 하게 되는 다섯 가지의 기본적 접근방법을 제시할 수 있다. 편의상 다음과 같이 칭한다.

- 고전적(역사적) 접근방법
- 공간적 접근방법
- 잠재력에 의한 접근방법
- 과학기술적 접근방법

· 이데올로기적·문화적 접근방법

이들 중 어느 것도 완전한 연구와 분석을 하는 데 기초를 제공하는 것은 하나도 없다. 군사전략의 분야는 본질적으로 광범위하고 또 복잡하기 때문에 조감도상에 있는 모든 과제를 망라하기 위하여 하나의 접근방법에서 다른 접근방법을 계속해서 그 주의注意 초점을 옮겨 본다는 것이 필요한 것이다. 다음 토의에서는 잘 발전된 분야에 대해서 재검토하지 않고 세부적인 구성요소를 포함하고 있고 또 세계 각국의 직업군인들에게 잘 알려져 있는 주제 전체의 개요概要를 대충 고찰해 보기로 한다.

각 접근방법의 한계에 대해 대략적으로 설명하고, 주요한 학설과 각 접근방법에 관련된 몇몇 이론가에 대해서도 가늠해 보는 데 역점을 둔다. 여러 접근방법이 중복된다는 점을 처음부터 이해해야 할 것이다. 개개의 저술가들은 주로 하나 또는 다른 접근방법과 관계하게 되지만, 접근방법 대對 저술가의 관계가 꼭 1대1로 되는 경우는 드물다. 물론 실제전략을 다루는 실무자는 의식적이건 무의식적이건 간에 분석하는 데 모든 접근방법을 당연히 고려하지 않으면 안 된다.

1 고전적 접근방법

전략에 대한 연구나 분석을 위한 고전적(역사적) 접근방법은 모든 제대梯隊에 있어서 군사작전의 기본이 된다. 이 접근방법은 조직적인 기동과 야전에서의 적대하는 부대간의 관계에 관한 기본적인 용어를 마련해 준다. '포위'나 '돌파'와 같은 용어를 내놓는가 하면, 한편으로는 '내선'interior line과 '선방어線防禦'(cordon defense)와 같은 정적靜的인 개념도 다루고 있다. 일단 부대를 투입하면 전투에서 승리할 수 있는 기회를 극대화하기 위해서 부대 배치와 이동은 물론 부대의 전개와 지휘권 행사가 그 초점이 되는 것이다.

전술적 차원에서는 이러한 부대 배치와 이동이 적이 보는 앞에서 실시되지만, 전략적 측면에서는 장차 적과 접촉할 것이라는 기도企圖 하에서 계획되고 시행되는 것이다. 주요한 고전학자인 클라우제비츠가 제창한 용어로 말하면, 이 접근방법은 전쟁의 문법-논리가 아닌-을 말해 주는 것이다.

고전적 접근방법의 두 번째 주요한 공헌은 병력의 운용술을 구사하는 데 필요한 약간의 실제적인 토대라고 할 수 있는 전략적 원칙이라든지, 군사 격언이 동일하다는 것을 확증해 준 것이다. 이들 지침은 전쟁원칙과 마찬가지로 이용되는 경우가 종종 있다. 이러한 형식적인 전쟁의 원칙이 클라우제비츠의 저서, 『전쟁론』의 부록 제일 처음에 나와 있다. 그 후 저술가들과 정부기관이 원본의 목록目錄을 수정하고 또한 정교하게 다듬어 놓았다. 미 육군은 현재 공식적인 군사문헌에 있는 이러한 10개의 원칙을 인정하고 있다.

전략이론에 이르는 고전적 접근방법은 잘 개발시켜 놓은 유명한 철인哲人들의 신전神殿을 가지고 있다.

손자孫子는 아마 그리스도 탄생 이전에 있어서 최고의 존경을 받는 고전학자일 것이다. 13장章으로 구성되어 있는 많은 운문韻文이 한 사람 또는 여러 사람의 작품인가, 아닌가 하는 것이 다소 논의의 대상이기는 하지만, 현대의 지휘관이 무시할 수 없는 뛰어난 관찰의 대요大要와 기획지침 그리고 성공적인 전쟁수행 등이 완비되어 있다는 데는 논의의 여지가 없다. 기원전 500년경에 저술한 것으로, 손자는 군사 상황판단에 영향을 미치는 다섯 가지의 기본 요소(오사五事)로서, 즉 사기의 영향, 기후, 지형, 지휘 그리고 교리를 입증시켰다.[2] 그는 또한 적군에 관한 여러 가지의 상황에 관계되는 명백한 충고를 하였는데, 이는 20세기의 혁명전쟁의 문헌을 읽는 독자들에게는 귀에 익숙한 말이다.

모든 교전 행위는 기만에 기초를 두고 있다. …적의 군비軍備가 충실하면 서두르지 말고 대비를 한다. 적이 강하면 정면충돌을 피한다.… 적으로 하여금 안일을 즐기게 하여 피로케 만든다.… 적이 단결되어 있으면 분열시킨다.… 적의 무방비한 곳을 택하여 공격하고, 적이 뜻하지 못한 곳을 노려야 한다. 이것은 병법가의 승리를 거두는 비결이다.[3)]

손자는 전쟁이란 국가 존망의 중대한 과정이며 신중히 검토되지 않으면 안 된다고 주장하였다. 그는 군의 기본이 되는 3개의 부대에 대한 개념의 필요성을 인정하고, 또 수긍한다고 주장하였다. 즉 정찰부대, 고정固定 또는 교전부대交戰部隊(正) 그리고 기동부대(奇)이다. 전승戰勝은 유사한 상황을 연상한다든지 징조에 대한 영적靈的인 해석에 의한 것보다도 간첩을 통해 빼낸 적에 관한 사전의 지식과 기奇와 정正을 기술적으로 조화시킴으로써 얻을 수 있다고 손자는 강력하게 주장하였다. 그는 기상 예보자, 지도 제작자, 병참장교와 땅굴을 뚫고, 지뢰매설작전을 위한 공병을 포함하는 '일반참모一般參謀'의 구성을 제안하였다. 그는 또한 도하渡河, 홍수 그리고 연막 및 화공작전火攻作戰에 전문 보좌관의 필요성을 인정하였다.[4)]

나폴레옹은 고전적 분석에 대해 가장 위대한 자료를 제공하였다. 그의 기고寄稿는 신중한 것이었으며, 그의 천재적 자원은 고전학파의 거장인 클라우제비츠와 조미니의 모델이었다. 어떤 숭배자는 나폴레옹의 기고는 "전략에 관하여 저술한 어떠한 이론적 작품 중에 낄 수 있는 실제적인 논문"[5)]이

2) Sun Tzu, *Sun Tzu : The Art of War*, trans. and introduction Samuel B. Griffith (London : Oxford University Press, 1963), p. 63.
3) *Ibid.*, pp. 66~70.
4) *Ibid.*, pp. 8, 34~35.
5) Count Yorck von Wartemburg, *Napoleon as a General*, Wolseley Series, ed., Walter H. James (London : K. Paul Trench, Trubner & Co., 1902), Ⅱ, p. 447.

라고 주장하는가 하면, 또 다른 사람은 다음과 같이 강력하게 주장하였다. "나폴레옹은 순수한 의미에서 지적知的인 주창자는 아니었다. 현존이론現存理論을 발전시키고 그것을 완벽하게 적용시키는 것이 그의 특기였다.… 그는 군대의 케케묵은 상투어구에 불과한 115가지의 격언을 제외하고는 그의 개념이나 철학에 관하여 저술한 기록은 아무 것도 남기지 않았다."[6] 그러한 논쟁의 사실이야 어찌 되었든 간에 고전적 전략학문은 아마 역사상 어떠한 사람보다도 더 나폴레옹의 사상과 행동에서 은혜를 입었을 것이다.

클라우제비츠는 전쟁의 본질 그 자체에 분석의 중심을 두었다. 그는 무력충돌이란 사회적 발전과 정치적 의사표시 양쪽의 행동이라고 주장하였다. 그는 특유의 성격을 지닌 조직화된 폭력을 인정하는 한편, 전쟁은 다른 수단에 의한 외교정책의 계속을 의미한다고 주장하였다. 또한 그는 전장戰場에서의 승리는 전쟁에 있어서 첫째의 법칙이라고 강력하게 주장했다. 일단 교전하게 되면, 적 부대를 완전히 격멸하는 전투가 되어야 한다.[7] 이러한 의미에서 가능하면 전투에 의해서 해결하려는 것을 피하고 또 궁지에 몰린 적에게 도피구를 마련해 주어야 한다는 손자의 견해에 불만을 가졌을는지 모른다.

조미니의 초점은 달랐으며 아직까지 보완적이다. 그는 전장에서의 승리를 위한 체계를 고안해 내려고 추구하였다. 어떤 저자는 그의 업적이란 "아담 스미스(Adam Smith)가 경제학 연구를 위하여 이룩한 것과 유사한 것을 전쟁에 관한 연구를 위하여 제공하였다"고 설명하였으며, "조미니의 체계적인 기도企圖가 클라우제비츠와 더불어 현대 군사사상의 공동 창시자로서

---

6) John M. Collins, *Grand Strategy : Principles and Pracitices* (Annapolis : Naval Institute Press, 1973), p. xxi .

7) "Warfare, Conduct of", *Encyclopaedia Britannica*, 1974, XIX(Macropaedia), p. 558.

의 위치를 점할 수 있게 한 것이다"고 주장하였다.[8)]

조미니는 전쟁지역과 전역戰役에 관하여 중점을 두었으며, 적 주력부대의 격멸을 주장한 클라우제비츠와는 달리 적의 영토 점령을 주장하였다. 그는 전략의 과업을 군사적 요소와 지리적 요소를 서로 조화시키기 위한 작전선作戰線을 설정하는 것과 마찬가지로 보았다. 이런 기반 위에서 그는 유명한 내선內線 전투력에 관한 개념을 끌어내었다.[9)]

다른 여러 저술가와 연구가는 고전적 접근방법에 관한 어떤 연구에서 장점을 언급하고 있다. 1520년에 『전쟁술』(The Art of War)을 저술한 마키아벨리는 주목할 만하다. 클라우제비츠와 마찬가지로 그는 군軍·민民 신분 사이의 밀접한 관계를 인정하였다. 프리드리히 대왕은 달랐다. 즉 그는 직업군인의 개념을 발전시켰으며, 처음에 한 적군에 또 다음에는 다른 적군에 대항하는 계속적인 전역戰役을 구사하였다. 조미니는 그가 내선內線을 사용하기 위한 그의 논거論據를 정립했던 바와 같이 7년전쟁에서의 프리드리히 대왕의 작전 일부를 마음속으로 지니고 있었을는지 모른다.

고대의 카르타고, 로마 및 그리스에도 명장들이 있었다. 칸내Cannae 전투가 있은 지 2,000년이 지난 후 슐리펜 원수는 그의 저서에서 한니발이 그 전투에서 로마에 승리한 것을 섬멸전략strategy of annihilation의 한 모델로서 언급하였다. 반세기 후 스미스(Gen. Bedell Smith) 장군은 아이젠하워 및 미 육군대학 졸업생들에게 "결정적인 결과를 획득하고자 이러한 광범위하고 대담한 기동을 하는 사상에 물들 것이다"고 언급하였다.[10)]

---

8) Edward M. Earle, *Makers of Modern Strategy : Military Thought From Machiavelli to Hitler* (Princeton : Princeton University Press, 1948), pp. 79~80.
9) *Encylopaedia Britannica*, XIX, p. 561.
10) *Ibid.*, p. 562.

칭기스칸과 그의 사부타이 장군을 간과할 수 없다. 유라시아 대륙을 횡단하는 그들의 대전역大戰役은 비범한 사전계획과 전략원칙에 대한 이해력을 보여 준 것이다.

그로부터 수백 년이 지난 후에 리(Lee) 및 그랜트(Grant) 잭슨(Jackson) 및 셔만(Sherman)과 같은 지휘관들은 그들의 기록을 기고하였다. 제1차 세계대전에서는 아라비아의 로렌스(Laurence)에 의한 재빠른 게릴라전을, 그리고 다른 한편으로는 서부전선의 고정 참호전固定塹壕戰과 같은 극단적인 상황을 보여 주었다. 한스 델브루크(Hans Delbruck)는 소모전략Ermattungsstrategie=strategy of exhaustion의 이론을 내놓았다. 제2차 세계대전에서 리델 하트는 일찍이 서구 민주주의 제국諸國에 그의 이론을 설득하였으나 결국 성공하지 못했지만, 독일이 그것을 원용하여 전격전電擊戰(Blitzkrieg)을 성공적으로 수행함으로써 세계의 상상력을 자극시켰다. 그러나 우리는 고전적 전략사상에 관한 원칙적인 기술記述은 주로 손자와 나폴레옹 시대의 저자들로부터 찾아내야 한다. 뒤이어 나온 연구가와 기록가들은 군사사軍事史의 내용을 풍부하게 하였다. 그러나 어떤 점에 있어서 손자, 클라우제비츠 그리고 조미니의 업적에서 발견할 수 있는 것보다 더 많이 공헌한 사람은 거의 없다.

2 공간적 접근방법

조미니는 고전적 접근방법에 공헌한 점에서 마땅히 그 공적을 인정해 주어야 하고 또한 공간학파空間學派의 초기 이론가로서도 인정해 주어야 한다. 선과 위치관계에 관한 그의 개념은 프리드리히 대왕 사후死後에 유럽대륙에서 널리 유행한 사상에 가장 가까운 유사성을 지니고 있었다. 확실히 최초로 그것을 적용할 당시에는 공간적 접근방법이 고전학파의 논리적 파생물처럼 보였다. 그 개념은 작전지역과 잘 알려져 있는 고전학자들 영역 내의 지리적인 문제와 연관이 있었다. 공간적 접근방법이 시대를 거듭하면서 군사기지, 세력권, 통행 및 공중 운항권 그리고 지역 또는 전 세계적인 군사력과 영향력 등의 여러 문제에 현대적 초점을 두는 데 까지 발전되었다는 것은, 이러한 제한된 영역에 있어서의 적절한 시작에서부터 기인한 것이었다.

프리드리히 대왕 이후 유럽에서의 군사사상의 주류는 좀더 '과학적'이고 '수학적'으로 고려된 개념으로 전환하였다. 18세기는 개화의 시대였다. 따라서 전쟁술이 신자유주의에 한 몫 참여한다는 것은 당연한 일이었다. 전쟁은 전투에 의한 피의 시험을 덜 하게 되었으며, 우세한 위치, 선 및 각도를 확보하려고 다투는 쌍방 지휘관들의 지적知的인 투쟁이 더욱 심화되었다. 그 당시의 이론가들은 지형상의 이점利點과 기하학적 정확도에 대한 가치에 크게 의존하였다. 포함하고 있는 거리가 중요한 것이 아니고, 반대로 지리학, 지도 작성법, 기하학 및 수학이 군사적 성공을 위한 가장 중요한 결정 요소로서 부각되었다.

번거로운 전투행동을 하지 않고, 우세한 위치와 병력 전개를 함으로써 승리를 달성할 수 있다고 신학파新學派는 이상적理想的으로 제창하였다.[11)]

버반(Marquis de Vauvan)은 공병출신으로서 새로운 생각을 상징화하여 많이 나타내었다. 손자와 마찬가지로 정면강습正面强襲을 개탄하였지만, 그는 전연 다른 논거論據에 의한 것이었다. 책략과 기동에 의존하는 것보다도 오히려 지형지물을 요새화하여 임무에 적합하게 적용하기 위하여 시간이 걸리더라도 조직적인 굴토와 야전축성野戰築城의 건설을 찬성하였다. 마찬가지로 그는 진지의 가치성을 극대화하고 공격 접근로에 화력집중을 용이하게

11) *Ibid.*, p. 560.

하는 요새계획要塞計劃을 강조하였다. 전투하는 것은 우발적이고 또 탐탁치 않은 것으로 여겼다. 당시의 전쟁은 기하학을 통하여 적보다 우세한 유리점을 극대화하려는 지휘관의 지적知的 도전으로 간주하였다. 적이 확실히 우세한 포위술을 가졌음을 과시하는 것은 더 이상 버텨보지도 않고 항복조건을 찾고 있는 요새지要塞地 지휘관을 정당화시키는 데 충분한 것으로 생각되었다. 서양장기chess를 두는 사람과 마찬가지로 품위 있는 지휘관은 승산이 없는 상황임을 인정하고 또 영예롭게 퇴각하는 것이 바람직한 것이었다. 수년 후에 프랑스의 전쟁상戰爭相 카놋(Lazare Carnot)은 "군사학교에서 배운 것은 강력한 진지를 방어하는 기술이 아니고, 어떤 재래식 방식에 따라서 그 진지를 영예롭게 포기하는 기술이었다"[12]고 말하기도 하였다.

공간접근방법이 그것의 현대적인 성장을 이룩한 것은 19세기 후반을 지난 후였다. 그것은 분명히 국지적局地的 또는 지역적인 상황에서 세계적인 규모로 확대되었다. 1890년과 1911년 사이에 쓴 저서에서 마한(Alfred T. Mahan)은 국가와 국가를 연결하고 또 세계 도처의 가장 중요한 지리적인 여러 지점을 연결하는 대해양大海洋이 더 중요한 것이며 분쟁지역이 중요한 것이 아니라고 제창하였다. 그는 그의 '선개념線概念'을 해양환경에 효과적으로 적용함으로써 조미니의 이론을 크게 원용하였다. 그는 다른 여러 나라를 감시할 수 있는 '초소' 기지를 가지고 있는 영국을 특히 강력한 위치에 처해 있다고 보았다. 즉 독일을 지배하기 위해서는 헬리고란드(Heligoland : 북해의 작은 섬), 프랑스는 저어지(Jersey : 영국해협에 있는 섬)와 거언지(Guernsey : 영국해협에 있는 섬), 북아메리카는 노바 스코샤(Nova Scotia : 캐나다 동부의 반도 및 주)와 버뮤다(Burmuda : 대서양에 있는 제도), 중앙아메리카는 자메이카Jamaica 그리고 지중해

12) Bernard Brodie, *War and Politics* (New York : Macmillan Co., 1973), pp. 244~246.

연안 국가는 지브롤터Gibraltar, 몰타Malta 및 이오니아 제도諸島를 통해서 지배할 수 있다. 더 나아가서 그는 영국은 인도에 이르는 통로상에 있는 모든 중요한 전략거점을 통제하며 또 막강한 해군력을 가짐으로써 다른 모든 해양국가의 연합세력에 의해서만이 맞먹을 정도라고 평가하였다. 요컨대 영국은 해양의 공간 환경을 지배함으로써 세계무역과 세계의 자원 그리고 인류의 번영을 지배해 왔다고 그는 주장하였다.[13]

마한 제독이 해양력海洋力의 개념과 지구상의 전략적 위치의 중요성을 명백하게 제창한 데 반하여, 매킨더 경卿은 지정학地政學의 기본적 긴요성과 그것이 국력에 미치는 영향 등에 관한 그의 지표이론地標理論을 제창하였다. 그는 특유한 표현으로 거대한 땅덩어리를 묘사하면서 유라시아 대륙과 아프리카는 하나의 '세계도世界島'(world island)를 구성하고 있으며, 이 섬은 바다로는 접근할 수 없는 러시아의 거대한 초목지草木地로 구성되어 있는 '심장지역'heartland에 의하여 지배되고 있다고 제창하였다. 기타 나머지의 세계는 내측內側 혹은 주변 반월지역周邊半月地域 – 주로 유럽, 인도 그리고 중국 – 의 일부이거나 외측外側 혹은 도서적島嶼的 반월지역 – 남북아메리카, 남아프리카 그리고 호주 – 의 일부라고 부연하였다. 그는 심장지역과 나머지 지역의 세계와의 관계를 다음의 3행 연구聯句로 요약하였다.

> 동부유럽을 지배하는 자는 심장지역을 지배하고,
> 심장지역을 지배하는 자는 세계도世界島를 지배하고
> 세계도世界島를 지배하는 자는 세계를 지배한다.[14]

13) Earle, *op. cit.*, p. 146.

14) Halford J. Mackinder, "The Geographical Pivot of History", *The Geographical Journal* (London, 23 April 1904), pp. 421~444 ; Halford J. Mackinder, *Democratic Ideals and Reality* (1919 ; Reiss. New York : Henry Holt & Co., 1942), p. 150.

순수한 공간적 접근방법으로 전략을 연구한 저술가와 사상가가 비록 분명하게 밝힌 점이 다소 부족하지만 항공문제에 열성가인 이탈리아 출신의 두헤 장군은 1921년 그의 저서, 『제공권制空權』(*Command of the Air*)을 통하여 공간학문에 가장 가치 있는 공헌을 하였다. 제1차 세계대전 당시 정지된 상태에서의 대학살을 비통하게 생각한 나머지, 두헤는 시간과 공간을 제한하는 요소들을 줄이고 제3차원의 방법으로 적 영토에 도달하고자 추구하였다. 제2차 세계대전시 가장 두드러지게 사용한 전략폭격 개념은 바로 두헤로부터 얻은 지적知的 원천이었으며, 마찬가지로 1950년대에는 미국이 항공기지 개념을 발전시킴으로써 소련과 중공을 일깨워 주었다.

그의 가르침에 너무 집착한 일부 극단주의자는 공군은 타군이 과업 완수를 위해 그들이 최선을 다하기 이전에 결정적인 목적을 달성할 수 있다고 확신함으로써, 지상 및 해군을 없애 버리자고 주장하기도 했다.[15](두헤의 주제가 항공기술에 의존하였다면 그도 또한 기술적 접근방법에의 공헌자로서 고려될 수 있을 것이다.)

공간적 접근방법이 최근에 적용된 것은 전前 미 국무성 정보 및 조사국장이 작성한 미국의 가용한 전략적 선택에 관한 평가 보고서에서였다. 레이 클라인(Ray Cline) 씨는 다음과 같이 제안하였다.

> 어떤 적대하는 전체주의 국가 혹은 그러한 국가의 연합체가 중앙 유라시아와 유럽의 주변지역의 실질적인 부분에 대하여 정치적 또는 군사적인 통제를 하지 못하게 방지하는 하나의 동맹체제를 유지함으로써 미국은 그의 국민과 사회의 안전을 보호해야 한다.[16]

---

15) *Encyclopaedia Britannica*, XIX, p. 564 ; Bernard Brodie, *Strategy in the Missile Age* (Princeton : Princeton University Press, 1959), pp. 71~106.

16) Rey S. Cline, *World Power Assessment : A Calculus of Strategic Drift* (Washington : Center for Strategic and International Studies, Georgetown University, 1975), p. 135.

클라인 씨가 내놓은 날카로운 주장은 피할 수 없는 '정치집단'에 관심을 집중하였는데, "오늘날 국제문제에 있어서 영향력 및 세력의 진정한 균형을 결정하는 것은 주로 지역적으로 조직되는 세력집단의 형성 및 해체"[17]와 같은 것으로 그는 묘사하였다.

요컨대, 공간적 접근방법은 지리학상의 위치, 땅덩어리와 바다의 모양과 크기 그리고 교통망 또는 방어, 거부 및 공격작전을 위한 공중 및 해양 공간의 유용성에 관계되는 전략요소에 그 초점을 두었다고 할 수 있다. 강대국의 영향권 내에 있거나 지역적인 정치·경제형태를 어떤 목적 하에 하나의 형태로 형성하는 그러한 개념이 이 접근방법과 맞먹는 것이라고 할 수 있다. 거기에는 거리에 관한 기술적인 한계성과 무기체계 및 수송수단에 관한 적재차량의 요소와 같은 광범위한 양면성이 있다. 그러나 더욱 중요한 것은 여러 기지와 수송로상에 있는 중요한 지점의 유용성을 강조하고 있다. 그리고 포상생존성砲床生存性－탄도 미사일 잠수함 운용과 같은－을 위하여 더욱 광범위한 공간거리를 적절히 이용하는 데 약간의 관심을 두고 있다. 결국 현대에 있어서 근본적이면서 가장 우선적으로 고려하고 있는 사항은 지구상의 세 가지 외계外界, 특히 하늘, 바다 그리고 땅에 대한 공간적 통제의 문제가 그것이다.

3 잠재력에 의한 접근방법

전략적 분석을 위하여 가장 널리 사용되는 접근방법은 아마 적대국의 군사력과 동원 잠재력을 비교해 본다는 것이다. 좁은 뜻의 분석과 시간이 제

17) *Ibid.*, p. 4.

한된 상황에서는, 형태와 나아가서 위치에 의한 현존 병력에 주안을 두는 것이 보통이다. 지상군의 규모, 취역 중인 주력함의 수 그리고 제1선 전투 항공기의 수와 같은 측정할 수 있는 것으로 비교를 해 온 것이다. 다소 정밀한 비교의 경우에는 무장능력, 부대의 사기 및 동기 부여, 군의 전통, 훈련 수준, 군수지원, 교리, 편성 및 통솔력의 질 등에 관한 자료를 포함하게 된다. 그러나 비록 여러 요소를 포함시킨다 해도 병력의 수와 질의 비교와 작전기간에 걸친 적의 야전 증원 잠재력에 중점을 둔다.(후자後者는 때때로 동원령 이후의 일수日數로 표시됨)

넓은 뜻으로는 잠재력에 의한 접근방법이 직접·간접적으로 한 국가의 군사전략에 영향을 미칠 수 있는 국력의 여러 가지 요소를 결합시킬 수 있을 것이다. 이들 요소는 그 국가의 특성, 정치 및 경제적 구조, 심리·사회적 본질 그리고 복잡한 국제환경 속에 처해 있는 중요 문제를 처리해 나가는 역량 등에서 산출되는 것이다. 확실히 풍부한 원료와 현대화된 공업시설 등은 긴장이나 적대관계가 계속되는 기간에 있어서 무엇보다도 가장 중요한 것이다. 정치적 일관성은 정책결정의 발전과 지원을 위하여 신뢰성이 있는 뒷받침을 해 주는 데 긴요한 것이다. 심리·사회적인 힘은 똑같은 가치관과 지성을 통한 공동 노력을 보증하며 비상시에 대처하기 위하여 동원할 수 있는 우수한 인력을 보장해 주는 것이다. 공업발달에 있어서의 차이는 마찬가지로 중요한 것이다. 최적의 군사전략은 국가 총력의 각기 다른 모든 국면을 충분히 고려하여 고안되어야 한다.

잠재력에 의한 전략에의 접근방법을 이용한 사례는 병력 비교의 좁은 범위에서, 그리고 국력의 넓은 범위에서 다같이 얼마든지 역사상에서 볼 수 있다. 클라우제비츠는 전투 그 자체를 적의 주력부대를 파괴시킴으로써 군사력의 균형을 개선시키기 위한 목적으로서 표현한다고 그 특성을 설명하였다. 조미니에 의하면, 전투란 적의 영토 내에서 적의 국력을 소모시키는 노력이라고 특정지우기도 하였다. 침식적인 전쟁 양상에 관심을 두었던 한스 델브루크는 후자, 즉 조미니의 기술記述은 적국을 고갈시키는 철저한 노력의 일부라고 주장하였으며 또 상업과 농작물을 봉쇄 내지는 파괴하고 종국에 가서는 적의 영토를 점령해야 한다고 했다. 나폴레옹의 대륙봉쇄-1806년 영국에 대한-나, 제1, 2차 세계대전에서 독일의 유보트U-Boat 작전은 영국의 세력을 약화시키기 위한 노력이었다.

더욱 최근에는 미·소의 병력 비교를 하는 것이 전 세계의 전략 분석가들의 가장 중요한 선결사항으로 되어 있다. 제1차 전략무기 제한협정戰略武器制限協定(SALT-1)의 정당성과 현명성에 대하여 그리고 중앙유럽과 지중해 및 인도양과 같은 중요한 지역에 있어서의 군사력의 균형에 대하여 생생한 토론을 하였다. 전자의 경우에 균형을 결정짓는 것은 전략핵무기발사대戰略核武器發射臺 및 운반수단의 수와 질에 관심을 두는 경향이었으나, 후자의 경우에는 병력과 전차의 수, 함정의 수, 그리고 지역 내에서 지내온 함정일수艦艇日數 등이 현저하게 중요한 것이 되었다.[18] 어떻게 헤아리든 간에 그러한 비교는 의심스럽고 예비적인 것으로 취급해야 한다.

나폴레옹은 군사력의 정신적인 면은 육체적인 면에 비하여 10대1의 비율로 우세한 것이라고 주장하였다. 이 접근방법을 사용하는 분석가들은 동일한 여러 요소를 비교하고 이들 요소의 더욱 미묘한 성격을 무시하려고 하는 어떠한 유혹도 경계해야 할 것이다. 그러한 실수는 결과적으로 아주 나쁜 방향으로 일을 그르치게 할 수 있는 것이다.

---

18) 군사력 비교를 위해 가장 광범위하게 인용되는 연간, *Military Balance* (London : International for Institute Strategic Studies)는 전략적 및 일반 목적군에 관한 자료를 포함하고 있다.

4 기술적 접근방법

전략연구의 기술적技術的 접근방법은 국가 잠재력의 기술적 요소와 관계되는 것이나, 많은 주요 관점에서 차이가 있다. 접근방법을 동적動的이라고 한다면, 요소는 정적靜的인 것이다. 접근방법은 기술을 전략적으로 응용하려는 방향을 설정한 것인 데 반하여, 요소는 그 사회 자체의 광범위한 특성 문제에 관계된다고 할 수 있다. 접근방법은 전략, 편성 및 교리를 기술적 변화에 적응시키는 언제나 순환되고 있는 문제를 다루는 것이며, 전략적인 문제점을 발전시킬 필요성에 따라서 연구 개발하는 것을 다루는 것이다. 힘의 요소는 보통 국력과 역량을 전반적으로 비교하는 한 부분으로서 경쟁하고 있는 기술적인 기준에 의거하여 관계되는 국력과 잠재력을 비교하게 되는 것이다.

이러한 전략적 분석방법은 한 교전국의 월등한 기술이 분쟁 결과에 있어서 중요한 결정 요소가 되는 것이라고 생각하는 경향이 있다. 한니발의 코끼리 사용, 말을 탄 기사의 채용, 석궁石弓 그리고 기관총은 모두 역사의 진로를 결정한 기술발달의 본보기로서 인용되고 있다. 저자가 말한 바와 같이 이 접근방법은 군사과학기술의 흐름에 있어서 혁명적인 성격이라고 믿는 경향이 있다. 그것은 새로 고안된 장비를 전쟁터에 사용함으로써 생긴 변화의 중요성을 강조하는 것이다. 전술과 무기를 개선한 새로운 기계의 효과 그리고 어떤 균형을 가져오게 하는 지식을 감소시키고자 하는 적대국의 상쇄相殺 노력을 인정하는 한, 기술적 접근방법은 이러한 균형을 지금까지 의존해 온 더욱 높은—또는 전연 다른— 수준에서 반드시 발달되리라는 것을 암시하고 있다.

중세기의 전쟁양상은 그 규모의 대소에 따라서 19세기의 전쟁양상과 다르다. 미국의 남북전쟁과 제2차 세계대전이 서로 다른 점도 마찬가지로 설명된다. 과학기술은 분쟁의 테두리 안에서 어쩔 수 없는 변화를 일으키며, 그 변화의 속도는 가속되어 간다. 비행술은 제1차 세계대전에서 군사적으로 완숙되었다. 60년 후, 우주공간은 국제적 협약에 의해서만 제한된 것이고 군사적인 목적을 위해서는 일상적인 환경으로 되어 있다. 무기혁명은 일반화되었으며 그 의미의 연구는 사람들의 상상력 한계에 의해서만이 사실 억제되고 있을 뿐이다.

이 접근방법의 혁명적인 무기기술은 간단한 하드웨어의 재고안의 경우에 보통 쓰게 되는 더욱 혁신적인 적용을 할 필요가 있다고 주장하고 있다. 구형 무기를 신무기로 대치하느니보다 무기 응용에 대한 전반적인 개념의 재평가를 요망하고 있다. 8열列 방진方陣이 마케도니아의 필립 왕의 창기병槍騎兵에 적합한 편성이 될 수 있었다면, 현대의 개인 자동화기自動火器의 채택은 1대1로 교환케 하느니보다 무엇인가 다소 나은 점을 포함하고 있다. 주요한 새로운 제도가 채택되면 편성, 전술, 지휘 및 통신은 모두 재평가되지 않으면 안 된다. 새로운 기술을 먼저 극대화시킬 수 있는 측이 차후의 분쟁에 대비하는 데 더욱 유리해지는 것이다.[19)]

이 접근방법의 타당성이 핵무기의 경우에 가장 쉽게 인정되는 것이다. 앙드레 보프르와 같은 유명한 저술가가 주장하기를 새로 고안해 내는 장비가 혁명적이기 때문에 핵전략에서는 전투가 없을 것이며, 단지 과학기술의 경쟁만 하게 될 것이라고 했다. 상대편과 경쟁을 하는 자의 전략의 성패成敗는

19) Edward B. Atkeson, "Precision Guided Missiles : Implications for Detente", *Parameters*, vol. 5, No. 2, 1976, pp. 81~82.

상대편을 패배시키는 능력에 의한 것이 아니고, 기술적 혁신을 통하여 상대편의 무기를 쓸모 없게 하는 능력에 달려 있다. 현실적 전투는 양측 모두가 파멸을 당하게 되는 것이다.[20] 과학기술이 가장 중요한 것이며, 다른 요소는 부수적이다.

5 이데올로기적 · 문화적 접근방법

전략문제에 대한 연구와 분석을 위한 기본적 접근방법의 다섯 번째는 그 사회가 안고 있는 이데올로기적·문화적 가치에 관련이 있는 것이다. 이 접근방법의 기본적인 이론은, 어떤 특정한 정치적 또는 윤리적인 성향을 가진 한 국가와 비슷한 성향을 가진 다른 국가를 동일시하려고 하기 쉽다는 주장이며, 그리고 그들은 일반적으로 미리 예측할 수 있는 방법과 문화적으로 서로 양립할 수 있는 양상을 사용함으로써 그들의 안전보장을 추구해 나갈 것이라고 하는 점이다. 예를 들면, 민주주의 국가들은 다른 민주주의 국가의 정치과정과 이익을 이해하는 데 전체주의 국가들보다 어려움을 덜 느끼게 될 것이며 그리고 이러한 용이성容易性은 그들이 노력하고 있는 안전보장 배비配備와 그들이 추구하고 있는 동맹의 성격과 부대 준비태세 등의 여러 가지 형태 속에서 확실히 표명되리라는 것을 말하는 것이다(다른 서구의 국가와 안전보장의 유대를 발전시키는 데 스페인이 가진 어려움이 바로 이런 경우이다). 더 나아가서 국가의 이데올로기적·문화적 동일성은 그 나라의 안전보장 유지를 위해 고려될 수 있는 전략적 선택의 강력한 결정 요인으로서의 역할을 하게 될 것

20) Andre Beaufre, *An Introduction to Strategy* (New York : Frederick A. Praeger, 1965), p. 77.

이라고 이 이론은 제시하고 있다.

실례實例를 들면, 20세기의 미국, 영국 및 프랑스의 광범위한 이익의 일치와 이들 강대국의 한 때 동맹국이었던 소련과의 대조적인 모호한 관계를 생각해 보면 알 것이다. 마찬가지로 민주국인 핀란드에 의하여 그의 전략적 제안이 거절당하는 실망을 한편으로는 감수하면서 나치 독일이 다른 한편으로 파시스트 이탈리아와 협조된 작전을 할 수 있었던 그러한 안이한 관계를 생각해 보아도 좋을 것이다.

이 접근방법을 범凡아랍주의에서의 아랍의 이익, 국제 계급투쟁에서의 마르크스주의자의 이익 그리고 자유주의에서의 서구의 이익, 이러한 것은 국가 및 군사전략의 결정적인 요소로서의 성향을 띠는 것으로 간주되고 있다. 군사조직과 그리고 간접적으로 전략에 미치는 이데올로기의 영향과 마찬가지로 나폴레옹 군대에서 국민 총동원 제도 속에 표현되고 있는 공화국 정신의 발전과 같은 것을 인정하는 것이다. 마찬가지로 서구西歐철학의 당연한 부산물로서의 서구의 전술적, 전략적 교리가 사상자를 최소화시키고 자산을 보호하는 것을 강조하고 있는 점을 인정하는 것이다. 중공과 같이 인해전술人海戰術에 의존하거나, 일본이 가미가제神風 공격에 의존하지만, 벨기에나 영국은 그렇게 할 수 없는 것이다. 프랑스 군대가 제1차 세계대전에서 장기유혈長期流血의 조건을 내세웠을 때, 병사들의 반란으로 실패되었다. 훈련이 잘 된 전체주의 독일에서는 완강하게 반항하는 그러한 고충은 받지 않았다. 이데올로기적, 문화적 요소는 근본적으로 두 측면에서 다른 것이었다. 어느 저자가 지적한 것처럼 독일은 슬라브와 라틴 민족보다 우월한 민족이라고 하는 다윈의 학설에 사로 잡혀 있었으며, 결국 이 철학은 그의 전략을 형성하였고 세계정복의 길로 몰아넣었다.[21]

이와 비슷한 점에서 이데올로기적 접근방법은 마르크스주의자들의 이데올로기가 공산주의의 전략사상에 미치는 효과를 강조하고 있는 것이다. 마르크스주의는 '제국주의' 국가가 내부로부터 붕괴될 것이라고 확실히 예측하고 있다. 전쟁은 이러한 나라들이 그들 이전의 국력을 재 확보하려고 하지만 가망 없이 죽음의 파국으로 몰고 갈 때 일어나게 되는 것이다. 그러므로 '사회주의 진영'의 구성원으로 강력한 군대를 유지하는 것만이 현명한 것이다. 그러나 공공연한 침략은 필요 없는 것이다. 레닌의 말에 의하면, "유럽과 미국의 대부분의 나라에서 생기는 계급투쟁은 시민전쟁으로 들어가는 것이다"[22]고 했다. 이러한 환경 하에서 자본주의 국가의 내부 모순이 어쨌든 결과적으로 그의 붕괴를 가져오게 하는 원인이 되는 것이라면 구태여 몰락해 가는 서구에 의해서 심각한 손실을 가져오게 하는 모험을 할 필요가 뭐 있는가 하고 비현실적인 이론가가 물어 볼지 모른다. 군사전략에 제재를 가하는 것도 좋고 또 부패가 일어나도록 시간을 허락해 주는 것도 좋을 것이다. 역사적 결정론은 전략을 보수적 경향으로 몰고 가며 직접적인 대결을 피하게 한다.

미국에 비친 서구문화의 효과는 다른 것이다. 사람은 그의 운명에 대해 대단히 큰 영향을 준다고 모두 믿으려고 한다. 윤리와 개척정신은 누구나가 그의 기회를 그가 하고자 하는 미래에 잘 이용하는 데 활용하도록 강요하는 것이다. 역사의 진행에는 요술 따위는 없는 것이다. 미국 사람들은 "하늘은 스스로 돕는 자를 돕는다", "내일로 미루지 말라" 등의 말이 있는데, 베델 스미스(Bedell Smith)가 미 육군의 교리를 만들면서 명확하게 지적했다. 즉 재

---

21) Fritz Fischer, *Germany's Aims in the Frist World War* (New York : W. W. Norton, 1967), introduction by Hajo Holborn, p. xiii.

22) Sidney Hook, *Marx and the Marxists : The Ambiguous Legacy* (Princeton : D. Van Nostrand Co., Inc., 1955), p. 188.

빠른 해결책과 결정적인 행동을 추구하고자 하는 전략적 문제에 결부된다고 믿으려는 경향이다. 고도 기술사회高度技術社會의 정상적인 성향을 결합한다면, 이것은 다른 국가사회의 침략을 억제하는 데 핵무기에 의존하게끔 힘을 주는 것이다.

미국 문화의 다른 면을 본다면, 목표와 이해관계利害關係가 서로 모호한 장기전에 있어서는 잘 적용되지 않는다. 한국과 더욱이 월남에서의 경향을 통하여 미국의 야심에 찬 군사전략에 한계성을 설명해 주고 있다.

다른 예가 많다. 그러나 우리는 우리들을 현혹시키는 상투수단을 피하는 데 조심해야 할 것이다. 국가의 성격과 이데올로기는 변화한다. 동기를 주는 지각력知覺力과 국가의 '의지意志'도 변화한다. 1940년대의 유럽의 유태인들은 그들 스스로를 방위할 수 없었는가 하면, 그 후 이스라엘의 유태인의 놀라운 단결력과 군사기술을 보여 주었다. 근년에 와서 미국은 지난 10년간에 미국사회에서 발생한 정치적, 윤리적 그리고 법적인 거추장스러운 문제를 고려함으로 해서 과감한 조처를 취할 수 있는 미국의 능력에 대한 의문이 제기되었다. 그럼에도 불구하고 전략 분석가들은 이 분야의 생생한 업적을 이해하고자 추구하는 데에는 이데올로기적·문화적 접근방법을 간과할 수는 없는 것이다.

6 주요 강대국의 전략적 접근방법

이 점에 있어서 현재 강대국이 추구하고 있는 군사전략을 연구하는 것이 가장 두드러진 접근방법이라고 인정되고 있다. 여러 가지 경우에 있어서 확실하지 않는 한, 문제 해결을 위해 접근방법을 구체화하는 데 도움을 주는 주요한 전략적 골격의 상이점相異點에 대하여 주안을 두고 그리고 문제 속에 있는 특정한 과업과 관심사항에 대한 관례적인 평가를 통해 추가적인 분석의 규모를 제시하는 데에서 선택하는 것이 유익할 것이다.

미국 : 미국은 지리적으로 섬이기 때문에 일련의 유일한 안보 고려사항과 요구사항이 있게 마련이다. 본국으로부터 먼 거리에 있는 그의 이익에 대한 위협에 관하여 주로 관심을 가지고 있다. 그 결과 한편으로 유럽대륙과 다른 한편에는 태평양 선線 안에 지리적인 영향력을 유지하려는 기본적 외교 방침을 가지고 있다. 나아가서 미국은 지역적인 안보협정 및 기지基地사용 유지 그리고 세계적인 규모의 통행권 유지에 깊은 관심을 가지고 있다. 이러한 의미에서 전략연구의 공간적 접근방법이 미국 사람의 사고방식에서는 지배적인 것이 된다. 그리고 과학 기술적 접근방법은 미국의 지적知的 과정에 있어서 바로 다음에 올 수 있으며 또 때로는 무엇보다도 우선하는 것이기도 하다.

소련 : 소련은 유라시아 대륙의 양 끝에 잠재적인 적과 대치하고 있다. 역사적·문화적 및 이데올로기적 여러 요소가 안보문제 전반에 걸쳐 영향을 주기 때문에 다른 요소도 균등하게 중요한 것이다. 아무리 합리적이라 할지라도 그리고 우리는 어떤 것이 그 사회와 얼마나 밀접하게 결부되어 있는지를 모른다. 수數와 집단이 지배적이다. 한동안, 소련이 모든 면에서 막강한 병력의 유지를 통하여 안보 목적을 달성하기 위한 수단으로 추구하고 있다는 것이 확실하다.

제2차 세계대전 이후 가장 주목할 만한 것은 그의 잠재적인 적대국과 비교하여 소련 육군의 규모와 능력이었다. 더욱 최근에는 소련의 핵무기 체계와 소련 해군의 성장은 특별히 주목을 끌었다. 잠재력에 의한 접근방법이 소련의 상황에 특히 관련이 있다는 것으로 결론지을 수 있다.

중공 : 중공은 현대화된 군사력을 만들고 유지하기에 아주 적절한 능력을

가진 거대한 국가이다. 그 대신 중공은 수 세기 동안 그의 안보를 위해 침략자를 흡수하는 탄력성과 능력에 의존해 왔다. 그의 군사전략에 대한 현행 이데올로기의 영향으로 전통과 문화가 양립될 수 있다. 마오쩌둥(毛澤東)의 인민전쟁개념은 중공에게 훌륭하게 어울리는 것이다. 이런 경우에 있어서의 군사전략 연구를 위한 이데올로기적·문화적 접근방법의 추구가 아주 명확하게 드러난다.

서독 : 유럽 북대서양 동맹제국의 제일선에 처해 있는 서독은 이러한 연구를 위해서는 좋지 못한 지역 모델이다. 서구의 이데올로기적·문화적 가치관이 이 나라의 근본적인 외교정책과 군사적인 안보정책에 있어서 강력한 역할을 하고 있다. 그리고 더욱 수긍이 가는 것은 그들의 정통적인 안보위협에 관심을 두고 있다는 점이다. 독일은 동서간의 분쟁이 일어날 경우, 잠정적으로 주요 작전지역의 중심부가 된다. 독일을 위하여 설명한 고전적·역사적 형태의 접근방법에 붙여주자는 제안이 강력하다. 그들 대부분의 옛날 식민지와 세계적인 관심이 박탈된 이후의 프랑스와 영국의 경우도 똑같이 보는 것이 타당하겠다.

7 전 망展望

결론적으로 말해서 군사전략의 광범위한 차원에 대한 지금까지의 개략적인 서술은 실제로 어떤 정확한 측정 단위가 없다는 점, 여러 분석가들마다 갖가지 구성 개념들을 내놓기 마련이라는 점, 그리고 이러한 다양성과 융통성은 전략분석에 보편적으로 적용할 수 있는 어떤 마법적인 이론적 형판型板을 공식화하려는 시도에 대해 우리들에게 미리 경고해 주는 것이라는 점을 드러내 주었다. 그렇지만 필자의 탐구의 긍정적 가치는 처음에 진술된 바와 같다. 즉 우리의 논의에서 밝혀진 차원들은 합당한 국가적 의사결정에 필수적인 전략적 전망을 얻게 해 주는 하나의 이론적 틀 혹은 유리한 요지要地로서의 역할을 충분히 해 줄 수 있다는 것이다. 아르키메데스(Archimedes)의 말을 빌어 표현하자면, 그것은 우리에게 우리가 이 세계를 바라보려고 시도할 때, 우리가 서 있을 수 있는 장소를 제공해 주는 것이다.

Ⅷ. 전략의 개념

앙드레 보프르

본인은 최근에 펴낸 저서에서 우리 시대의 필요에 부합하는 전략을 군사력뿐만 아니라, 정치·경제 및 외교적인 모든 강압적 수단까지 포함한 '모든 힘을 정치 목적을 향해 운용하는 책략'으로 정의해 보고자 노력해 보았다.

그 후, 본인은 또 전략사상은 그 범위를, 예를 들면 적측이 자신에게 강요하기를 소망하는 정치 노선을 미리 수락하는 문제 등, 결정에 관계된 모든 요인들까지도 확대해야 한다고 주장하게 되었다.

그리고 또 그동안 그 관계의 정의定義가 매우 잘못 내려진 상태에서 이루어진 '민사民事' 문제와 '군사' 문제와의 고전적 협력관계는 지시를 내리는 정책과 그 정책 집행의 하수인격인 전략과의 명백한 위계관계位階關係로 대치되어야 한다. 그것은 민간 및 군사분야에서 다같이 적용되어야 한다. 본인은 이 개념을 정확하게 설명하는 것이 가능한 일로 생각하고 있다.

전략의 범위가 군사적인 분야에만 제한될 경우, 전쟁의 결정이나 군사작전의 수행 그 자체로 이어지는 모든 요인들의 총합을 저지하는 결과가 나타날 것이다.

정치적 요인들은 프랑스 혁명이나 나폴레옹 전쟁에서 크게 그리고 꾸준히 작용하여 군사적 가능성을 바꾸어 놓았다.

나폴레옹이 이집트 원정 중 몰타를 전격 점령한 것도 지역 애국시민들의 도움 때문이며, 그들이 없었다면 그와 같은 전격電擊점령이 불가능했다는 사실이 그것을 설명해 준다. 그리고 경제 및 외교적 요인도 종종 결정적 역할을 군사적 행동과의 긴밀한 관계를 맺는 가운데 수행해 왔다. 즉 볼로느 공격을 1805년 3국 동맹(영국, 오스트리아, 러시아)의 형성이나 트라팔가르 전투와 구별해서 설명할 수 없는 것과 마찬가지로 대륙봉쇄와 러시아 침공도 같은 맥락이다.

본인은 민간 및 군사적 요인들 간의 상호작용이 한 시대의 일시적 현상이 아니라는 점을 증명해 보이기 위해 여기서 고의로 역사적 사건의 예를 제시한다. 군사전략이 민간요인을 도외시하면 전략의 내용을 이해할 수 없을 때가 많다. 전체적, 즉 포괄적 검토를 할 때만 과거 결정 당시의 의미를 되살릴 수가 있다.

이와 같은 결론은, 예를 들어 알제리 전쟁에서와 같이 '간접전략'이라 일컬어지는 데서 일어나는 현상을 이해하고자 할 때 더 한층 명백해진다. 여기에서는 군사적 요인만 따로 떼어서 고려한다면 어떠한 설명도 불가능하다.

알렉산더, 시저, 루이 14세, 프리드리히 2세, 나폴레옹 등 그 가운데 어떠한 군주도 군사적 요인으로부터 민간요인을 분리하는 문제를 사실 생각해 보지 못했다. 이들 군주들은 지배자로서 이 두개의 요인들을 결합했다. 그것도 아주 자연스럽게 했다. 지배자들이 군사작전을 직접 지시하지 않을 때, 이들은 휘하 장군들에게 아주 정밀한 지시서를 내려, 전체 상황에 대한 자신의 판단으로부터 나온 그들 군대의 임무를 정확히 결정해 주었다. 지배자들은 이른바 총력전략總力戰略을 실시했다.

군사기획에서 민간부문을 분리시킨 이 단적인 사태가 일어난 원인은 19세기의 두 개의 사건으로부터 비롯되었다.

첫째는, 위원회(예로서, 오스트리아 추밀원樞密院)가 군사적인 작전수행에 번거롭고 실천 불가능한 지시로 너무 깊게 간섭한 것이고, 두 번째는, 나폴레옹마저도 예를 들고 있는 대규모 전쟁론자들이다. 이들은 그 속성이 무조건성이기 때문에 자동적이라고 선언했을 때이다.

한편 클라우제비츠는 이들이 주장하는 전쟁의 속성 가운데 무조건성은 오로지 극단적인 경우라고만 설명했다. "전쟁은 다른 수단에 의한 정책의 단순한 계속"이라는 클라우제비츠의 유명한 말을 되풀이하는 사람들은 클라우제비츠마저 정작 생각지도 않았던, 즉 정치를 시간으로 대신하는 발작적인 노력 및 폭력이라는 특수한 문구의 뜻을 클라우제비츠의 말에 부여했다. 정책은 전쟁의 전후前後를 막론하고 전략을 지배하며, 그 전후前後과정에서 군사전략은 승리가 얻어질 그 찰나에서만은 정치를 지배할 경우가 있다. 정책의 어떠한 간섭이 있으면 이는 하나의 약화 요인이 된다.

본인이 과장하고 있다고는 생각지 않는 이 극단적 사상들이 중산계급의 승리시대와 의회제도, 즉 민주주의의 조짐이 보이던 군사 지배로부터 구분된 민간세력의 대두시대擡頭時代와 일치하고 있다.

전문적 지배자들이 아무런 생각 없이 수행한 역사적 조직은 사라졌다. 그러나 민간정부는 그에 대한 태세를 갖추지 못했다. 작전수행에 민간정부가 참여하자 — 계승전쟁繼承戰爭에서 링컨 — 대부분의 경우 참담하게 실패하여 그 결과, 민간정부 영역에 대한 군부의 욕구만 강화시켜 놓았다.

시저리즘 — 프랑스에서 — 의 두려움과 '세단트 아르마토개'Cedant Armatogae의 로마전통이 합세하여 시민세력으로 하여금 엄격히 해서 군사적인 것도 아닌 것으로부터 군사 지휘권을 탈취토록 하였기 때문에 민간과 군부간의 절대적 구분이 발전적으로 공고화했다. 이 같은 구분은 명백한 전쟁과 평화개념 때문에, 가능해 보였다. 1914년, 전쟁 개시 이틀 전에 마지막 시민의 조치는 비비아니(Viviani)에 의해 결행된 10㎞의 철수였다.

그러나 앞으로도 전쟁의 문은 그대로 계속 열려 있어, 군사 지휘부가 전권을 가져야만 했다. 민간세력들도 그와 같은 논리에 확신한 나머지 전선에서 거듭 패배했음에도 불구하고 이 원칙은 전선의 안정화 시기까지 그대로 유지되었다.

한편 1914~15년 사이 겨울부터 전면전쟁에서 야기된 모든 문제들은 지휘권을 상실한 조프르의 거친 항의에도 불구하고 전쟁에 대한 민간세력의 개입의 폭이 점점 커졌다는 것도 그 가운데 하나였다.

팽레브 사건 후 클레망소는 명백한 군사 및 민간 지도자로서 전쟁을 종결지었다.

한편 지금까지의 설명은 종합분석이 아니라, 일종의 후퇴를 의미했다. 클레망소는 포슈 장군이 전후정치戰後政治에 많은 전략적 고려를 도입하기를 바랐을 때, 확실한 입장에서 이 입장을 그에게 밝혔다.

클레망소에게는 전쟁의 문들은 굳게 닫혀져 있어서, 군사 지도자들도 국가 대외정책에 어떠한 참가도 삼가는 등 그들의 본 위치로 되돌아가야만 했다.

1 총력전쟁總力戰爭

1918년 이래 한결같이 명백한 사실은 이른바 루덴돌프의 총력전에서 정부 각 기관의 활동을 전시戰時에는 조정하기 위한 일종의 조치가 취해져야 한다는 것이다. 그러나 민간 지도자의 군 부문의 구별이나 상호간의 편견이 문제를 더욱 어렵게 만든 원인이 되었다. 20년간의 오랜 노력 끝에—1938년

전시 국가기구戰時國家機構에 관한 법률— '국가 방위'라는 불완전한 형태가 가까스로 마련되었다.

이는 제도의 틀 안에서 각 기관이 행동 조정을 용인한 법적·행정적 개념들의 결합이다. 그것만으로도 엄청난 진보였다. 그러나 분명히 충분한 것은 아니었다. 그 이유는 정부기구가 어떠한 명백한 총력전략의 개념에 의해 지배를 받지 않고 있는 상태여서 수레車를 말馬 앞에 갖다 대어 놓은 격이기 때문이다. 그러나 실제 동원하고 국가를 부양하고 전쟁 생산품의 생산 등에 따른 자원문제가 정치, 경제 및 외교적 노력을 군사적 노력과 결합하는 지식적 문제보다 훨씬 더 우세하다.

중공업은 존재했으나, 그 공업을 생활로 연결할 수 있었던 기본사상이 당초에 없었다. 제2차 세계대전 중 총력전략이라는 종합의 필요성이 명백해졌다. 처칠, 루스벨트, 스탈린, 히틀러 같은 각국의 여러 정치가들은 위대한 전략가의 한 사람이 되었다. 지배자의 시대가 다소 민주적인 형태로 되돌아왔다. 종합기구도 각국에 따라 그 유용성에 맞게 존재하게 되었다.

그러나 '국방'의 초행정적超行政的·이질적인 성격에서 또다시 야기된 혼란 때문에 민간과 군부 간 전통적 구별을 불투명하게 그리고 영속케 되었다.

그 때까지도 프랑스만은, 다른 나라에서는 방위참모장防衛參謀長이 오직 군사 재판권만 가진데 비해 국방 참모장직 한 자리를 두었다. 보통, 종합은 어느 정도 상임위원회의 영역이다. 그리고 총력전략 이론은 서방세계에서는 아직도 그 명백한 인정도認定度가 낮은 선에 머무르고 있다.

한편, 미국에서 군사전략의 기본 문서인 1962년 2월 판版, 『FM 100-5』는 군사전략의 상위의 개념에서 민간전략을 종합하여 국가전략의 원칙들을 명백히 밝혀 두고 있다.

국가전략은 국가가 그 목적을 달성하기 위해 힘을 이용하는 장기 계획이다. 최대의 넓은 의미로서의 국가전략은 평·전시를 막론하고 다같이 이에 적용한다. 또한 국가전략은 국가 내의 모든 힘의 자원을 대상으로 해서 사용한다. 이 자원 가운데는 정치, 경제, 심리 및 군사적 자원이 포함된다. 이밖에도 국가전략은 지리적 위치나 정신적 자세와 같은 기타 국가적 자산까지 이용한다.

본인에게도 미국의 이 문서는 군사전략의 위치를 명백히 정의定義해 주고 있는 것으로 보인다.

"군사전략은 군사력의 직접·간접적 사용으로 국가전략에 기여할 군사 수단의 개발 및 사용을 선도한다. 군사전략은 그 근원을 국가전략에 두고 있으며, 평·전시에 있어서 국가전략의 필요 불가분의 한 부분이다.… 군사적 고려가 국가전략의 발전에 끼어들고 있지만, 그것은 최종 분석에 들어가면 군사전략이나 국가전략은 국가 목적에 의해 다같이 결정될 따름이다."

본인이 1939년 세웠던 교리는 본인에게 전략에 있어서 민간 및 군부 요인 간의 만족스런 균형을 향한 발전의 논리적 결과로 보였다. 인지반도印支半島와 알제리에서 경험한 균형상태는 절대로 없어서는 안 될 긴요한 것임을 보여 주었다.

전략과 그 전략이 의존하고 있는 정치와 구별되는 성격은 여전히 규명되어야 한다.

나의 지침은 실제적이다. 즉, 우리들은 어떻게 하든 지적知的 요소를 배제하도록 노력해야 한다. 이 지적 요소란 우리들에게 제시된 문제들에 대한 통제를 정치이론형성에 개입도 하지 않은 채 용인하는 것을 합리화할 형태이다.

전략은 정책이 힘의 사용을 필요할 때, 즉 예컨대 강압적인 형태이거나 정책을 실행하는 술術정도로, 그 범위를 제한해야 한다. 이 같은 사실은 수단의 선택에 있어서 전략의 주안점을 두는 문제로 이어진다. 즉, 우리 측에게나 상대측에게 다같이 열려 있는 가능성의 결과로서 행동을 계획하는 데 있어서나, 그렇지 않으면 행동자유를 목표로 한 변증법적 교묘함의 결과로서 그 상황에 영합하려는 경우이다.

본인은 이것이 바로 하나의 추상적인 견해임을 잘 알고 있지만, 어떤 일반적인 법칙이 마련될 경우, 이것이 어떻게 달리 변하여질지는 알지 못하고 있다.

2 일반공식一般公式

그래서 우리들은 하나의 일반 공식이 필요하다. 여러 가지 특수한 절차의 조합은 그 절차로부터 일반 공식들이 도출될 수 없는 한 아무런 실익實益이 없다. 그 이유는 전략은 하나의 끊임없는 고안물考案物이어야 하고, 새로운 해결책은 잘 다듬어진 사상의 틀 안에서만 찾아질 수가 있기 때문이다. 전쟁의 복잡성과 정신적 성격에 관한 모든 고전적인 사고思考들은 그것이 비록 정확하기는 하지만, 그 역할이란 것이 필요 요구사항을 충족시킬 해결책의 강구로 이어져야 할 정신적 과정을 복잡하게 하고 흐리게 하는 것이 고작일 뿐이다.

그러나 클라우제비츠는 역설적으로 여기서 어떠한 '행동 대수학行動代數學'에 도전할 증거를 끌어내고 있다. 본인은 클라우제비츠를 위해 너무나 단순화된 사각斜角교리－조미니 형型－로 정당화시키려는 이 자세가 그 원칙에 있어 지극히 잘못되었다고 생각한다. 예견이나 계산은 변하고 불확실한 요인들이 사용되어져야 할 바로 그 이유 때문에 전략에서는 떠나서는 안 되는 것들이다. 넓은 의미에서 '행동 대수학'이 없다면 전략도 그에 따라 있을 수 없다. 물론 이 대수학이 간단하거나 정확할 수도 없는 것이지만 존재는 해야 하는 것이다.

전략이 힘에 의한 정책수행의 술術이라면, 전략은 분명히 목적 및 가능성의 조정을 허용하기 위해 정치적 계산을 한다. 정치와 전체 전략 간에서 끌어낸 구별은 따라서 철저히 이론적일 수밖에 없다. 또 똑같은 정부 수반은 군사 지도자가 전술 및 전략적 사고思考를 언제나 나란히 하듯이 둘 모두를 다루어야 한다.

그러나 정치와 전략이 의식적으로 구별되어 있는 것이 중요하다. 행동의 목표를 선정하는 정치는 그 정치철학에 비추어 국민의 참된 여망을 정확히 알아내고 물질적 가능성을 정확히 평가한다. 이 마지막 분야에 있어서만 전략은 개입하여 그 불가능성을 제시할 수 있다. 일단 목표가 정해진 이상, 전략은 그 임무의 수행 가능성의 조건에 따라 스스로 역할을 수행한다. 그러나 여기서 다시 한번 주의를 환기시켜 두고자 하는 것은 임무까지도 없으면 바꾸어야 할 필요한 물질적 수단을 평가한다는 구실 아래 전략과 전술을 같은 선상에 놓으려는 과오는 범하지 말아야 한다는 사실이다.

물질적 수단은 공식에서는 결국 하나의 요인에 불과하다. 즉,

$$S = KF\psi T$$

S=Strategy(전략)

F=Material Forces(물질적 힘)

ψ=Psychological Forces(물리적 힘)

T=Time(시간)

여기서 FψT의 생산력만이 어쨌든 중요하다.

공식에서 F가 너무 적어 ψ와 T가 대단히 커야 한다면 간접전략이 실시되어야 할 것이다. 전략상 짧은 시간 안에 미약한 힘과 불충분한 정신력을 갖

고 성공의 임무를 수행하는 것은 불가능한 일이다. 행정수반行政首班이 자신의 전략적, 정치적 견해에 따라 정치적·전략적 요청을 동시에 만족시켜 줄 해결책을 선택하기 위해 독자적인 사고思考를 할 때, 그는 전략이 제시한 절차가 정치적 가능성을 가능한 시간과 노력을 배려하여 맞아 떨어질 수 있는지 여부를 알아보아야 한다.

본인은 이것이 총력전략總力戰略의 진정한 입장이라고 생각한다.

그러나 '순수한 군사전략이 발붙일 여지는 무엇인가?' 또 '군사전략이 총력전략 안에 감추어져 흡수되려는 의도는 없는가?'와 같은 질문이 나올 수도 있다.

이 결론이 타당하다면, 우리들은 군사전략의 미흡이 총력전략의 그것만큼 심각하기 때문에 실러Scylla와 샤르브디스Charybdis의 큰 괴물과 소용돌이에 끼어든 것처럼 진퇴유곡에 빠지고 말 것이다.

분명히 명쾌한 총력전략 이론의 부재 때문에 냉전이 시작된 지 4반세기 동안 우리들은 너무나 값진 가치를 치렀다. 우리들은 또 1940년 프랑스의 몰락, 결국 유럽의 그것으로 이어진 당연한 원인이 군사전략을 등한시한 데 있었다는 역사적 교훈도 아울러 잊지 말아야 하겠다. 한편 효과적인 새로운 무기와 그에 따른 엄청난 군비軍費지출을 하고 있는 오늘날, 세계의 양극화 현상에 관해 말해 보자.

군사적 요인들의 정치적 중요성은 날로 늘어나 군사적 해결의 적절한 개념은 안보나 평화를 확보하기 위한 한 개의 필수적 요건이 되었다. 수많은 기술과 전술 가운데 하나의 선택이 어떻게 이루어질 것이며, 훌륭한 전략이 없으면 각 사건에 대처하기 위한 해결책은 어떻게 마련될 수가 있을까?

따라서, 군사전략과 총력전략과의 관계는 총력전략과 정치와의 관계와 같다. 그 상호작용이나 순서도 역시 마찬가지이다. 그러나 군사전략은 총력전략처럼 완전한 집행도구가 되는 것 말고도 전체의 한 부분이 되며, 그것도 때로는 중요한 부분을 이루지만 어디까지나 2차적인 중요성에 그치고 만다. 본인은 고전적인 군사전략을 개괄하면서 군사전략 가운데 작전전략 operational strategy이 갖는 결정적인 중요성에 대해 특히 강조하는 바이다.

작전전략의 역할은 작전형태를 결정하고 나아가 전쟁의 전 국면을 결정하고 있다. 그와 같은 국면은 프랑스에서는 데브네(Debeney)와 페탱(Petain)에게서는 이른바 합리적 기구에 그 기초를 두고 있는 초전술超戰術의 하위점에서, 그리고 포슈(Foch)에게는 행동의 자유에 대한 추상적 사고의 고위점에서 각각 강조되었음을 본인은 상기시키고자 한다.

그러나 군사전략이 작전전략을 통해 행동의 자유로부터 초전술超戰術에 이르기까지 광범한 범위의 종합적이라는 사실이 명백하다.

덧붙여, 군사전략은 더욱 복잡해졌다. 즉, 이전의 군사전략은 순전히 바다와 육지에만 국한된 것이었다. 그러나 오늘날에는 그렇지 않아 적어도 세 가지 층으로 구성되어 있다. 즉 핵·공중·육지나, 핵·공중·바다 그리고 더 나아가 핵·공중·육지·바다 등을 대상으로 하고 있다. 인간의 두뇌는 훌륭한 전략적 합리성의 실絲을 갖지 않은 복잡한 문제를 푸는 데 골머리를 앓고 있다.

본인은 지금까지 전구이론全球理論, 고전적 군사전략, 핵전략 그리고 간접전략에 대한 여러 견해를 피력함으로써 이 전략 합리화의 요체를 찾아내보려고 노력했다. 그러나 본인은 물론 완전하거나 조직적인 하나의 계획을 제시하려 들지는 않고 있다. 다만, '전략에 관한 한 편의 논문'으로서는 의문의 여지가 없다.

이 목적은 현재의 재발견의 시대에 있어서는 너무나 야심적인 것이다. 아직도 본인의 논문내용은 클라우제비츠의 저서 『전쟁론』이나 레이몽 아롱의

『전쟁과 평화』에 관한 연구 주제에 덜 미치고 있다.

사실, 이 논문은 19세기의 독일 사상의 안개霧 속에서 아직도 완전히 벗어나지 못한 채 있는 전략적 사고思考의 영역을 여러 국면을 들어 간단히 소개한 데 불과하다.(1963년 12월 집필)

IX. 전략 : 이론과 적용

헨리 어클레스

1 서 언

비록 이 논문이 일반적 의미의 전략에 대해 고려하고 있지만 분석의 강조점은 군사전략에 있다. 더욱이 이러한 한계 내에서 토론은 대부분 최고 사령부의 견해에서 발생한다. 이것은 인간 투쟁의 범위를 통해서 군사력과 군대의 사용 문제를 다루는 최고 수준의 민간인과 군사집행 당국이다. 그럼에도 불구하고 전략이라는 낱말은 막연하게 사용되기 때문에 만약에 문맥이 분명하지 않다면 사람들이 토론하고 있는 그러한 종류의 전략을 나타내기 위해서는 적당한 수식어구가 사용되어야 한다.

'위기관리'crisis management의 결정 과정에 얼마나 많은 사람과 이익이 포함되는가에 상관없이 전투에서 공공연한 군사력을 사용하기 위한 주요 결정은 그의 동료들의 조언에 포함된 요인들을 직관적으로 종합하는 한 개인에 의해 이루어져야 한다. 지휘의 직관적인 종합은 문제의 기술적인 측면을 포함해야 하지만, 단순히 포함만 하는 것이 아니라 그것을 능가해야 한다.

'직관적 종합' intuitive synthesis이라는 문구의 사용은 아마 설명이 필요할 것이다. 그것은 직관적 사고思考의 본질에 대한 제롬 브루너(Jerome Bruner)의 설명에서 유래된다. "…전체 문제를 함축적으로 인식하는 것은… 포함된 지식의 범위와의 친밀성에 의거한다. …연구 대상으로 삼을 어떤 것을 직관에게 주는 친밀성은…사색가思索家가 지름길을 취하는 것을 가능하게 하여 준다."

전략의 기초와 전략적 이론은 비교적 수가 적으며 단순하다.[1] 이러한 기초들의 실제적 적용은 매우 다양하고 때로는 아주 미묘하다.

마한(Mahan)은 다음과 같이 글을 썼다. "전쟁은 주먹구구식으로 될 수 없다. 그리고 그렇게 해 보려는 시도는 전쟁의 문제가 의미하는 중요성과 비례해서 심각한 재난을 불러일으키는 결과가 될 것이다."[2]

이론과 건전한 원칙에 집착하는 것이 성공을 보장하지는 않을 것이지만, 그것을 무시하거나 무심코 그것을 위반하게 되면 실패의 가능성이 높아질 것이다. 이리하여 전쟁술은 적용에 영향을 미칠 특별한 상황을 느껴야 할 뿐만 아니라, 이론과 원칙을 직관적으로 이해할 것을 포함한다.

종종 우리들은 전쟁이 불합리하다는 말을 듣는다. 이러한 진술의 진실성과 적용에 대한 견해들은 다를지 모르지만, 그것의 진실성과 합리적 혹은 불합리적인 전쟁의 빈도에 상관없이 어떤 논점論點들이 존재한다.

---

1) 전략에 관한 본인의 생각은 軍需에 대한 본인 자신의 경험과 연구에 의해 영향을 받은 것처럼 허버트 로진스키(Herbert Rosinski)의 기본 사상으로부터 주로 끌어내었다. 이러한 생각은 클라우제비츠, 마한, 리델 하트, 마이클 하워드 혹은 버나드 브로디와 같은 권위자들의 생각과 모순되지 않을 것으로 믿으며, 모든 이 분들의 저서에 대해 본인은 지극히 감탄하는 바이다.

2) A. T. Mahan, *Naval Administration and Warfare* (Boston : Little, Brown, 1918), p. 232.

인간의 생존, 혹은 전쟁에 의해 부과된 불합리한 상황 하에서의 국가 이익은 인간이 직면하고 있는 상황에 대한 합리적인 평가와 인간이 달성하려고 노력하는 개인적 혹은 집단적 목표에 대한 합리적 평가에 의하여 높여질 것이다. 완전히 비합리적인 상황인 것처럼 보이는 것에 대처하기 위해서 전략적 사고思考는 합리적이어야 한다. 주의할 한 가지 점은 다음과 같다. 한 문화에서 합리적인 것은 다른 문화에서는 불합리하게 보일 수도 있다. 이것은 미국 정부 관리와 베트남 정부 관리들 사이의 관계에서 재삼재사 드러났었다. 베트남 전쟁은 건전한 원칙을 위반한 것과 주먹구구식의 맹목적인 적용, 둘 다를 예증한 것이었다.

전쟁이나 인간의 분쟁이라는 말을 본인이 사용하는 데 대한 견해, 즉 내가 편리한 대로 전쟁이라는 낱말을 사용하지만 공식적으로 공언된 전쟁이 강대국들 사이에서 또다시 일어날지는 의문이다. 반면에 나는 격렬한 인간의 분쟁이 아마도 대규모로 계속될 것이고 정부 당국에 의해 그렇게 사용하도록 요청될 때마다 그리고 요청되는 곳마다 효과적으로 군대를 활용할 수 있도록 하는 것이 군 사령부의 임무일 것이라고 믿고 있다.

나는 정책과 전략을 명확하고 쉽게 구별 짓는 방법을 모른다. 그것들은 뒤섞여 있고 일부분이 일치하고 있다. 그것 둘 다 계획과 작전에 지침서를 마련해 주고 있다.[3] 그 둘은 이익과 관련되거나 혹은 이익을 지원하는 결과를 달성하려는 욕망에서 발생한다. 많은 경우에 위의 두 낱말들은 각기 수정이 되어 그것의 의미가 분명하여져야 한다.

국가정책, 전략정책, 그리고 행정정책이든 간에 정책은 관리들이 바라던 결

---

3) B. H. Liddell Hart, *Strategy, the Indirect Approach* (New York : Praeger, 1954), chap. XIX, "The Theory of Strategy", pp. 333~336 ; Bernard Brodie, *War and Politics* (New York : Macmillan, 1973), chap. 10, "Strategic Thinkers, Planners, Decision-Makers", p. 438.

과를 달성하기 위해서 행하는 지침을 제시해 준다. 정책은 특별한 계획이나 특별한 행동에 의해 수행되어질 때까지 혼자서는 아무 것도 이루지 못한다.

용어들이 밀접하게 관련되어 있기 때문에 어떤 학자들은 전략이라는 용어를 군사적인 일에 국한시키기를 좋아한다. 이러한 밀접한 관련의 예로서 제2차 세계대전을 생각해 보라. 일본이 1941년 12월에 미국을 공격했을 때, 점진적으로 특히 1940년 6월 이래로 쇠퇴의 길을 걷고 있던 미국의 중립정책은 무너져 버렸으며 포기되었다. 그 이후로 미합중국은 독일에 대한 전쟁을 일차적으로 강조하며 일본을 패망시키기 전에 독일을 쳐부수기로 결정하였다. 이것은 동맹국의 군사전략에 주요한 영향을 미친 주요한 정치적, 군사적 정책 결정이었다. 정책과 전략의 토론에 세부사항이 많이 포함되면 될수록 그들의 특징은 더욱 더 뒤얽히게 된다.

2 본질 · 구조 그리고 기본적 관계

전략이란 그것이 전쟁술의 다른 원리들-전술, 병참, 정보 그리고 통신-과 관련될 때만이 이해될 수 있다. 이러한 용어들의 일관된 관계를 나타내기 위해서 다음과 같은 용어들에 대한 정의가 내려질 수 있는데, 그것은 사령관의 견지에서 고찰된 것이다.

전략이란 광범위한 목적을 달성하기 위해서 상황과 지역을 통제하는 군사력의 포괄적인 방향이다.

전술이란 전략적 목표를 달성하기 위해서 군대와 무기의 직접적인 운용이다.

군수란 전략적 목표를 달성하기 위해서 전술적으로 사용되는 군대와 무기를 만들고 그리고 지원하는 것이다.

정보는 상황을 알 수 있게 해 주는 것이다.

통신은 정보를 보내고 사령관의 결심을 전하는 것이다.

모든 전투상황에 있어서 사령관의 결심은 전략적, 전술적 그리고 병참적 고려를 혼합할 것을 요구한다. 이리하여 작전은 전략적 목표를 달성하기 위한 병참적 그리고 전술적 행위의 혼합물이다. 병참적 행동은 전술적 행동에 선행해야 한다.

전략은 주로 목표objective를 다룬다. 즉 바람직한 결과를 다룬다. 이것은 대개 주된 그리고 부수적인 목표, 당연한 그리고 긍정적인 목표의 계층이 있다. 전략적 개념은 다음과 같은 용어상의 성명聲明이다.

· 무엇을 통제할 것인가

· 어떤 목적을 위해 통제할 것인가

· 어느 정도 통제할 것인가

· 언제 통제를 시작할 것인가

· 얼마나 오래 통제할 것인가

· 일반적으로 통제하는 방법

그리고 그러한 전략적 개념의 실제적 적용은 병참적 행동에 의해 선행됨이 틀림없는 특별한 전술적 작전의 형태 내에 존재한다.

전략은 포괄적이다－그것은 행동의 모든 분야를 목표로 한다.

전략은 힘의 지침이다. 그것은 세부적인 작전에 관련되어서는 안 된다.

전략은 사령관이 이용할 수 있는 모든 형태의 힘을 다룬다.

전략은 상황과 지역, 즉 사람의 태도와 형태를 다룬다. 즉, 그것은 상대적 지위와 병참선, 폐색점chokepoint, 물적 자원, 전투기지 등을 다룬다. 전략과 파괴는 동의어가 아니다. 통제의 더 좋은 수단이 없을 때에만 전략은 파괴를 사용한다. 전략은 힘의 적용과 힘의 원천 둘 다를 통제한다.

전략은 포괄적이기 때문에 그것은 행동의 모든 분야를 목표로 한다. 그러나 자원이 항상 제약되어 있기 때문에 전략가는 시간, 거리 그리고 전술적이고 병참적인 자원의 이용과 관련하여 최소한도로 중요한 지역과 상황을 알아야 한다. 따라서 어떤 사람이 중요 목표, 전술적 그리고 군수적 자원 그리고 시간과 거리와 관련하여 직관적으로 평가할 수 없다면, 그는 전략가가 아니고 단순한 이론가에 불과하다. 이것은 매우 어려운 문제이며 그리고 이는 군사 전문가를 포함하여 이 세상에 전략가가 거의 없는 데 대한 명백한 이유이다. 그 어느 경우이든 권위의 수준에 상관없이 전략가는 그가 마음대로 할 수 있는 힘의 요소들－국제적이든, 국가적이든, 군사적이든, 전역적戰域的이든 혹은 특수 임무부대이든 간에－을 고려하여 생각하고 행동해야 한다. 그래서 국제적 혹은 대전략, 국가전략, 군사전략 혹은 해상전략을 고려할 때 그가 혼합된 세 가지 요소들을 다루고 있음을 명심해야 한다. 이러한 세 가지 요소에는 목표, 즉 바라던 결과, 설계 혹은 계획 그리고 물질적인 수단, 즉 경제와 병참이 해당된다. 거기에는 토론할 때의 전문용어에 대한 어려움이 없어야 하며 그리고 실제 전략문제의 구조를 이해하는 데 어려움이 없어야 한다. 1973년의 아랍-이스라엘 전쟁과 그 전쟁 동안에 나타난 북대서양 동맹국과 미국과의 관계의 결과가 이러한 요소들을 매우 잘 예증해 주고 있다.

3 원칙과 추론推論

전략의 첫 번째 원칙은 정치적 목적이 전략을 지배해야 한다는 것이다. 분명한 정치적 목적 없이 군대를 사용하는 것은 궁극적으로 무익하며 그리고 자멸적이다.

정책을 통하여 표현된 정치적 목적은 목표의 분석에 의하여 전략을 지배한다. 목표는 단순히 기술記述되어져서는 안 되며 분석되어져야 한다. 왜냐하면 국가전략은 국가의 정치적 목적에서 차례로 나오는 목표의 계층을 달성하는 것과 관련이 있기 때문이다. 이러한 것들 사이에서 주권을 가진 실체로서 국가가 존재하는 것과 국가적 가치의 보존이 최고이자 영속적인 목표이다. 이리하여 전략의 궁극적인 근원은 한 국가의 국민들의 가치에 놓여 있는 것이다. 자유로운 사회에서 국민들의 가치에 반대되는 전략은 성공하리라고 기대될 수 없다. 이러한 가치들이 혼동되면 전략도 혼동되는 것 같다.

목표의 계층에는 주요 목표와 부수적인 목표가 있다. 그리고 당면한 목표와 궁극적인 목표가 있다. 이러한 목표들은 군사력을 사용하려는 최종 결심이 이루어지기 전에 분류되어야 한다. 그리고 그 후에도 그것들은 계속하여 재검토되어야 한다.

군대를 사용하기 시작한 것에 대한 적의 반응은 예측할 수 없다. 아마도 이러한 적의 반응은 계획된 행동에서의 변화를 불가피하게 하기 위해서 목표의 계층 내에 있는 여러 가지 요소들의 상대적 중요성을 변화시킬 것이다. 그러나 바라던 전체 결과는 항상 최고이다.

개념상의 통합이 존재한다. 즉 모든 사람들이 바라던 결과에 동의한다는 것을 확실히 하는 것은 최고 사령부의 특수한 임무이다. 이것은 대중의 지지가 중요한 자유로운 사회에서 특히 중요하다. 그러한 이유로 인해서 목표는 분명하고 간단하게 나타내어야 한다. 최고 사령부가 국민들이 이해하고 지지할 수 있는 견지에서 주요 목표를 표현할 수 없다면 이것은 군사력의 사용이 현명하지 못하다는 경고임에 틀림없다.

목표는 '바라는 결과', 즉 사람이 군사력을 사용함으로써 성취하려고 하는 것을 나타낸다. 전쟁과 전략의 가장 어렵고 위험한 면들 중의 하나가 여기에 있는데 특히 자유로운 정부와 자유로운 제도를 지닌 국가에서는 더욱 그러하다. 왜냐하면 그러한 국가에서는 국민들의 지지가 장기적 양상을 띤 대규모 전투를 성공적으로 수행하는 데 필수적이기 때문이다. 뉴스와 여론을 효과적으로 통제하는 권위주의 국가에 적당한 전략은 그러하지 못한 자유로운 제도를 갖춘 국가에는 적당하지 않을지도 모른다.

군사력을 사용하는 궁극적인 목적은 안정을 성취하는 것이다. 왜냐하면 전쟁이란 단순히 전투 그 자체만을 위해서 수행되지는 않기 때문이다. 그리고 전쟁의 과정은 통제하기 어려운 타성을 조성해 낸다. 제1차 세계대전이 그 예이다. 초기의 국가목적 즉 '바라는 결과'가 결코 명확하게 분석되지 않았으며 그리고 전대미문의 진흙탕 속으로 빠져들었으며 피바다 속으로 말려들게 되었다. 이것의 궁극적인 결과는 여전히 완전하게 실현되지 않고 있다.

전략에 대한 공적公的 토론은 '위협', '안전' 그리고 '모험'이라는 낱말들을 산만할 정도로 감정적으로 사용함으로 인해 자주 더럽혀진다. 어떤 경우에는 문맥이 분명하고 혼동이 존재하지 않는다. 그러나 다른 경우에는 가치가 없는 동기를 정당화시키기 위해서, 특별 이익을 지원하기 위해서, 혹은 단순히 깊이 없는 사고思考를 숨기기 위해 이러한 낱말들을 불러들일 수도 있다.

국가 안전은 외적인 요구와 내적 요구 조건을 가진다. 외적인 것에는 근본적으로 주권, 영토 보전과 경제적 자립이 포함된다. 내적 안전은 정부제도와 사회와 경제의 제도를 포함한다. 본질적으로 그것들은 서로 관련되어 있다. 그것들은 계량적이지 못하다. 모든 것은 국력의 부분이다. 그래서 그것들에 대한 평가는 통제로서의 전략개념의 부분이 된다.

전략적 모험에 대한 평가는 주로 직관적直觀的이다. 모험이 없는 전략 혹은 국가정책과 같은 것은 존재하지 않는다. 당연한 결과로서 사기士氣가 없는 대규모로 훈련받지 못한 군대는 국가의 안전을 위한 보호망이 되기보다는 오히려 위협이 된다.

4 경제 · 군수 그리고 전략

국가경제가 국가전략에 중요한 요인인 것과 마찬가지로 군사경제, 즉 군수軍需는 군사전략에 긴요한 요인이다. 군수에 대해서 이해를 하고 그것과 경제와의 관계를 알아야만 전략에 대해서 이해할 수 있다.

국가전략에서 경제적 요인들은 연결적이며 재발생한다. 다른 전략적 문제에서처럼 원리는 거의 없고 간단하게 서술될 수 있다. 실제 작용은 복잡하여 어떤 경우에는 논쟁이 되고 있다. 이러한 요인들은 식량의 원천, 에너지, 원자재 그리고 그들을 정치적으로 이용하는 것의 근원이다. 즉 통상항로인 육지, 바다, 하늘을 말하고, 사람의 생활수준을 가리키며, 환율과 인플레이션에 의해 대표되는 금융체계를 말한다. 산업화와 경제적 경쟁 과정에 대한 인간의 정상적인 반응은 폭력을 유발하는 식으로 사회 상황과 정치 상황에 영향을 미친다. 한 형태가 전쟁과 같이 국가간에 일어나는 것이라면 다른 형태는 혁명 혹은 테러리즘이라고 지칭될 수 있다. 그런데 혁명이나 테러는 국가간에 발생할 수 있고 또한 국가 내부에서 발생할 수도 있다. 세계적인 경제 안정은 기대될 수 없다. 왜냐하면 정책과 전략은 부득이한 파동에 대응해야만 하기 때문이다.

군사적 견지에서 볼 때 경제적 요인은 군대의 군수과정과 군수체제를 통하여 전략과 군사작전에 영향을 끼친다. 그것의 전체적 관련성은 간단하게 표현될 수 있다. 병참과정은 국가경제에서는 군사적 요인이고 군사작전에서는 경제적 요인이다. 경제력은 인간이 만들 수 있는 전투력에 제약을 가한다. 군수는 사람이 이용할 수 있는 전투력을 제약한다. 군수는 국가경제에 기반을 두고 전투의 전술적인 작전에 결정적인 힘을 가진 시종일관된 과정이다. 이러한 과정은 두 가지 중복되는 국면을 지니고 있다. 즉 그것은 무기와 병력을 만들어 내는 것(생산적 단계)과 이러한 무기와 병력을 계속적으로 지지하는 것(소비적 단계)이다.

전략에 대한 군수의 주요한 직접적 영향은 전투부대를 조직하거나, 균형 있게 하거나, 배치할 때 알 수 있다. 즉 전략적 해외기지의 건설과 그 부지敷地의 선택 그리고 전략계획의 범위와 적절한 시기를 뜻한다. 시간적 요소들과 적절한 시기는 전쟁을 위해 전략적인 계획을 세우거나 전쟁을 수행할 경우에 매우 중요한 두 가지 요소이다. 한 때는 중요한 행위가 다른 시기에는 불가능할 수도 있고 혹은 치명적일 수도 있다. 생산자 군수producer logistics는 국가의 전략적 시기를 좌우한다. 생산자 군수는 전역전략戰域戰略의 적절한 시기를 좌우하기 위해 소비자 군수consumer logistics와 결합한다. 소비자 군수는 전술적 시기를 좌우한다.

시간과 시기에 대한 이러한 문제는 주로 직관적인 전문적 판단의 문제이다. 경제와 군수 사이의 한 가지 중요한 차이점은 군수에서 시간은 비군사적이면서 경제적인 면에서의 시간의 요소와는 전혀 다른 삶과 죽음의 가치가 된다는 것이다.

5 둘 이상의 원리

옛 해군대학의 푸른 표지의 간행물인 『건전한 군사결심』(*Sound Military Decision*)은 다음과 서술하고 있다.

> 정책은 전략과 전술이 적절한 목표를 추구한다는 것을 확실하게 해 준다. 전략적 목표에 적당한 결과를 보장해 주는 것이 전술의 의무이다. 요구되는 결과를 달성하기 위한 적절한 힘을 전술에게 부여하는 것이 전략의 의무이다. 목표를 달성하

기에 유리한 상황 아래에서 전술적 행동이 착수되도록 보장하여 주는 것이 전략의 임무이다.[4)]

전략적 개념을 실제 행동으로 바꾸는 전체적인 문제를 토론할 때 『건전한 군사결심』은 계속하여 어떠한 제안된 행동방책이라도 검토되어야 한다고 경고했다.

· 적합성－성과成果가 바라던 결과를 달성하는가?

· 실현 가능성－행동이 이용 가능한 수단에 의하여 달성될 수 있는가?

· 수락성受諾性－비용의 결과가 바라던 결과에 의하여 정당화되는가?

이러한 요인들은 상호 의존적이며 그리고 그들의 평가는 전문적인 판단의 테스트이다. 그들은 엄격하게 말해서 계량적이지 못하며, 전략은 제로섬 게임zero sum game이 아니다.

전략은 항상 명령적이어야 한다. 명령에 복종할 것인가 하는 의문이 없어야 한다. 이것은 작전의 단계에서는 특히 더 그러하다. 더 나아가서 사용되고 있는 군사력의 궁극적인 효용은 그 군사력을 사용하는 당국의 정당성에 좌우된다. 이것은 군사력의 사용에 대한 통제와 군사력의 원천에 대한 통제에 관한 초기의 논평과 관련이 있다.

이러한 원리들을 좀더 고찰해 보면 전투부대를 실제로 운용하는 것은 전술적 행동이라는 것이며 이러한 운용은 파괴나 그들의 규모와는 상관이 없다. 한편 그러한 전술적 운용의 효과는 전략적이다. 그러므로 그것의 사정거리나 파괴에 준하여 전술이니 전략이니 하는 것으로 무기에 명칭을 붙이는 것은 전략에 대한 이해理解를 방해하는 경향이 있다.

4) U.S. Naval War College, *Sound Military Decision* (Newport, R. I. : 1942), pp. 9, 30, 34.

이러한 전략 양상의 어휘적인 면은 여러 가지 중대한 의미를 내포하고 있다. 비싸고 복잡한 무기체계가 발전함에 따라 특수한 체계는 어떤 특별한 관료적, 산업적 그리고 입법적 '기득권'을 획득할 수가 있다. 그러한 기득권은 내가 '무기전략'weapon strategy이라고 칭하는 것, 즉 바라는 결과를 이루게 하는 체계를 이용하는 것보다는 오히려 특별한 무기체계의 이용을 강조하기 위해 전략계획을 구체화하는 것을 산출할 수가 있다. 무기체계의 유용성은 확실히 전략에 영향을 미칠 것이며 또한 영향을 미쳐야만 하지만, 그러나 전략을 결정하는 것은 아니다. 무기는 전략적 능력을 제한하지만 무기가 목표나 혹은 전략 그 자체를 지시해서는 안 된다. 이것은 또 다른 문제의 원인이 되고 있다. 즉 어떠한 종류의 병력과 부대가 정치적 목적을 달성하기 위해서 사용될 수 있느냐 하는 문제가 발생하게 된다. 이것은 필연적으로 우리들로 하여금 핵무기를 가져오게 한다.

6 핵무기와 억제

핵무기와 억제는 지난 25년 동안 전략에 관한 문헌을 지배하였다. 비록 이러한 문제에 대한 토의의 상당 부분이 공상적이었고 또한 아주 현명한 것도 있었지만, 여전히 추측과 무지의 분야가 남아 있다. 크든 작든, 단기적이든 장기적이든 혹은 정당한 것이든 비열한 것이든 간에 핵무기를 실제로 사용할 경우에 그 일에 후속하여 일어나는 과정을 통제할 수 있는 방법은 존재하지 않는다. 나는 어떠한 형태의 핵무기이든 또한 어떠한 규모의 핵무기이든 핵무기를 사용함으로써 달성될 수 있는 유용한 정치목적을 파악하지 못하기 때문에, 나는 '핵전략'nuclear strategy이라는 낱말을 사용하기를 꺼린다.

전략strategy이라는 낱말을 사용하는 데에는 합리성이 포함된다. 어떤 사람이 어떤 행동방책은 사리에 맞지 않는다고 말할 때에도, 우리가 통제할 수 없는 힘 때문에 우리는 그것을 취하지 않을 수 없으며 그 계획이나 결정에 전략이라는 이름을 부여해서는 안 된다.

25년 전에 랄프 윌리엄(Ralph Williams) 준장은 원자력 공군력atomic air power에 관한 글을 쓸 때, 이러한 문제에 본래부터 내재되어 있는 역설을 요약하였다. "아이러니컬하게도 원자력 공군력은 그것이 절대로 사용되지 않을 것이라는 것을 보장할 때만이 정당화될 수 있다."[5)]

이와 같은 기초적인 생각은 킹(James E. King)에 의해서도 1957년에 표현되었다.

> 더군다나 우리는 제한된 행동에 대항하여 싸울 준비가 되어 있어야 한다. 그렇지 않다면 우리의 생존문제까지는 아니라고 하더라도 그 이하의 문제들을 포함하고 있는 분쟁에 우리들을 구속시켜 버리는 대량보복전략大量報復戰略에도 아랑곳하지 않을 만한 발전을 기할 수가 없을 것이다. 그리고 우리는 제한된 행동을 놓쳐버릴 준비가 되어 있어야 한다. 어떠한 제약도 모든 분쟁을 향상시키기 위한 우리들의 부대 배치로부터 벗어날 수 없는데, 모든 분쟁 내에서 우리들의 이익은 영향을 받아 생존 자체가 위험하게 되는 전면적 분쟁의 수준에 이르게 된다.[6)]

이러한 논제論題는 「전략의 진실한 본질」[7)](The True Nature of Strategy)이라는 제목 하에서 버나드 브로디(Bernard Brodie)에 의하여 토의되었다.

미국 군대를 대규모의 베트남 전쟁에 투입하려는 결정이 공식적으로 이루어진 때인, 아주 절박한 상황의 1965년 7월 마지막 주에 관하여 글을 쓰

---

5) Ralph E. Williams, Jr., "The Great Debate", U.S. Naval Institute, *Proceedings*, March 1954, p. 253.
6) James E. King, Jr., "Nuclear Plenty and Limited War", *Foreign Affairs*, January 1957, p. 256.
7) Brodie, *op. cit.*, pp. 458~459.

면서 존슨 대통령은 "무엇보다도 나는 이 나라와 전 세계를 핵전쟁 혹은 그러한 전쟁이 발발할지도 모르는 위험 속으로 몰아넣기를 원하지 않는다"[8] 고 말했다. 그 이후로 이러한 위험을 피하려는 제약에 의하여 베트남에서의 미국의 전투 노력의 효과성은 감소되었다. 결국 전쟁에서 패하고 그 손실이 받아들여졌다. 이러한 제약의 구체적인 결과에 대한 여러 가지 의견에도 불구하고 이와 같은 근본적인 원칙은 베트남에서 미국이 패배할 수밖에 없었던 필연성에 관하여 계속 주장하게 한다.

이것은 그것의 의미가 전략에 관한 문헌에는 적절하게 인정되지 않아 왔다는 점을 강조하고 있다. 핵미사일은 보다 높은 전략목표를 달성하기 위해 허용되는 전술적 패배의 수준을 높였다. 그러한 전술적 패배를 인정하는 것은 재래식 전쟁에서 인정되고 있는 특색이었다. 보통 그것은 군사 대전술 military grand tactics의 영역 내에 존재하여 왔다. 그러나 지금은 그것은 국가전략의 수준까지 높여졌다. 그리하여 그것은 모든 수준의 지휘계통에 새롭고 중요한 의미를 지니게 되었다. 특히 그것은 사령관들의 성격과 능력 그리고 군대의 사기와 규율에 특별한 요구를 부과하였다.

'승리에는 대용물이 없다'는 슬로건은 핵미사일 시대에서는 매우 잘못 된 것이다. 그러므로 목표를 계속하여 분석하는 데는 목표들이 만족스러울 정도로 달성된 수준 혹은 목표 추구가 더 이상 정당화되지 않는 수준에 대한 인식이 포함되어야 한다. 여기에서 지휘와 개인의 통솔력의 문제는 불리한 전술적 상황에도 불구하고 그리고 승리가 존재하지 않을 경우에도 사기, 규율, 그리고 전투의 효과성을 유지케 하는 것이다.

핵무기를 실제로 사용하는 것과 핵무기를 제한하고 통제하는 것은 항상

---

8) Lydon B. Johnson, *The Vantage Point* (New York : Holt, Rinehart and Winston, 1971), p. 153.

전략적 모험의 문제였는데, 그러한 전략적 모험에 대한 평가는 궁극적으로는 개인의 직관적인 판단에 의하게 된다. 이러한 판단은 '전문적 고문관들' expert advisors의 합의를 수락하거나 거절하거나 그리고 독자적으로 결정을 내리거나 하는 사령관의 판단일 수도 있으며, 혹은 군사 예산에 대해 토의하는 국회의원들의 판단일 수도 있다. 소련과 바르샤바 조약국에 대항하는 미국과 북대서양 동맹국의 전략적 모험이라는 특별한 경우에, 핵무기 사용의 완전한 폐기와 거절은 수 천의 커다란 핵무기를 계속하여 배치하는 것보다 자유국가들의 안전에 더욱 심각한 위협을 주는가? 나 개인의 생각으로는, 현대적인 재래식 무기를 개발하고 획득하고 배치하고 이용하는 북대서양 동맹국가의 잠재력은 매우 크기 때문에 소련이나 바르샤바 조약기구의 군대를 계속적으로 증강시킨다 해도 핵무기를 개발하고 배치하는 것을 계속하는 것보다는 덜 위험하다.

만약 정치적 목적을 달성하기 위해서 군사력이 성공적으로 운용되기 위해서는 세 가지 유형의 규율을 요구한다. 첫째, 특히 목표에 관하여 군사·정치적 분석과 결정시의 지적인 면에서의 엄격한 규율, 둘째, 국민들에 대한 정치·사회적인 규율, 셋째, 군사에서의 매우 중요하고 확고한 규율과 높은 사기가 이에 해당한다. 다른 말로 하여 현대분쟁이 잔인하다는 사실에서 볼 때 성공적인 군사전략은 우리 사회의 어떤 구성원들에게는 저주가 되었던 일종의 국가 규율을 요한다. 만약 그처럼 불리한 상황에서 사기, 규율 그리고 전투 효과성을 확보하지 못한다면, 군사전략이 어떤 정치적 목적을 달성할 수 있다고 생각하는 것은 불합리하다.

덧붙여 말하면, 핵억제核抑制는 전략의 필연적이면서도 부정적인 측면이다. 그것의 유일한 목적은 전략의 긍정적인 면을 이용하기 위해서 행동의 자유를 제공하는 것이다. 핵무기가 발명되지 않을 수 없기 때문에 핵무기에 대한 지식, 그것의 효과 그리고 그것의 통제가 전략가들에게는 필수적인 것이다. 이것은 다음과 같은 역설적인 정의定義에 이르게 된다. 즉 핵전략은 정치적 책략이며 그리고 핵전략이란 핵무기들을 배치하는 것인데 그러한 핵무기 배치의 목적은 핵무기가 결코 사용되지 못하도록 하는 데 있다는 것이다.

7 예 증例證

나폴레옹 전쟁(1793년~1815년)은 정책, 전략, 경제, 군수 그리고 전술 사이의 계속적인 상호관계를 생생하게 예시하여 준다. 조페리 마르쿠스(Geoffrey Marcus)는 『넬슨시대』[9](*The Age of Nelson*)라는 그의 훌륭한 저서에서 이러한 문제에 대한 분석에 성聖 빈센트(St. Vincent) 경卿이라는 탁월한 사령관의 개인적 영향력의 중요성을 제시하였는데, 빈센트 경은 군수, 사기, 규율에 대한 그의 특별한 관심을 통하여 전략적인 성공을 가능하게 만들었다.

1941년과 1942년에 우크라이나에서의 독일 특무부대의 무자비하게 잔학한 행동은 그 지역 주민들의 심한 반발을 초래하였다. 비록 그들이 소비에트 사회체제에 반대하였지만, 이러한 잔악한 행동에 대한 반발로써 그들은 소련을 지지하였으며, 독일군에 대항하여 게릴라전을 효과적으로 수행하였다.

1930년대와 1940년대의 중국에 있어서 중앙정부에 의해 효과적으로 통제되지 않는 장군들의 휘하에 있는 국민당 정부부대는 인민을 매우 학대하였기 때문에 많은 경우에 그들 인민들은 마오쩌둥(毛澤東)의 잘 규율된 공산당 부대를 환영하였다.

마오쩌둥에 의하여 상술詳述되고 성공적으로 실시된 게릴라 전투의 철학

9) G. J. Marcus, *The Age of Nelson* (New York : Viking Press, 1971)

과 전략은 거의 모든 면에서 통제[10]로서의 전략strategy as control의 개념을 훌륭하게 예시하고 있다.

1973년의 아랍·이스라엘 전쟁은 여기에서 토의된 많은 문제들을 증명해 준다. 예비군의 투입은 긴요한 지휘결심指揮決心이다. 1973년 10월 이스라엘은 초기의 성공적인 공격을 억제하였으며 그리고 나서 제때의 반격에 의해 이집트 부대를 수에즈 운하 너머로 몰아버렸고, 그 결과로 완전히 전략적 상황을 변화시켰다. 이러한 반격은 적당한 시기에 예비군을 투입함으로써 가능했다. 이러한 행동은 아조레스Azores에서 계획된 탱크와 미사일, 전자기어electronic gear들을 미국이 공중 공급함으로써 가능했는데, 바꾸어 말하면 이것은 포르투갈의 미국에 대한 정치 지원에 의해 가능했다.

이 경우는 또한 정책, 전략, 군수, 전술 그리고 시기時期 사이의 상호관계를 제시해 주고 있다. 그것은 또한 확고하면서 융통성 있는 군수체제를 이용함으로써 전술적 성공을 전략적으로 이용하는 것을 예증例證하여 주고 있다.

1956년 영·불의 수에즈에서의 불행은 명확하고 적절한 목표의 결핍이 누적된 결과를 잘 예시하고 있다. 이러한 명확하고 적절한 목표의 결핍에 의해 누적된 결과란 최고 사령부와 동맹 구성국 사이에 개념적 통합이 결핍되어 있는 것, 대다수 국민의 가치에 위배함으로 인해 권력의 원천을 상실해 버린 전략, 그리고 나쁜 시기와 심각할 정도로 다른 불리한 요인들을 증대하도록 하는 부적절한 군수체제에 의해 야기되는 시간의 손실 등을 말한다.[11]

10) Samuel B. Griffith Ⅱ, *Mao Tse-tung, On Guerrilla Warfare* (Garden City, N.Y. : Anchor Press Doubleday, 1978).

11) Henry E. Eccles, "Suez 1956, Some Military Lessons" *Naval War College Review*, March 1969, pp. 28~56.

8 베트남

베트남 전쟁의 정책적 교훈과 전략적 교훈을 분명하게 하고 그리고 제공하기 위해서는 아직도 많은 일이 행해져야 한다. 몇 가지 중요한 점은 이 글과 직접적으로 관련되어 있다.

미국은 자신의 국가전략을 지원하기 위한 시종일관된 전략을 가지고 있지 않았다.

최고 사령관 지휘계통에는 전쟁의 본질에 관한 그리고 그것이 어떻게 수행되어야 하는가에 관한 개념상의 통합이 존재하지 않았다. 1946년 미국이 프랑스를 지지할 때부터 1975년 4월 마지막으로 패주할 때까지 그것은 개념상으로 상당히 혼동되었다. 마지막으로 1974~75년 미국 최고 사령관은 그의 권위를 잃었으며 그리고 군사력의 원천과 사용에 대한 통제권을 상실하였다.

월남 내에서의 갈등과 북부 베트남인들의 결심, 그리고 미국 내의 불찬성의 본질과 힘을 잘못 이해하거나 과소평가한 결과로서 베트남이나 미국 내에서의 문화적인 요인과 그리고 그 결과로서 발생하는 가치관의 영향력이 이해되지 않았다.

중요한 전략과 작전의 실수는 전술과 군수에서 시간과 시기를 무시한 것이었다. 대통령 수준의 결정과정에서 협상과 연기정책延期政策은 지나친 중앙집권과 과도한 관리와 결부된다. 폭력을 상세히 통제하거나, 적의 항구에 기뢰를 부설하는 것을 연기시키거나 그리고 남부 베트남에 군수 통제권을 확립하는 것을 지연시키는 것은 이것을 예증한다.

시종일관된 전략 대신에, 최고 사령부와 미국의 교묘한 책략에 의한 실수와 허위 진술 그리고 미국정책의 반대자에 의한 세계여론의 영향력 아래에서 부식된 베트남에서의 미국 정책과 작전은 국민이 지지하도록 하는 데 치명적인 일련의 즉흥적인 정책과 작전들이 있었다. 말할 필요도 없이, 베트남에서 미라이My Lai 대량 학살은 힘을 통제받지 않고 사용하는 것이 힘의 원천에 대한 통제를 상실하는 데 어떻게 기여하는가에 대한 좋은 예이다.

북부 베트남인들은 그들이 결코 이탈하지 않는 분명한 목표를 가지고 있었다. 즉 그 목표란 남부 베트남을 완전히 정복하여 모든 베트남에 대한 그들의 통제권을 굳건하게 하는 것이다. 그들은 교묘하고, 개념적으로 일관성이 있고, 그리고 성공적으로 그들이 이용할 수 있는 모든 힘을 이용했다. 그것은 남부 베트남 정부의 통제권을 와해시키기 위해 테러를 행하였으며, 그리고 수 천 명의 주요한 남부 관리들을 암살하였다. 그들은 분쟁의 도구－소위 평화협상에서의 타협점－로서의 미국인 포로들을 학대하고 고문하였다.

그들은 국가 이익과 미국의 안전에 대한 위협의 실제에 관하여 미국인들의 마음에 의문을 품게 하기 위하여 그리고 그들의 국가적 가치는 하노이의 대의大義의 성공에 의해서보다는 미국정부의 정책과 행동에 의해서 더욱 위협받는다는 강렬한 여론을 미국인들의 마음속에 불러일으키기 위해서, 그들은 미국의 자유로운 제도와 미국인들의 가치관을 이용했다. 그것은 통제와 국가가치의 개념에 기반을 둔 포괄적이고 시종일관적이며 누적적인 전략이었다. 이 전쟁에서 볼 때 문화적 요인이 궁극에 가서는 유력한 것으로 나타났다.

9 요약과 결론

이론과 원칙을 구체적인 작전계획으로 바꾸는 것은, 책임감과 권위와 현대적인 기술과 상황에 대한 지식을 소유하고 있는 사람에 의해서만이 달성될 수 있다. 현대전략은 정책, 정치목적, 가치, 군사력과 부대, 군수적인 대비對備

와 효과성, 경제, 군수 그리고 협상과정을 직관적으로 종합할 것을 요구한다.

전략적 이론과 원칙들을 군사적으로 적용하는 것은 군 최고 사령부의 책임이다. 미국 대통령을 정점으로 하여 이루어져 있는 이 사령부는 실제로 집행권의 연속체인데, 그것의 한 부분은 문관civilian에 의해서 그리고 또 다른 일부는 직업군인에 의해 행사되고 있다. 최고 사령부 조직 중의 일부는 주로 작전문제를 다루고, 일부는 행정, 군수 혹은 관리管理라고 호칭하는 여러 문제들을 다루고 있다. 문관과 군인이 어느 정도의 비율로 최고 사령부를 구성하고 있는가, 혹은 누가 작전을 담당하며 누가 행정을 담당하는가에 상관없이, 이러한 모든 기능과 지위들은 정확한 분석을 허용하지 않을 정도로 뒤섞여 있으며 중복되어 있다. 그것은 상황에 따라서 다양하고 그리고 대통령이나 고참들의 개인적인 선호에 따라 달라진다.

전체를 직관적으로 이해하는 사람들만이 이러한 다양성을 이해할 수 있고 그것의 작전을 현명하게 통제할 수 있다.

가장 긴박한 전략 결정은 보통 궁극적으로 한 사람에 의해 이루어져 왔음이 틀림없는데, 그는 그의 동료들의 권고를 평가해야만 하고, 권위 있게 직관적으로 종합하여야 하며 책임감이 있어야 한다. 책임감과 연결된 권위의 이러한 요소는 주州의 합법적인 지휘계통에 따라서 움직이는 데, 총사령관과 지명된 지휘관직에 의한 주州 혹은 정부의 장으로부터 작전 단위에까지 이른다. 각 수준의 사령관은 그의 목표, 즉 바라는 결과에 대해 그의 휘하의 부대장들 사이에 개념적인 통합이 확립되도록 하기 위한 개인적인 책임감을 가지고 있어야 한다. 이러한 구조를 결합시키는 구속력은 내가 지휘의 성실integrity of command이라고 부른 무형의 자질, 즉 주로 개인적인 성격과 능력의 문제이다.

국가전략은 긍정적인 면과 부정적인 면 모두를 가지고 있다. 긍정적인 전략은 국가목적을 달성하기 위해서 국력의 모든 요소들을 이용한다. 억제정책은 시간을 벌기 위해서 무력위협을 이용하며 그리고 힘의 긍정적 요소를 이용하기 위해 행동의 자유를 이용하는 힘을 부정적으로 사용하는 것이다.

나는 소련의 작전교리는 전술 핵무기와 전략 핵무기 사이에 차이가 있다는 증거가 없다는 것을 알고 있다. 무기통제회의武器統制會議의 경우를 제외하고는 그들은 억제를 위한 핵무기와 방어를 위한 핵무기를 구별하지 않는다. 그러나 소련의 권력계층 내에는 국가 안보정책에 대하여 다양한 견해가 존재하고 있다는 사실을 우리는 알고 있다. 뉴스의 정부통제와 뉴스 보도기관은 이러한 차이점들을 감추려고 한다. 왜냐하면 이러한 차이점은 자유국가에 살고 있는 사람이 갖고 있는 행동의 자유보다 더 많은 자유를 부여하기 때문이다. 그러므로 그들은 적 정부의 결정과정을 복잡하게 하기 위해서 정책과 자세를 모호하게 해버린다.

대전략大戰略 혹은 동맹전략에는 다양한 견해가 수용되어져야 하고 그리고 모호한 상황에 대해 여러 가지 인식이 있을 것이라고 여겨져야 한다. 그러한 상황 즉 분명한 대결의 상황에서 현대 전략가들은 상황과 목표에 대해 분석을 행한 이후에 다음의 사항을 자문해야 한다. 즉 나의 정치적 목적을 달성하기 위해서는 어떠한 종류의 힘과 부대를 이용할 수 있는가? 어떠한 종류의 힘과 부대가 이용되어질 수 없는가? 상황의 어떤 변화가 특별한 종류의 힘과 부대를 이용 가능한 측면에서 볼 때, 한 범주에서 다른 범주로 변형시킬 수 있는가? 그리고 군사력을 이용하기 전에 자신의 뜻대로 되는 부대의 작전준비와 전투준비의 상태를 파악해야 한다.

이것은 필연적으로 전략가들에게 전투부대의 사기와 규율문제를 야기 시키는데, 이 문제는 전체적인 개념적 전략사고戰略思考에 있어서 중요한 연계連繫가 된다. 격렬한 인간의 분쟁 혹은 전쟁의 수행은 항상 불확실성의 문제일 것이다. 지시 당국은 많은 잘못을 범할 것이다. 한 두 번의 그러한 잘못은 거의 결정적인 것은 아닐 것이다. 대신에 이 문제는 경쟁자들 사이의 실수의 비교에 의하여 결정될 것이다. 왜냐하면 이것이 힘의 균형에 영향을 미치기 때문이다. 다른 말로 하면, 전략은 누적적이며 단 한 순간의 결정적인 타격이 아니다. 핵 선제核先制가 결정적인 것으로 주장되는 것은 그것이 전략적 사고를 부정할 정도로 상당한 모순을 가지고 있기 때문이다.

나는 전략의 본질과 구조에 관하여 그리고 전략적 개념의 실제적인 적용을 지배하는 근본 원칙들 간의 관계에 관하여 개념을 대략적으로 서술했다. 우리는 인간의 분쟁이 무한히 계속되리라 생각할 수 있으며, 그리고 강력한 기득 이익에 의해 영향을 받는 관료정치의 과정을 통하여 정부는 그것을 통제하려고 계속 시도하리라고 생각할 수 있다. 우리가 어의적語義的 왜곡과 내재하고 있는 합리화에 관해 논쟁할 때, 나는 우리가 다음과 같은 사항을 마음에 새길 것을 제안한다.

· 정책은 전략을 지배해야 한다.
· 전략은 전술을 지배해야 한다.
· 전략은 정책에 영향을 미친다.
· 전술은 전략에 영향을 미친다.
· 군수는 전술과 전략을 제한하고, 이 둘에 영향을 미치며 이리하여 정책에 영향을 미치게 된다.

대부분 사업과 국내 정치과정의 비교적 알맞은 모험에 적당한 계획과 결심의 방법, 판단의 기준 그리고 행위규범은 오늘날의 사나운 분쟁세계에 대한 중대한 정치·군사결정에는 부적당하다. 모험은 크다. 이해관계利害關係는 높다. 도전은 명백하다.[12)]

---

12) Henry E. Eccles, *Military Concepts and Philosophy* (New Brunswick, N.J. : Rutgers University Press, 1965), p. 289.

X. 전략의 현대적 개념

줄리안 리더

1 전략의 개념

가. 세 가지 범위

클라우제비츠(Clausewitz) 이래로 전략이라는 개념은 세 가지 면에서 발전되어 왔다. 클라우제비츠는 전략에 대해 전쟁 중심적으로 정의를 내렸는데, 그에 의하면 전략이란 전쟁의 목적을 달성하기 위한 수단으로서 전투를 배열하는 것이다. 리델 하트(Liddell Hart)는 전략에 대해, 정책－전쟁에 있어서－의 목적을 수행하기 위해서 군사적 수단을 배치하고 사용하는 기술art이라고 군사력 중심의 정의를 내렸다. 이들이 내린 정의의 특색은 전쟁에서 무장된 폭력을 사용하고 있다고 언급하는 점이다.

전략의 첫 번째 범위에서 볼 때, 전략이란 개념은 무장된 폭력을 사용하는 것 이상을 의미하는 것으로, 정책의 수단인 전체의 조병창, 즉 정치적, 경제적, 이데올로기적, 기술과학적인 것 등을 포함하고 있다. 전쟁이란 그들의 전력全力을 기울이는 모든 관계국간의 충돌로 되었기 때문에 요즈음에 와서는 전쟁을 수행하는 전략은 승리를 쟁취하기 위해서 모든 국력을 사용하는 기술이라고 해석하고 있다. 그러므로 전략이란 군사적 투쟁(전투)뿐만 아니라, 전체로서의 전쟁수행과도 관련을 맺게 된다. 즉 전략은 전투의 전략이라는 뜻에서부터 전쟁의 전략이라는 내용으로 변형되었다.

두 번째 범위에서 볼 때, 전략이라는 개념은 전쟁 이상을 의미하는 것으로 평화시의 군사행동도 내포하고 있다. 이러한 의미는 얼(Earl)에 의해 최초로 전개되었는데, 그는 단정하기를 전략이란 비군사적 요인들, 즉 경제적, 심리적, 정치적, 기술적인 요인들에 대한 보다 많은 고려를 요구하며 또한 전략이란 실제적 혹은 가상적인 적에 대항하여 자국自國의 주요 이익을 보장하고 확보하기 위하여 한 국가 혹은 연합국들의 모든 자원들을 조정하는 기술이라고 하였다.[1] 더군다나 얼의 견해에 따르면, 대전략grand strategy이라 불리는 최고 수준의 전략은 한 국가의 모든 정책과 군비軍備－군사적 노력－를 통합시키기 때문에 전쟁을 불필요한 것으로 만들거나 혹은 승리에 대한 최대한의 가능성을 지닌 상태에서 전쟁을 수행하게 한다. 이리하여 얼은 대전략을 평화시에나 전시 어느 경우에나 적용할 수 있는 것이라고 했다. 그러나 이것은 전쟁 지향적이다. 왜냐하면 전쟁은 평화시에는 방지되어야 하고 또한 대비되어야 하는 것은 다름 아닌 대전략의 주제라고 할 수 있기 때문이다.

평화시의 여러 가지 정치적 목적을 달성하는 것에 중점을 두는 접근법은 오스굿(Robert E. Osgood)의 정의에 의해 잘 표현되고 있다. 즉, 현 시대에서의 "군사전략military strategy이란 명백한(공공연한) 수단 혹은 비밀수단에 의

---

1) Edward Mead Earle, *The Markers of Modern Strategy* (Princeton : Princeton University Press, 1944), 'Introduction', p. viii.

해 매우 효과적으로 외교정책을 지원하기 위해서 무력 강제능력武力强制能力－경제적, 외교적, 심리적인 힘의 수단들과 관련되어 있는－을 이용하는 전반적 계획으로 이해되어야 한다."[2)]

널리 받아들여지고 있지는 않지만, 전략개념의 세 번째 발전은 수단과 목적의 범위를 도입했다. 전략이란 가끔은 정치적 목적 전체－혹은 거의 전체－를 달성하기 위해서 모든 국력, 즉 그 국가의 경제적, 정치적, 이데올로기적, 군사적, 그리고 다른 잠재적인 힘들의 총체總體를 사용하는 것이라고 정의되어 왔다.

다른 말로 하면, 국가의 전체적 목적 이외에 국가안전의 보존이나 방위도 총체적 목적이다. 즉 국가안전은 국가정책의 대부분의 목표들을 포함하는 것으로 넓게 해석될 수 있다. 이것은 할로웨이(Bruce K. Holloway)가 내린 대전략의 정의에서도 살펴볼 수 있는데, 그는 대전략이란 자체의 안전을 위해서 그 사회의 모든 요소들의 힘을 사용하는 계획이라고 했다. 이러한 안전의 주된 목적은 우리 자신의 생활양식을 상실하는 것을 방지하는 데 있다.[3)]

전략의 내용과 범위에 대한 협의狹義의 접근법과 광의廣義의 접근법 사이의 차이점은 사활적 이익vital interests이라는 말의 해석에 놓여져 있는 것 같다. 협의의 접근법에서 볼 때, 사활적 이익이란 정책 결정자들이 전쟁을 방지하거나 평화를 추구하기 위해서 필요하다면 평화를 위태롭게 하거나 전쟁수행도 감수할 만큼 강렬하고 극히 가치가 높은 관심사를 의미한다.[4)] 광의의 접근법에서 볼 때 군사력이란 모든 중요한 이익을 추구하기 위해서는

2) Robert Endicott Osgood, *NATO. The Entangling Alliance*, (Chicago : The University of Chicago Press, 1962), p. 5.

3) Bruce K. Holloway, "United States Grand Strategy for the Next Ten Years", in Holloway et al., *Grand Strategy for the 1980s*, American Enterprise Institute for Public Policy Research, Washington(2nd Printing), 1979, p. 19.

필요 불가결한 것으로 여겨진다. 사활적 혹은 중요한 이익의 평가는 관계국가의 실제적 요구 혹은 사회 통제력에 의하여 행해져야 함에도 불구하고 정책 결정자의 주관적 견해에 의해 좌우된다.

이와 같은 전략에 대한 개념의 발전으로 인해 두 가지 새로운 문제점이 조사되어야 한다. 첫째로, 전시나 평화시에 있어서 전략의 현대적 내용과 구조, 그것의 차원 그리고 구성요소가 조사되어져야 하고, 둘째로, 국가전략state strategy에서 군사전략이 차지하고 있는 위치를 알아야 한다. 세 번째 문제점은, 전통적인 것으로 전략과 다른 군사술military art의 요소들과의 관계에 관한 것이다.

나. 전략의 내용

전략의 내용은 다음과 같은 용어로 토의되어 왔다.

첫째, 전략의 차원인데, 여기에서 차원이란 전략이 효과적으로 수행되기 위해서 고려되어야만 하는 정치적·사회적 작전, 군수적軍需的인 여러 행동분야를 의미한다.

둘째, 군사적·경제적·외교적·이데올로기적 전략목적을 달성하기 위해서 사용되는 여러 수단이라고 여겨져 왔다. 그런데 이것은 종합전략overall strategy 내의 부분전략 속에서 나타난다.

셋째, 전쟁시에는 개방적으로 그리고 평화시에는 위장하여 사용되어지는 여러 방법으로서 토의되어 왔다.

---

4) Charles Burton Marshall, "Strategy : The Emerging Danger" in Kenneth L. Adelman et al., *National Security in the 1980s : From Weakness to Strength*, Institute for Contemporary Studies, San Francisco, 1980, pp. 428~430.

넷째, 그것은 군대의 주요 기능의 별어別語로서 토론되어져 왔다.

다섯째, 그것은 군사계획에서 전략에 할당된 임무로 토의되어져 왔다.

비록 이러한 접근들이 서로 다르지만 그것들은 전략의 구성요소들을 일반화시키는 데 기여하여 왔다. 지금부터 이들에 대해 살펴보기로 한다.

1) 전략의 구성요소에 해당하는 전략의 차원에 대한 토론에서 마이클 하워드(Michael Howard)는 다음과 같이 주장했다.[5] 전략의 4가지 차원－작전, 군수, 사회, 기술－ 중에서 몇 가지는 현대전쟁에서 무시되어 왔다. 그런데 현대전쟁이란 두 차례에 걸친 세계대전을 포함하고 있으며 또한 관련정부의 붕괴를 초래하는 결과를 가져왔다.

제2차 세계대전 이후 여러 차례 충돌이 발생했을 때, 서방 강대국들은 혁명적 운동 그리고 정부를 전복하려는 움직임에 효과적으로 대처하려고 노력하였으나, 그 시도에서 여러 번에 걸쳐 군사적 그리고 정치적인 패배를 맛보았다. 그 이유로는 이러한 무장충돌에서는 전략의 사회적 차원이 가장 중요하고, 작전적 그리고 기술적 요인들은 사회·정치적 투쟁에 예속한다는 사실을 간과한 점을 들 수 있다. 이론가들과 정치가들은 대립하고 있는 두 체제 사이에서 발생할 수 있는 상상적인 전쟁에서도 유사한 과오를 범할 수 있다는 점에 대비하고 있다. 그들 중의 몇몇 사람들은 전략을 기술적인 차원으로 축소시켰다. 즉 그들의 견해에 따르면 핵무기창核武器廠의 기술적 능력이 전쟁의 운명을 결정한다는 것이다.

다른 장소에서 하워드는, 핵전核戰은 싸워볼 수도 승리자가 될 수도 없다는

5) "The Forgotten Dimensions of Strategy", *Foreign Affairs*, Summer 1979 ; cf. Howard, "On Fighting a Nuclear War", *International Security*, Spring 1981.

글을 썼다. 왜냐하면 핵전은 결코 긍정적인 결과를 가질 수 없기 때문이다. 전략의 사회·정치적 차원은 평화시에 우월할 뿐만 아니라-외교와 함께 전략은 전쟁을 방지한다- 전쟁이 발생했을 때 전시에서도 작용한다. 전쟁은 양쪽 진영에서 최소한의 손해를 입은 상태에서 가능하면 빨리 종결지어져야 한다.

전략의 기술적 차원의 강조에 대해서 살펴보면, 미국의 여러 학자들은 전략의 미국적 개념은 군사적 문제를 기술적으로 해결하는 것을 탐구하는 데에 기초를 두고 있다고 지적했다. 예를 들면 무기체계의 가능성을 강조하고 이러한 가능성의 관점에서 미래의 군사작전을 조명한다는 점에 기초를 두고 있다.

체제분석가體制分析家들이 제시한 군사적 작전의 수학적 모델에서는 군사력의 전투적 가치가 기본적으로 화력에 의해 측정된다. 작전적 고려[6]operational consideration의 여지가 없다. 그러한 논점은 전쟁의 비군사적 전선non-military front of war도 전략에서는 필수적인 요소라는 주장을 포함한다. 지금까지는 연구가들이 이러한 분야를 종합전략의 차원으로서보다는 오히려 전쟁-심리전쟁, 기술전쟁, 경제전쟁-과 분리된 전선으로 여겨왔다.

2) 다른 접근법으로 초점을 돌려 보면 어떤 사람은, 전략은 부분전략들의 총체라고 여기는데 앙드레 보프르(Andre Beaufre)는 작전전략operational strategy 혹은 전략의 특수화 카테고리라고 부르는, 국가전략의 구성요소들을 분석했다. 그는 상반되는 두 개의 체제간의 범세계적 대립관계를 총력전쟁total war으로 보고 있으며,[7] 전략이란 총력전쟁에 어떻게 대비하여야 하

---

6) Edward N. Luttwak, "The Operational Level of War", *International Security*, Winter 1980/81.

며 그리고 총력전략total strategy으로서 전면전쟁을 어떻게 수행할 것인가를 규정하는 것이라고 여기고 있다. 총력전략이란 4개의 구성요소들, 즉 정치적, 경제적, 외교적 그리고 군사적 요소들로 되어 있다.[8] 장기전protracted war이라 불리는 전면적인 세계전쟁이 발발한다고 가정하고 있는 다소 유사한 접근법에서는 전략의 8가지 작전요인들, 즉 군사적, 정치적, 외교적, 경제적, 심리적, 이데올로기적, 문화적, 어의적語義的인 요인들이 추출된다.[9]

3) 전략의 구조는 사용된 주된 방법이라는 관점에서 토의될 수 있다. 이것은 두 가지의 광의의 카테고리, 즉 개방적 방법과 간접적 방법으로 구성되어 있다. 개방적 방법은 전쟁의 형태를 취하고 있으며, 간접적 방법은 평화시에 이용하게 된다. 많은 학자들의 견해에 따르면 전쟁전략war strategy에서 평화시의 전략peacetime strategy으로 초점이 바뀌고 있다고 한다. 쉘링(Thomas C. Schelling)은 군사전략이란 군사적 승리의 학문이 되는 것에 종지부를 찍고 강제의 기술art of coercion, 즉 위협과 억제의 기술이라는 글을 썼다. "군사전략은 폭력의 외교가 되었다."[10] 그 후에 부드(Ken Booth)는 그의 글에서 전면전쟁은 생각될 수 없기 때문에 "위험상태까지 밀고 나가는 극한 정책과 군사적인 시위가 적극적인 강제적 위협을 대신하게 되었다"[11]고 했

---

7) "Conception of Strategy", *Survival*, March–April 1964.

8) Andre Beaufer, *Introduction to Strategy*, Faber&Faber, London, 1965, pp. 30~32. Cf. B. H. Liddell Hart, *Strategy. The Indirect Approach*, rev. ed., Faber & Faber, London, 1967, chap. XIX~XXII ; John Slessor, *Strategy for the West*, Cassell, London, 1954, pp. 1~2.

9) J. R. Dutton, "The Military Aspect of National Policy" in *National Security. A Modern Approach*, Michael H. H. Louw, ed., Institute for Strategic Studies, University of Pretoria, 1978, pp. 105~106.

10) Thomas C. Schelling, *Arms and Influence*, Yale University Press, New Haven, 1966, p. 34.

11) *The Military Instrument in Soviet Foreign Policy : 1917~1972*, The United Service Institute for Defence Studies, Aberystwyth, 1973, pp. 42~46.

다. 평화시의 전략에서는 억제, 갈취 그리고 군사력 사용의 은밀한 형태는 약소국들로 하여금 양보를 강요하는 데 지향된다.

4) 여러 학자들에 의해 제안된 많은 부분전략 중에서 가장 빈번하게 반복되는 것은 다음과 같다. 즉 전투전략(전쟁의 참여) 억제, 위협 강요, 외교 지지를 위해 사건 뒤에서 행하는 군사행동 등이 그것이다. 첫 번째로 언급된 것은 서구제국西歐諸國들의 평화적 목적을 강조하기 위해서 보통 방위전략 혹은 간단하게 방위defence라고 불린다. 그러나 이것은 논리적으로 볼 때 합당하지 않다. 왜냐하면 한편의 방위는 다른 편의 침략이 존재해야만 하고, 전략의 개념은 모든 가능한 대체안代替案을 포함해야 하기 때문이다. 평화시에 추구되는 다른 세 가지 부분전략들은 실제로 자주 상호 관련이 맺어져 왔다.

5) 전략이 군사문제의 분야에서 보통 수행하는 주된 임무를 분석하는 접근법에는,[12] 군사계획의 다음과 같은 요소들이 주어져 있다.

(1) 전쟁(모든 가능한 형태의 전쟁)에서 추구하는 정치적 목적

(2) 전쟁에서의 군사적 목표(군사전략목표)

(3) 군사목표달성을 추구하는 작전형태

(4) 전쟁의 군사적 목표, 나아가서 정치적 목적을 달성하기 위해 적당한 힘을 개발하기 위한 방법

이러한 접근법의 보다 압축된 적용에서 볼 때 전략이란 두 가지 주된 부분으로 구성되어 있다고 알려져 있다. 첫째는 전쟁의 목적(혹은 군사행동)이고,

12) Cf. Henry A. Kissinger, "Strategy and Organization", *Foreign Affairs*, April 1957 ; E. J. Kingston-McCloughry, *Defence : Policy and Strategy*, Praeger, New York, 1960, chap. 2.

두 번째는 그것을 달성하기 위해 취하게 되는 체계적인 수단을 다루게 된다.[13] 후자는 사용되는 방법과 요구되는 무기를 선택하는 것을 포함한다.[14] 이러한 접근법은 실제로 교리doctrine를 지닌 전략이라고 생각되며 그것이 전략연구에 도움이 안 되는 것은 아니다. 왜냐하면 그것은 학자들이 대안적 해결책을 제시하는 주된 분야를 지적하여 주기 때문이며, 통솔력leadership이란 대안책 가운데서 선택을 한다. 가장 넓은 의미에서 볼 때 전략이란 정책을 지원하기 위해서 평화시에 군사력을 사용하는 것을 다루며, 또한 전쟁을 성공적으로 억제하기 위한 방법도 일련의 기본적인 전략적 임무로서 추가되어 왔다.

다. 전략과 정치

전략의 내용에 대한 현대적 의의는 전략이란 군사적인 전쟁수행의 의미를 능가하며 정치적 행동을 포함한다는 것이다. 군사적 행동과 정치적 행동 사이의 밀접한 관계는 전쟁의 선언에서 주로 분석되어져 왔다. 군사적 수단과 혼합된 상태의 정책의 연장이라고 전쟁에 대해서 내린 고전적 정의는 군사행동이 정치수단을 대체하는 것이라고 해석되어져서는 안 되고 양자의 결합이라고 해석되어야만 한다. 말을 바꾸어, 전쟁에서의 정치적 행동은 외교 이상의 뜻으로, 가장 넓은 의미에서 볼 때 전체로서의 사회 행위 중의 정치적 분야로 해석되어진다. 즉 외교적, 경제적, 기술 과학적 그리고 이데올로기적 행위는 전쟁의 정치적 목적을 위한 전투와 직접적으로 관계를 맺는

---

13) J. C. Wylie, *Military Strategy : A General Theory of Power Control*, Rutgers University Press, New Brunswick, New Jersey, 1967, chap. 2.

14) Henry E. Eccles, *Military Concepts and Philosophy*, Rutgers University Press, New Brunswick, New Jersey, 1965, p. 18.

다. 전쟁에 있어서 군사행동과 정치행동 사이의 이러한 관계에 대해서는 다음과 같은 특징이 있다고 지적되어 왔다.

보통 군사행동은 전시에 전략을 실행하는 데 중요한 역할을 하지만, 전쟁 전 혹은 전쟁 중의 정치행동은 군사전략의 형태를 결정하는 데 중요한 역할을 하여 왔다. 전쟁은 구체적인 정치목적을 달성하기 위하여 수행되기 때문에 이러한 목적의 선택은 적용될 군사전략의 주요 윤곽, 전쟁의 전략적 목표, 이러한 목표를 달성하기 위해서 사용되어지는 전투의 주된 방법, 군사력의 규모 그리고 사용할 무기 등을 결정하게 된다. 전면전쟁을 할 것인가 제한전쟁을 할 것인가, 장기전을 펼칠 것인가 단기전을 할 것인가, 공세적 행동과 수세적 행동 중에서 어느 것을 택할 것인가, 단 한 번의 공격을 감행할 것인가 아니면 계속적으로 공격을 행할 것인가, 만약 그것이 결정된다면 어느 곳에서 어떻게 실행에 옮길 것인가를 결정하는 것은 궁극적으로 정치적 목적에 의해 좌우된다. 만약 전쟁이 동맹체에 의해 수행된다면 각 구성국들이 참여하려는 방법에 관한 정치적 영향력과 결정의 부수적 형태가 존재하게 된다.

정책이 군사전략의 선택에 미치는 영향력은 핵미사일 시대에 와서 점차 증대되어 왔다. 이러한 영향력에 대해서 체계적으로 분석되지는 않았기 때문에 서구에서 행한 연구들 중의 몇몇 주요 견해들을 재검토해 볼 수 있다.

국제정치에서의 중심적인 문제점은 상호 적대적인 두 개의 세계적 블록bloc 간의 투쟁이라고 여겨진다. 이러한 점에서 볼 때 군사전략이란 통합된 정치행동의 한 부분, 즉 하나의 수단에 불과하다. 평화시나 전시의 군사적 목표는 일반적인 정치목적에서 발생한다. 더군다나 현대에서의 전쟁은 매우 위험하기 때문에 전쟁선포의 결정과 그것의 목적에 대한 명확한 정의는 매우 중요하다고 할 수 있다. 그것들은 세계 정치상황에 대한 면밀한 검토 위에서 이루어져야 한다. 군사 전략적인 전망은 매우 위험스러울 정도로 범위가 한정된 것이다.

핵미사일 시대에 있어서 전쟁은 지금까지보다 더욱 한 사회의 전체적인 참여를 요한다. 그러므로 공세적으로 할 것인가 혹은 수세적으로 할 것인가에 대한 군사전략의 선택은 그 사회가 모을 수 있는 경제적 자원과 기술적 자원에 더욱 의존하게 된다. 그러나 이것은 매우 비판받기 쉽다. 핵 공격에서는 순식간에 거대한 파괴가 이루어질 수 있다. 이러한 위험으로 인해서 필연적으로 모든 군사행동은 면밀한 정치적 통제 아래에서 신중하게 행해져야 한다.

마지막으로 현대의 대중 커뮤니케이션의 발달은, 정치·심리적 전쟁을 위한 보다 정교한 기법을 가능하게 함으로써 도덕·심리적 요인들의 중요성을 더욱 높였다.

위에서 언급한 바와 같이 평화시의 전략과 정치와의 관계는 전시보다 덜 분석되었다. 이것은 연구에 있어서의 명백한 공백이다. 만약 전략이 전쟁수행 그 이상을 나타내는 것으로 여겨지거나 평화시에도 군사력과 혼합하여 정치적 목적을 추구하는 것이라고 생각한다면, 평화시의 정치행동과 군사행동 사이의 상호작용이 연구되어야 한다. 여기에서는 하나의 전쟁의 정치적 목적을 추구하는 대신에 두 개의 상호 관련된 정치적 프로그램들과 그들의 수행이 다루어져야 한다.

첫째, 장기정책長期政策에 대한 지침을 제시해 주고, 그리고 장기정책을 수행하기 위한 군사적 수단의 사용에 대한 지침을 제공해 주는 정치적 교리political doctrine가 존재한다.

둘째, 단기정책 혹은 특별한 정치행동에 대한 정치적 목표가 있다. 정치적 교리는 한 나라의 장기적 정치목적을 수립하며, 평화시의 전략에서 군사력 사용의 형태를 결정하고, 다른 수단과 상호작용을 정하며, 군사력의 조직과 규모를 결정하고, 그들을 유지하는 데 필요한 수단을 정하며, 그들을 효과적으로 사용하는 방법 등을 제공한다. 단기정책은 단기간 동안의 군사력 사용에 관해 같은 역할을 행한다.

라. 전략과 국제관계의 철학

전략은 정책에만 의존하지는 않는다. 하나하나의 정치적 교리는 만약 필요하다면, 군사력의 사용에 의해서도 유지되고 보호되어야 할 가치가 있는 것으로 생각되는 어떤 가치체계, 즉 명확한 세계관에 기초를 두고 있기 때문에 전략은 또한 그러한 체계적인 견해와 가치에 의해 결정된다. 어떤 접근법에서는 그것을 철학이라 부르고, 다른 접근법에서는 이데올로기 혹은 생활양식style of life이라 부른다.

여러 서구 분석가들은 주장하기를 서구 강대국들의 전략은 국제관계의 모델을 전제로 한다고 하였다. 그러한 모델에서는 정부가 주인공으로 여겨지며, 소위 정치적 현실주의라고 불리는 것이 주된 철학이다.[15] 사회집단간의 관계는 권력의 측면에서 생각되어질 수 있다. 이익의 충돌을 결정하는 권력에 대한 투쟁 때문에 갈등과 전쟁은 필연적이고 정상적인 것으로 여겨진다. 이것은 국가 이익으로 보여 진다.

서구 강대국들의 일반적인 목표는 현존하는 국제관계와 서구세계에 있어서의 사회·경제적 그리고 정치적 체제를 영속시키는 데 있다. 가네트(John Garnett)는 아주 인상적인 방법으로 이 문제를 묘사했다. "1950년대 후반과

---

15) Cf. J. Garnett, "Introduction" in *Theories of Peace and Security*, J. C. Garnett, ed., Macmillan, London, 1970.

1960년대 초반에 현대적 전략사상의 기초를 확립한 미국의 전략가들은 현실주의가 정설正說인 상황 하에 처해 있었으며, 거의 예외 없이 그들은 그 법칙을 소화시켰다."[16] 현대의 정치 현실주의의 대부 중의 한 사람인 모겐도우(Han Morgenthau)는 군대가 현실주의자들의 생각을 받아들였다는 점에는 의심의 여지가 없다고 하였다. "나의 사상은 그 맥락 속에 있는 것보다 더 어려운 것으로 만들어 버렸다."[17](예컨대 억제)

이러한 접근법에 대해 비판이 없는 것은 아니다. 즉 그것은 국제관계에 있어서 필연적인 변화에 능동적으로 참여할 필요성에 대한 고려가 되어 있지 않다는 것이다. 보프르는 그의 글에서 20세기 서구전략의 비효율성은 세계의 진화에 대한 개념의 결핍, 특히 정치 현실주의 철학의 취약성에서 발생한다고 했다.[18] 가네트는 현실주의자들이란 자신 있게 진보의 방향을 제시할 수 없는 자들이라고 지칭했다.[19] 그러나 지금까지는 현실주의 철학이 서구제국의 전략의 기반이 되어왔다.

마. 군사전략과 국가전략

전략과 정치의 관계에 관한 정치가들과 군사 전문가들의 일반적인 견해는 국가전략state strategy에서 군사전략이 차지하는 지위에 대한 견해에 영향을 미쳐 왔다. 이것은 전시에는 단순한 문제로 묘사되었다. 이 때 군사전략은 국가전략 내의 정치전략과 밀접하게 통합된다. 그렇지 않다면 정치전

16) J. C. Garnett, "The Nature of Strategic Studies" in John Baylis et al., *Contemporary Strategy. Theories and Policies*, Croom Helm, London, 1975, p. 11.
17) In A. Herzog, *The War-Peace Establishment*, Harper & Row, New York, 1963, p. 94.
18) Beaufre, *op. cit.*, 1965, pp. 20~21.
19) Garnett, *op. cit.*, 1975, p. 10.

략과 국가전략이라는 단어는 상호 교환하여 사용될 수 있다. 군사전략은 최고 사령부에 의해 수행되지만, 국가전략 혹은 정치전략은 정부의 책임이다.[20] 근본적으로 평화시에 국가전략 속에서 군사전략이 차지하는 지위의 개념은 원칙적으로 전시에서의 위치와 유사하다. 그러나 어떤 접근법에서는 국가전략과 군사전략 사이의 경계를 말살해 버리는 경향이 있다. 후자, 즉 군사전략이란 군사력의 사용이 필연적이라고 여겨지는 정치행동에서 군사력의 사용을 다루는 것이라고 알려져 있다. 그러나 그러한 개념은 해석에 따라 달라진다. 예를 들어 국가 안전이란 어떤 의미에서 보면 국가의 모든 주요 이익을 총괄하는 것이기 때문에, 만약 전략이 국가 안전이라는 이익을 위해 군사력을 사용하는 것이라고 여겨진다면, 전략은 또한 국가 목적을 달성하기 위해 모든 국가자원을 동원하고 이용하는 전략을 의미하는 것이라고 해석되어질 수 있다.[21]

국가전략 속에서 군사전략이 차지하는 지위의 복잡한 형태는 국가의 군사전략을 연합전략allied strategy에 관련시키려는 시도에서 발생한다.

프랑스의 접근법부터 시작하면, 이것은 국가전략들 간의 차이점으로 인해 연합전략에 도달하는 것은 극히 어렵다고 한다. 전 프랑스 육군 참모총장이었던 아이에레(Charles Ailleret) 장군은 국가전략이 전쟁목적을 결정하며, 모든 국가행동을 지배하고 군대에 무기와 인력을 제공하여 주며, 그리고 국가의 생존을 확실하게 하여 준다고 했다. 전략의 가장 중요한 매개 변수는 국가 자신이기 때문에 국가전략들은 필연적으로 각기 달라진다. 아이

20) D. K. Palit, *The Essentials of Military Knowledge*, C. Hurst, London, 1968, chap. 3, pp. 87ff.
21) Ludwing Schulte는 힘(power)의 기능에 대한 넓은 개념을 피력했다. 즉, i) 전시에 있어서 국가의 효과적인 방위, ii) 전쟁의 방지, iii) 정치적 압력의 분쇄 및 자신의 행동 자유의 향상, iv) 평화의 보장.(*Sicherheit und Entspannung. Die Roller der Bundeswehr in den Siebziger Jahren*), Bernard & Graefe Frankfurt/M., 1974, pp. 9~11.

에레의 견해에 의하면, 비록 군사적 노력을 조정하기 위하여 동맹이 형성되더라도 또는 모든 연합전략에 합의가 있을지라도 그 결과가 결코 공통된 전략일 수만은 없다. 왜냐하면 한 개인이 단일 국가의 전략을 계획하듯이 연합 군사전략을 수립하는 것은 불가능하기 때문이다. 단지 이러한 공통 목적의 뼈대 내에서 다른 국가들의 국가전략과 자국自國의 국가전략의 유사한 부분을 결합시킴으로써 특별한 목표－대부분이 수세적 성격임－를 달성하기 위한 연합전략을 펴는 것은 가능하다.[22)]

그러나 1950년대 초기의 저명한 영국 전문가들은 아이에레의 회의懷疑에 찬성하지 않았다. 그 때 스레서(John Slessor), 맥클로리(E. J. Kingston- McCloughry), 부찬(Alastair Buchan)과 다른 여러 전문가들은－그들이 소위 전구전략全球戰略(global strategy)이라고 부르는－ 서구사회를 위한 통합된 군사전략을 주장했는데, 그들은 그러한 통합된 군사전략을 실현 가능한 것으로 보았다. 그들이 제시한 계획에서는 연합전략이 가장 높은 수준이고 국가전략은 그 하위에 위치한다. 그러나 이러한 초국가적 주장에도 불구하고 이러한 학자들은 영국의 군사력과 그 전략을 다른 동맹국들의 그것과 통합된 것으로 보려고 하지는 않았다. 그들은 국가안보정책의 주된 수단은 국가 자신의 손에 두기를 원했다.

가장 통합적인 접근법은 특히 60년대에 있어서 서독의 정치적·군사적 사상인 것 같다. 북대서양 조약기구NATO의 교리를 출발점으로 하여 서독의 정치가와 학자들은 서구를 위한 공통전략의 개념을 확립하였다. 그것은 전시에 서방의 군사적, 경제적, 정치적 그리고 도덕적인 총잠재력을 사용한다는 데 기반을 두고 있다. 이러한 총잠재력은 북대서양 조약기구의 군사력,

---

22) Charles Ailleret, "The Nature of Strategy", *Military Review*, November 1965, p. 80.

동맹국의 국력, 민방위대, 그리고 북대서양 조약기구 국가들의 전 국민의 참여 등을 포함한다. 서구의 모든 나라들에 의해 공통으로 수행되는 총력전쟁을 위한 그러한 전략은 the appellation of 'Gesamtstrategie' 또는 'Gesamtverteidigung'라는 명칭을 받아들였다(같은 말이 모든 국가적 노력을 결합시키는 국가전략을 위해 사용되었다). 한 서독인은 말하기를 외교정책과 군사정책 그리고 군사적 필요에 관한 재정적·경제적 정책은 연합전략교리에 기반을 두어야 한다고 하였다.[23]

군사이론에 있어서 거의 다른 구조와 마찬가지로 이러한 세 가지 계획은 명확한 기간, 명확한 정책을 반영하였다. 국가전략에 대해 프랑스가 강조하는 것은 북대서양 조약기구에서의 독립적 지위를 유지하고, 60년대 초기에 비통합적 정책을 취하려는 프랑스인들의 성향을 나타냈다. 전략은 계층적으로 볼 때 최고 수준이라 할 수 있는 연합 군사전략에 대한 영국 군사이론가들의 관심은 다음과 같이 설명되어 질 수 있다. 즉 영국인은 대서양 동맹을 만들고 그것의 공통전략을 세우는 한편 자신은 자유로운 상태에 머물 수 있도록 하는 데 관심을 가지고 있다는 것이다. 마지막으로 서독은 군사력의 통합을 통하여 자신의 군사 잠재력을 증대시키고 북대서양 조약기구의 교리와 정책에 대한 영향력을 획득하고 그리하여 독일의 이익을 촉진시키려고 하였다.

동시에 북대서양 조약기구가 발족한 이래 첫 10년 동안에 전구전략全球戰略을 옹호하는 문서가 있었다. 이러한 문서는 미국이 유럽의 방위에 결정적인 역할을 하여야 하고 유럽의 각 동맹 구성국들은 재래식 무기로 이러한 목적에 기여해야 한다는 주장에 기반을 두고 있었다.

---

23) Cf. Julian Lider, *Myst Polityczno-wojskowa NRF, 1949~1965*, Kiw, Warsaw, 1966, pp. 241~243.

1970년대와 1980년대 초에 세계에 대한 미국의 정치적 영향력과 전략적 지위가 도전을 받았을 때 서구를 위해 단합된 전구全球전략을 옹호한 것은 미국 정치인들과 학자들이었다. 한 가지 이유로는 유럽의 동맹 구성국들은 미국과의 해외사업을 조정하는 것을 원치 않는다는 사실을 들 수 있다. 즉 공통된 직접 이익이 존재하지 않는다는 것이었다.

명백히 중동지역과 아프리카에서의 여러 난관들은 또 다시 서유럽 국가들로 하여금 유럽 이외의 지역에서 보다 조정된 정치전략, 즉 전구전략의 성격을 지닌 전략을 부활케 했다. 소련의 군사력은 점차 성장하여 세계의 거의 모든 구석구석까지 공격할 수 있게 되었으며 또한 앙골라와 에티오피아에서의 쿠바인과 같이 대리인을 사용할 수 있게 되었다. 이러한 급성장은 유럽의 안전에 직접 또는 간접의 군사위협이 되며 가장 중요한 지역에서의 경제적 이익에도 위협을 가하게 되었다. 이것과 병행하여 제3세계라는 경제적으로 중요한 지역에서 정치적, 경제적 불안이 점차 고조되고 있는 때에 유럽제국諸國과 미국, 일본 사이의 경제적 경쟁은 비군사적 차원에서 서유럽의 안전을 점차 위협하게 되었다.

그러나 데탕트detente를 추구하는 정책, 방위와 그것의 결과, 군비관리軍備管理 그리고 제3세계 특히 아프리카와 중동에 있어서의 구체적인 문제 등에 관해서 미국과 서유럽 제국간의 의견 불일치가 증가했다.[24] 그리하여 유럽인들은 유럽지역 외에서 발생하는 제한된 범위의 비군사적 문제에 대해서만 미국과 협력을 하려고 한다. 바꾸어 말하면, 1980년대의 전구전략에 대한 미국의 개념과 동맹에 대한 유럽 각 국가들의 개념 사이에는 상당한 차

---

24) Karl Kaiser, Winston Lord, Thierry de Montbrial, David Watt, *Western Security*, Council on Foreign Relations and the Royal Institute of international Affairs, New York, 1981.

이가 있다. 즉 미국인들은 안보에 대해 군사적이든 비군사적이든 간에 북대서양 조약기구 내에서부터 유럽지역을 넘어서까지 협력을 확대하기를 원하는 반면, 유럽인들은 단지 세계적 척도에서 비군사적인 차원에서의 서방의 안전에 대한 방위에만 관심을 기울이고 있다.

2 군사술의 한 분야로서의 전략

군사전략과 정치 사이의 관계는 국가정책을 수행하기 위한 여러 수단들 가운데서 전략이 차지하고 있는 지위를 나타낸다. 그러나 군사전략의 전통적인 주된 기능, 즉 무장된 전투는 군사술military art에서 전략이 차지하는 지위에 우리들의 관심을 집중시킨다. 전략은 군사적인 전쟁수행의 문제점들을 해결하기 때문에 그것은 자주 군사술과 동등한 것으로 여겨진다. 그러나 엄격한 의미로 말한다면, 그것은 단지 군사술의 한 분야를 구성하는 것에 불과하다. 군사술이란 모든 수준의 군사작전의 계획과 수행을 의미한다.

군사술의 여러 수준 사이의 전통적인 차이점은 전략과 전술의 차이점이었다.[25] 고전적인 접근법에서는 그 차이점이 기능적인 기초 위에서 이루어진다. 전략이란 전쟁의 좋은 결과를 위해서 군사작전을 사용하는 것에 관한 것으로 정의되는 반면, 전술이란 전투에서 군대를 지휘하는 것이다. 다른 말로 하면, 전략이란 군대를 좀더 유리한 상황의 전장battle field으로 보내기 위한 기술이고, 전술이란 전장에서 군대를 다루는 기술이며, 이것이 정통적인 정의定義이다.[26] 보다 전통적인 접근법 중의 하나에 의하면, 전략은 전쟁의 계

25) General Wilhelm von Blume, "Einleitung : Begriff und Inhalt der Strategie" in *Strategie, ihre Aufagaben und Mittel*, 3rd ed., E. S. Mittler, Berlin, 1912, pp. 1~2.
26) Earl Wavell, *Soldiers and Soldiering*, J. Cape, London, 1953, p. 47.

획에 관한 것으로 여겨지며, 전술이란 전략적 계획을 실행하는 것이다.[27]

말을 바꾸어 표현하면, 전략이란 전 전역全戰域(theatre of war)에 관한 것이고, 전술이란 단지 전투의 분야에 관한 것이다. 즉 전략이란 전역戰役(campaign)을 계획하고 지시하는 술art인 반면, 전술은 전투에서 군사력을 다루는 술이다. 마지막으로 위와 유사한 접근법에 의하면, 전략이란 적과 실제로 접촉하지 않고 있는 상태의 군대를 다루는 것이고, 전술이란 전투에서 군대를 다루는 것이다.[28] 군사작전의 지휘계통에 의해서도 구별될 수 있다. 예를 들면 전략은 최고 사령부에 의해서 고안되며, 전술은 야전지휘관들에 의해 만들어진다.

대전략大戰略을 도입하는 접근법에 의하면, 군사술은 대전략, 전략 그리고 전술로 나누어진다. 대전략이란 한 국가의 모든 자원을 동원하고 사용하는 것이며, 전략은 정책목표를 달성하기 위해서 군사수단을 운용하는 것이고, 그리고 전술이란 물리적 힘을 직접 적용하는 것이다.[29] 몇몇 전문가들은 다음과 같이 지적했다. 그러한 계층에서 보면 대전략은 정치전략과 같고, 전략은 군사전략을 의미한다는 것이다.

군사기구military apparatus가 점차 분화됨에 따라 새로운 수준이 국가전략과 전술 사이에 도입되었다. 여기에서 두 가지 접근법이 간파되어질 수 있다. 영국의 문헌과 그리고 어느 정도 수준까지 프랑스에서는 특별 병과兵科의 전략이 첫째 하부구조를 구성했다. 이러한 접근법에서 국가전략-즉 국가 차원의 군사적 전략-은 육·해·공군의 군사행동을 통합하는 업무를 맡게 된다. 이러한 전략은 원칙적으로 특수 병과에서 수행된다. 이것은 때때로 작전전략이라고

27) Palit, "Operational Analysis", 1968, pp. 27~30.
28) *Ibid.*
29) F. B. Ali, "The Principles of War", *the Royal United Service Institution Journal*, May 1963.

불린다. 이 때 병과의 전략과 더 낮은 수준의 전략은 많은 지휘명령의 전술로 세분되어 왔다.

보다 상세하게 말하자면 맥클로리[30]는 동맹전략을 최고 수준에 놓았다. 그러고 나서 국가의 합동전략(national joint strategy : 모든 병과를 합동시킨 전략)이 나오고, 뒤이어 3병과의 전략, 즉 전역사령관theatre commander의 전략, 기능군사령관commander for functional force의 전략, 그리고 전투사령관battle commander의 전략이 나온다. 후자는 전술을 포함하거나 혹은 그것과 동등하다고 여겨진다. 각 수준의 전략은 그 보다 높은 수준의 전략에 기반을 두고 있다. 이러한 계층의 최하단계는 전술인데, 전술은 위에서 기술한 모든 전략들의 하위에 위치한다.

그러나 일상 군 생활에 있어서 위에서 언급한 분류가 미치는 부정적 효과에 관한 단서가 위에서 언급한 국가전략을 3부문으로 나눈 분류에 수반된다. 일반적으로 미국, 영국 그리고 프랑스의 전문가들은 그러한 분류는 제2차 세계대전에서 많은 불행을 낳았고, 결과로서 분과分科 상호간의 경쟁을 유발하였으며, 경제적, 재정적인 낭비를 가져왔고, 국가교리national doctrine를 수행하는 데 있어서의 초점, 즉 군사정책의 중앙계획을 수행하는 데 어려움을 초래하였다.

서독의 접근법에서 여러 전문가들은 군사술을 전략, 작전(작전술), 그리고 전술 등 셋으로 분류하는 글을 썼다.[31] 전략은 전체로서의 전쟁수행을 다루는데, 그것은 국가의 모든 자원, 즉 이용 가능한 모든 수단들－경제적 봉쇄, 심

30) E. J. Kingston-McCloughry, *Global Strategy*, J. Cape, London, 1957, pp. 38~39.

31) Cf. Hans Hitz, "Taktik und Strategie", *Wehrwissenschaftliche Rundschau*, 1956:11, pp. 627~628 ; Gunther Blumentrit, *Strategie und Taktik*, Akademische Verlagsgesellschaft, Athenaion, Konstanz, 1960, pp. 8~9.

리전 등을 포함한다 — 을 한 가지 목표를 위해 결합시키는 반면, 작전술은 전투를 성공시키기 위한 조건 창조를 목표로 하는 군사 기동을 다룬다. 작전술은 비록 전투에는 간접적으로 영향을 미치지만, 군사작전의 최고 수준을 나타낸다. 전술의 특수한 본질은 무기 사용을 통한 직접적 영향에 있다. 여기에서는 전투가 중심이다(서독의 접근법은 전통을 지니고 있다고 기술할 만한 가치가 있다. 즉 19세기에 몰트케(Moltke)와 슐리펜(Schlieffen)은 작전의 개념을 전략에 도입했다). 세 가지 개념은 군사작전의 세 가지 방향을 나타낸다. 실제로 대부분의 서구 전문가들은 최근에 작전술을 전략과 전술의 중간에 위치하는 수준으로 보고 있는 것 같다.[32)]

군사술에 대한 새로운 분류는 최근 미국에서 나왔다. 미국 군대가 참여하는 상태에서의 세계적 조우전遭遇戰과 여러 다양한 가상전假想戰 때문에 전역전략(theatre strategy : 정치적 목적, 주어진 지역에서의 이용 가능한 군사적 자원, 그리고 전개한 군대의 상호작용 등을 다루게 된다)이 대전략과 전술 사이에 도입되었다. 이 말은 주로 유럽이나 극동 특히 페르시아만灣에서의 전투에 대한 토론에서 사용되었다. 어떤 미국 학자들은 한 걸음 나아간 수준, 즉 작전적이라고 불리는 것의 도입을 주장하였는데 그것은 전역戰域전략과 전술 사이의 틈gap을 메워 줄 것이다. 그것은 주어진 군사작전지역에서의 전투행위의 구체적인 계획을 공들여 만들게 될 것이다. — 예를 들어 종심적縱深的 목표에 대해 전격적電擊的 타격에 기초를 둔다.[33)]

32) 미 군사문헌에서 사용하는 '작전'의 일반개념은 일반적으로 '군사작전'의 뜻으로 생각된다. Cf. U. S. military regulations, for instance *FM 100-5 Operations, 1976 ; FM 71-100 Armored and Mechanized Divisions Operations, 1978 ; FM 100-15 Corps Operations, 1979 ; FM 6-20 Fire Support in Combined Armed Operations*, 1977, etc.

33) Edward Luttwak, "On the Meaning of Strategy for the United States in the 1980s", in *National Security in the 1980s : From Weakness to Strength*, 1980.

군사술의 여러 요소와 정치 사이의 관계에 관하여 전략은 항상 전투행위의 정치적 내용을 나타내는 주요 매개체로 생각되어져 왔다. 전략은 전략적 목표에서 나타난 것과 같이 전쟁의 정치적 목적을 나타내고, 전략의 형태는 정책의 직접적인 영향을 받는다. 주된 전략적 결정은, 비록 그것이 군사적 능력에 기초를 두고 있지만 주로 정치적 고려에 의하여 결정된다. 정치적 목적과 군사적 목표가 한데 뒤얽히는 것은 바로 이러한 수준의 군사술에서이다. 이것으로 미루어 분명히 작전적 그리고 전술적 결정과 기동은 주로 순수한 군사적 고려에서 나온다. 야전 사령관은 보통 완전한 군사적 승리를 목표로 하는 반면에, 최고 사령관은 전체로서의 전쟁에서 제한된 목표를 고려한다.

핵미사일 시대에는 정치적 의미에서 군사술의 결정적 요소라고 여겨지는 전략의 성격은 강해지고 새로운 차원을 얻게 되었다고 알려져 있다. 예를 들어 전쟁의 방지는 우리들 시대에서는 결정적인 중요성을 띠고 있는데, 그것은 전략의 분야에 속하며 그리고 그것은 전략과 외교의 영원한 목적이다.

군사적인 의미에서 보더라도 전략의 주요 역할은 강화되어졌다. 종전의 전쟁에서는 전술적 성공의 누적이 전략적 성공이 되었다. 지금은 적의 영토내에 있는 중요한 목표에 대해 전략적 타격을 가하는 것이 전쟁의 운명을 좌우할 수 있을지 모른다. 일반적으로 '한 국가가 전쟁 속으로 들어가도록 하는 개방적인 조치가 그 국가의 생존의 전체 목적을 달성하는가 아니면 잃는가를 결정한다고 알려져 왔다.'[34)]

이것은 가장 널리 알려진 견해이지만, 직업군인들은 창조적이고 교묘한 전술의 중요성을 강조했다. 그런데 그러한 전술은 '간단한 원칙에 기초를 두고 있는'[35)] 전략과 대조가 된다.

---

34) Bernard Brodie, "Strategy versus Tactics in a Nuclear Age", *Brassey's Annual*, 1956, p. 148.

더군다나 전략의 목적은 전투의 가장 유리한 조건을 창조하는 것이지만, 그 결과–즉 전투에 있어서의 승리–는 전술에 의하여 결정된다고 그들은 지적했다. 이러한 견해는 전통적인 전투의 조건과 전적으로 일치한다(이러한 조건은 오늘날에도 존재하며, 재래식 전투가 전형적인 전투형태를 나타낸다).

그러나 군사술의 구조적 문제점은 전투수행의 여러 수준에 국한되지는 않는다. 군수는 자주 이러한 맥락에서 분리되어 고려되었다. 현대적 형태에서 볼 때, 군수의 문제는 조미니(Jomini)에 의해 최초로 전략, 군수 및 전술[36]을 다루었으며, 저명한 독일의 전략가인 브루메(Blume) 장군은 주된 주제에 대해 검토하기 전에 전략에 대한 그의 포괄적인 저서의 두 번째 부분에서 군수의 문제를 다루었다.[37]

전투에서 물질적인 기반의 중요성이 증대함에 따라 군수의 이론은 군대의 공급과 유지의 기능을 수행하는 것으로 정의되었으며, 또한 군사사상과 군사술military thought and art의 한 구성 요소로서 그 중요성이 증대되었다. 어떤 연구가는 전략, 전술 및 군수는 군사술의 내용을 구성하는 것이며, 군수는 이 세 구성 요소에서 덜 중요한 것이 아니라고 주장했다.[38] 달리 접근을 하면, 전략과 전술은 군사작전의 수행을 위한 계획을 제시해 주고, 군수는 그것의 수단을 제공해 준다. 전략적 개념의 실제 적용은 군수작전logistical operation에 뒤이어 일어나는 많은 구체적인 전술작전tactical operation으로 구성된다. 군수는 억제와 전투 효율성의 필수 불가결한 요소라고 몇몇 군사 저술가들과 최고 군사 지도자들에 의하여 평가되었다. 군수체계에 의해 쉽

---

35) Wavell, 1953.
36) H. Jomini, *Precis de l'art de la guerre*, Paris, 1830.
37) Von Blume, *op. cit.*, 1912, chap. 2.
38) Eccless, 1965, p. 49.

게 이용될 수 있거나 혹은 맡은 일을 적시에 거뜬히 해낼 수 있는 그러한 힘들만이 적대되는 양측의 효율력에 의해 평가되어질 수 있다. 그러므로 군수는 무기의 속도, 적재 용량, 사거리range와 정확도만큼 중요한 요인이다.[39]

3 전략의 형태

전략에 대한 연구는 전략의 분류에 대한 연구를 포함한다. 이것은 전략에 대해 지금까지 유용했던 역사적이고 경험적이며 이론적인 분석체계를 제시해 주고, 그 이상의 연구를 위한 골격을 제공해 준다. 예를 들어 그런 분류는 최근의 전쟁실례戰爭實例 혹은－더 일반적으로－ 전쟁의 현대적 형태에 응용된 전략을 분석하고 특징짓는 데 도움을 준다. 그것은 특정한 국가들 혹은 국가연합 내의 전략적 교리를 수립하는 데 도움이 될 것이다. 그 중에서도 특히 전략의 주된 특징이 무엇인가에 대해서는 많은 의견들이 있기 때문에 전략의 분류는 한 가지 방법만이 있는 것이 아니다. 여러 종류의 분류에 대한 간단한 개관槪觀은 다음과 같다.

가. 전쟁의 형태에 따른 분류

전략의 개념에 대한 강조점이 전쟁의 정치적인 목적에 의한 전략의 결정에 있다면－혹은 더 넓은 관점에서 주인공의 성격을 포함하기도 하는 전쟁의 정치적 내용에 있다면－ 전략은 전쟁의 형태에 따라 체계화될 수 있다. 예를 들어 전략의 집합set은 광범위한 목적－열핵전략熱核戰略과 재래식 전략의 두 형태를 가진－을 위해 싸

39) Jack J. Catton, "The Role of Logistics in Policy and Strategy", *Strategic Review*, Fall 1973.

우는 체제 상호간의 전쟁전략도 포함할 것이며 제한된 목표를 위한 국가 상호간의 국지전局地戰의 전략—핵전략과 재래식 전략의 두 형태를 가진—도 포함하고, 시민혁명과 다른 형태의 전쟁전략도 포함할 수 있다.

새로운 전쟁의 형태에 대응하는 새로운 전략의 형태가 최근에 기술되었다. 이것은 소위 폭력 혁명주의의 작은 전쟁terrorist small war이라 불리는 전략이다(반反폭력주의 전쟁전략과 일치한다). 이런 전쟁의 형태는 어떤 점에서 볼 때, 지금까지 가장 낮은 수준의 싸움과 전략이라고 알려져 온 게릴라전보다 더 낮은 것이다.[40]

전체적으로 전쟁을 분석하는 경우에 모든 형태의 전쟁전략에 동등한 유효성을 갖고 적용되는 전략에 대해서는 그리 많이 논의되고 있지는 않다. 예를 들면, 전면적인 체제간 전쟁의 전략에 대해 형성된 일반화가 시민혁명(내란)의 전략에 응용될 때도 동등하게 효과적일 수는 없다. 또 전략과 정치의 상호관계에 대한 주장은 특정한 전쟁형태의 전략을 분석하는 방향으로 즉시 출발케 하는 일반적인 방향을 최대한으로 우리들에게 제공해 줄 것이다. 즉 전략은 어떤 전쟁에도 직접적으로 적용될 수는 없다. 내란의 다양한 변형의 경우에 있어서처럼, 전쟁의 어떤 형태에서는 군사전략이 우세할 것이고, 또 다른 형태에서는 정치적 전략이 각각의 중요한 군대의 이동을 지시할 것이다. 그러므로 전쟁의 형태에 따라 전략을 분류하는 것은 전략의 일반적인 한 가지 개념만을 적용시키는 것에 연구를 국한시키는 것보다 경험적인 조사에 더 많은 도움을 줄 것이다.

40) Gustav Daniker, *Antiterror-Strategie*, Huber Frauenfeld, Konstanz, 1978 ; F. Wordemann, *Terrorismus-Motive, Tater, Strategien*, Piper, Munchen, 1977.

나. 사용된 무기에 따른 분류

사용된 무기의 관점에서 그리고 그들과 관련된 전투방법의 관점에서 전략의 성격을 고려할 때도 전략의 형태는 구분되어 질 수 있다. 예를 들어 핵전쟁의 전략, 재래식 전쟁의 전략, 그리고 비정규전 전략으로 나누어질 수 있다. 그것의 구분은 다음과 같다. 핵전략은 초강대국 혹은 적대체제敵對體制들－소위 대對도시 전략, 대對병력 전략 및 이것의 혼합적인 세 가지 변형으로서－ 사이의 대륙간 전쟁, 반대되는 동맹들 사이의 유럽에서의 전쟁－전장戰場에 한정하여 핵무기를 사용하는 전투, 즉 대對병력 전략과 여러 수준에서 휴전을 하는 재래식 전투 등의 변형으로 나타나는－ 그리고 마지막으로 다른 대륙에서의 전쟁으로 나누어질 수 있다. 재래식 전략은 좀더 상세하게 구분되어질 수 있으며 또한 비정규전 전략들과 똑같이 구분되어질 수 있다. 특정한 전쟁형태에 따른 전략의 분류와 같이 사용된 무기에 따른 분류는 구체적인 전투를 분석하는 데 도움이 될 것이다. 핵전쟁에서의 군사술은 자연적으로－그것이 정규전 혹은 비정규전이든－ 재래식 전투에 적용되는 것과는 매우 다르며, 따라서 효과적인 방법 그리고 성공의 조건에 대한 조사는 각기 분리되어 행하여져야 한다.

다. 억제된 전쟁의 종류에 따른 분류

억제전략의 집합은 서양에서 간접적으로 전략을 분류하는 데 주로 사용되는 방법들이었다(억제계획들이 전쟁을 분류하는 수단인 것과 꼭 마찬가지로). 이 방법의 사용은 두 가정假定에 의해 활발하게 되었다. 첫째는, 핵미사일 시대에서 전쟁은 방지되어야만 한다는 것, 그리고 둘째는, 대부분 전쟁발발의 직접적 위험은 사회주의 국가들의 정책에 의해 초래되므로 그러한 위험은 억제되어져야만 한다는 것이다.

이러한 전략의 체계화는, 전쟁에 대한 약간의 예상되는 전략은 각각 대응되는 전략의 반대적인 위협에 의해 억제되어져야만 한다는 것을 포함하는 여러 가지 종류의 위협의 구상에 기초를 두고 있다. 예를 들면, 50년대 중반에 항공기의 지원을 받아서 소련이 대규모 지상병력으로 서유럽을 침략하는 것에 대응하여 미국의 전략부대는 소련에 열핵공격을 감행할 것이라고 위협했다. 그러한 공격은 단기간에 끝나는 전체 열핵전쟁의 첫 단계일 것이다. 그것은 제일격 전략frist-strike strategy이라고 불린다. 소련이 상당한 전략핵戰略核 잠재력을 보유하였을 때, 다른 형태의 전략이 구체적으로 세워졌는데, 그것은 전략핵군의 비취약성에 기초를 두고 있었다. 이러한 것들은 적이 핵전쟁을 시작한 후에 결정적인 공격의 타격을 가하는 것이었다. 이런 전략을 제이격 전략second-strike strategy이라고 부른다. 마지막으로, 핵전쟁이 점차적으로 가능성이 없는 것 같기 때문에, 세 번째 형태의 억제전략은 재래식 무기와 방법에 기초를 두고 세워졌다. 그러나 그것은 보다 나중의 단계에서의 핵무기 사용까지 배제하지는 않고 있다.

전략가들의 관심이 정책의 도구로서 전쟁을 사용하는 데에서부터 전쟁방지를 포함하는 정책의 수단으로서 전쟁의 위협으로 바뀌고 있다고 많은 이론가들이 믿기 때문에 억제전략에 대한 논의는 흥미 있는 주제가 되고 또한 전략연구의 중요한 부분을 나타내고 있다.

라. 기준으로서의 전쟁의 일반적인 방법

개개의 전략은 전쟁의 주요 군사목표를 획득하는 일반적 방법에 대한 가정假定에 기반을 두고 있다. 즉 적에 대한 한쪽의 의지를 강요하는 것이다. 여기서 우리는 섬멸전략strategy of annihilation과 소모전략strategy of attrition으로 분류할 수 있다. 전자는 적 후방까지 포함하는 적 군사력의 파괴를 목적으로 한다. 후자는 주로 적의 군사력과 전선 후방의 힘을 점점 빼앗는 것을 목적으로 한다. 최근의 견해에서 볼 때 기동전략strategy of manoeuvre과 소모전략 사이의 차이점이 지적되고 있다.

이런 두 가지의 일반적인 방법은 또한 최근에 고갈전략strategy of exhaustion에 의해 보완되어지고 있다. 섬멸전략에서의 군사작전은 전쟁터에서 적을 격멸하는 데 목적이 있고, 소모전략에서는 장기전을 통하여 적에게 저항수단을 주지 않기 위해서 봉쇄와 여러 다른 수단을 시도하는 반면에, 고갈전략은 적의 물질적 잠재력과 심리적 혹은 도덕적 구조를 공격함으로써 점차적으로 적의 저항 의지를 파괴하려고 한다.[41]

달리 변형된 전략 체계화의 방법에서는 직접전략direct strategy, 즉 직접적 전투의 전략과 간접접근전략strategy of indirect approach이 대조가 된다. 좀더 전통적인 견해에서는, 직접전략은 적의 주력군을 탐지하여 결정적인 전투를 행하는 것을 목적으로 한다. 전쟁의 목적은 적 군사력의 섬멸을 통해 얻어질 것이다. 간접전략에서는 먼저 적으로 하여금 불리한 상황으로 몰아넣어야 한다. 그러면 적은 공격을 당할 것이고 그리하여 패배할 것이다. 여기서 차이점은 결정적인 전투를 행하는 시기에 있는 것처럼 보이나 승리를 하기 위한 최종적 수단은 유사한 것이다. 즉 적의 군사력을 전투에서 패배시킨다는 것이다.[42]

리델 하트[43]에 의해 상세하게 계획되어진 좀더 현대적인 간접전략접근에

---

41) John W. Taylor, "A Method for Developing Doctrine", *Military Review*, 1979 : 3, p. 73.
42) Cf. Blumentritt, 1960, p. 12. 그의 견해는 접근법과 더불어 우리 시대에 있어서도 높이 평가되어야 한다.("Das direkte Verfahren gleicht dem Schwert, das indirekte dem gewandt gefuhrten Florett.")
43) Liddell Hart, *op. cit.*, 1967.

서는 전투가 없는 그리고 간접적이고 비군사적인 방법－책략뿐만 아니라 정치적, 경제적 그리고 도덕·심리적－의 단계가 단기간의 최후 타격을 닮은 전투보다 더 오래가고 더 많은 주목을 받는다. 이런 단계는 단지 그들이 그들의 약점－예를 들면 2차적인 전역戰域에서－을 목표로 한, 몇 가지의 간접적 행동방안에 의해서 그리고 그들을 매우 불리한 상황에 처하게 하는 기동에 의해서 균형이 흔들리고 당황하게 한 직후에 공격하는 것이다. 비록 직접적이거나 혹은 간접적인 접근 양면에서 목표는 군사적 승리에 있지만 간접접근에 있어서 그 결과는 전투보다는 다른 방법을 사용함으로써 주로 얻어진다.

좀더 넓게 생각하면, 결정적인 군사행동을 위한 준비 혹은 적으로 하여금 전투 없이 강제로 굴복하게 하기 위해서 적을 정치적, 경제적, 도덕적 그리고 군사적으로 약하게 하는 것을 목적으로 간접적 접근이 사용되어지기 시작했다.[44)]

전략의 두 형태의 결합은 또한 분리된 범주로서 간주되어지기도 한다. 베트남에서의 전쟁은 그런 전략의 예를 보여준다. 즉 베트남 사람들과 전 세계를 통하여 이념적으로 그들을 지지하는 사람들에 의해 전개된 정치적 및 심리전은 미국의 군사적 노력을 마비시키는 데 크게 기여했다.

마. 주요 작전상의 견해에 따른 분류

억제된 전쟁의 종류에 따른 전략의 분류는 또한 주요한 작전상의 견해－제일격 전략第一擊戰略, 제이격 전략第二擊戰略 혹은 대對도시 전략, 대對병력 전략 등－에 기반을 둔 것으로 간주된다. 그러나 이 분야에서 군사 저술가들의 창의성은 놀라운

44) Andre Beaufre, *Strategy of Action*, Faber & Faber, London, 1967, pp. 103ff.

것이다. 예를 들어 군사전략에 대한 현대적 연구에서 한 저술가는 두 가지의 기본적이면서도 작전상으로 다른 전략 형태들을 제안하였는데, 그는 그것을 각각 연속적 그리고 누적적이라고 불렀다. 첫 번째 전략은, 일련의 구분되고 분리된 행동들로 구성되어 있는 전쟁에서 사용되어지는 데, 그 곳에서는 각 행동이 본래 앞선 행동에서부터 진전되고 그리고 그것에 의존한다. 모든 분리된 행동들의 전체적인 형태는 연속적 전쟁을 구성한다.

다른 종류의 전쟁에서 전체 형태는 보다 작은 행동들의 응집으로 구성되어 있으며, 그런 행동들은 분리되어 상호 의존적이 아니다. 이러한 모든 행동들의 누적적인 효과는 전쟁의 결과를 형성한다. 이러한 전략의 형태는 상호 보완적이다. 즉 그것들은 전쟁의 경우에 서로 보완한다.[45)]

바. 전쟁의 주위 환경에 따른 분류

매우 다른 접근은 전쟁 행위가 일어나는 여러 환경에 관계되는 전략들을 구분하고 있으며, 그러한 것에는 해양전략(sea strategy : maritime 혹은 naval strategy라고 부르기도 함), 지상전략land strategy 그리고 항공전략air strategy이 있다. 어떤 접근법에서는 이러한 전략들은 공존하고 국가전략에 공헌하는데, 국가전략은 그들의 결합 혹은 결과이다. 다른 접근에서는 한 가지 특정한 전략이 지배한다고 말하여 진다. 즉 주어진 환경－혹은 전쟁의 차원이라 불리는－이 전쟁의 결과에 결정적인 것이라고 제시된다. 그런 전략은 한 가지의 군종軍種에 초점을 맞추고, 이 군종은 전쟁에서의 승리를 얻기에 충분한 독립적인 임무를 수행한다고 추정된다.

45) Wylie, *op. cit.*, 1967.

이런 세 가지 전략들은 다른 시대에 나타났다(지상전략이 가장 오래 되었고, 항공전략이 가장 최근의 것이다). 전쟁의 3차원인 항공전략의 초월적인 역할에 대한 이론적이고 정치적인 논쟁이 시작되었을 때, 특히 제2차 세계대전 이래로 그들은 각각에 대항하여 만들어졌다.[46]

영토를 획득하기 위해 수행하는 전쟁에 전통적으로 적용되는 지상전략은 전투에 의해 상대편의 지상군을 무력하게 만드는 것을 목적으로 한다. 즉 그들을 찾아서 격멸시키는 것이다. 수도首都를 포함한 비군사적 목표들은, 그들의 계속적인 소유가 전쟁의 수행에 절대적으로 필요한 것이 아니라면, 어느 시간 동안의 포획 후에 놓아 줄 수가 있다.

해외의 영토 확장과 기업과 무역의 증대를 목표로 하거나, 해외로부터의 공격을 방어하는 것을 목적으로 하는 해양전략maritime strategy에 있어서 그것의 주된 기능은 전투에 의해 적의 해군력을 무력화하고 파괴하며 그리고 적의 해상수송을 방해하는 것이다. 해상 지배력의 장악은 전쟁에서 승리의 길이었고 또한 그 결과를 공고히 하는 방법이었다.

비록 지상전략 혹은 해상전략이 어느 때에 어떤 나라에서 지배적이었다 하더라도, 현 세기에서 그들을 밀접하게 조정coordination하는 것은 필연적인 것으로 간주한다. 양자의 결합은 제1차 세계대전에서 적용되었고, 또한 항공전략과의 협동—혹은 경쟁—은 제2차 세계대전에서 행하여진 많은 작전의 특징이었다.

고전적 항공전략에서, 공군력은 우선 폭격에 의해 적군의 공군기지와 지상의 시설물 그리고 항공기 제조공장 등을 파괴시킴으로써 제공권制空權을

---

46) E. J. Kingston-McCloughry, *War in Three Dimension : The Impact of Air Power on the Classical Principles of War*, J. Cape, London, 1949.

획득하기 위해 사용되었다. 그리고 나서 최후의 전략적 공세는 적의 산업적 그리고 인구 중심지를 목표로 한다. 지상군의 역할은 지상공격으로부터 통신, 산업시설, 공군기지 그리고 인구 중심지를 보호하기 위해서 방어선을 유지하는 데 국한된다.

핵미사일 시대에 공군력은 유일하게 의미 깊은 행동, 즉 전략 핵공격戰略核攻擊의 집행자로서의 독점적인 역할을 주장했다. 그런데 그 전략핵공격은 전쟁의 승패를 결정짓는다.

그러나 최근 몇 가지 연구들은 세 군종의 전략(역자 주 : 지상전략·해상전략·항공전략)을 분류하는 것을 탐구하였다. 그런데 그들 중에서 하나 혹은 하나 이상이 독립적이거나 혹은 지배적이고, 심지어는 3개 모두가 국가전략에 포함되어 있다. 즉 어떤 군종도 다른 군종의 주된 사명과 별개로 그것의 임무를 수행할 수는 없다. 다시 말하면 특정 군종의 기능들이라 해서 분리된 전략적 임무를 나타내지는 않는다. 지상에서의 전쟁은 개방된 해상 병참선을 유지하려는 목적을 띤 전쟁과 분리될 수 없고, 이 양자는 공중에서의 전쟁과 분리될 수 없다. 이 모든 군종들은 3차원 – 지상, 해상 및 공중 – 모두에 존재하는 목표물을 공격할 수 있는 군비軍備를 지니고 있다. 그러나, 그러한 국가전략은 희망적 관측이다. 지금까지 전략의 세 가지 형태들은 군종 안의 그리고 국가전략계획 내의 전략적 사고思考를 계속 지배하고 있다.

사. 한 쌍의 전쟁과 평화전략

최종적으로, 분리된 집단으로서 현존하는 억제전략은 전쟁전략을 능가하는 전략의 형태를 조직화하는 시도가 있어 왔다. 예를 들면 보프르는 전시나 평화시에 있어서의 총력전략total strategy이라는 그의 견해에 따라 5가지의 전략형태를 제안했다.[47] 즉 (1) 직접적 위협, (2) 간접적 압력, (3) 일련의 연속된 행동, (4) 장기적 투쟁, 그러나 낮은 수준의 강도를 띤, (5) 군사적 승리에 목적을 둔 폭력적 충돌 등이다.

이런 접근에서 군사적 압력의 전략은 전쟁의 전략과 결합되어 왔다. 다양한 전략들이 적대자에 의해 또한 차후의 단계에서는 한 편에 의해 그리고 동일한 전쟁에 사용될 수 있다. 결합된 전략이 또한 동시에 적용될 수 있다.

다른 변수에서 전략의 세 가지 종류가 기술된다.[48] 즉 (1) 간접적 대전략으로 그것은 공산주의 진영의 세계 팽창주의에 대항하는 모든 국가들을 지원함으로써 그것에 대항하는 것이다. (2) 지역적 저항을 촉진시킴으로써, 패권을 위한 적의 공격을 마비시키고 해상을 통제하는 것을 목적으로 하는 군사전략으로 이것은 전시나 평화시 양쪽 모두를 위한 해상전략이다. 적이 억제되지 않는다면 서방의 군대는 싸울 준비를 해야 할 것이다. (3) 기동과 지상전투의 군사전략으로 여기서 주된 수단은 놀라울 정도의 빠른 속도로 예상치 못한 장소로 군대를 이동시키는 것이다. 그렇게 되면 아마도 전투의 그러한 심리적인 양상은 결정적이고, 적은 방향을 잡지 못하고 마비될 것이다. 그리하여 적의 군사력 결합은 흩어지고 그 결과로 쉽게 패할 것이다(전격전電擊戰은 이런 종류의 변형일 것이다).

이러한 세 종류의 전략은 서로 보완하고 여러 상황의 전투에 적합할 것이라고 알려져 왔다. 그것들은 구체적으로 결합되어져야 하며 적당한 군사력이 준비되어져야 한다.

그러한 한 쌍의 평화와 전쟁의 전략의 결합은 독특한 한 세트의 평화·전쟁

---

47) Beaufre, *op. cit.*, 1965, pp. 26~29.
48) Gary Hart, "Toward a New Consensus on Defense", *Strategic Review*, Fall 1980, pp. 9~14.

전략을 나타낸다. 그들 모두에 있어, 투쟁적인 상황에서 군사력을 사용하겠다고 위협하는 것이 주된 방법이다. 그 실제적인 사용이 배제되지는 않으나, 최선의 결과는 적이 철수하도록 하는 것이다.

4 소련의 견해

소련의 연구에서는, 비록 대개 한 집합적인 개념 내의 매우 다른 의미들을 포함하려는 정의定義가 제시되어 왔지만, 전략이라는 말은 몇 가지 것을 의미하곤 한다. 군사사전에는, 군사전략은 "한 나라와 전쟁을 위해 군사력을 준비시키는 것, 전쟁계획과 수행, 그리고 전략적 작전의 이론과 실제를 포함하는 군사술의 한 구성부분, 즉 최고 분야"[49]라고 정의되어 있다.

가. 전략의 네 가지 의미

여기에서 우리는 적어도 전략을 네 가지 의미 또는 개념으로 구별할 수 있다. 엄격한 군사적 개념부터 시작하면 보다 넓은 의미의 군사전략은 군사술의 한 부분이라고 말하여진다. 그것만으로 그것은 가장 높은 수준의 전쟁이론이고 그것은 군사술에서 주도적 역할을 하며 가장 낮은 수준, 즉 작전술과 전술에 영향을 미친다.

이제 외면상 더 좁은 군사개념을 보기로 하자. 그런데 그 개념 속에서 전략은 전략적 작전의 수행, 즉 단지 한 종류의 군사적 행동을 하는 이론과 실제이다. 이것은 군사술의 주도적인 부분으로서 전략보다 더 좁은 범위를 가진

49) "Strategyia Voennaya", *Sovetskaya Voennaya Entsiklopediya*, vol. 7, 1979, pp. 555~556.

다. 그것은 후자가 전체적인 전쟁수행과 전략계획을 취급하고 작전술과 전술 그리고 이런 수준의 군사적 작전에 지침을 제공하기 때문이다.

두 가지 다른 의미 혹은 개념은 군사술의 범위를 능가한다. 첫째로 전쟁을 계획하고 수행하는 전략은 교전交戰보다 더 넓은 범위를 가진다. 왜냐하면 소련이론에서는 전쟁이 교전보다 더 크다. 즉 전자는 또한 비군사적인 면에서의 투쟁을 포함한다는 것이 계속해서 강조되어져 왔기 때문이다. 두 번째로 전쟁을 위해 나라와 군사력을 준비시키는 이론과 실제로서의 전략은 평화시에 수행되는 활동이고, 그리고 그것은 국가 활동의 중요 부분을 구성한다.

이런 네 가지 서로 다른 전략의 의미는 별문제로 하고도, 그 정의定義는 이론으로서의 전략을 실제로서의 전략과 결합시킴으로 인해 더욱 큰 혼란을 야기시키고 있다. 예를 들면, 몇 가지 연구와 군사이론의 개념에서 군사학 military science의 한 부분으로서의 전략－이론으로서의 전략－과 군사교리 military doctrine의 한 부분으로서의 전략－후자의 의미에서 전략은 교리부분과 그것의 실행 모두이다－과의 차이점이 불명확해지고 있다. 전쟁 전의 전략(전쟁을 위한 준비전략)을 전쟁 중의 전략과 혼합하는 것이 분석의 대상 문제점으로부터 벗어난 것은 아니다.

나. 군사학과 동등한 전략

게다가 이런 정의를 따르는 전략에 포함되는 문제들의 기술description은 전략과 군사학 사이의 경계를 없앤다. 군사전략은 전쟁의 법칙과 전쟁의 전략적 특성, 그리고 전쟁의 수행방법을 연구하는 체계화된 과학적 지식이라고 알려져 있다. 그것은 전쟁의 계획과 준비와 수행 그리고 전략적 작전의 이론적인 기초를 구체적으로 세운다. 전쟁준비와 관련된 전략의 몇 가지 업무들은 위에서 언급한 임무들을 따른다. 예를 들면 경제체제의 준비와 인구 등이다. 이런 모든 임무들은 군사학의 범위를 형성하는 것이라고 말하여지는 것과 거의 구분이 불가능한 문제들을 형성한다. 그러한 동등시는 거의 우발적인 것이라고 생각되어지지 않는다. 그것은 때로 소련학문에 적용되는 접근의 백과사전적 일반화를 대표한다. 예를 들면, 현대의 소련 군사사상의 고전적 작품인 『voennaya strategiya』*(military strategy)*에서 전략의 범위는 군사학의 범위와 동일하고, 후자는 단지 때때로 언급될 뿐이다.[50] 군사전략의 이론은 다음 사항을 포함한다.

(1) 무장전투를 지배하는 일반법칙
(2) 미래전쟁의 조건과 본질
(3) 전쟁을 위해 한 나라와 그 나라의 군사력을 준비시키는 이론적 원칙과 전쟁을 계획하는 원칙
(4) 무장군대의 분류와 그들의 전략적 이용을 위한 근거
(5) 무력전투를 수행하는 방법
(6) 무력전투를 위한 물질적, 기술적 기초
(7) 일반적인 전쟁과 군대를 지휘하는 원칙
(8) 가상假想 적군의 전략적 견해

다. 전략은 과학인가?

여러 가지 논문에서 상당할 정도로 전략은 학문적 지위가 향상되어 왔다. 이것은 두 종류의 사고思考로부터 나온다.

---

50) *Voennaya Strategiya*, V. D. Sokolovskii, ed., 3rd ed., Voenizdat, Moscow, 1968.

첫째, 전략은 군사교리[51]voennaya strategiya보다 하위이며 또는 사전에서는 군사교리에 의해 그것의 실질적 해결책이 나온다고 얘기되고 있다.[52] 후자는 정당화되고 합리화되고 더 상세하게 계획되어질 수 있는, 그러나 변할 수 없는 채택된 견해들의 체계화를 형성한다. 명백히 이러한 정의적definitional 관계는 교대로 전략의 결론과 장점이 이론을 세우는 데 있어서 통솔력에 의해 이용된다는 진술(주장)에 의해 보완되어져 왔다. 그러나 만약 누가 두 전략, 즉 교리를 세우는 과정에 영향을 끼치는 전략과 교리에 의해 결정되어지는 전략이 있다고 주장하지 않는다면, 이 영향이 어떻게 행사되어지는가를 안다는 것은 어렵다. 전자는 전략적 이론이고, 후자는 실제로서의 전략이다.

둘째, 전략은 사회조직과 대외·대내정책에 있어서의 일반적 국가목적과 그 나라의 경제적, 정치적, 문화적 상황에 직접적으로 의존한다고 말하여진다. 어느 정도까지 그것은 또한 국가의 지리적 위치와 그것에 대한 이웃 나라의 태도에도 의존한다. 백과사전에는 "군사전략이란 정책과 밀접한 관계를 가지며, 그것은 정책으로부터 나와서 정치적 목적에 봉사한다"[53]고 서술되어 있다. 정치적 통솔력은 구체적 업무를 전략에 할당하고 그것의 수행을 위한 수단을 제공한다. 이번에는 전략이 정책에 영향을 미친다. 왜냐하면 후자는 전쟁의 목적과 방법을 세우는 데 과학적 분석의 결과를 이용하기 때문이다. 어떻게 해서 정책에 의해 세워진 지침에 따라 움직이고, 주어진 임무를 수행하는 전략이 채택된 정책을 상당히 바꿀 수 있는가를 이해하는 것은 어렵다.

51) *Ibid.*, pp. 55~56.
52) "Strategiya Voennaya", *op. cit.*, 1979, p. 556.
53) *Ibid.*

라. 많은 국가전략 혹은 두 개의 체계적 전략은?

국가정책, 국가자원, 국가교리에 군사전략이 직접적으로 의존하는 결과는 각 나라마다 이론과 실제 양면에서 그 나라의 특정한 국가전략을 가진다는 것이다. 소련 연구가들이 이런 결론에 도달할 것이라고 예상될 수도 있지만, 사실상 그들은 다른 결론에 도달한다. 즉, 군사전략은 국가 지향적이라기보다는 체계 지향적이다. 적대적인 두 사회-정치적 체제는 두 가지의 다른 전략들을 갖는다. 즉, 부르주아 전략과 사회주의 전략이 그것이다. 전자는 미국의 이론전략에 기초를 두고, 후자는 모든 사회주의 국가에서 일반적인 마르크스·레닌 전략이다. 두 전략은 각기 다른 철학과 정치이론, 그리고 각각의 국가와 군대가 대비하는 전쟁목표들을 지닌다.

5 전략의 현대적 개념

가. 네 가지 구분

군사력을 사용하는 방법-혹은 군사전략-에 있어서는 첫째, 기본적으로 이론으로서의 전략과 행동방법으로서의 전략 간의 구분이 있어야 한다. 양 견해는 여러 가지로 해석될 수 있다. 이론으로서의 전략은 모든 전쟁의 수행에 적용되는 법칙과 규칙에 대한 지식을 표현하고-그러한 법칙이 존재한다면- 또 상황이 변화됨에도 불구하고 모든 전쟁에 공통적인 체계적 원칙이나 기법을 만든다. 그러나 그것은 현대전쟁의 이론적 토대에 한정되어 있거나 국가의 유일한 군사정책의 이론적 근거에 국한되어 있다.

행동의 방법으로서의 전략, 다시 말하면 전쟁의 수행을 지휘하는 방법으로서의 전략은 그 나라에서 행하는 전쟁준비와 전쟁수행-행동에 대한 건의-

을 위해 만든 계획이나, 그 밖의 행동 그 자체를 의미한다. 바꾸어 말하면 그것은 전쟁 전에 계획을 만들거나 전쟁을 수행하는 것과 관계있는 활동이다. 또 그것은 계획하는 것과 계획을 실행하는 것을 포함한다.

두 번째의 기본적 차이는, 전략의 여러 수준 간의 구별이다. 우리가 알아왔던 것처럼 전 시대의 무장투쟁의 기술을 의미하던 전략분야는 최고 사령관에 의해 경험한 것처럼 전체로서 군사술, 즉 전쟁의 일반적인 지휘보다 더 낮은 것들을 포함하는 모든 수준에서의 전투의 기술뿐만 아니라, 정치적, 외교적, 경제적, 이론적 그리고 다른 면들을 포함하는 전쟁의 수행까지 의미한다.

셋째로는, 원래의 의미인 전쟁에 관계되는 전략과 전쟁이며, 그것은 전쟁과 평화 모두에 관계되는 전략 간의 구별이다. 이것은 보통 전략에 대한 주요 연구방법 간에 행해지는 구분과 관련이 있다. 즉 그것이 전쟁 – 혹은 무력투쟁 – 을 수행하는 이론 – 혹은 실행, 혹은 둘 다 – 으로서 다루어져야 하는가 혹은 평화나 전쟁 모두에 있어서 정치목적의 달성을 위해 군대를 사용하는 이론으로서 취급되어져야 하는가에 따라 구분할 수 있다.

마지막으로, 전통적으로는 각 국가 사이의 관계에서만 관련을 맺어온 전략은 국내의 관계에서 군대를 사용하는 이론과 실행을 의미할 수 있다. 예를 들면 내란의 전략은 드물게 검토되는 주제이다. 이 전략에 대한 일반적인 연구는 주제의 구성요소가 될 수 있음에도 불구하고 일반적인 전략이론에는 포함되지 않고 있다. 국가간의 전쟁과 국가 내 전쟁의 상호관계와, 후자와 군의 개입과의 상호관계는 전략의 포괄적 개념에 대해 강한 논의를 제공한다.

우리의 제안으로는, 전략은 행동이론이며 방법이다. 전략에 대한 연구는 전자에 있어서는 군대 사용의 이론에 속하며, 후자에 있어서는 군사정책의 이론에 속한다.

역사적이고 이론적인 연구에서 이론으로서의 전략은 그것의 역사적인 구조에서 관찰된다. 그것의 내용과 내적인 구조의 발달이 강조된다. 더욱 응용된 연구에서 초점은 그것의 현대 또는 미래의 사용의 이론적인 기초에 있다.

일반적으로 우리 시대와 관련해서 논의할 때, 그것은 평화시의 요구되는 요소이든, 전쟁시에 요구되는 구성요소이든 간에 둘 다 분석되어야 한다. 그리고 두 가지 주된 견해, 즉 군사력이 평화의 유지에 기여하는 방법과 그 정책이 실패했을 때, 군대가 전쟁에 사용되는 방법을 기준으로 하여 분석되어야 한다. 전문적인 군의 연구에서 표면화된 전략의 수준은 군 작전수행에 국한된다. 그러나 외관상 그것은 대체적으로 전쟁을 수행하는 전략의 구조에서 다른 정책수단을 사용하는 것과의 상호작용에 대한 일반적인 분석을 포함한다. 이러한 상호작용은 전쟁 방지의 전략에서도 강조된다. 결국 내란의 전략은 주의를 기울일 만하다. 외란을 막는 문제와 더불어 국내문제에 있어서 군대의 노출된 사용을 피하는 문제는 과학적인 노력을 기울일 만하다.

이러한 맥락에서 볼 때, 전쟁의 발발을 막음으로써 혹은 전투의 수준을 낮게 하여 가능한 한 빨리 전쟁을 종결시키는 데 도움을 주든지 함으로써, 무장폭력의 사용을 막는 방향으로 전략을 지향케 해야 한다. 과거 군사전략의 효과는 군사 승리의 획득과 그로 인하여 정치적 목적을 달성하는 것에 있었다. 오늘날 전략은 양 진영의 최소한의 손실 상태에서 정치적 목적을 달성하는 데 기여해야 한다.

나. 전략의 지위

학문의 분야로서의 이론의 지위에 대한 논의는 항상 과학적 혹은 기술적인 성질에 관심이 집중되어 왔다. 전쟁에 대한 연구가 오래되어 온 만큼 전략의 지위에 대한 논의는 항상 전쟁의 본질에 대한 논쟁의 지류를 이루어 왔는데,

그 중에서도 전쟁이 법칙과 규칙에 의해서 지배되어 왔는지, 그리고 전쟁이 과학적 연구에 따르는지에 대한 논의였다. 사건과 행동방식의 반복과 그것으로 인한 전쟁의 예측은 군사술이 완전한 과학으로 간주되게끔 하는 필수요건이라고 많은 사회 과학자들은 생각한다.

서구에서는 이러한 문제에 대한 공통된 견해가 없는 반면에, 사회주의 국가에서는 군대의 사용이론使用理論은 과학으로 간주되고 명백히 군사학이라 불리어진다. 과학적인 묘사가 되기 위해서 연구는 예견豫見을 위해 근거를 제공할지도 모르는 반복되는 유형의 사건에 대해 일반화시킬 필요는 없다고 주장하는 학자들의 의견에 사람들이 동의할지도 모른다. 요구되는 것은 분석 그 자체가 과학적 방법의 원리를 따라야 한다는 것이다.

잘 알려진 분석학자가 말하는 것처럼, 전략(전쟁을 수행하는 방식을 의미한다) 그 자체는 과학이 되지 못하지만, 전략적인 판단은 규칙적이고, 합리적이고, 객관적이고, 포괄적이고, 식별력이 있어야 하고, 지각적知覺的이어야 하기 때문에 과학적일지도 모른다. 규칙적으로 고찰되어 온 전쟁연구의 목적은 전쟁 중의 사람들이 왜 그리고 어떻게 생각하고 행동하는가를 이해하는 것이다.[54)]

다른 사회과목에서처럼 논리적·경험적 분석의 근거로서의 군사술에 대해 서로 관련된 제안의 일관된 구조는 발달되어 왔다고 나는 생각한다. 그래서 그것은 올바른 결정을 하게 하고 그것을 기준으로 행동하기 위한 충분한 근거로서의 역할을 할지도 모른다. 다른 사회과목에서처럼 이러한 결정들은 영원한 진리를 형성하는 것이 아니라, 체계화된 인간경험을 형성시킨다. 이러한 인간경험은 합리적으로 적용될 수 있다. 다시 말하면, 사회적 행

---

54) Wylie, *op. cit.*, 1967, chap. 1, pp. 3~11. 전략은 군사술(military art) 전체를 뜻하는 것으로 때때로 사용되었다. 예컨대 브루메(Blume) 장군은 전략이란 지휘관의 術일 뿐만 아니라, 그 이상의 것, 즉 전략적 고려에 의한 활동도 뜻해야 한다고 한다(*op. cit.*, 1912, pp. 2~3).

동 그리고 구체적인 환경과 상황의 구체적인 목적을 고려할 수 있다. 군사술의 이론은 전쟁시나 평화시나 군대의 사용이론이 발전하는데 있어서 첫 단계를 이룬다.

Ⅺ. 고전전략과 현대전략에서의 이론과 교리

에호샤화트 할카비

지난 두 세기 동안에 군사 사상가들은 반복해서, 전쟁 수행에 관한 그들의 교훈은 과학적이고 전략은 하나의 과학이라고 주장했다. 안전한 쪽을 택하기 위해서 어떤 사람들은 전략이란 '과학'science이자 '기술'art이라고 주장했다.

그러나 전략적 지식의 과학적 상태는 무엇인가라는 의문은 거의 제기되지 않았다. 과학의 시금석試金石은 이론을 구축하는 능력이다. 이리하여 개념, 격언, 원칙 그리고 법칙으로 구성되어 있는 전략적 이론을 고안할 수 있는가 하는 의문에 빠지게 된다. 대부분의 전략 사상가들의 평상적인 실제적 경향은 그들이 그러한 고려를 해설하도록 하는데, 실제로 이러한 고려는 전략적 이론을 구축하려는 시도에 선행해야 한다. 전략에 대한 인식론적 토론은 여전히 거의 드물다. 예를 들자면 산소와 같이 과학에서 우리가 이론화理論化하려고 하는 근본 실재는 사실상 발견되어 있다. 그리고 그것을 발견하고, 그것에 이름을 붙이고, 그리고 그것의 형태를 검토하는 것이 우리들의 임무이다. 대조적으로 전략적 형태라는 기본 용어는 단지 인간의 개념화概念化이다. 본질적으로 실재로서의 '공세' 혹은 '수세'는 존재하지 않으며 오히려 이러한 개념들은 정신적 구조물이다.

전략적 이론을 형성하는 것이 가능한가? 그리고 그것의 본질은 무엇인가? 나는 두 가지 접근법을 병렬할 것이다. 즉, 하나는 군사이론의 가능성과 효용을 거절하는 것이고, 다른 하나는 긍정하는 것이다.

1 군사이론의 거절

전통적으로 직업군인들은 군사 직무職務를 지적知的으로 생각하려는 노력에 회의적이었다. 그들은 전쟁에 관한 이론화의 가능성과 효용을 부인했다. 영국 군대에 있어서의 지배적인 태도는 어떤 영국 장교가 제국諸國의 여러 부분에서의 근무를 통하여 획득한 경험은 이론적인 학습보다 훨씬 더 많이 그의 능력을 이해하게 하고 증대시키는 것이라고 마이클 하워드(Michael Howard) 교수는 고쳐 말했다.

군사 직무와 특히 전쟁 그 자체는 재간craft이자 기술art이라고 여겨졌다. 이론적 연구보다는 오히려 도제제도徒弟制度에 의해 장인匠人과 명인名人들이 자신들의 기技를 획득하듯이 사람들은 그것들을 배운다. 습득된 군사경험은 장교들에 의해 동화되며, 그것은 그들이 숙달되어서 직관적으로 사용하는 지식이 되고 있다. 이러한 학습은 마이클 폴라니(Michael Polanyi)가 '말없는 지식' 혹은 '사사로운 지식'이라고 불렀던 것을 말한다. 즉, 일반적인 이론의 교훈 혹은 분명한 이론으로부터 우리들의 행동을 참조하거나 혹은 추론할 필요도 없이 우리들의 많은 일상적인 실제 문제들을 해결하는 방법을 부여한다. 의사결정 혹은 군사적인 문제의 해결을 위한 적절한 태도는 실용적이어야 한다고 이 학파는 주장하였다. 전쟁이란 너무 변덕스러워서 일반화를 허용하지 않는다. 모든 군사적 상황은 항상 독특한 것이며, 경험에 바탕을 둔 직관이 올바른 해결책을 발견하는 데 추상적인 이론보다 더 유용할 것이다. 군사문제에 있어서의 판단은 과학적이며 이론적일 필요는 없으나 정확하고 객관적이어야 한다. 이러한 견해에 따르면 전쟁이론은 불필요하고 존재하지 않는 것이 된다.

여러 단점도 지니고 있지만 이 접근법은 큰 장점도 가지고 있는데, 이 장점이란 모든 군사적 상황의 특이성을 식별할 필요성과, 그릇된 유추와 일반화를 인식할 필요성을 강조하고 있다는 것이다.

이상하게 보일지 모르지만, 극단적인 그리스도적 반전론의 옹호자인 소설가 톨스토이는 이론에 대한 직업군인들의 거절을 찬성했다. 그러나 톨스토이는 더 이상 나아갔다. 직업군인들은 전쟁과 전투를 수행하는 데 장군의 역할이 중요하다고 하였지만, 톨스토이는 장군들에게 어떤 중요성을 부여하는 것을 거절하였고 그들의 전투수행 권리를 비웃었다. 톨스토이는 군사전문가가 아니었다. 그러나 비록 그들이 괴상하게 보일지라도 문화적인 면에서 역사를 살펴볼 때, 그의 중요성은 적어도 그의 견해들을 간략하게나마 언급해야 할 만한 가치가 있는 것이다. 톨스토이가 그의 위대한 작품인 『전쟁과 평화』에서 전쟁수행을 다룬 것은 역사상의 위인들의 역할에 대한 그의 개혁운동의 부분이었다. 그의 역사철학은 결정론적이었지만, 사실상 사회적 원자原子인 개인들에게 동기를 부여하는 복잡한 체계의 원인들을 사람들은 이해할 수 없다고 그는 믿었다. 소설가로서 톨스토이는 개인들의 영향력과 경험들을 통하여 전투를 묘사하였는데, 이들 개인들의 우월한 지위는 통합된 전체로서의 전투가 아닌 단지 몇몇의 사건만을 보도록 허용한다. 전투란 지시받지 않고 관리되지 않는 무질서라고 그는 주장했다. 전투에 참여하는 다른 사람과 같이 사령관들은 무엇이 일어나고 있는지를 모른다. 지휘·

통제 및 통신(C^3)은 아직 고안되지 않았었고, 실제로 통신과 통제의 수단들은 극히 미비하였으며, 그러한 결과로 전투에서의 사령관의 중재는 제한되었다. 사령관들에게 영향을 미치고 그들의 행동에 동기를 부여하는 많은 작고 사소한 사건들 속에 사령관들이 빠져 있지만, 사령관들은 앞뒤 생각 없이 모순된 명령을 하고 행동한다고 톨스토이는 주장했다.

후에 역사가들은 전투를 선별적으로 재구성하였으며, 실제 사건과 닮은 명령들만 기록하였고 이리하여 명령들과 사건들 사이의 인과관계를 잘못 제시하게 되었다. 1812년에 행해진 전쟁의 가장 중요한 사건들, 즉 러시아군의 철수, 모스크바의 화재 그리고 프랑스에 대항한 게릴라전들은 위로부터 행해진 결정에 의해서 수행된 것이 아니고 하층 민중에 의해 밑에서부터 수행된 것이다.

'마찰'이라는 클라우제비츠의 용어는 명령과 계획의 집행을 방해하는 것으로 전투에 포함된 모든 것에 적용된다. 톨스토이에게는 전쟁이란 거의 '마찰', 즉 의도되지 않은 사건과 즉흥의 집합이다. 계획이란 부적절한 것이며 전쟁수행에 관한 이론화理論化의 시도가 매우 자주 있었다. 『전쟁과 평화』의 한 부분에서 톨스토이는 클라우제비츠의 이름을 언급했다. 철학자인 칼 포퍼(Karl Popper)는 톨스토이의 견해를 다음과 같이 흥미롭게 묘사했다.

> 톨스토이의 역사주의는 통솔력leadership의 원칙의 진실성을 무조건 받아들이는 역사 기술記述의 방법에 대한 반작용이다. 만약 톨스토이가 옳다면 이러한 역사 기술의 방법은 많은 것을 위인great man, 즉 지도자에 의존한다. 톨스토이는 논리적인 사건이라 불리는 것에 직면하여 나폴레옹(Napoleon), 알렉산더(Alexander), 쿠투조프(Kutuzov) 그리고 1812년의 다른 위대한 지도자들이 행한 행동과 결정의 자그마한 영향력을 보여주려고 노력하고 있다고 나는 생각한다. 전투를 행하고 모스크바를 태워 버리고 유격전의 방법을 고안해 낸 수많은 알려지지 않은 개인들의 결정과 행동이 무시되어 왔지만, 매우 중요한 것이라고 톨스토이는 지적했는데, 이것은 올바른 지적이다.[1)]

생물학자들은 외부의 자극에 식물이나 세포가 반응하는 경향을 '향성向性' 이라고 부르고 있다. 전쟁에서의 행동은 집합적이고 비자발적인 향성에서 절정에 도달하게 된다고 톨스토이는 느꼈는데, 비록 그것이 다양하면서도 어느 때에는 모순된 행동을 포함하고 있지만, 결국에는 역사의 방향을 제시해 주는 집합적인 경향을 띠게 된다. 톨스토이는 러시아 최고 사령관이었던 쿠투조프를 현명한 사람으로 찬양하였는데, 그 이유는 그가 그것을 통제할 수 없다는 것을 의식했기 때문이 아니라, 쿠투조프가 역사적 경향을 직관적으로 파악하고서 그것을 단념했기 때문이다.

사람들은 톨스토이와 논쟁을 할 수 있으며, 그리고 군대란 독립적인 미립자들의 집합체에 불과한 것이 아니라고 주장할 수 있다. 훈련과 조직은 군인들을 명령에 따라 행동하는 단위로 만든다. 집행이 항상 의도를 정확하게 반영하지는 않는다는 것은 사실이다. 그럼에도 불구하고 집행은 군사계획과 명령과 관련을 맺고 있다.

우리는 정도正道를 벗어난 톨스토이의 견해를 수락할 필요는 없다. 그러나 여전히 그것은 군대와 국가의 집합적 행동에 영향을 미쳐서 전투와 전쟁의 결과에 영향을 미치는 사회적 그리고 심리적 요인들의 역할과 같은 요소들을 지적하는 장점을 지니고 있다.

2 이론의 옹호

조미니, 클라우제비츠, 마오쩌둥(毛澤東), 리델 하트 그리고 플러와 같은 군사 사상가들은 군사이론이란 사령관들을 위해 가능하고 긴요한 것이라고 믿

1) Karl Popper, *The Poverty of Historicism*, p. 148.

었다. 리델 하트의 전반적인 입장은 군사이론에 대한 가장 합리적인 접근법을 나타내고 있다. 리델 하트에게는 사령관과 그의 계획이 전투에서 중요한 요인들이다. "전투는 육체적 행위이지만, 그것의 수행은 정신적 과정이다."[2] 리델 하트는 「전쟁학」(Science of War)이라는 제목하의 한 장章에서 다음과 같이 기술함으로써 결론을 내렸다. "가장 심원한 전쟁의 진실은, 전투의 문제는 적 사령관들의 조직체 내에서 결정되는 것이 아니라, 그들의 마음 속에서 보통 결정된다는 것이다."[3] 이리하여 사령관들은 승리와 역사의 진실한 창조자들이다. 리델 하트는 "실제로 역사에 영향을 미치는 전쟁문제에 대해서 운수fortune보다는 이성reason이 많은 영향을 미쳐 왔었다. 창조적 사고思考는 때때로 용기 이상, 즉 타고난 통솔력 이상의 가치가 있다."[4]고 주장했다. 개념은 실행을 유린한다. "개념상의 오류는 실행상의 오류 이상의 대가를 지불한다."[5]

전장戰場에서의 폭력은 사령관의 자제력에 영향을 미치는 수단일 따름이다. "전쟁에서 진실한 목표물은 적 사령관의 마음이지 적 군대가 아니다."[6] "파괴보다는 마비시키는 것이 전쟁에서의 진실한 목적이고, 훨씬 더 목표를 달성한다."[7]

그의 합리적 접근법은 또한 전략이란 과학적으로 연구되어질 수 있다는 그의 믿음에서도 명백히 나타나 있다. 리델 하트에게 있어서 군사사軍事史에 대한 과학적 연구란 역사적 사건을 이해하는 것뿐만 아니라, 보다 중요한 것은 미래의 전쟁을 수행하는 방법에 대한 유효한 결론을 이끌어 낼 수 있는 능력

2) Liddell Hart, *Strategy the Indirect Approach*.
3) Liddell Hart, *Thoughts on War*, p. 150.
4) Liddell Hart, *Why don't we learn from History?*, pp. 17~18.
5) Liddell Hart, *Thought on War*, p. 60.
6) *Ibid.*, p. 48.
7) *Ibid.*, p. 60.

을 다루는 것이다. 역사는 사령관들이 그들의 직업에 적용해야만 하는 경험적 교훈을 제시해 준다. 다소 고지식하게도 리델 하트는 만약에 어떤 사람이 충분히 자기 비판적이고 객관적이라면 역사의 교훈이란 분명하여질 것이라고 주장했다. "설령 과거에 일어난 전쟁에 대한 연구가 미래전쟁의 방안과 수행을 위한 지침으로서 적당치 못하다고 판명된다 하더라도, 그것은 전쟁 자체가 과학적 연구에 적합지 못하다는 것을 의미하는 것이 아니고, 그 연구가 정신이나 방법의 면에서 충분히 과학적이지 못하다는 것을 의미한다."[8)]

3 전략적 이론의 본질

리델 하트는 군사적 지식이란 이론으로 정교하게 다듬어질 수 있다는 조미니, 클라우제비츠 등의 군사 사상가들의 신념에 견해를 같이 하고 있지만, 그들은 그 이론의 본질에 있어서는 서로 달랐다. 나는 이 문제에 대한 조미니와 클라우제비츠의 견해들을 병렬시키고자 한다. 이러한 논의는 전략적 이론에 있어서의 주된 문제를 선명하게 할 것이다. 그런데 이러한 주된 문제는 다음과 같다. 전략과 같이 실제적인－Praxeology란 행동을 위한 지식을 뜻하며 지식을 위한 지식이나 지적知的 호기심을 위한 지식을 뜻하지 않는다. 전략은 실제적 목적을 위한 지식이다－ 주제를 이론화하는 것은 규범, 즉 군사관행military practice에 대한 강제적 규범으로서의 교리를 제시해 주는가, 아니면 전략적 이론은 규범적인 것이 아니라 단지 분석적인 지식을 제시하는가?

조미니(1779~1869)와 클라우제비츠(1780~1831)는 나폴레옹 전쟁이 발생한 시대에 살고 있었던 사람이며, 그 전쟁을 해석한 사람들이다. 조미니는 19

8) Liddell Hart, *Why don't we learn from History?*, p. 25.

세기 전반기에 큰 명성을 얻고 상당한 영향력을 행사하였으며, 그의 『전쟁술』(1838)이라는 저서의 영문 번역서는 미국 남북전쟁 당시에 북군 장군들과 남군 장군들의 배낭 속에 들어 있었다고 듣고 있다. 클라우제비츠의 명성은 그 후에 19세기 중반 독일이 승리함에 따라 나타났는데, 그는 여전히 위대한 사상가로 여겨지고 있으며 전쟁에서는 혁명적인 기술적 변화가 있었음에도 불구하고 아직도 우리는 그로부터 많은 것을 배울 수 있다.

좀더 구체적으로 들어가기 전에 이 두 사람 사이의 차이점을 검토해 보자. 전략적 이론은 규범적이어야 하며 승리를 얻기 위해서 무엇을 해야 하는가를 사령관에게 권고해 주는 것이어야 한다고 조미니는 주장했다. 반면에 클라우제비츠는 이론이란 사령관의 마음을 풍부하고 민감하게 하며 전략과 전쟁의 주요 유형을 그가 알도록 하며 그리고 그들의 실제 의미를 명확하게 하는 것을 목적으로 하는 분석적 도구에 불과한 것이다. 이론이란 구체적으로 무엇을 할 것인가를 알려 주지 않고 해결책도 제시해 주지 않지만, 사령관이 상황과 가능성을 분석하는데 도움을 준다고 주장했다.

나의 목적은 이러한 사상가들의 교훈을 역사적으로 설명하고자 하는 것이 아니고, 각 자가 스스로 발견하도록 하기 위해서 그들의 견해를 방향과 목적을 가지게 하여 두 가지 이상적理想的 유형으로 만드는 데 있다.

4 전략이론에 관한 조미니의 견해

조미니는 전략적 지식을 체계화하는 것이 가능하고 그리고 그것은 필요하다고 믿었다. 그는 모든 인간 지식을 과학적으로 분류하려고 하는 원대한 희망이 존재하던 적극적인 시대에 살았다. 과학에서는 현상들 사이의 규칙적인 관계를 나타내어 주는 법칙들이 존재하는데, 전략 또한 체계적인 법칙으로 발전되어져야 한다. 전략은 실제적 과제이기 때문에 이러한 법칙들은 원하는 목표를 달성하는 방법에 관한 규칙의 형태를 취하여야 하는데, 이와 같은 원하는 목표란 전쟁에서 성공하는 것, 즉 승리를 말한다. 많은 인간활동은 여러 가지 기준에 따라서 판단되지만, 전략은 단 하나의 평가 기준을 가지고 있는데 그것은 승리이다. 전략학science of strategy은 승리를 유발하는 요인들을 식별하는 것을 뜻한다. 일반 법칙은 승리를 얻는 방법을 제시하는 데, 그것으로부터 승리의 구체적인 조건이 추론된다. 이리하여 조미니의 접근법은 연역적 법칙법이다. 이러한 실제적인 성질 때문에 전략의 법칙들은 교리doctrine이며 성공을 베푸는 법칙이다.

더군다나 실제적인 성질로 인하여 단지 추상적 분석만을 채택하고, 실제적인 결론을 이끌어 내지 못하는 전략이론은 쓸모없게 된다. 결국 처방책이 되지 못했던 전략이론은 조미니에게는 모순된 것이었다. 비록 실제과학이지만, 그 교리의 유효성과 효용은 서로 관련되어 있다. 그들이 결과를 달성하기 때문에 그들은 정당하다.

교리는 수적으로 거의 없었으며, 이리하여 과학적인 극도의 절약의 관념이 만들어졌다. "전쟁의 근본 원칙은 매우 적으나 그것에서 벗어나면 위험하게 되고, 반면에 그것을 적용하는 것은 성공을 거둔 거의 모든 시대에 존재하고 있었다"[9]고 조미니는 언급했다. 조미니는 그의 글에서 지상전地上戰의 교리들을 파악하고 그것을 성문화하려고 했다. 그는 다음과 같이 글을 썼다.

> 한 가지 대원칙이 있는데, 전쟁을 잘 수행하려면 이 원칙을 따라야 한다. 이 원칙은 다음의 격언들 안에 포함되어 있다.
>
> (1) 전략적 기동을 통해 전역戰域의 결정적 지점과 아군의 병참선을 위태롭게 하지 않

9) *The Art of War*, edited by J. D. Hittle, Harrisburg, 1942, p. 43.

는 범위 내에서 적의 병참선상에 연속적으로 대규모의 병력을 투입한다.

(2) 대규모의 병력으로 소수의 적군 병력과 교전하도록 기동한다.

(3) 전장戰場에서 결정적인 지점이나 우선적으로 격파해야 할 적의 전선에 대규모의 병력을 투입한다.

(4) 결정적인 지점뿐만 아니라, 적절한 시기에 그리고 충분한 전투력을 가지고 대규모 병력을 투입할 수 있도록 준비한다.[10]

사령관은 먼저 적의 군 배치에 있어서 결정적인 지침을 파악하여, 그 곳에 대하여 주된 노력을 집중하여야 한다. 적의 나머지 군대에 미치는 '승수효과乘數效果' multiplier effect 덕택으로 이러한 지점은 결정적이 되는 데, 이는 무질서를 나누어 배치하는 것이 불가능하기 때문이다.

그러나 격언이 지닌 문제점은 사실행위가 끝난 후에야 사람들이 결정적인 지점을 발견한다는 것을 확인할 수 있다는 것이다. 그리고 조미니는 그것을 인지하는 방법을 설명할 수 없었다. 리델 하트의 '간접접근법'의 교리에도 같은 비난이 퍼부어질 수 있다. 그러나 리델 하트는 그 접근법의 일반적 유효성을 주장했다. 리델 하트는 그것을 '최소한의 기대'를 가지고 적에게 접근하는 것이라고 정의했다. 그러나 적이 최소한 무엇을 기대하는지를 어떻게 알 수 있는가? 이러한 위의 두 교리들은 전투의 중요한 측면에 주의를 환기시키기 위한 교육적 가치를 지니고 있지만, 그것들은 목적을 이루는 확실한 지침은 아니다.

조미니는 기술 변화가 전투에 미치는 영향을 알았으나, 그는 그의 이론적 원칙들은 역사를 초월한 것이라고 주장했다. 그는 "방법은 변하지만 원칙은 변하지 않는다"고 규명했는데, 이 말은 후세의 군인들에 의해 끊임없이

10) *Ibid.*, p. 67.

반복되어 온 진부한 문구가 되었다.

조미니는 매우 실제적이어서 그의 교리들이 예외 없이 추구되어져야 한다고 주장하지는 않았으나, 그럼에도 불구하고 그들의 유효성을 확언하였다. "어떤 이론이 단지 3/4 정도의 성공 확률을 가지고 있다고 해서 그것이 불합리하다고 여겨져야만 할까?"[11]라고 그는 과장하여 질문했다. 더군다나 조미니의 견해에 의하면 이론의 규범적 본질은 시간의 필요에 따라 사령관이 빗나간 결정을 하지 못하도록 할 필요가 없다.

> 그러한 원칙들로부터 파생된 응용 격언들은…가끔씩 환경에 따라서 수정되어지지만 그럼에도 불구하고 일반적으로 그들은 보통 어렵고 복잡한 업무에서 지휘관들을 이끌어 주는 지표指標로서 전투의 소용돌이 와중에서 커다란 작전을 수행하는데 기여할 수 있다.…
>
> 천부적인 재능을 타고 난 사람들은 의심할 바 없이 가장 잘 연구된 이론만큼 충분히 영감靈感에 의하여 원리들을 적용하는 방법을 터득할 것이다. 그러나 강직한 사고思考에 빠지지 않고, 사물의 인과관계를 규명하면서 모든 그릇된 학설에서 해방된－예컨대, 여러 개의 기본 원칙에 바탕을 두고 있는－ 간명한 이론은 때때로 천재의 부족함을 보완해 주고 그들 자신의 직감력의 자신을 높임으로써 그 능력의 개발에다 커다란 공헌을 하는 것이다.[12]

조미니는 전략에 대해 기하학적 해결책을 추구하던 몇몇 선배들을 비평하였다. "그러나 전쟁을 기하학으로 축소시키는 것은 가장 위대한 장수의 재능을 지닌 사람을 속박하게 될 것이고 과장된 현학pedantry에 복종하는 것이 될 것이다."[13]

---

11) *Ibid.*, p. 157.
12) *Ibid.*, p. 43.
13) *Ibid.*, p. 84.

조미니는 사기士氣와 같은 질적 요소가 전투에 미치는 영향이 중요하다는 것을 알았으며, 그러한 요인들은 과학적 계산을 교묘히 피할 수 있다는 것을 깨달았다.

> 다른 것들 중에서 전투는 자주 과학적 결합과 무관하다. 그들은 필연적으로 극적이다. 인간적 속성과 영감과 수많은 다른 것들이 자주 제약 요인이 된다. 충돌 속에 휘말리게 되는 대중을 선동하는 격정passion, 이러한 집단들의 호전적 기질, 그들 사령관들의 정열과 재능, 국가와 시대의 호전적好戰的 정신-한마디로 말해서 전쟁의 시 그리고 형이상학이라고 불리어질 수 있는 모든 것-은 전투의 결과에 영원히 영향을 미칠 것이다.[14)]

그럼에도 불구하고 그는 그의 기본 입장을 고수했다.

> 이러한 진실들이 다음과 같은 결론으로 이끌어질 필요는 없다. 즉 전쟁에는 확실한 법칙이 존재하지 않는다는 것이다. 만약 기회가 균등하게 주어진다면 법칙을 준수하는 것이 반드시 성공으로 인도해 주는 것이다. 이론은 사람들에게 모든 가능한 경우에 그들이 무엇을 해야 하는가를 수학처럼 정확하게 가르칠 수는 없다는 것이 사실이지만, 그러나 회피되어져야만 하는 과오들을 항상 지적할 것이라는 것은 확실하다.[15)]

이리하여 이론의 소극적 내용-행하여져서는 안 된다는 것-이 그것의 적극적인 면보다 더욱 알려져 있다.

클라우제비츠는 1831년 전염병으로 세상을 떠났다. 조미니는 클라우제비츠 사후死後에 출판된 클라우제비츠의 저서를 읽었다. 그는 그들 사이에 커다란 차이가 있다는 것을 파악하고서 다음과 같이 말했다.

---

14) *Ibid.*, p. 157.
15) *Ibid.*, p. 159.

> 사람들은 클라우제비츠의 위대한 학식과 그의 유창한 문체에 거부할 수 없다. 그러나 그의 문체는 때때로 방랑하기도 하고 그리고 무엇보다도 학술적 토론을 하기에는 너무 과장적인데 먼저 간결성과 명료성이 요구된다. 그 외에도 저자著者는 군사학의 견지에서 너무 회의적인 표현을 하고 있다. 그의 첫 번째 편篇은 모든 전쟁이론에 반대하는 것이었다.[16]

조미니에게 전략적 교리의 효용은 신념의 문제이었다. 아마도 클라우제비츠를 목표로 하면서 그는 다음과 같은 글을 썼으리라.

> 몇몇 저자著者의 형이상학적이고 회의적인 논문은 전쟁에는 법칙이 존재하지 않는다는 것을 믿도록 하는 데 성공하지 못한 것이다. 왜냐하면 그들의 논문은 현대의 가장 빛나는 수훈을 기반으로 하여 지지되고, 그들은 그들과의 논쟁에 확신을 갖고 있는 사람들의 증명으로 정당화된 여러 원칙에 대해 반박할 아무런 근거를 갖고 있지 않기 때문이다.[17]

조미니는 19세기 전반기의 중요한 전략 사상가였다. 그의 영향력은 아마도 확실한 지침을 찾고 있는 군 지휘관들에게 분명하고 명료한 교훈을 주는 경향 때문일 것이다.

클라우제비츠의 시기는 그 이후에 왔다.

5 클라우제비츠에 따른 이론

조미니와 같이 클라우제비츠는 '전쟁이론'의 가능성과 필요성을 굳건히 믿고 있던 사람인데, 전쟁이론이란 그가 그의 대작大作의 둘째 편에 붙인 이

16) *Ibid.*, p. 42.
17) *Ibid.*, p. 44.

름이었다. 그러나 그는 이론의 의미와 역할이라는 점에서 조미니와 매우 다르다. 이론이란 전쟁과 전쟁수행을 이해하는 분석도구分析道具라고 클라우제비츠는 믿었다. 이론이란 전쟁의 변수들을 파악하고 그들의 상호관계를 확립함으로써 만들어진다. 이리하여 이론은 방어와 공격의 구체적인 특질에 대해서 연구할 뿐만 아니라, 또한 그들의 상호작용을 분석한다. 그러한 변수들은 과거의 전쟁에서 경험적으로 연구되며 그들은 관찰에 대한 실체이다. 이리하여 이론은 그것의 설명 능력에 의하여 평가되는데 그것은 전쟁을 알기 쉽게 만든다.

전쟁은 고대부터 있었던 인간 행위이기 때문에 이론은 인정되고 있는 군사 전문용어에서부터 출발될 수 있는데, 이 군사 전문용어는 관습적인 지식을 나타낸다. 클라우제비츠는 그의 개념적 틀을 위한 새로운 전문용어, 즉 '마찰'friction을 제외하고는, 만들어 내는 것이 꼭 필요하다고 생각하지 않았다. 이리하여 그의 정의定義들은 규정적이지 못하고 설명적이다. 즉 상식적이고 통상적인 용어의 의미와 내포된 뜻을 밝혀내려고 노력하고, 개념의 재구성 없이 보다 깊이 함축된 뜻을 그 용어에 부여한다.

역사상의 전쟁은 현재 존재하는 용어를 가지고 적당하게 설명될 수 있을 것이다. 그러나 핵전核戰과 같이 인간이 그전에 경험한 적이 없는 역사 이전의 전쟁은 새로운 용어와 규정적 정의定義를 만들어 낼 것을 요구한다.

클라우제비츠에 따르면 이론은 주어진 군사 상황의 요소들을 파악하고 요약하는 것을 돕지만, 만약 각 요소의 상대적 중요성을 정하지 않으면 사령관이 결정을 해야 하는 여지를 남기게 된다. 구체적인 예를 들자면 전투에서의 보통 문제는 예비군을 어디에 두느냐 하는 것이다. 만약 그들을 전선에서 상당히 떨어진 지역에 둔다면, 그들은 전선의 어떤 지역에도 투입될 수 있지만 그렇게 하기 위해서는 먼 거리를 통과해야 할 것이다. 만약 그들이 전선 가까이에 있다면 가까운 지역에서 필요할 때는 그들은 조금만 가면 될 것이지만 만약 모든 지역에서 요구를 받게 된다면 적의 관찰과 화력을 무릅쓰고 전선을 따라서 이동해야만 하는 불편을 겪을 것이다. 이리하여 클라우제비츠는 지휘 사령관에게 예비군을 배치할 장소를 말하지 않고 예비군의 위치와 관련된 문제점들을 지휘관에게 설명하곤 했다. 왜냐하면 지휘관은 전투가 어떻게 전개되는가에 따라서 결정을 해야 하기 때문이다.

이리하여 이론은 요소들의 사용에 대한 교훈을 주지 않으면서 승리를 위한 요소들을 분석하고 있다. 이론은 지휘관에게 그가 처한 상황을 분석하는 데 도움을 주는 개념적 체계conceptual framework 혹은 인식력 있는 지도cognitive map를 제공하지만 '전장戰場에서의 사용을 위한 대수학적 공식을 만들려고'하지는 않는다.[18]

클라우제비츠는 반복적으로 이론의 이점과 제약을 강조했으며, 그의 우아한 말은 말 그대로 인용될 만한 가치가 있다.

> 이론은 문제들을 해결하기 위한 공식을 제공할 수 없으며, 성공을 위한 좁다란 통로를 나타낼 수도 없는데, 좁다란 통로란 한 쪽에 원리원칙의 울타리를 세움으로써 유일한 해결책이 존재하게 되리라고 생각되는 곳이다. 그러나 이론은 커다란 현상과 그들의 관계들을 꿰뚫어 볼 수 있는 통찰력을 제시함으로써 보다 높은 행동차원으로 올라갈 수 있게 한다.[19]
>
> 이와 같은 이유로 인해서 전쟁수행에 관한 원칙 혹은 규칙, 나아가서는 체계마저도 수립하려는 노력이 일어난다. 이러한 적극적 목적을 세우기는 했으나, 전쟁수행이 이 방면에서 부딪쳐야 하는 많은 어려움을 바르게 이해할 수가 없었다. 우리들이 이미 지적한 바와 같이 전쟁수행의 한계란 어떠한 면에서 보아도 불확실한 것이었다. 그런데 모든 체계, 모든 이론적 구축물은 그것이 일종의 통합이라는 점

18) *On War*, translated by M. Howard and P. Paret, Princeton, 1976, p. 140.
19) *Ibid.*, p. 578.

에서 불확실한 것을 확정적인 것으로 다루는 한계성이 있다. 따라서 이론과 실천 사이에는 도저히 제거할 수 없는 모순이 생기는 것이다.[20]

이론의 기능은 이 모든 것들을 체계적으로, 분명하게, 포괄적으로 정리하는 것이고 모든 행동의 적절하고 강력한 원인을 추적하는 것이다.…

무지無知로부터 발생하는 잡초를 우리가 좀더 쉽게 파악하고 제거하기 위해서 이론은 모든 현상에 꾸준히 조명을 비추어야 한다. 그것은 어떤 것이 다른 것과 어떻게 관련되어 있는지를 나타내어야 하고 중요한 것과 중요하지 않은 것을 분리해야 한다.[21]

물건을 분류하고 가끔 때마다 새롭게 할 필요가 없도록 하기 위해서 이론이 존재하나, 그것이 가까이에 잘 정돈되어서 금방이라도 쓸 수 있음을 알게 될 것이다. 그것은 미래의 사령관의 정신을 교육하는 것, 좀더 정확하게 말하면 그를 자기 교육으로 안내하는 것을 의미하는 것이지, 그를 전장으로 이끄는 것을 의미하지는 않는다. 즉 현명한 교사는 젊은이들의 지능개발을 인도하고 촉진시키지만 그의 나머지 인생을 위해서 손을 잡고 그를 이끌려고 하지는 않는다.[22]

이리하여 이론을 공부하고 그것의 교훈을 소화화고 난 이후에 그것이 무언無言의 혹은 개인적 지식이 될 때까지 사령관은 그것의 딱딱한 공식화를 잊어버릴 수 있다.

위에서 언급한 바와 같이 클라우제비츠의 접근법과 전통적인 장교들의 접근법 사이의 차이점은 이제 분명해질 것이다. 사령관에게 두 번째 본성이 되기 위해서 경험이 직접적으로 동화되어질 수 있음을 후자는 믿었다. 클라우제비츠도 또한 지식은 동화되어질 수 있다고 주장했으나, 그는 이론에 대한 욕망을 이 과정의 매개물로서 보았다. 만약 이론에 의하여 체계화되지 않는다면 경험은 특성이 없는 것이 될 것이고 그 교훈은 알 수 없게 될 것이다.

이론적 지식은 사령관의 실제 능력을 증대시킨다. 이론이 현실에 가까울수

---

20) *Ibid.*, p. 140.
21) *Ibid.*, pp. 577~578.
22) *Ibid.*, p. 141.

록 그것의 효용은 더욱 커진다. 이론이 촉진시키는 진단 능력은 예측과 계획 능력이 될 수가 있다. "과학의 객관적 형태에서 기술의 주관적 형태에 이르기까지"[23]라고 클라우제비츠는 명료하게 말했다.

간단하게 말해서 전략에 있어서 이론은 법률체계와 같이 구성될 수는 없다고 클라우제비츠는 믿었다. 행동방책과 조미니의 것과 같은 교리에서 발견되어지는 결과 사이의 법률적 인과관계는 불가능하다. 이리하여 전략이론에 대한 적극적인 접근법은 실패할 것이다. 성공(승리)은 교리에 의해 건의된 방안에 의해서가 아니라, 많은 행동방책에 의해서 성취될 수 있다.

6 전략교리와 전술교리

조미니와 리델 하트가 클라우제비츠와 차이가 나는 또 다른 점은 전략수준과 비교하여 볼 때 전술적 수준을 위한 이론 혹은 교리를 고안하는 것이 상대적으로 어렵다는 것이다.

가. 조미니

전략은 전술보다 교리면教理面에서 훨씬 쉽게 표현될 수 있다고 조미니는 믿었다. 전략 수준에서의 긴 시간과 공간은 보다 느슨하고 정확한 계산을 고려하고 즉흥적인 요구는 덜 존재한다.

전략적 계획의 형태는 훨씬 더 간단하다. 리델 하트가 주장했듯이 전략적 수준에서는 자연과 자연 장애물, 즉 거리와 같은 것이 극복되어져야 하지만,

---

23) *Ibid.*, p. 141.

전술적 수준에서는 인간적 요인, 즉 공포와 피로와 죽음 등을 다루어야 한다. 조미니는 다음과 같은 말로 그의 의견을 피력했다.

> 종합적으로 볼 때 전쟁은 학science이 아니고 술art이다. 특히 전략은 실증과학實證科學을 닮은 고정법칙에 의하여 규제될 수 있지만 그러나 이것은 전체로서 여겨지는 전쟁의 경우에는 적용되지 않는다.[24)]

나. 클라우제비츠

클라우제비츠는 정반대의 상반된 견해를 지니고 있었다. “이론가에게는 전술이 전략보다 훨씬 덜 어렵다”[25)]고 그는 주장했다. 전술에 있어서는 요인들이 보다 구체적이고, 형태의 적당한 형식이 기계적인 전투훈련으로 될 수 있으며 야전교범에 성문화될 수 있다. 전술에서는 “이론이 매우 완전하게 명확한 교리로 발전할 수 있다.”[26)]

그는 두 수준에서 활동의 본질을 비교했다.

> 아주 낮은 수준에서 가장 크게 요구되는 것은 용기와 자기 희생이지만, 그러나 이해력과 판단력에 의해 해결되어져야 하는 문제점은 거의 없다. 행동분야가 매우 제한되어 있고, 수단과 목적이 숫자상 매우 적으며 자료가 보다 구체적이다. 보통 그들은 실제로 보이는 것에 제한되어 있다. 그러나 수준이 높아질수록 보다 큰 문제가 증대하게 되어 최고 사령관의 입장에 있게 되면 그 문제점도 가장 높은 위치에 도달하게 된다. 이 수준에 이르게 되면 거의 모든 해결책은 상상력에 의해 제시되어짐이 틀림없다.…
>
> 행동이 보다 실제적으로 됨에 따라 어려움은 줄어들 것이다. 행동이 보다 지적知的

24) *op. cit.*, p. 157.
25) *op. cit.*, p. 141.
26) *op. cit.*, p. 152.

이 되고 사령관의 의중에 결정적인 영향력을 행사하는 동기가 됨에 따라 어려움은 더욱 더 증대하게 될 것이다. 이리하여 전투의 목적을 결정하는 것보다 전투를 조직화하고 계획하고 수행하는 것이 훨씬 더 쉬어진다. 전투는 실제 무기에 의해 결정되어지는데, 비록 정보가 일부분의 역할을 수행하지만 물질적 요인이 지배할 것이다. 그러나 어떤 사람이 전투에 영향을 미치게 되고 그 전투에서 물질적 성공이 보다 상위의 행동을 위한 동기가 될 때에는 지성만이 결정적이다.[27]

이리하여 전략은 질적으로 전술과 다르다. 전략이 극복해야 할 복잡한 상황들은 법칙 혹은 교리에 의해 통제될 수 없는데, 그 법칙 혹은 교리들은 선택권을 클라우제비츠가 '패션의 전제專制'tyranny of fashion라고 적절하게 칭한 것에 국한시킬 따름이다. 전략적 해결책은 모든 상례, 모델, 전례 그리고 유추적 사고로부터 벗어나 완전한 자유를 사령관의 창조성에 제시하여야 한다. 전략에 있어서 클라우제비츠는 "명확한 교리는 달성될 수 없는 것이다"[28]라고 했다.

두 라이벌 간의 계속적인 경쟁으로서의 전쟁의 본질은 영원한 규범의 가능성을 배제한다. 전략은 갈등체계 혹은 상호작용하는 체계에서 작용하는데, 이 체계에서 라이벌들은 서로 상대방의 계획을 방해하기 위해서 최선을 다한다. 어떤 교리는 판에 박힌 형태의 함정이 되어 버릴 수 있는데, 이는 적이 사령관의 계획을 예측하고 이에 따라 기선을 제압할 수 있도록 도와주기도 한다. 교리는 군대의 사회화를 위한 수단이기 때문에 교리는 비밀을 유지할 수 없다. 특히 그들의 교훈에 동의하는 것은 반복적인 정의定義에 의하여서이다. 이리하여 적의 정보기관과 같이 교리는 적에게 사령관의 계획을 폭로하여 주는 데 기여하곤 한다. 교리는 또한 대안적 행동방안으로부터

27) *Ibid.*, pp. 140~141.
28) *Ibid.*, p. 140.

관심을 전환함으로써 사고思考와 창조력을 허약하게 한다. 전쟁은 진부하게 된 공식보다는 오히려 구체적이고 독특한 군사환경을 파악하여 그들에게 해결책을 제시할 것을 요구한다.

이론과 교리의 차이점은 윤리와 도덕의 차이점과 비교될 수 있다. 윤리철학자들은 훌륭한 행위의 근저에는 무엇이 존재하는지를 분석하는 반면에 도덕가들은 우리에게 무엇을 할 것인가를 가르쳐 준다.

클라우제비츠는 이와 같이 군사교리를 싫어했음에도 불구하고 그의 책들은 군대와 병기류兵器類를 다룬 것에 대한 충고로 가득 차 있는데, 그는 이것들을 '원칙'이라고 불렀다. 그의 전술적 원칙의 예는 다음과 같다.

> 긴급한 경우를 제외하고는 기병이 대오가 흐트러지지 않은 보병에 대하여 사용되어져서는 안 된다. 화기는 적이 유효 사정거리 안에 들어올 때까지 사용되어져서는 안 된다. 전투에서 가능한 한 많은 군대는 마지막 순간을 위해서 보존되어져야 한다. 이러한 개념 중에서 어떤 것들도 독단적으로 모든 상황에 적용될 수는 없다. 그러나 사령관은 그 원칙이 적용되는 경우에 포함된 진실의 이익을 잃지 않기 위해서 그 원칙을 마음속에 항상 간직하고 있어야 한다.[29)]

프러시아의 황태자를 교육하기 위해 그가 만든 『전쟁의 원칙』(*Principles of War*)이라는 소책자는 그러한 격언들로 가득 차 있다.

클라우제비츠는 이러한 원칙들이 약하고 비구속적이라고 생각했는데, 이는 그 원칙들이 엄격한 유효성과 일반적인 적용성을 결하고 있기 때문이다. 그는 다음과 같이 설명했다.

> 현실세계의 다양성이 법칙의 엄격한 형태 내에 포함될 수 없는 경우에 원칙의

---

29) *Ibid.*, p. 152.

적용성은 보다 큰 판단의 여지를 남긴다. 원칙이 적용될 수 없는 경우는 판단에 의해서 해결되어져야 한다. 이리하여 원칙은 필연적으로 그 행동에 책임이 있는 사람에게는 지주支柱가 되고 혹은 지표指標가 된다.[30)]

원칙은 충고를 제시하는 절대적 복종을 강요하지 않는다. 융통성 있는 가이드라인이지만, 그러한 원칙들은 무기류와 조직에 관한 논리적 추론으로부터 이끌어 내어진다. 예를 들어 그들은 기병騎兵과 탱크는 대규모로 사용되어져야 한다고 권고할지는 모르나 특별한 작전계획, 즉 중앙 혹은 측면공격 개시와 같은 것은 제시하지 않는다. 여기에 클라우제비츠의 원칙과 조미니의 격언들 사이의 커다란 차이점이 놓여 있다.

다. 개관概觀

조미니와 클라우제비츠 접근법 사이의 차이점들은 전쟁수행에 있어서 심오한 문제점들의 기초이고 특징이다. 양자는 독단적이고 형식적인 사고思考에 대항하였다.

클라우제비츠는 모든 전략적 상황의 독자성은 독특한 해결을 요구한다고 주장했다. 이리하여 사람은 유사하게 보이는 현상들 사이에서 비유사성을 찾아야 한다. 모든 해결책은 전쟁의 독창적 작품이어야 한다.

조미니와 리델 하트는 모든 군사적 성공의 기반을 형성하는 공통분모가 존재한다고 강조했다. 사람은 단지 주어진 상황에 어떤 법규가 적당한가를 식별하기만 하면 된다. 조미니에게 있어서 승리란 규칙에 의하여 만들어졌

30) *Ibid.*, p. 151.

다. 이러한 강력한 법규의 본질 문제에 있어서 조미니와 리델 하트는 분리되었다. 조미니는 사령관이 적의 배치에 있어서 결정적인 지점에 대량으로 그의 군대를 투입함으로써 성공을 거둘 수 있다고 주장했다. 사령관은 예기치 못한 행동을 자행함으로써 적을 기습해야 한다고 주장했다. 조미니의 교리는 물질적이고, 리델 하트의 교리는 심리적이다.

자신이 교리를 옹호함에도 불구하고 조미니는 교리의 상대성을 인정했으며 사령관은 교리에 불복할 수 있다고 믿었다.

클라우제비츠는 구체적인 작전 문제를 해결함에 있어서 교리를 거절했다. 그러나 그는 사태의 기술적·조직적 상태로부터 유도된 전술적 원칙들의 가치를 인정했다.

클라우제비츠에게 있어서 이론과 실제 사이의 연결은 사령관의 명상을 통과하게 되는 간접적인 것이나, 조미니에게 있어서 적용은 교리로부터 보다 직접적으로 나온다.

조미니의 견해는, 교리는 모든 경우에 도움이 된다.

클라우제비츠의 견해는, 교리란 사령관의 자유로운 정신에 영향을 주는 위험한 구속이다.

라. 승리

승리에 대한 여러 가지 견해들을 간단하게 요약해 보자.

톨스토이에게는 승리란 인간 이해理解에 무관無關하다. 그것은 장군들에 의해 지시된 행동의 결과가 아니고 사회적·역사적 대세의 결과이다.

전통적 장교들에게는, 승리란 경험에서 출발하여 장교와 사령관에 의해 내면화된 교훈에서 연유한다.

조미니에게는, 승리란 역사의 교훈에서 추출된 교리들에 복종함으로써 얻어진다.

클라우제비츠의 생각으로는, 승리란 사령관이 전략적 상황을 이해하고 그의 계획을 집행하려고 결정하였기 때문에 얻어지는 것이다.

마. 결론

역사는 클라우제비츠를 옹호했다. 조미니는 거의 망각 속에 잊혀졌지만, 클라우제비츠는 여전히 연구되고 있고 최근에는 그의 교훈에 대한 관심이 재생되고 있다. 불행히도 클라우제비츠는 정치와 전략 사이의 관계에 관한 격언으로 인해 주로 기억되어 왔으나, 전략에 관한 그의 견해는 거의 기억되지 않고 있다. 전략의 연구에 관한 클라우제비츠의 위치는 인문학과 사회과학을 구별하는 주로 독일에서 발전된 전통 내에 해당되었다. 인문학으로서의 전략은 우리에게 깊은 이해를 줄 수는 있지만 아직 법으로 성문화되지는 않고 있다.

전략이론은 한 때의 성과가 아니고 하나의 과정이다. 모든 세대는 전략에서 그것의 이해理解를 새롭게 해야 한다. 전략이론은 해결책을 줄 수는 없으나 이해를 고양할 수는 있다. 전략을 이해한다는 것은 만족스러운 전략적 해결책에 도달하기 위한 필요조건은 되지만 충분조건은 되지 않는다. 더군다나 전략문제가 복잡하여질수록 그들에 대해 생각해야 할 필요성은 더욱 커진다. 이것은 우리 세대에 있어서 더욱 절실하다.

전통적인 장교들은 지성의 부여가 그들 직업의 효율성에 미치는 영향력에 대해서 염려하여 왔다는 것을 이해할 수 있다. 장교들은 지적知的이 됨에 따라서 그들이 야전지휘관으로서의 기능에는 유해한 이론적 정확성에 몰두하게 될지도 모른다. 이론화하는 것은 우유부단과 일의 지연을 초래할 수도 있다. 전략을 가르치는 일에 참가하는 모든 사람들은 이론의 부정적 결과에 대한 면역을 고려해야만 한다. 군사사軍事史에서 살펴본 예는 대담성과 결의가 장점이 됨을 나타내고 있다.

그럼에도 불구하고 보다 높은 고위 장교들은 다음과 같은 사실을 이해할 필요가 있다. 즉 전술적 수준에서는 대담성이 매우 중요하지만, 전략적 수준에서는 보다 넓은 지혜와 숙고熟考가 필요하다는 것이다. 대담성과 용감성은 상당히 자주 군대에서 발견되어진다. 그러나 지혜는 드물게 나타났다. 지혜를 구성하고 있는 것에 대해서 우리의 길을 비춰 줄 교리를 갖고 있지 않다.

클라우제비츠는 전략이론을 개발하는 데 있어서 개척자이었다. 그의 작품은 국제관계의 전체 분야에 대해 폭 넓게 암시를 하고 있다. 국제관계에 있어서처럼 전략에 있어서도 이론은 주된 변수를 파악하여 그들의 의미를 밝히고 그리하여 그들의 상호관계를 분석해야 하지만, 이러한 관계들을 법으로 표현하려고 할 필요는 없다. 그러한 노력은 평화시와 전시에 있어서의 정치 형태에 관한 역사로부터 교훈을 이끌어 낼 수 있다. 그러한 교훈은 국제관계 혹은 전략적 세계관weltanschauung에서 절정에 도달할 것이다. 위의 양 분야에서 우리는 기껏해야 그 낱말을 엄격히 조사해 볼 때, 완전한 이론이라 할 만한 수준에 도달되지 못하는 이론적 지식에 도달할 수 있을 따름이다. 이리하여 그것은 비이론적非理論的 관계이론關係理論에 불과하다.

 7 전략지식을 구별하기 위한 개요

조미니와 클라우제비츠는 무기류와 전술 그리고 전략에 미치는 기술 변화가 느린 시대에 살았다. 그들 둘은, 전쟁이란 혁명시대 그리고 나폴레옹 시대에 큰 도약을 하게 되어 새로운 대지臺地에 이르게 될 것이라는 것을 인정했다. 그들은 기술 변화와 관련된 군사사상軍事思想과 이론의 필요성을 이해하였지만 그들은 이 점이 중점이 된다고 생각하지는 않았다.

조미니와 클라우제비츠 사이의 논쟁을 생각할 때, 사람들은 다양한 군사사상을 어떻게 분류할 수 있을까? 사고思考의 3가지 계층적 수준을 구별하는 것은 가능한데, 이는 일반적이고 추상적인 것에서 특수하고 구체적인 것에까지 이른다. 엄밀하고 상호 배타적인 분류는 불가능하다. 왜냐하면 이들 사이의 경계는 자주 흐려지기 때문이다. 여전히 확실한 경계를 긋지 못하고 있는 것은 그것이 역사적 그리고 기술적 변화를 받아들일 여지가 되기 때문에 장점이 되고 있다.

가. 수준 1 – 전략이론

역사를 초월하는 유효성을 지니는 전략과 전쟁에 관하여 언급될 수 있는 모든 것은 이 수준에 있다. 그것은 전쟁의 주된 개념과 형태, 즉 방어, 공격, 전략, 전술, 전략과 정치 사이의 관계, 그리고 승리에 대한 토론을 다룬다. 클라우제비츠의 위대한 공헌은 이 수준에서이다. 전쟁의 변수에 대한 그의 분석은 그들의 상호관계를 종합함으로써 보완되고 이리하여 전쟁과 전략이 무엇에 관한 것인가 하는 대상에 대하여 일반적으로 설명하고 있다.

전쟁이란 역사, 산업기술 그리고 사회 상황에 따라서 변화한다고 클라우제비츠는 인정했다. 전쟁은 '카멜레온' chameleon이다.[31] 그러나 그는 이러한

31) *Ibid.*, p. 89.

변형 위에는 일반적인 이론의 형성을 가능하게 해 주는 불변적 물질들이 존재한다고 주장했다.

> 모든 시대는 그 자신의 전쟁 종류, 그 자신의 제한 상황 그리고 그 자신의 특별한 예상을 어떻게 가지는지를 우리는 보여 주기를 원했다. 그러므로 비록 과학적 원칙을 기반으로 하여 모든 일이 수행되도록 하는 충동이 통상 그리고 보편적으로 존재한다고 하더라도 각 시대는 전쟁에 대한 그 자체의 전쟁이론을 가졌던 것이다. 모든 시대의 사건들은 그 자체의 특수성의 관점에서 판단되어져야만 한다는 결론에 이르게 된다. 그러므로 사람은 그가 과거의 사령관을 이해하고 평가하려면 그 시대의 상황에 있어야 한다. 이와 같이 그 시대의 상황에 처해 본다는 것은 모든 상세한 일을 힘들게 연구함으로써가 아니라 주요한 결정적 특징들을 정확하게 파악함으로써 이루어질 수 있다.…
>
> 그러나 전쟁은 국가나 그들 군대의 독특한 특징에 의해 좌우되지만 그것은 보다 일반적인－실제로는 보편적인－요소들을 포함하고 있음이 틀림없는 사실인데 모든 이론가는 무엇보다도 이들 요소에 관심을 가져야 한다.[32)]

현재 우리는 전쟁이란 보편적인 특색을 가진다는 사실을 덜 확신하고 있다. 산업기술과 전쟁에 있어서의 혁명적 변화는 초역사적이라고 생각되는 것도 실제로는 어떤 역사적 시기에 독특한 것이라는 사실을 말하고 있다.

예를 들어 퀸시 라이트(Quincy Wright)는 전쟁을 소전투skirmish 혹은 국경사건border incident과 구별하기 위해서 '상당한 기간 동안의 무장충돌'이라고 정의했다. 이리하여 장기간의 적대행위만이 전쟁이라고 불리어질 가치가 있게 되었다. 그러나 오늘날 핵전쟁은 매우 단기적인데 그렇다고 전쟁이라고 불리어지지 않을 수가 없다. 이와 유사하게 핵전쟁과 미사일전쟁의 출현은 공격과 방어의 본질을 크게 변화시켜 버렸다.

---

32) *Ibid.*, p. 593.

비록 이 수준에서 다루어지는 것이 완전히 역사를 초월한 것은 아니라고 하더라도 그것은 우리가 수준 2에서 다루는 것만큼 시간-그리고 산업기술-에 의해 좌우되지는 않았다.

나. 수준 2-술術이 가지는 산업기술적 상태의 전략이론

전쟁 그리고 전투를 수행하는 데 대한 최종적 결정은 이 수준에서 행해지는 데, 이는 무기체계의 기술에 의해 좌우된다. 수준 2는 산업기술 발전의 맥락에서 수준 1의 조작화이다.

산업기술은 사회구조에 영향을 미칠 수 있는데, 이번에는 사회구조가 어떤 산업기술에 대한 집착을 강화할 수가 있을 것이다.

이리하여 기병騎兵이 전쟁에서 결정적인 군대가 되었을 때에는 기병을 사용하는 방법이 개발되었다. 기병은 귀족적인 무기로서 찬양되었기 때문에 그것은 사회적 영향력을 가졌다. 말馬은 신분의 상징이 되었다. 산업기술이 말을 배척하게 되었을 때도 지배계급은 말을 포기하려고 하지 않았다.

새로운 산업기술을 채택한 군대는 고색창연한 무기를 지니고 있는 적을 압도했다. 예를 들자면 오스만 터키Ottoman Turks는 재빨리 화기火器를 채택했다. 그들의 적인 마멜루크Mameluks족은 말馬을 보유하고 있었는데, 이의 부분적인 이유로는 신분문제를 들 수 있다. 그 때 화기는 말 잔등에 얽혀져 있는 것인 만큼 부자연스러운 것이었다. 이리하여 16세기 초에 오스만 군대는 마멜루크를 대파하고 중동中東을 정복하였으며 400년 동안 그 곳의 주인이 되었다.

수준 2는 수준 1에서 이루어진 일반화에 산업기술을 적용하는 것을 취급하고 있다. 전술적 혹은 기술적 교리 혹은 원칙들은 주어진 기술의 논리 혹은 명령으로부터 나오는 규범이다.

말할 필요도 없이 이러한 교훈들은 명백하지가 않다. 새로운 산업기술을 전술적으로 파악하는 데에는 '기술적 틈' 혹은 지체가 나타날 수 있다.

조미니, 마한, 두헤 그리고 플러와 같은 대부분의 군사이론가들은 수준 2에 속하는데, 이는 그들 모두가 어떤 무기 산업기술 상태 하에서 군사 양식을 분석했기 때문이다. 자연히 이러한 많은 사상가들은 마치 그들이 보면 타당한 적용성을 지니고 있는 것처럼 혹은 그들이 수준 1에 속하는 것처럼 메시지를 제시하려고 하였다. 배의 항해기간에 의해 해전海戰이 좌우된다고 분석한 마한은 이러한 경향의 좋은 본보기이다.

리델 하트의 '간접접근' 이론은 어느 위치에 둘 것인가를 결정하기가 더욱 어렵다. 그는 이것이 보편적이고 영원한 인간 심리에 기반을 두고 있으며 모든 전쟁에서 유효할 것이라고 주장했다. 그러나 그의 간접접근은 핵전쟁에서는 유효하지 않을 것이다.

다. 수준 3 - 군사교리와 국가교리

수준 2에서 나온 교훈을 구체적인 국가 상황에 적용시킴으로써 우리는 국가교리를 발전시킬 수 있다. 지형과 같은 지방적 요인들, 사회와 정치적 상황들, 그리고 다른 나라와의 관계는 전략적 사상과 기술적 제약의 맥락에서 검토된다. 이러한 교리들은 부대의 구조, 배치의 양식 그리고 군대의 목표를 규정한다.

교리는 계층적으로, 즉 전술적, 작전적, 전략적 수준에 따라 달라질 수 있다. 전술과 작전교리는 야전교범에서 찾아볼 수 있다.

보다 높은 수준에서 국가교리는 국가 방어정책의 주요 요소들을 요약한다. 국가교리는 항상 분명하지는 않았으며 또한 분명하게 성문화되어 있지도 않았다. 그러나 군대의 구조와 그들의 배치로부터 사람들은 국가교리를 유도할 수 있다.(이와 같은 연구는 에드워드 루트워크(Edward Luttwak)의 저서 『로마제국의 대전략』(*The Grand Strategy of the Roman Empire*)이다)

오늘날 국가는 방어정책을 널리 퍼뜨리거나 분명하게 하는데 보다 큰 관심을 보이고 있다. 그러한 정책들은 구체적 문제에 대한 국가적 위치를 요약하는 교리들로 구성되어 있다. 간결 자체를 위해서 빈번히 교리들은 '$2\frac{1}{2}$ 전쟁' $2\frac{1}{2}$ wars, '대량보복' massive retaliation, '전방방위' forward defense, '전 방위' all azimuths, '인민전쟁' popular war과 같은 슬로건을 내건다.

8 게릴라전과 핵전쟁의 이론과 교리

역설적으로 현대 폭력의 두 가지 극단적인 목적－게릴라전과 핵전쟁－은 이론에 대한 교리의 문제에 상반된 접근법을 제시하고 있다. 게릴라 전략은 주로 교리의 혼합물이다. 왜냐하면 그 밑의 이론은 빈약하기 때문이다. 한편 핵전략은 주로 이론인데, 이는 그것으로부터 교리를 이끌어 내는 데에는 어려움이 있음을 나타낸다.

가. 게릴라전

게릴라전에 있어서 지역 상황의 요소들－지형, 인구, 체제－은 매우 중요하다. 마오쩌둥(毛澤東)이 자신의 게릴라 양식을 개발했을 때, 그는 그것이 중국의 특수한 상황에 적합한 것이라고 강조했다. 그의 논문은 강한 교리적 추진력을 지니고 있다. 그는 게릴라전이란 벨기에와 같이 조그만 나라에서는 개시될 수 없다고 했다. 그의 견해에서 보면 게릴라전은 일반적인 적용성이 없다. 게릴라 이론에 대해서는 거의 말한 적이 없었다. 실제로 게릴라전의 이론적인 면은 거의 진부하다. 이리하여 지적知的 관심은 게릴라전의 이론보다는 그 전투의 역사적 사례에 집중되고 있다.

그러나 중국에서 게릴라 교리가 성공을 거둔 이후에 마오쩌둥은 그 자신의 게릴라전 양식(수준 3)이 마치 보편적인 적용성을 지닌 복음, 혹은 이론인 것처럼 나타내려고 애썼다(수준 2). 의심할 바 없이 그것은 실패했다. 같은 현상이 카스트로(Castro)-게바라(Guevara)-디브레이(Debray)의 경우에도 반복되었다. 카스트로가 쿠바에서 통치권을 확립한 후에 게릴라 교리에 대한 이러한 견해가 다른 나라들 특히 라틴 아메리카 국가들에게도 적용될 수 있는 이론 혹은 복음이라고 제시되었다.

같은 말이 테러리즘에 관해서도 얘기될 수 있는데, 테러리즘이란 저수준을 묘사한-야비한-투쟁이다. 전투에서의 폭력의 수준과 특수한 상황이 중요하게 되는 정도 사이에는 역逆의 관계가 존재한다. 폭력의 수준이 낮은 테러리즘은 독특하고 특수한 환경에 초점을 두고 있다. 이론으로서의 테러리즘은 흥미를 끌지 못한다.

이론과 교리 사이의 이러한 불균형은 핵전쟁에 있어서는 뒤집어진다. 핵전쟁에서는 폭력의 요소들이 우세하게 된다. 인간적 요소는 게릴라전과 테러리즘 모두에게 중요한 반면 핵전쟁은 전쟁의 비인간화를 의미하는 것으로 역사를 통하여 사령관과 군대가 자부해 왔던 용감성과 통솔력이라는 인간적인 특질이 무의미하게 되었다. 핵전쟁은 영토와 인구와 같은 지역적 조건과는 절연된 극단적인 폭력의 사용을 의미하고 있다.

나. 핵전쟁과 교리

핵전략은 논리적 추리에 기반을 둔 이론으로서 서방, 특히 미국에서 개발되었다. 인간 심리에서 유도된 억제이론deterrence theory의 대부분은 수준 1에 해당하고 그리고 그것은 초역사적인 일반 이론이다. 그러나 핵전략의 개념적 구조(예를 들어 1차·2차 공격, 대對병력, 대對도시, 생존, 취약성 등의 개념)는 수준 2에 해당하며, 기술적 차원에서의 전략이론이고 상당한 핵무기를 보유하고 있는 두 핵 강대국 사이의 어떠한 대결에도 적용된다. 수준 2는 거의 중간적인 국면인데, 왜냐하면 그것에 대한 이론적 주장을 행동을 위한 안내로서 기여하게 하려는 강한 자극이 있기 때문에 수준 3으로 가게 된다. 전략 이론가들은 국가교리로서 핵전략에 있어서의 이론적 기반을 제시하려고 하나 그들은 지역적(국가적) 그리고 실제적 요인들을 간과하였는데, 그것들이 없다면 국가 방위계획은 단순히 이론에 불과하게 된다. 이러한 점은 핵전략에 관한 많은 논문에서 볼 수 있다.

핵 이론에서 핵 교리로 발전하는 데 있어서의 어려움 내지는 불가능성은 핵 상황에서 본래부터 내재하는 것이다. 과거에는 전쟁이란 많은 경우에 몹시 바라던 것을 획득하기 위한 혹은 보존하고 방어하기 위한 수단으로서 합리적인 선택을 하는 것이었다. 지도자들은 전쟁으로 인한 희생이 대가보다 적다고 계산을 한 이후에야 전쟁을 하려고 하였다. 전쟁을 시작하려는 결정에 있어서 즉, 전쟁이 일어난다는 것은 비교적 간단했다. 국가는 그다지 큰 소동 없이 전쟁을 행하였다. 전략의 주된 문제점은 전쟁을 행하는가, 않는가 하는 것이 아니고 그것이 시작되면 어떻게 전쟁을 수행하는가 하는 것이었다.

핵으로 무장된 환경에서는 모든 것이 역전되었다. 왜냐하면 주된 어려움은 핵전쟁을 할 것인가를 결정하는 데 있기 때문이다. 핵전쟁의 시작이 가장 큰 어려움을 나타내고 있는 반면에 전쟁의 수행은 상당히 프로그램화될 수 있는 기술적인 것으로 남아 있다. 핵전쟁의 대가는 그것에 의해 획득될 수 있는 그 어떠한 것보다 클 것이다. 이리하여 핵전쟁을 수행하는 문제에 있어서는 국가가 매우 어려운 딜레마에 빠지게 되는 데, 그 딜레마란 만약 그것의 결과로서 전쟁의 원인을 포함한 모든 국가 목적을 잃어버리게 된다면 과연 핵전쟁이 가치가 있겠는가 하는 것이다. 전쟁은 더 이상 옛날 의미의 국가적 도구가 아니다. 이것은 클라우제비츠가 전쟁을 정책의 연장이라고 한 정의定義의 유효성이 없어졌음을 의미하는 것은 아니다. 이러한 사실은 단지 핵전쟁에 호소하려는 결정을 내리려고 할 때의 정책의 곤궁을 강조할 따름이다. 핵전쟁에서의 희생과 이득의 역전은 우리로 하여금 풀 수 없는 딜레마에 빠지게 한다. 만약에 그것이 국가의 자멸을 수반한다면 방어할 가치가 있겠는가? 비록 핵무기는 불합리한 것이라 하더라도, 그 불합리에 가담하는 수단을 제공해 주는 핵무기 공장을 준비하는 것은 불합리하지 않다는 것은 상황의 아이러니이다. 아니면 정반대가 되든가, 그 불합리에 미리 대비하지 않는 것은 더욱 큰 불합리가 될 수 있다. 총체적인 황폐가 아닌 어떠한 도발도 핵전쟁의 발발을 정당화할 수가 없다고 논리적으로 주장할 수 있다. 그럼에도 불구하고 핵 공격과 어떤 경우에는 보다 작은 규칙 위반을 방지하기 위해서 핵전쟁으로 위협하는 것을 합리적으로 정당화할 수 있다.

핵전략은 존재에 대한 종말의 문제에 국가가 직면하게 한다. 이러한 것은 신학神學이 씨름하여 온 문제들이다. 즉 인생에서 생명의 희생을 정당시 하는 것들이다. 신학은 절대적 금기, 즉 죽음의 위협 하에서도 행동을 해서는 안 된다는 것을 다룬다. 그러한 행동은 숫자적으로도 매우 적으며 예외가 거의 없다. 아무리 신학이 개인적 수준에서 그리고 정치적인 관점이 아닌 도덕적, 신학적 관점에서 주로 이러한 문제들을 다룬다고 해도, 이는 국가의 자기 희생을 정당화하는 것과 같은 것이다.

핵전쟁은 불합리한 것이기 때문에 그 불합리를 수행하는 방법에 대한 교리를 고안해 내는 것은 매우 어렵다. 핵 이론은 핵전쟁의 불합리성을 나타냄으로써 그것의 수행시의 결합력 있는 교리를 만들어 내는 것을 배제한다.

핵전쟁의 대가는 그것의 어느 이득보다 중요하기 때문에 이론은 적극적 목표를 제시할 수 없는데, 그러한 적극적 목표 자체를 위해서 보복의 경우를 제외하고 그러한 전쟁을 시작할 만한 가치는 없다. 이리하여 이론은 단지 부정적 목표들, 즉 핵전쟁 방지의 필요성과 같은 것을 생각할 따름이다. 그러나 억제deterrence 역시 커다란 어려움으로 가득 차 있다. 억제는 영속성이 있는가? 과거에는 평화시의 국가는 그들의 칼을 칼집에 되돌려 놓았으므로 자연적 평화가 계속되었다. 오늘날에는 그들이 핵이라는 칼을 항상 끌어올려서 즉시 사용을 위해 적의 머리 위로 그것을 휘두르고 있다. 활성제가 없다면 위협은 신뢰할 수 있는가?

억제의 유효성은 전쟁수행 능력에 달려 있다. 억제 위협은 자율적이 아니다. 만약 교리의 취약성으로 인해서 활성화가 보장되지 않는다면 그 때에는 억제의 효과성이 손상될 것이다. 실제로 적은 그 위협을 수행하고자 하는 공약이 충족되지 않았다는 것을 확신할 수 없다. 그러나 우리는 적이 그러한 의심에 의하여 방해받는다고 확신할 수 있는가? 우리는 우리 국가의 존립을 그러한 하잘 것 없는 기대에 걸 수 있는가? 아마 탈출구가 없을 것이다.

핵전쟁의 거대한 희생에 직면한 많은 개인들은 핵전쟁을 제한하려는 생각에서 안락을 구하고자 하며 이리하여 전쟁의 역할이 옛날에 존재했던 역할이 되도록 하고자 한다. 그러나 제한 핵전쟁制限核戰爭의 생각은 그 자체의 난관을 지니고 있다. 즉, 이론적으로 보면 핵전쟁을 제한하는 것은 핵 위협이라는 억제 가치를 줄인다. 또한 실제적인 면에서 보면 제한 핵전核戰은 단계적 확대를 방지하려는 것을 어렵게 만든다. 왜냐하면 패색이 짙어지고 있는 측은 자신의 지위를 향상시키기 위해서 단계적 확대에 의존할 수 없기 때문이다. 클라우제비츠가 우리에게 가르쳐 준 바와 같이 극단에 호소하는 것은 전쟁에서 정해져 있는 경향인데, 그것은 극적인 수단에서의 경쟁이다.

이와 같은 어려움은 전략적 핵사고核思考에 있어서 주기적 경향을 일으키고 있다. 이의 첫 번째 학파學派는 핵 위협의 중대성이 억제를 향상하는 방법이라고 강조한다. 즉, 이 학파의 구성원들은 대량보복Massive Retaliation, 대對도시countervalue, 상호실증파괴相互實證破壞(MAD) 등과 같은 슬로건에 합세하였다. 두 번째 학파는 억제의 상대성을 인정하였으며, 핵 교환을 제약하고자 하는 희망을 표현하였다. 이 범주에 속하는 사람은 유연반응, 대對병력, 실전위주, 제한전략전쟁, 전역戰域 핵 부대 등으로 기울어진다. 이러한 주기적인 망설임은 이러한 교리적 사고思考의 어떠한 것에 있어서도 근본 곤궁을 나타낼 따름이다. 비록 경우에 따라 다르지만, 그들 모두는 결함으로 괴로움을 당한다. 그들 모두는 반박을 받을 수도 있고, 그리고 어떠한 것도 인정받지 못할 수도 있다.

핵무기는 군주적君主的이다. 즉 그것은 치명적인 결정을 하는 권위의 중심지를 요구한다. 핵전쟁은 민주적인 협의를 허용하지 않는다. 핵전쟁으로 인해 결정자들 앞에 놓이는 도전은 매우 큰데, 그것은 시간의 긴급성 때문만은 아니다. 과거에 전략적 수준이 누렸던 이점利點, 즉 결정을 신중하게 고려할 때의 비긴급성은 사라져 왔다. 전략 결정은 동시에 행해지는 전술적 결정과 같은 방법으로 행하여져야 한다. 그리고 어려움에 있어서 가이드라인으로서의 교리를 위한 필요성은 보다 더 많이 진술되어 있다. 그러나 교리가 필요하면 할수록 그것을 발견하기는 더욱 어려워진다.

서구에서의 민주적 과정은 이론적으로 볼 때 억제를 약화시킨다. 왜냐하면 공공토론은 전략적 위치에서의 결점을 강조하기 때문이다. 미사일 갭missile gap이 미국에서는 문제점이지만, 소련에서는 취약점이 덮여져 있기 때문에 문제점이 아니다. 단지 미국에서만이 '취약점이라는 창문'을 통하여 불어오는 차가운 바람이 사람들을 떨게 만든다. 소련에서는 그러한 창문의 존재를 파악하는 것이 금지되어 있다. 그럼에도 불구하고 공개적으로 토의되지 않는다는 것뿐이지 그러한 창문은 거기에도 존재한다.

민주주의 국가에서는 핵 작전 교리가 항상 심각한 비판에 직면하는데, 그것은 반대교리도 또한 약점으로 고충을 받는다는 것을 제시하지 않으면서 특별한 교리에 대해 반박을 표시한다. 민주주의 국가에서는 그것의 약점을 상관하지 않은 채 어떤 교리를 채택할 가능성은 없다. 그러므로 민주주의 국가에서는 핵전략에 대한 끊임없는 토론이 있을 것이다.

미국의 불확실한 핵교리核敎理 태세는 적절한 사례이다. 적이 첫 번째 공격을 개시했을 경우에 강력한 핵무기로 반응하는 것보다 더 굳건하고 구속적인 교리는 있을 수 없다. 그러나 사려 깊고 통찰력이 있는 많은 미국인들은 그러한 시나리오에 의문을 제기하고 있다. 그들은 미국의 대통령은 미국의 대륙간탄도大陸間彈道 미사일 중 많은 부분이 소련의 첫 번째 공격으로 인해서 파괴되리라는 것을 알기 때문에 과거에 '공격 후의 갈취'post-attack blackmail라고 불렀던 것에 대한 소련의 요구에 굴복할지도 모른다고 주장하고 있다. 물론 우리는 그러한 곤궁에 처한 대통령이 어떻게 행동할지를 모른다. 그리고 또한 소련 지도자들도 그와 같은 방법으로 보복하지 않으리라고 확신할 수는 없다. 핵전략의 군주적 성격은 극소수의 결정자들이 어떻게 처신할 것인가에 대한 가능성을 통계학적으로 계산하는 것을 허용치 않는다. 개인의 결정은 집합적 선택보다 예언성이 더 적다.

서구에서 일어났던 발전과 매우 대조적인 발전을 소련 측에서 우리는 목격했다. 소련은 교리를 공표하기 전에 핵전략 이론을 만드는 것을 어물거리지 않았다. 핵 이론은 공산주의 이데올로기, 즉 필연적인 승리라는 근본적인 원리에 어그러진다. 마르크스주의 이데올로기는 사회 투쟁이 수행되는 폭력 수단은 이러한 투쟁에 관한 한, 전체적으로 중성적 특징을 가진다는 가정에 기반을 두고 있다. 전쟁의 수단에 대한 기본적 소련의 접근법과 정치에 그것이 공헌하도록 되어 있기 때문에 소련은 군사기술이 정치를 무시하는 것을 허용할 수가 없다. 혹은 클라우제비츠의 어법語法을 사용하자면 문법이 논리보다 우세해야 한다는 것을 소련은 허용하지 않는다. 엥겔스(Engels)는 도로 차단의 형태에서 도시의 폭동이 불가능할지 모르지만, 계급투쟁은 계속되어야 한다고 믿었다. 승리가 중점이 되어 있는 공산주의 이데올로기는 기술에 의해서 그것의 진로가 방해받는 것을 지지할 수 없다. 소련 지도자들은 핵시대는 아롱(Raymond Aron)이 역사 진행의 '하향 가속화'de-acceleration라고 불렀던 것을 야기시켰다.

더군다나, 핵병기고核兵器庫의 존재는 핵전쟁이란 우발적인 것이며 그러한 전쟁은 가이드라인 혹은 교리를 필요로 한다는 것을 소련에게 의미한다. 핵 환경에서는 재래식 무기에도 또한 임무와 교리가 주어져야 한다. 교리들 속에 내재하는 모순은 뛰어넘을 수 있다. 소련의 경우에는 교리가 이론에 의하여 제시된 어떠한 문제들도 무시하는데, 이는 소련 지도부가 교리란 자유로운 공공토론에서는 비판적으로 도전을 받지 못한다는 것을 확신하기 때문이다.

과거에는 아마도 교리가 핵의 문지방을 통과한다는 단호한 결의를 제시함으로써 소련은 그들의 열등감을 보상하는 수단으로 기여했다.

이리하여 음모적인 비대칭이 미국과 소련의 대화에서 발전되었다. 즉 미국인이 이론을 이야기할 때 소련인은 교리를 말한다.

이러한 비대칭은 양측에 영향을 끼친다. 역설적으로, 소련과의 협상에서 미국인들은 소련인들에게 핵에 관한 사실을 가르쳐 주는 배움의 과정으로 생각했으며, 미국인들은 그들 자신이 선생일 뿐만 아니라 모방자라는 것을 깨달았다. 미국인들이 억제전략抑制戰略에 매달려 있는 동안에 소련인들은 핵전쟁 교리와 전쟁 승리 교리를 유지하고 있는 이러한 비대칭적 환경은 지속될 수 없다. 사람들은 현재의 미국인의 사고思考 경향을 깨달을 수 있는데, 그 경향이란 그들 자신의 전쟁교리를 개발하려는 것과 그러한 전쟁은 일반 목적군의 참여를 필연적으로 만드는 장기전일 수 있다는 것이다. 어떤 미국인들은 핵전쟁에 있어서 승리에 대한 소련의 사고思考를 모방하고 있다. 왜냐하면 그들은 소련의 개념이, 핵전략 이론에 의하여 영향을 받아서 승리를 단념하는 미국인들을 압도하는 이점利點을 소련인들에게 줄지도 모른다는 걱정을 하기 때문이다.

반면에 소련은 오랫동안 이론을 피할 수 없었다. 핵 이론의 불가피한 것과 임의의 교리에 대한 도전은 가끔씩 핵무기는 단지 억제를 위한 것이라는 것을 소련이 깨닫고 그리고 사람들이 핵 억제를 초월하려고 할 때마다 반박으로 괴로움을 당하기 쉽다는 것을 인식하는 형태로 나타난다. 그것이 그들의 교리에의 집착과 결합되지만, 그러한 솔직성은 반대 감정과 이중성이라는 면에 있어서의 소련의 범위를 다룬다. 더군다나 소련의 핵무기와 재래식 무기의 성장은 소련 지도부에게 핵 교환을 초래하지 않고도 그들의 이익을 진전시킬 수 있다는 자신감을 불러일으켰다. 억제는 소련에 의해서 강조될 수가 있는데, 이는 재래식 무기와 전복顚覆의 도움으로 제3세계에 정치적으로 진출하려는 수단이다. 역사의 진행은 가속화될 수 있다.

소련이 억제의 사고思考를 받아들임에도 불구하고 미국과 소련이 상호 억제를 어떻게 보느냐에 관해서는 상당한 차이점이 존재한다. 핵 동등核同等이 서구에서 인정됨에 따라서 상호 억제는 사실de facto의 상태에서 법적 정당성의 상태로 올려졌으며, 국제관계에서 유익하고 안정적인 요인이 되었다. 소련 지도부는 그러한 태도를 받아들일 준비가 되어 있지 않았다. 소련의 이데올로기는 억제에 대해 한 편의 정의定義를 구술하는 데, 그 중의 하나는 역사의 진행에 반대하는 서방의 공격 의도만이 저지되어져야 한다고 가정하고 있다. 그러한 한 편의 태도는 소련이 억제를 위해서 요구되는 우월한 위치를 달성하도록 노력하게 만든다. 그런데 이번에는 이러한 노력이 끊임없는 군비軍備경쟁 상황을 유발한다. 세계를 위한 근심의 중요한 원천이 여기에 있다.

교리가 이론의 논리적인 부산물일 때, 국가전략은 조리에 맞게 된다. 이러한 생각은 핵시대에는 달성될 수 없다. 비록 전쟁 억제에 논리적 난점이 많이 있지만, 핵전쟁의 불합리성은 핵 교리에, 특히 실전 위주에 관한 교리에 영향을 미친다. 그러나 서구의 핵전략은 비록 그 교리들이 불만족스럽고 임의적이라 할지라도 교리의 공식화를 요구한다. 핵병기창의 존재는 그것이 사용될 수 있다는 것을 의미한다. 목표로 삼는 계획은 교리를 닮았으나, 만약 그것이 전쟁의 시작과 선택될 핵전쟁의 종류와 같은 주요 문제들을 빠뜨린다면 본질적으로 충분한 교리일 수는 없다. 핵전략 교리核戰略教理의 임의성은 합리적 선택을 배제하지 않는다. 그것은 그러한 교리란 필연적으로 불만족스러울 것임을 의미한다. 핵 교리는 핵전쟁이 어떻게 수행될 것인가를 지시한다. 그러나 모든 교리들이 논쟁의 여지가 있다는 본질은 전쟁이 수행될 한 가지 확실한 방법이 없음을 의미하는 데, 준비를 함으로써 모든 우발상황에 대처해야만 할 것이다.

핵 조건이 논쟁적이라는 본질을 파악하고, 그리고 그것의 전략교리가 상당히 임의적임을 앎으로 인해서 많은 정교함이 요구된다. 여명기에 살자면 식별능력이 있어야 하고, 임의적인 교리와 모호성을 따르려는 의지가 있어야 하며, 그들의 불가피성을 이해하여야 하고, 그들이 일으키는 인식적 불협화음을 관용하여야 한다. 민주주의 국가의 지도자들은 이러한 문제들을 그들 국민들에게 설명하여야 한다. 이제부터는 핵전략의 논쟁적 본질을 이해하는 것이 민주체제가 국가 핵전략을 소유하게 되는 중요한 선행조건이 될 것이며, 보다 일반적으로 말하자면 국제무대에서 합리적으로 처신하는 데 중요한 선행조건이 될 것이다.

XII. 전략 및 전술의 본질

리델 하트

여기에서는 전사戰史로부터 얻은 금언으로서 지극히 보편적이고 기본적인 2, 3개의 경험적 진실을 요약하려고 한다.

그것들은 추상적인 원칙이 아니라, 실제적인 지침이다. 나폴레옹도 우리에게 금언을 남길 때 '실제적인 것만이 유용하다'는 것을 깨달았다. 그러나 근대적 경향은 단 한마디로 표현될 수 있는 원칙을 탐구하는 것이었다. —그리하여 그 원칙들을 설명하는데, 수천 개의 단어가 필요하다고 하더라도 이들 원칙은 매우 추상적이어서 사람에 따라 의미가 달라지며, 원칙의 가치는 개인의 전쟁에 대한 이해도에 따라 좌우된다. 이러한 어느 의미로도 해석되는 추상적인 탐구가 계속되면 될수록, 그것은 성취 불가능하거나 쓸데없는 신기루와 같은 것이 되어, —지적 유희에 지나지 않게 된다.

전쟁 원칙은 단순한 하나의 원칙이 아니지만, — '집중'이라는 한마디로 압축할 수 있다. 그러나 사실상 이것은 '약점에 대한 힘의 집중'으로서 부연되어야 한다. 또한 여기에서 어느 진실한 가치를 만들어 내려면 다음과 같은 설명이 필요하다. 즉 약점에 대한 힘의 집중은 상대방의 힘의 분산에 따라 좌우되며, 상대방의 힘의 분산은 또한 우리 측의 표면상의 분산 및 분산의 부분적 효과에 따라 생겨난다. 우리 측의 분산, 적의 분산, 우리 측의 집중－이러한 것은 인과관계를 이루며, 그 하나하나가 바로 결과가 된다. 참된 집중은 계산된 분산이 가지는 결실이다.

여기서 우리는 기본적 오류를 방지하기 위하여 이해해야 할 하나의 기본 원칙을 얻었다. 그 기본적 오류란 상대방에게 우리 측의 집중에 대처하기 위한 집중의 자유와 시간을 주는 것으로서 가장 흔히 범하는 오류다. 그러나 원칙을 말한다 해도 그것은 실시를 위한 실제적인 지원은 못 된다.

위에 말한 금언은 한마디로 압축될 수 없다. 그러나 그것이 실용적이기 위하여 필요한 몇 개의 단어로 표현될 수는 있다. 이것은 지금까지 전부 8개 조항으로 되어 있으며, 그 중 6개 조항은 적극적인 면이고 2개 조항은 소극적인 면이다. 이들 금언은 별다른 부언이 없는 한, 전략과 전술에 다같이 적용된다.

1 적극적인 면의 6개 조항

1) 목적을 수단에 적합토록 하라

목적을 결정함에 있어서 명확한 통찰과 냉정한 계산을 중시해야 한다. '소화 능력을 초과하는 과식'은 어리석다. 군사적 지혜의 발단은 무엇이 가능한가로부터 시작된다. 그러므로 성실성을 가지고 사실에 직면하는 것을 배워야 한다. 거기에는 십이분 성실이 필요하다. 성실이라는 것은 행동이 개시되면 일견 불가능한 것을 가능케 하는 것이다. 자신이라는 것은 마치 전지 속을 흐르는 전류와 같은 것이다. 헛된 노력으로 소비하면 안 된다. 또한 우리 측의 계속적인 자신은 전지, 즉 의지해야 할 병력이 소모된 경우에는 무익하게 된다는 것을 명심하라.

2) 항상 목적을 명심하라

계획을 상황에 적응시키는 동안 항상 목적을 명심하지 않으면 안 된다. 목적을 달성하는 방법은 하나 이상 여러 개가 있지만, 어떠한 목표도 반드시 목적에 지향되도록 주의하지 않으면 안 된다는 것을 잊지 말라. 가능한 목표를 고려함에 있어서 그 달성 가능성과 함께 만약 달성된다면 그들 목적에 어떻게 봉사할 수 있는가를 측정해야 한다. – 옆길로 쏠리는 것도 나쁘지만, 더욱 나쁜 것은 막다른 곳에 이르는 것이다.

3) 최소 예상 노선을 선택하라

적의 입장에서 보려고 노력하며, 적의 예견이나 또는 선제先制의 가능성이 가장 적은 코스가 어느 것인가를 생각하라.

4) 최소 저항선을 이용하라

우리 측의 기본적 목적에 기여할 목표에 지향되는 한, 최소 저항선을 이용해야 한다.(전술에 있어서 이 금언은 예비대의 사용에 적용되며, 전략에 있어서는 수시로 생겨나는 전술적 성공의 이용에 적용된다.)

5) 예비 목표를 제공하는 작전선을 취하라

이렇게 되면 적을 딜레마에 빠뜨려 적의 수비가 가장 약한 목표를 적어도 하나는 획득할 수 있는 기회를 확보하는 데까지 전진하고, 또한 그것을 기초로 하여 축차적으로 목표를 획득할 수가 있을 것이다.

예비 목표는 우리 측에 1개 목표를 획득하는 좋은 기회를 확보케 한다. 그런데 단일 목표는 적이 지극히 열세하지 않은 한, 일단 적이 우리 측 목적을 확실히 안다면, 우리 측이 그 단일 목표를 획득하는 것을 확실히 불가능하게 한다. 통상 현명한 단일 작전선과 도움이 되지 않는 단일 목표를 혼란시키는 것만큼 가장 많이 범하는 오류는 없다.(이 금언이 주로 전략에 적용되는 것이지만 가능한 한, 전술에도 적용되어야 하며 또한 실제로 침투전술의 기초를 형성한다.)

6) 계획 및 배치가 상황에 적응토록 융통성을 확보하라

우리 측 계획은 성공하거나 실패하는 경우 또는 부분적 성공—이것은 전쟁에서 가장 흔한 일이다—을 거두는 경우에 있어 다음 단계를 예견하고 그것에 대비해야 한다. 우리 측의 대비(또는 대형)는 가장 단시간 내에 다음 단계를 이용하거나 상황에 적응토록 하여야 한다.

2 소극적인 면의 2개 조항

1) 상대방이 방심하지 않고 있는 동안

상대방이 우리 측 공격을 격퇴하거나 또는 회피할 태세를 갖추고 있는 동안은 병력을 공격에 투입하지 말라.

극히 열세한 상대방에 대한 경우를 제외하고는 상대방의 저항력 또는 회피 행동이 마비되지 않는 한 효과적인 타격이 불가능하다는 것은 역사의 경험이 보여 주고 있다. 그러므로 이러한 마비상태가 만족스럽게 진행되지 않는 한 여하한 지휘관도 적에 대한 참된 공격을 개시해서는 안 된다. 마비상태는 적의 조직이 와해된 데서 또한 정신면에서 조직 와해와 같은 사기 와해에 의해서 생겨난다.

2) 일단 실패한 후, 그것과 동일선(또는 동일한 형식)에 연하여 공격을 재개하지 말라

단순한 병력의 증강만이 상황을 변화시키는 데 충분하다고 볼 수는 없다. 왜냐하면 적도 또한 휴식 간에 자기의 병력을 증강시킬 것이라는 것은 있을 수 있는 일이기 때문이다. 우리 측을 격퇴한 적의 성공이 정신적으로 적을 강화시킬 것이라는 것은 더욱 있을 수 있는 일이다.

이 금언의 저변에 있는 진리는 성공을 위해서 두 개의 주요한 문제 - 교란과 전과戰果 확대 - 가 해결되어야 한다는 것이다. 그 하나인 교란이 선행되고 전과 확대는 실제적 타격으로서의 교란을 뒤따른다. 이 경우의 교란은 비교적 단순한 행동이다. 우선 좋은 기회를 포착하지 않는 한, 적을 효과적으로 타격할 수 없다. 또한 적이 그가 받은 타격으로부터 회복하기 전에 계속되는 제2의 좋은 기회를 이용하지 않는 한, 그 타격의 효과를 결정적인 것으로 할 수는 없다.

이 두 문제의 중요성은 지금까지 적절히 인식된 적이 없다. 그것은 비결정적인 전쟁이 얼마나 많았던가를 설명해 주고도 남음이 있기 때문이다. 군대 훈련은 주로 공격의 세부 실행에 있어서 능률을 향상시키는 데 이바지한다. 이 같은 전술상의 기술에 대한 관심 집중은 심리적 요소를 흐리게 한다. 그것은 기습보다 안전을 중시하며, 교과서대로 오류를 범하지 않으려고 노력하는 나머지 적의 지휘관이 오류를 범하게 해야 한다는 필요성을 잊어버리는 지휘관을 양성한다. 그 결과는 이들 지휘관이 수립하는 계획이 아무 결론도 얻지 못한다는 것이다. 왜냐하면 전쟁에 있어서 가장 빈번히 적과 우리의 균형을 전복시키는 것은 상대방에게 잘못을 강요함으로써 일어날 수 있기 때문이다.

악운을 당하지 않는 한, 동서고금을 통하여 지휘관은 결심의 관건을 명백한 사태는 피하고 오히려 예기치 않은 사태에서 찾아냈다. 전쟁은 인생의 일부이므로 전쟁으로부터 행운을 분리시킬 수는 없기 때문이다. 따라서 예기치 아니한 사태도 성공을 보장할 수는 없는 것이다. 그러나 그 예기치 않은 사태는 성공에 대한 최대의 기회를 보장한다.

XIII. 핵전략의 발전

버나드 브로디

핵전략의 지배적인 개념인 억제개념은 핵시대의 개막과 거의 동시에 대두되었다. 그 당시 극소수의 민간인만이 군사전략에 흥미를 느끼고 있었다. 그래서 필자는 핵무기의 군사적 의의에 관해 최초의 분석적 논문을 집필하고 싶은 생각이 들었다. 필자의 논문 주제는 「원자폭탄과 미국의 안보」(The Atomic Bomb and American Security)였는데, 이 논문은 1945년 가을 당시 예일Yale 대학 국제문제연구소에서 수시로 발간하는 논문집 제18권에 게재되었다. 필자는 그 다음 해에 이 논문을 보완하여 『절대적 무기』(*The Absolute Weapon*)라는 표제로 발간된 책의 2개의 장章에 게재하였다. 이 책에는 또한 예일 대학에 있는 동료 4명이 집필한 핵무기의 정치적 의의에 관한 논문도 함께 수록되어 있다.[1)]

필자는 이 1946년도 판의 책 한 구절을 인용, 소개코자 한다. 왜냐하면 이

---

1) Bernard Brodie ed., *The Absolute Weapon* (New York : Harcourt, Brace, 1946). 공동 저자는 Frederick S. Dunn, Arnold Wolfers, Percy E. Corbett 및 William T. R. Fox이다.

부분은 최근에 다른 많은 저자著者들에 의해 인용되어 왔고, 또한 대부분의 사람들은 나의 견해에 동의하고 있었으나, 한 사람만은 나의 견해에 강력히 반대하고 있었기 때문이다.

> 이리하여 원자폭탄 시대에 있어서 미국의 안보계획에서 맨 먼저 그리고 가장 중요한 조치는 핵공격을 할 경우 같은 수단에 의한 보복으로부터 우리 자신의 생존을 보장할 수 있도록 하는 것이다. 다시 말해서 필자가 의미하는 바는 원자폭탄이 사용되는 미래전쟁에서 누가 승리할 것인가에 관해 우선은 생각할 필요가 없다는 것이다. 즉 이제까지의 미군의 주목적은 전쟁에서 승리하는 데 있었으나, 이제부터는 전쟁을 회피하는 데 그 목적이 두어져야 할 것이며, 이것 외에 다른 유용한 목적을 가질 수 없다는 것을 의미하는 것이다.[2]

지금도 그렇지만 당시에 억제에 대한 이 설명은 오직 다른 하나의 강대국, 즉 소련과의 전쟁에 적용되는 것이었다는 것은 명백하다. 당시 소련은 아직 핵무기를 보유하고 있지 않았으나 "앞으로 5 내지 10년 안에 상당량의 핵무기를 생산할 수 있게 될 것"[3]이라고 그 책에서 확실히 예측한 바 있다.

그 당시의 여러 사려 깊은 관측자들도 이 예측을 어느 정도 자명한 것으로 받아들이고 있었다는 것을 밝히기 위해 1946년의 논문에 기술記述한 몇 가지 점들을 상기시키고자 한다.

이 논문에서 필자는 억제를 위한 필수조건으로 기습공격으로부터 보복전력報復戰力을 생존시키기 위해서는 이에 대한 특별한 방호조치를 취하여야 한다는 것, 각 측이 상대방에 의해 그의 국민과 영토의 파멸을 두려워하는 한은 핵무기나 이의 투발投發수단의 우열의 차이는 위기 시에 있어서는 거

2) *Ibid.*, p. 76. Brodie가 집필한 章은 pp. 21~110이다.
3) *Ibid.*, pp. 63~69.

의 문제가 되지 않는다는 것, 세계가 핵폭탄이 사용되지 않는 재래식 전쟁을 수행하는 동안에도 핵폭탄의 존재는 전혀 새로운 형태의 전쟁을 일으킬지도 모르기 때문에 각 측의 전략 및 전술적 입장을 지배하게 될 것이라는 것이다.[4] 그리고 후자는 해상력의 사용과 본토 기지 및 긴 항로의 안전을 좌우하는 고전적 기능에 특히 중요성을 지닌다는 것을 지적한 바 있다. 또한 필자는 그 논문에서 억제 그 자체는 분명히 새로운 사상이 아니고 물리적 힘의 사용만큼 오래 전부터 존재하고 있었다는 것이다. 특히 새로운 것은 억제가 실패하였을 경우에는 그 결과가 감당할 수 없을 정도로 된다는 것이다. 다시 말하면 "어떤 경우에 있어서도 원자폭탄 공격의 결과에 대한 두려움이 대단히 크다"는 것이다.[5] 바로 이 점이 정부가 최소의 희생으로 큰 정치적 이익을 가져다 줄 것으로 정확하게 예기豫期할 수 있었던 과거의 전쟁과 전혀 다르게 만든 것이다.

1946년 이래 핵전략과 억제의 성격에 관한 많은 유용한 생각과 저서가 나왔다. 그러나 이 주제에 대한 국가적 논의는 대체로 모두 비용 문제와 직접 관련된 다음 세 가지 문제에 대한 것이었다. 즉 (1) 억제를 지속적으로 성취하기 위해 필요한 실질적인 조건은 무엇인가? (2) 핵 억제력은 실질적으로 어떤 종류의 전쟁들을 억제할 수 있는가? (3) 만일 있다면 전술戰術 핵무기의 역할은 무엇인가? 등이었다. 그러나 일반 국민이 관심을 갖는 것은 만일 억제가 실패하면 우리는 핵전쟁을 어떻게 수행할 것이고 또한 그 목적은 무엇인가? 하는 네 번째 문제이다. 이 마지막의 의문은 비록 종전의 사상이 요즈음에 이른바 제한적 핵 선택이라는 말로 재생되기는 했으나, 민간 학자들은 이 문제를 거

4) *Ibid.*, p. 83.
5) *Ibid.*, p. 80.

의 거론하지 않았다. 그리고 전쟁에 있어서 핵무기－전략적 또는 전술적 핵무기－의 실제 사용에 관한 대부분의 문제는 거의 군인들에게 일임되어 왔다. 그리고 군부가 특정 목표, 특히 전략목표의 선정과 거기에 소요되는 핵무기의 종류 및 수에 대한 지침을 제공하는 것으로 되어 있었다.

이와 관련하여 이 분야에 식견이 있는 몇몇 젊은 역사가들이 파악하기 어려운 점을 강조해 두고 싶다. 핵무기와 그것의 사용에 관한 모든 기본적인 사상과 철학은 군부와는 전혀 독립적으로 연구하는 민간인들－비록 소수의 사람들은 랜드(RAND)와 같은 연구소에서 일하고 있기는 하나－에 의해 발상된 것이었다. 따라서 이들 문제에 있어서 군인은 자연히 거의 예외 없이 어떤 사상이 더 좋은가 선택하는 소비자의 입장에 있었을 뿐 이들 사상의 흐름에는 거의 영향을 미치지 못하였다. 그 이유는 어쨌든 군인들에게 있어서 억제는 그의 전략 구상의 중심적인 명제가 아닌 부수적인 명제로 되어왔다는 사실을 인식하여야 할 것이다. 억제를 핵심적인 명제로 다루는 어떤 철학도 그들에게는 이질적인 것임에 틀림없다. 어느 한 군인 저자는 억제 지향적인 '현대주의자'를 가리켜 "이 사건의 흐름이 그의 주도主導에 의해서가 아니라, 타인에 의해 좌우되는 상황에서 아무 일도 성취할 수 없는 영역에서 살고 있는 사람"이라고 의미심장하게 말하고, 나아가서 그는 "억제이론에 있어서의 문제는 적에게 주도권을 양보한다는 데 있다"고 지적하고 있다. 따라서 앞의 문장에 의하면 주도권은 승리의 필수조건으로 생각하고 있다고도 할 수 있다.[6)]

6) Richard L. Curl, "Strategic Doctrine in the Nuclear Age", *Strategic Review* (U.S. Strategic Institute, Washington, D.C.), Winter 1975, p. 48.

1 억제의 필요조건

적의 선제 기습공격을 억제하기 위해 적의 공격으로부터 우리의 보복 전력을 어떻게 보존할 것인가? 이 문제는 분명히 정치적 국면이 있다. 왜냐하면 예방 조치의 필요성 여부는 적이 우리를 파괴하려 하고 있다고 우리가 생각하느냐, 않느냐에 따라 좌우되기 때문이다. 만일 상대방이 우리의 보복공격에 의해 많은 피해를 받지 않고 우리를 격멸할 수 있다고 판단한다면, 그 사실만으로 우리에게 제일격을 가할 수 있다는 개념이 통용되었다. 그러나 필자는 그렇게 생각지 않으며 또한 그 견해가 옳든, 그른 것이든 간에 적이 이것을 선택할 가능성은 없다고 본다. 그렇지만 장차에 있어서 모든 가능한 위기에 대비하기 위해서는 적의 기습 공격에 의한 우리의 보복전력報復戰力의 피해를 최소화하고 이러한 오산에 대한 징벌을 적에게 충분히 인식시키고 또한 기억하게 하는 것이 바람직하다.

적의 핵 공격을 염려하지 않아도 되었던 당시에는 미국은 자비를 베풀 수 있었다. 그러나 해가 지남에 따라 상황이 변화하였음에도 우리가 취약하게 되었다는 것을 최초로 국민들이 인식하게 된 것은 1959년 초 알버트 홀스테터(Albert Wohlstetter)의 「미묘한 공포의 균형」[7](The Delicate Balance of Terror)이라는 표제의 유명한 논문이 발표되면서부터였다. 세상에 알려져 있지 않은 일이지만 홀스테터가 이 논문을 서둘러 집필하게 된 동기는 공군에 대한 불만 때문이었다는 것이다. 그는 랜드연구소에서 1년여에 걸쳐 적의 기습 공격으로부터 우리의 폭격기를 방호하는 데 가장 좋은 방안을 발견하기 위한

7) *Foreign Affairs*, vol. 37, No. 2, January 1959, pp. 211~256.

대규모의 연구 사업을 주도해 오고 있었다. 이 연구단은 공군이 주장하였던 '공중경계'airborne alert의 사상思想—그들에게 있어서는 제2의 선택이었다—을 포함하여 여러 가지 대안을 고려한 후, 적의 기습 공격에 비용 면에서 가장 효과적인 폭격기 방호방법은 각 항공기를 지표면보다 약간 낮게 구축한 콘크리트 격납고에 대피시키는 것이라고 결론지었다. 그러나 공군은 이 지하 격납고는 마치 마지노선과 같은 것이며 너무 방어 지향적이라는 이유에서 이 방안을 일언지하에 거부하였다. 홀스테터의 논문은 이러한 상황에서 발표되었던 것이다. 그리고 이 논문에 대한 국민의 반응은 이 논문에서 묘사한 상황에 놀라움과 두려움으로 나타났다—만일 그가 가용可用한 사실들과 수치를 보다 잘 활용하였더라면 그의 논문은 설득력을 더해 주었을 것이다.

그러나 그 문제는 결론을 맺지 못하고 넘어갔다. 왜냐하면 그 논문은 대륙간탄도탄ICBM이 등장하기 직전에 발표되었고, 얼마 후에는 폴라리스Polaris 잠수함이 출현하였기 때문이었다. 그러나 홀스테터가 연구하고 있던 것은 주로 폭격기 공격에 대한 방호문제였으며, 우리는 아직도 이른바 3지주triad의 하나로서 폭격기를 보유하고 있고 또한 오늘날에는 폭격기를 적의 미사일 공격으로부터 방호하여야 할 입장에 있는 것이다. 공군은 지금도 폭격기 엄체호掩體壕를 가지고 있지 않으며 또한 이 방안을 고려하지도 않고 있다. 공군은 현재에도 적이 공격을 가해 올 때 항공기들을 공중으로 대피시키는 방법에 의존하고 있다. 사실 폭격기들에게 임무를 부여하여 미리 발진시켜도 이들의 임무를 상황에 따라 철회할 수 있다는 점에서 폭격기는 실질적으로 취약하지 않은 보복전력으로 간주되고 있는 것이다. 그리고 만일 여러 가지 형태의 모호한 경고를 이해하는 방법과 그에 대한 반응방법을 알 수만 있다면 폭격기는 신뢰성 있는 보복전력임에 틀림없을 것이다. 그러나 문제는 그들을 너무 늦게 발진시켜서는 안 될 뿐 아니라 너무 빨리 발진시켜서도 안 된다는 데 있다.

필자는 여러 가지의 정치적 경고가 항상 가용할 것이라고 암암리에 믿고 있는 공군의 입장을 전적으로 지지한다. 돌연한 공격, 다시 말해서 전혀 위기상태가 조성됨이 없이 감행되는 기습공격은 우리가 우리의 안보를 계획하는 데 있어서 하나의 출발점으로써 발생한 일이 없고 또한 적어도 현대에 있어서는 발생하지 않을 것이라는 데는 그만한 충분한 이유들이 있다. 그러나 필자는 이 같은 이유로 이런 일은 일어나지 않을 것이며 따라서 이런 일에 많은 돈을 소비할 필요가 없다고 확신한다는 것은 핵시대에 있어서 있을 수 없는 일로 생각한다.

이와 동일한 이유에서 홀스테터의 논문에 대해 부언하고자 하는 것은, 그의 논문 표제에 내포된 의미를 받아들일 수 없다는 것이다. 즉 미·소간의 공포의 균형은 '미묘'하지도 않고 또한 '미묘'해질 수도 없다. 그 이유는 홀스테터가 그의 논문에서 제시한 것들보다 훨씬 강압적인 동기에 의하지 않고서는 일반적으로 터무니없는 모험을 하려 하지 않거나, 남이 몹시 혐오하는 일들을 하려 하지 않으려는 인간은 억제심과 관계가 있기 때문이다. 이 점은 적이 일격에 파괴될 수 있다는 확고한 자신을 필요로 하는 목표, 즉 미군부대의 수가 많고 또는 다양하기 때문에 오늘날에 있어서는 더욱 그러하다.

이들 부대의 수는 마치 방심하고 있는 사이에 대영제국이 갑자기 강대해졌듯이 1960년대에 불연 중에 증대되었다. 54기의 타이탄Titan에 부가하여 1,000기의 미니트맨Minuteman을 보유하기로 결정하였고 또한 우리가 유럽에 오랫동안 보유하고 있었던 '신속 대응 경계부대'quick reaction alert force는 물론 당시에 우리가 가지고 있던 400대 이상의 B-52 폭격기에 추가하여 각각 16기의 미사일을 발사할 수 있는 41척의 폴라리스·포세이돈Poseidon 잠수함을 건조한 데는 그만한 이유가 있었다. 그러나 그 이유가 어떻든 이 수치는 소련의 보유량에 대응하기 위한 것은 아니었다. 이들 군비軍備는 사실상 우리를 압도적인 우위에 놓이게 하였고 또한 그 우위를 계속 유지케 하였으며, 그 후에도 미군이 보유하고 있던 미니트맨 미사일의 반 이상과 잠수함의 3/4에 탄두개별표적재돌입(MIRV : Multiple Independently Targetable Reentry Vehicle) 기술을 적용함으로써 더욱 강화되었다. 전략 미사일 탄두 수에 있어서 우리는 소련보다 훨씬 우위에 있고 또한 그 정확성에 있어서도 훨씬 앞서 있다.

60년대 중반에 미 국방성은 보복전력의 대부분을 지하 및 수중에 배비配備함으로써 압도적 우위를 누려왔다. 그러나 우리의 부단한 연구 노력으로 종점 유도를 하지 않고도 탄도 미사일의 정확도가 현저히 향상됨으로써 이제까지의 안정되고 안심할 수 있었던 상황이 이미 바뀌어 가고 있었다. 이런 진전은 부분적으로는 소형 전자회로분야의 발달, 즉 복잡한 컴퓨터들을 미사일에 장치하게 되고 그것을 민감한 관성유도 자이로gyro와 연결시킬 수 있게 된 결과였다. 믿을만한 소식통에 의하면 당대의 미국의 ICBM의 명중오차 반경(CEP : Circular Error Probability)은 놀랍게도 300야드 이하로 향상되었다고 한다. 하나의 물체를 약 4,000마일 거리에 있는 목표에 그처럼 정확하게 운반할 수 있다는 것은 놀랄 만한 일이다. 확실히 미국은 이 분야에 있어서 소련을 훨씬 앞질러 왔으며 또한 정확성의 향상이 우리의 지하 격납고를 위태롭게 만들지는 않았으나, 여러 체계를 발전시키는 데는 장기간의 선도시간lead time이 필요하기 때문에 이 기간에 적이 우리의 여러 가지 특정한 기술적 이점을 무효화시킬 수 있다고도 예상할 수 있다.

한편 대기권 상층에서의 X선의 효과에 관한 새로운 발견은 대對탄도탄 미사일ABM 체계에 대한 관심을 불러 일으켰다. 당초 이 체계의 개발계획은 센티널Sentinel 계획이라고 불리었으나, 닉슨 대통령은 이를 세이프가드Safeguard 계획으로 개칭하였으며 또한 미사일의 정확도의 향상은 돌연 이

계획에 하나의 타당한 목적을 부여하게 되었다. 그 당시까지 이것은 하나의 임무만을 수행하는 체계였으나, ABM체계로 지지하던 대부분의 사람들은 ABM은 도시를 유효하게 방어할 수 없다는 것을 알고 있었으므로 이것을 견고한 시설, 예를 들면 미사일 격납고 등의 방어무기로 사용하면 어떨까 하는데 관심을 갖게 되었다. 그러나 그 당시 찬반자들 간에 발생한 감정이 격렬한 ABM논쟁을 불러일으켰다. 더욱이 다른 논쟁과는 달리 이것은 식자識者와 무식자無識者 간의 토론이 아니었다. 양측은 다같이 풍부한 기술적 지식을 가지고 있었다.

필자는 비록 ABM 지지자들의 입장을 완전히 이해할 수는 없으나 이 논문을 객관적으로 평가하여 보기로 하겠다. 이미 채용하기로 결정된 ― 그리고 후에 실제로 노스 다코타North Dakota에 있는 어느 기지에 배비配備되기도 하였다 ― 이 고가高價의 고정식 세이프가드형型의 ABM은 이미 출현한 여러 가지 방법, 예를 들면 스파르탄Spartan 미사일 탄두의 X선에 대비 재돌입 운반체를 견고화하거나, MIRV에서 볼 수 있듯이 염가로 재돌입 운반체의 수를 복수화 또는 재돌입 운반체에 종점 회피 기동機動방식을 채용하거나, 기타 모든 방법이 실패할 경우일지라도 세이프가드의 레이더를 무효화시키기 위하여 장거리 탄도탄 미사일을 폐기하고 대신에 크루즈 미사일을 사용하는 등의 방법으로도 이론상 무효화될 수 있는 것으로 생각한다.

회고컨대, 가장 의문시되는 것은 복잡한 고정식 세이프가드가 이미 배비를 위해 준비 중이었던 그 당시에 미국의 ICBM에 그러한 방호防護가 과연 필요했던가? 설혹 필요했다 해도 앞으로 얼마 동안이나 그것이 필요할 것인가 하는 점이었다. 미국의 전략 핵탄두의 23%만이 ICBM에 의해 운반되고 있는 데 비해 소련은 약 66%를 운반하고 있었으며, 우리의 지하 격납고는 이미 초경화超硬化되어 있었다. 또한 소련이 ICBM으로 미국의 ICBM을 공격하는 데 있어서의 문제는 발사를 위해 많은 준비 시간이 필요하다. 왜냐하면 소련 ICBM의 대부분은 아직도 여러 가지의 액체 연료를 사용하고 있기 때문이다. 그리고 극히 짧은 시간 내에 재돌입 운반체를 서로 가까운 거리에서 폭파시키면 일종의 효과 상쇄문제가 발생한다는 것을 그 때까지 아는 사람은 한 사람도 없었다.

더욱이 소련 기획관들이 소련이 오늘날 가지고 있는 것보다 훨씬 더 정밀한 미사일로 잘 협조된 공격을 한다 하더라도 살아남을 수 있는 미국의 ICBM은 200~300기가 된다는 것을 모르거나, 미국의 3지주 중 기타 2지주(폭격기와 수중 발사 탄도 미사일)에 약 7,000~8,000발의 탄두가 있다는 것을 계산하지 못할 만큼 어리석지는 않을 것이다. 따라서 그들이 우리의 기타 보복 전력의 대부분을 동시에 그리고 자신 있게 파괴할 수 있다고 확신하지 않는 한, 제일격으로 미국의 ICBM을 파괴하려고 하는 어리석은 짓은 안 할 것임이 분명하다. 바꾸어 말하면 3지주가 의미하는 것은 각 지주가 다른 2지주로 방호해 준다는 것이다. 그 위에 전술적 경고를 받거나 적어도 동시적으로 이루어질 수 없는 공격－기간을 요한다－에 우리가 ICBM으로 반격할지 안 할지를 소련인들이 어떻게 알아낼 수 있을 것인가? 요컨대, 장기적으로 볼 때 ABM의 효용성은 아무리 보아도 의심스러운 것이었다. 따라서 이의 필요성이 정말로 확실시되기도 전에 고정식 체계를 배비한다는 것은 바람직하지 못하다.

아무튼 우리의 세이프가드 ABM은 다행히도 SALT－I 협정에 의해 사실상 폐기되었다. 부가적으로 군비軍備관리협정의 진정한 유용성은 이것이 통상 자신의 힘만으로 이룩할 수 없는 안보를 보강시키는 데 있는 것이 아니라, 양측이 자원을 낭비하지 않도록 하는 데 있다는 것을 말해 주는 것이었다.

그러나 이 협정은 우리를 오늘날의 처지에 놓이게 하고 있다. B-1폭격기는 사실상 폐기되었으나, 대신에 엄청나게 고가高價인 MX미사일이 논의되기 시작하였다. MX미사일의 중량은 미니트맨-Ⅲ의 2배 이상이며 대형 핵탄두를 14개까지 운반할 수 있을 것이라고 알려져 있다. 계획에 의하면 200~250기를 생산하게 되어 있고 미사일당 가격은 약 1억불이 소요되는 것으로 되어 있다. 미니트맨의 취약성이 지적되고 있기 때문에 공군은 MX미사일을 지지하고 있지는 않으나 이 미사일은 가공할 무기이고 또한 너무 고가이므로 이것을 이동식－이동식으로 할 경우 이 체계의 비용은 거의 2배가 소요된다 －으로 배비하는 것이 타당하리라고 생각된다. 현재 우리는 트라이덴트－트라이덴트는 우리의 전략 잠수함의 작전 능력을 현재의 약 250만 평방 마일에서 약 400만 평방 마일로 증강시킨다－와 크루즈 미사일에 추가하여 MX미사일을 필요로 하는가에 대해서는 현재 이의 취약성을 검토 중으로 아직 결정을 하지 못하고 있다. 이의 지지자들과 반대자들은 정치적 입장에서라기보다는 그들이 현 위기대책위원회의 주장을 지지하느냐, 아니면 그들의 주장에 신경을 쓰지 않느냐에 따라 그들의 입장이 정해질 것이다.

2 억제를 위해서 어느 정도의 힘이면 충분한가

이것은 어떤 형태로든 항상 문제로 되어왔으나 미국의 전략 핵탄두의 수가 최소한 9,000~10,000개에 이르게 된 지금에 와서 이 문제가 새삼스럽게 제기된 데 대해 놀라움을 금치 못하고 있다. 그럼에도 우리는 리차드 파이프스(Richard Pipes)의 성명과 같은 성명들에 고민하고 있다. 하버드 대학 러시아 역사 교수인 파이프스의 말에 관심을 갖지 않을 수 없는 것은 그가 작년에 CIA관계 당국이 소련의 의도를 너무 안일하게 판단한 데 대해 이를 재평가하여야 한다는 조지 키간(George Keegan) 소장少將의 주장으로 구성된

B팀의 연구단장이었기 때문이다. 그가 최근에 『코멘터리』*Commentary*지誌에 발표한 「왜 소련은 핵전쟁을 수행할 수 있고 또한 승리할 수 있다고 생각하고 있는가?」[8] (Why the Soviet Union Thinks It Could Fight and Nuclear War)라는 표제의 논문을 인쇄하여 파이프스 교수가 핵심 멤버로 되어 있는 현 위기대책위원회와 이와 견해를 함께 하고 있는 국가전략연구소National Strategy Information Center에 의해 배부되었다.

파이프스 교수의 논문 표제의 '왜'why라는 의문은 소련이 실제로 그가 말하고 있는 것처럼 그렇게 생각하고 있는가whether라는 선도先導 질문 다음에 제기되어야만 할 성질의 것이다. 다시 말해서 소련의 누가 핵전쟁을 수행할 수 있고 또한 승리할 수 있다고 생각하고 있는가?라고 먼저 문제를 제기했어야 할 것이다. 그의 논문에 의하면 그렇게 사고思考하고 있는 사람은 여러 소련 장성들이라고만 기술되어 있을 뿐 정치 지도자의 이름은 한 사람도 언급되어 있지 않다. 이 점에 있어서 미국에도 핵전쟁은 수행할 수 있고 또한 승리할 수 있다고 생각하는 미국 장성들도 많이 있다고 말함으로써 이 문제를 간단히 보아 넘길 수도 있을 것이다. 그러면 파이프스의 논문이 어떤 근거에서 씌어졌는지 알아보는 것은 흥미 있는 일일 것이다.

가장 중요한 논거는 "소련 장성들은 클라우제비츠가 말한 전쟁의 기본적 기능은 영구불변한 것"이라고 믿고 있다는 것이며, 또한 그는 그의 자신의 주장을 강조하기 위해 "정책의 연장이라는 전쟁의 본질은 기술과 무장의 변화에 관계없이 변하지 않는다"는 취지로 고故 소콜로프스키 원수의 말을 인용하고 있다.[9]

---

8) *Commentary*, vol. 64, No. 1, July 1977, pp. 21~34. 그리고 그 다음 호(*Commentary*, vol. 64, No. 3, Sept. 1977, pp. 4~26)에 게재된 이 논문에 대한 여러 비평을 참조할 것.
9) *Commentary*, July 1977, p. 30.

파이프스 교수는 이 유명한 클라우제비츠의 격언을 클라우제비츠가 의도했던 것과는 전혀 다르게 해석하고 있는 것이 분명하다. 우리는 그의 논문의 기타 부문에서 소콜로프스키가 클라우제비츠를 면밀하게 연구하였다는 것을 알 수는 있으나, 소콜로프스키 원수가 의도한 바가 무엇이었는가 하는 것은 밝히지 않고 있다. 사실 핵 억제에 관해 우리가 생각하고 있는 모든 것의 가장 기초가 되는 클라우제비츠의 진의眞意는 그의 저서 『전쟁론』(*On War*)의 제1편과 8편에 상세히 나타나 있다. 즉 본질적으로 그의 사상은 만일 전쟁이 어떤 타당한 정치적 목적을 추구하는 데 있지 않다면, 그 전쟁은 무의미한 파괴일 뿐이라는 것이다. 전략 핵 교환에 있어서 불가피한 파괴를 정당화시키고 또한 모든 핵 억제 개념을 신뢰할 수 있게 만드는 타당한 정치적 목적을 발견할 수 있다 하더라도, 실제로 그것을 발견하기란 어려운 일이다. 요컨대, 인용된 소콜로프스키 원수의 말이 음흉한 동기에서 나온 것이 아니라면 우리는 전적으로 이에 동의할 수 있다.

파이프스 교수는 필자가 30년 전에 발표한 논문에서 "핵전쟁에서 승리하기보다는 오히려 핵전쟁을 억제하는 것이 더 중요하다"는 나의 주장에 이의異議를 제기하고 있다. 그 이유는 이 억제라는 것은 일반적으로 미국의 전략사상에 부정적 영향을 미치기 때문이라는 것이다. 그렇다면 그는 이것을 어떻게 하려는 것인지 알고 싶다. 파이프스 교수와 그에게 동조하는 동료들은, 소련은 그의 지도자들이 미국에 대해 침략전쟁 수행을 자중하거나 절제할 수 없는 미국과 상충되는 그러한 이해관계利害關係를 가지고 있다고 암시하거나 또 몇몇 사람은 그렇게 말하고 있다고 주장하고 있다. 그러나 그들은 소련이 미국에게 양보할 수 없는 이익이 무엇인지를 우리에게 명확히 전달하지 못함으로써, 흔히 오산을 초래케 한다. 따라서 우리는 위기 시에 있어서 오산을 하지 않도록 관심을 가져야 한다. 그러나 이것은 어디까지나 전쟁을 못하게 하기 위해서가 아니라 억제를 하기 위해서이다.

키간 장군은, 소련 지도자들은 단순히 미국이 강대한 경쟁자이기 때문에 미국을 배제하고 싶어 하는 것으로 생각하고 있는 것 같고, 또한 비록 아직도 수백만 명의 사상자를 최소한으로 감소시킬 수 있게 되었는데도 여기에 대해서 잘못 생각하고 있다. 그리고 또한 그는 소련이 지상에 투입한 모든 시설은 실질적으로 파괴될 것이라고만 말했을 뿐 낙진落塵에 대해서는 언급하지 않고 있다. 파이프스 교수를 포함한 기타 사람들은 소련은 제2차 세계대전 중에 2,000~3,000만 명의 희생자를 냈다고 지적하고 있는데, 그것을 마치 당시의 소련 지도자들의 선택, 즉 이 희생은 나치를 파멸로 유인하기 위한 하나의 책략策略으로서 고의적인 것이었다고 말하고 있다.

현 위기대책위원회의 또 한 사람의 중심 인물인 폴 니체는 하나의 시나리오를 제시하고 있다. 그 시나리오에 의하면 소련의 기습공격은 확실히 미국의 보복전력의 일부분 밖에 제거할 수 없을 것이다. 그래도 이 공격으로 미국은 극히 열세에 놓이게 될 것이므로 그 당시에 누가 대통령이든 간에 대통령은 핵 보복을 하지 못하고 전쟁을 중지하게 될 것이며, 이리하여 소련은 어떤 방법으로도 포착하기 어려운 기습적인 제1격에 무난히 성공할 것이라는 것이다.[10] 이것은 하나의 흥미 있는 사고思考이긴 하나 너무 모험적인 생각이며 또한 미국 대통령이 보복하지 않을 것이라고 확신하는 어리석은 소련 지도자들도 없을 것이다. 더욱이 니체 자신도 이에 대해 확신을 갖지 못하고 있다. 그는 다만 미국 대통령이 보복하지 않을 것으로 믿는다고 말하고 있다.

---

10) Paul H. Nitze, "Deterring our Deterrent", *Foreign Policy*, No. 25, Winter 1976~77, pp. 195~210.

그러나 우리가 반문하지 않을 수 없는 점은 비록 그들의 판단이 모두 옳은 것이라 할지라도 이 사람들은 우리에게 어떻게 하라는 것인지 알 수가 없다. 예방전쟁을 일으키라는 것인지? 물론 아니다. 이에 대한 해답으로 제시된 몇 가지 경우를 보면 억제전략을 폐기하고 전쟁에서 승리하는 전략을 채용하여야 한다는 것이다. 이것은 무엇을 의미하는가? 우리가 전쟁을 일으키거나, 전쟁발발을 환영하지 않는 한 우리의 평화전략은 억제전략 이외에는 없다. 그러나 그 차이는 의도적인 것이다. 군부에서는 최선의 억제력은 전승전력戰勝戰力이라고 말해 오고 있다. 이러한 말은 과거에는 확실히 의의가 있는 것이었으며 또한 핵시대에 있어서도 전술적 전력이나 전역전력戰域戰力의 수준에서는 다소의 의미를 갖는다. 그러나 우리가 전략 핵 교환을 지칭할 때는 부정적인 의미 외에 합리적인 의의를 발견할 수 없다. 전승전력이란, 이 용어를 사용하는 사람들에 따라 뜻이 다르기 때문에 정확하게 말할 수는 없으나, 대체로 그들은 전승전력을 그들의 적대전력敵對戰力에 비해 여러 가지 중요한 속성 중 어느 하나에 있어서도 결정적으로 열세하지 않은 전력을 의미하고 있다.

미국의 ICBM 보유수는 소련의 약 2/3 정도이고 투발중량投發重量에 있어서도 실제로 열세하다. 사실 1970년 이래 미국은 소련보다 더 많은 ICBM을 생산, 배비하였음에도(550 대 330) 보유수에서 차이가 나는 것은 미국이 구형을 신형으로 대치한 데 반해, 소련은 그들이 생산한 거의 모든 ICBM을 현역으로 유지하였기 때문이었다.—이는 또한 양국의 전력 간에 질적인 차이가 있음을 말해 주기도 한다. 여러 출처에서 자주 듣고 있는 투발중량에 관해 말한다면, 미 군부는 약 20년 전에 소련의 ICBM보다 소형의 ICBM을 선택했었다는 것은 기억할 필요가 있다. 이것은 적어도 다음과 같은 세 가지 이유에서였다. 첫째, 미국은 고체 연료 추진제를 사용하여 준비태세를 향상시켜 왔고, 둘째, 우리의 ICBM의 정확도가 소련의 것보다 훨씬 우월하고 또한 당분간 그러한 상태가 지속될 것으로 보았으며, 셋째, 우리 ICBM 탄두는 소형이나 생각처럼 그렇게 작은 것이 아니라는 것이다. 히로시마를 황폐케 한 폭탄은 14kt에 불과했다는 것을 기억해야 할 것이다.

견고한 점點 목표이든 아니든 간에 훨씬 많은 탄두, 훨씬 높은 정확도와 준비태세를 갖추고 있는 미국의 보복전력 — 구태여 말한다면 전승전력 — 은 오늘날에도 소련의 전력보다 분명히 우위에 있다. 그리고 비록 그 상태가 오늘날에도 유지되고 있다 할지라도 얼마 전에는 어떠했는가? 현 위기대책위원회에서 발간한 한 책은 "소련은 전략무기를 대폭적으로 증강하고 있으며, 이 증강은 역사상 유례없는 것이다"[11]고 말하고 있다. 바꾸어 말하면 이것은 어느 누구도 60년대에 있어서 미국의 전략무기 증강을 전례 없는 것이라고 볼 수 없다는 것을 의미한다. 우리가 소련이 왜 군비軍備를 증강하는가의 이유를 깊이 규명해 본다면 소련의 군비 증강은 우리들에 의해 시작되었고, 더욱이 우리의 열세를 만회하겠다는 우리의 욕망에 의해 계속 자극되고 있기 때문이 아닌가라고 판단된다.

3 핵무기는 무엇을 억제하려는 것인가

이 문제는 핵시대 초기에 있어서는 전혀 제기되지 않았었다. 그 당시의 교리는 모든 현대전은 총력전이며 또한 우리가 심각하게 생각할 수 있는 전쟁은 미·소간의 전쟁뿐이었다. 이 견해는 한국전쟁 초반에 대두되었다. 미 국방성은 한국전쟁은 소련이 유럽을 공격할 준비를 하기 위해 미국을 서태평

11) Committee on the Present Danger : "Where We Stand on Salt", July 6, 1977, p. 5.

양으로 유인하는 하나의 책략으로 생각하였다. 그 후 열핵무기(수소폭탄)가 출현하였는데, 이것은 사람들로 하여금 전면전쟁을 제한전쟁 또는 전역戰域전쟁과 분리시킬 필요가 있다는 사고思考를 가지게끔 한 동기가 되었다. 그 다음에 탄생한 아이젠하워 행정부는 다소 격세유전적隔世遺傳的인 대량보복전략을 채택하였다.

1954년 1월 덜레스 국무장관이 행한 그 유명한 연설은 강력한 반응을 불러일으켰고 또한 이것은 1961년 케네디 행정부의 출현과 저명한 국방장관 로버트 S. 맥나마라의 등용으로 마침내 열매를 맺게 되었다.

이리하여 이 사상은 전략 핵전력은 전략 핵전력의 사용에 대해서만 억제할 수 있을 뿐 기타 형태의 전력에 대해서는 거의 억제할 수 없는 것으로 발전되었다. 이와는 반대로 몇몇 사람들은 비록 전쟁 발생 가능성은 상존하고 있고 또한 어느 한 방면에서의 전쟁의 봉쇄는 다른 방면에서의 전쟁 발생을 강요할 뿐이었음에도 전략 핵무기의 존재는 전쟁을 감소시켰다고 주장하였다.

그 후 핵무기는 외교와 분리되어야 한다는 주장이 나왔다. 왜냐하면 핵무기는 어차피 사용되지 않을 것이 분명하기 때문이었다. 다음 단계로 핵무기는 유럽 전역전쟁戰域戰爭에서도 사용되어서는 안 되며 이외 사용을 회피할 수 있는 길은 전술 핵무기의 사용을 감소시키는 우리의 재래식 무기에 기대할 수 있는 것 이상의 전역戰域 억제력으로서 훨씬 효과적이라고 주장하였다. 케네디 대통령과 맥나마라 장관은 이 사상을 쾌히 채용하였고, 군부 특히 육군과 해군은 주저 끝에 이를 채용하였다. 결국 대규모의 재래식 전력은 무엇보다도 중요한 것이 되었고 이는 또한 군부 지도자들이 싸우는 방법을 알고 있는 그러한 전쟁을 의미하는 것이었다.

이리하여 약 16년 전에 하나의 신기하고 급진적인 사상이었던 것이 특히 미국에서는 이미 오래 전에 재래의 전략사상으로 바뀌었던 것이다. 그리고 좋고 나쁜 것은 고사하고 이 사상은 미국으로 하여금 막대한 자금을 소비케 하였다. 대량보복사상은 주창자들에 의해 결국 경제를 이유로 정당화되었고, 이 사상으로부터 이탈하면 할수록 비용은 더욱 지출되었다.

재래식 군비軍備 증강정책의 이점은 이미 널리 보도되고 또한 잘 알려져 있으므로 필자는 다만 몇 가지 반대 견해만을 예시키로 하겠다.

4 전술 핵무기의 역할

첫째, 알레인 엔토벤(Alain Enthoven)과 같은 사람들이 전술 핵무기의 폐기를 시종일관 주장한 가장 큰 이유의 하나는 전술 핵무기의 부수적 피해 효과 때문이었다.[12] 이 견해에 따르면 비록 소형의 핵무기일지라도 야전에서 단 1발을 사용한다 하더라도 일부 또는 모든 핵무기의 사용을 유발하는 점화선이 될 것이다. 따라서 1발의 핵무기가 급속히 그리고 직접적으로 파멸을 초래케 한다는 것이다. 우리의 동맹인 유럽인들은 이 같은 사상을 가지고 있기 때문에 전술 핵무기의 배비에 찬성하고 있다는 것은 흥미 있는 일이다. 다시 말해서 많은 사람들이 그 사상에 반대하고 있는 바로 그 이유로 그들은 이것에 찬성하고 있다는 것을 의미한다. 필자의 의견으로는 양자 다 같이 잘못이라고 본다. 제2차 세계대전 시에는 전술폭격과 전략폭격을 구분할 필요가 없었으며 또한 정치적으로도 전략폭격을 감행하는 것이 바람직하다고 판단하였기 때문에 전략폭격을 회피할 필요가 없었다. 핵무기가

12) Alain C. Enthoven은 약 15년 동안 이 사상의 대표적 주창자였다. 저명한 사상가인 Albert Wohlstetter와 Thomas C. Schelling도 이 학파에 속한다. 이 명제에 관한 Enthoven의 가장 최근의 논문은 "U.S. Forces in Europe : How Many? Doing What?"이며 *Foreign Affairs*, April 1975, pp. 512~532.

사용될 경우, 특히 현재 존재하고 있는 많은 핵무기보다 훨씬 소형의 전술 핵무기로 바뀌게 될 경우에도 이러한 구분이 더 어렵게 되리라고 생각지 않는다는 것이다.

둘째, 각 강대국의 전략 핵전력은 상대방에 대해 어떤 호전적인 행동을 하지 못하도록 한다는 것이다. 이것은 쿠바 미사일 위기 시에 입증된 것이다. 그 당시 우리가 알고 있는 우리 편과 우리가 추측할 수 있는 확실한 근거를 가지고 있는 상대방은 서로 전략 핵전쟁을 각오하고 있는 것으로 생각하였다. 우리가 핵무장에 있어서 압도적인 우위를 차지하고 있다는 것은 알고 있었으나 마음을 놓을 수 없었다는 것도 또한 기억할 필요가 있다.[13] 여기에서 핵전의 가능성과 적어도 두 강대국 간에 있어서 이 일반적인 억제효과를 가질 필요가 있다는 것을 궁극적으로 인정케 한 것은 참으로 두려운 일이다. 적으로 하여금 전쟁을 도발하지 않고는 결코 침략적인 행동을 취할 수 없다는 것을 알리기 위해서는 우리가 전역戰域에 어느 정도의 군사력을 필요로 한다는 것을 인정한다 하더라도 이것은 경제적으로 여유가 있을 때 한하여 가능하다.

실제로 우리 동맹국은 이 문제에 있어서 우리에게 선택권을 주지 않고 있으며 그들은 또한 그렇게 하지 않을 것으로 판단되었다. 왜냐하면 그들은 소련을 단순히 공격 위협으로 보지 않고 있기 때문이다. 그러므로 그들은 우리 정부가 재래식 전쟁에서 요구되는 수준으로 군사력을 증강토록 오랫동안 촉구해 왔음에도, 그들은 계속 완강히 거부하여 왔다. 따라서 우리는 현재 유럽에 진정한 재래전 능력, 즉 서방에 대한 소련의 계획적인 재래식 공격에

---

13) 특히 Robert F. Kennedy, *Thirteen Days : A Memoir of the Cuban Missile Crisis* (New York : W. W. Norton, 1969)참조. 케네디는 그의 결심을 대화 과정에서 미국이 핵무장에 있어서 명백히 우위에 있기 때문에 소련이 전쟁을 일으키지 못할 것이라는 말도 하지 않았고 또한 그러한 제안에 대꾸도 하지 않았다는 것은 흥미 있는 일이다. 이것은 그가 이에 관해 생각하지 않았다는 것은 물론 아니다.

대항할 수 있는 능력을 가지고 있지 않으며 또한 보유하게 될 것 같지도 않다. 그렇다고 우리는 우수한 전술 핵무기 능력도 가지고 있지 않다. 그러나 후자는 획득하기 용이하며 이것은 또한 대부분의 기존 교리, 훈련 및 무기의 변화를 뜻하나 인원이나 장비의 대폭적인 증가는 필요로 하지 않는다.

셋째, 가장 중요한 것은 우리의 모든 전쟁계획은 소련의 주요 침략적 행동을 예상하여 수립된 것이기 때문에 그 선택은 사실 우리가 할 수 없을 것이라는 것을 우리는 인식하여야 한다. 소련은 극히 중요한 무기의 선택권이 우리에게 있는 곳에서는 결코 적대행위를 도발할 것 같지 않다. 하여튼 우리는 그들이 우리에게 선택권을 줄 것이라고 상상할 수 없다. 우리는 현재 만일 소련이 먼저 전술 핵무기를 사용하거나 우리 자신이 전술 핵무기를 사용하지 않고서는 패배를 면치 못할 경우에 한해서 그것을 사용하는 것으로 되어 있다. 만일 소련이 획기적인 공격을 하려고 한다면 그들은 전술 핵무기의 사용을 억제할 것이고, 만일 그들이 이의 사용을 억제한다면 그것은 그들이 전술 핵무기를 사용하지 않고도 우리를 신속하게 압도할 수 있다고 확실할 때일 것이다. 우리가 앉아서 보고 기다릴 수 있다고 생각한다는 것은 어리석은 짓이다. 급변하는 전투상황 하에서 기존 태세와 전술을 대폭으로 바꾼다는 것은 그리 쉬운 일이 아니며 특히 어느 한편이 압도당하고 있는 과정에서는 더욱 어려운 것이다. 끝으로, 우리가 전술 핵무기의 사용과 사용하지 않는 것을 구분하듯이 그들도 이를 명백히 구분하고 있다고 볼 수 있을 만한 어떤 공개된 전술교리를 발견할 수 없다는 것이다. 그들은 우리가 주장하는 교리를 기꺼이 받아들이기는커녕 오히려 이 교리를 분명히 거부해 왔다.

소련이 유럽에서 우리에 대해 기습공격을 가하려 하고 있는 것 같지는 않다. 오히려 그와는 반대이다. 그러므로 이 분야에 대한 우리의 투자는 상대적으로 신중히 고려하여야 할 것이다. 그러나 만일 우리가 무릇 어떤 실질적인 전력을 보유한다면, 그것은 진정 하나의 전투력으로서 또한 확실한 억제력으로서 효력을 가지는 전력이어야 할 것이다. 어떤 부대를–비단 그 부대가 기본적으로 사용할 수 없는 핵무기를 보유하고 있다 하더라도– 재래식으로 싸우게 하기 위해 훈련하고 장비시킨다는 것은 무의미한 것이며, 전술적으로만 사용하기 위해 고안된 핵무기를 가지고 처음부터 싸우도록 훈련 및 장비된 부대보다도 억제력을 훌륭히 발휘할 수 있는 부대로 만들어야 할 것이다. 후자의 경우에 있어서 진보된 방사선 폭탄 이른바 중성자탄–최적의 효과를 유지하면서 폭탄을 소형으로 만든 것–과 같은 것을 의미하는 데, 이것이 어떤 것이며 또한 이것은 하나의 이상적인 대對전차 무기가 된다는 것이 국민에게 알려져야 한다.

5 전시戰時 전략 핵무기의 사용

여기서 전 국방장관 제임스 R. 슐레진저(James R. Schlesinger)의 견해–이것은 꽤 오래 된 사상보다 정확하게 묘사한 견해이지만[14]–에 관해 간단히 필자의 의견을 밝혀두고자 한다. 슐레진저가 제안한 방식은 이의 열렬한 주창자인 벤자민 렘베드(Benjamin Lembeth)에 의해 가장 잘 설명되고 있고 또한 이를 발전시켰다.[15]

이의 일반적인 사상은 이른바 맞으면 때린다는 식의 억제방식, 즉 처음 제

14) 이와 동일한 사상은 Klaus Knorr and Thornton Read. eds., *Limited Strategic War* (New York : Praeger, 1962)에서도 찾아볼 수 있다.

15) Benjamin S. Lambeth, *Selective Nuclear Options in American and Soviet Strategic Policy*, RAND보고서 R-2034-DDRE. Dec. 1976. 본문에서는 비록 비평하였으나, 렘베드는 미래에 있어서 미국은 결코 제한된 先制使用을 하지 못하게 될 것이라고 강력히 주장하고 있다는 것을 필자는 지적해 둔다.

일격을 받을 때까지 기다렸다가 다음에 가급적 신속히 보유하고 있는 모든 핵무기로 보복한다는 방식 이외의 다른 대안을 발견하려는 것이다. 슐레진저 파派가 제안한 대안은 우리는 위기 기간 중에 전략 핵무기의 사용을 개시할 수 있도록 준비하여야 하며 또한 이를 사용할 때는 처음 한 번에 여러 발, 즉 1~2발만을 사용한다는 것이다. 이는 핵무기 사용도 불사하겠다는 우리의 '의지' 또는 '결정'을 상대방에게 보여주기 위해서 하는 것이다. 다소 부차적인 것이긴 하나 또 다른 하나의 목적은 적의 최고 지도자들이 지하로 피신할 기회를 갖기 전에 최고 지휘 및 통제기구를 파괴시키기 위한 것이라는 것이다.

많은 사람들은 적의 공격에 대한 보복으로 가능한 한 신속히 우리의 모든 핵무기를 투발投發하는 계획에 대해 의문을 제기해 왔다. 왜냐하면 대부분의 목표들은 시급을 요하는 것도 아니고 또한 우리 자신의 무기의 대부분이 직접적으로 위협을 받고 있는 것도 아니기 때문이다. 전략 핵 교환 초의 주요 전쟁목표는 이 전쟁을 조속하게 종결시키는 것이어야 하며 또한 양측 다 같이 가능한 한 피해를 최소화시키는 데 두어야 한다. 미 군부는 우리와 다른 견해를 가져왔다. 합참의장 조지 브라운(George Brown) 대장에 따르면, "현재 우리가 하고 있는 것은 전략 회복능력을 목표로 하고 있다."[16] 다시 말해서 그들의 목적은 전략 핵 교환 시 소련의 산업시설과 인민에 대해 우리보다 더 격심한 피해를 가하고 그럼으로써 전쟁에서 회복할 수 없도록 하는 데 있다는 것이다. 이 사상은 무엇보다도 우리들로 하여금 카르타고Carthage의 운명을 상기케 하는 것이다. 보다 최근에 미국은 통상 패전국에 수립된 신정부가 우리의 체제와 같은 형태를 채용하게 될 것이라는 기대를 가지고 패전

16) *The Defense Monitor* (Center for Denfense Information, Washington, D. C.), vol. 6, No. 6, August 1977, p. 2에서 인용.

한 적국의 부흥을 위해 많은 노력과 재정적 지원을 해 왔다.

만일 영향력이 대단히 큰 군부의 결정이 어떤 정치적 목적에서 벗어나고 또한 우리의 최고 정치 지도자들이 억제가 아닌 전쟁에 자동적으로 말려들게 하는 극히 바람직하지 않은 상황으로 이끌어 간다면 이는 전적으로 클라우제비츠의 규범에 역행하는 것이 된다. 그럼에도 불구하고 '보복능력'을 목표로 한다는 것은 보유하고 있는 핵무기를 신속히 소비하도록 유발할 수도 있다는 것을 우리는 인식하여야 한다.

그러나 슐레진저-렘베드 파의 제안은 우리들에 대한 적의 공격에 과도하게 또는 너무 빨리 보복한다는 문제와는 사실상 관계가 없다. 이의 중심적 사상은 보복이라는 속박에서 벗어나서 이제까지 무시되었거나 적어도 신중히 고려해 보지 않았던 이점을 얻기 위해 우리가 제일격을 가할 수도 있다는 판단을 국민들이 갖도록 하는 데 있는 것이다. 물론 이 사상은 단순한 경고를 위해 사용하는 것이니만큼 가급적 소수의 무기만을 사용하여야 한다는 것이지만, 이 사상은 핵무기 교환을 개시할 수 있도록 준비하여야 한다는 중심적 관념에 대한 단순한 변명처럼 때로는 판단된다. 반대로 적은 우리의 온당하고 자비로운 의도를 오해하여 그가 준비하였던 모든 수단을 사용할 것임에 틀림없다.

슐레진저-렘베드 파는 맥나마라가 국방장관 재직 시 특히 높이 평가받았던 주제, 즉 위기 시 대통령의 선택의 폭을 확대시켰다. 대통령의 선택의 폭이 확대된다는 것은 분명히 좋은 것이다라는 관념은 개인적인 것이다. 왜냐하면 첫째, 이것은 합법적 정부의 기본적 교리教理에 직접적으로 위배하는 것이기 때문이다. 그 좋은 예의 하나는 월남전쟁 중 의회와 닉슨 대통령의 대통령으로서의 대권과 개전開戰권한에 대한 헌법상의 제한문제에 관한 장기간에 걸친 논쟁이다. 법적 및 실용주의적 측면에서 국가 이익이 대통령의 선택권의 확대에 있는가는 그 당시나 지금이나 명백하지 않다. 보다 최근에 의회가 분명히 붕괴되어가고 있었던 월남정부에 막대한 양의 군수물자를 지원할 수 있는 포드 대통령의 권한을 거부하였고, 그 후에는 앙골라Angola에 파병을 하지 않고 군수물자만을 지원하려는 대통령의 권한도 거부한 사실을 우리는 알고 있다. 이 경우에 있어서 포드 대통령과 국무장관은 의회를 맹렬히 비난하였고 그들의 의지에 부당하게 반대함으로써 미국의 이익을 손상시켰다고 엄중히 경고하였다. 이 두 예에서 이들 경고가 시간이 흐름에 따라 과장된 것이었다는 것이 입증되었다. 요컨대 대통령이 항상 사태를 가장 잘 파악하고 있는 것은 아니라는 것이다.

위의 예들은 행정부의 권한에 대한 법적 제약을 의미한다. 그러나 법적 제한은 특정한 경우에 있어서 국가 이익에 영향을 미칠 수도 있다. 즉 이러한 제약은 반드시 있어야 한다는 사상은 독재정치가 아닌 민주주의에 있어서는 가장 기본적인 것이다. 그러나 또 다른 경우, 즉 만일 어떤 다른 전망이 보일 때 적시에 갖추어져 있어야 할 특정한 물리적 능력의 부족으로 이 제한이 부과될 경우도 있다. 최근에는 물리적 수단에 있어서 대통령의 선택의 폭이 넓을수록 더 좋다는 것이 일반적으로 인정되고 있는가, 이것이 왜 그러해야 하는가는 또한 전혀 분명하지 않다.

실제로 재래식 전력을 증강하는 것은 핵무기 사용을 선택하여야 하는 특정한 환경에서 대통령에게 가하는 압력을 감소시키거나 제거하기 위한 것이라는 상기上記의 논의에 있어서처럼, 이 명제는 그 후 선택의 폭을 확대시킨다는 의미에서 옹호되어 왔다. 불행히도 케네디 대통령이 그 이유로 해서 재래식 전력을 확장하였음에도 그의 후계자는 1965년 초에 예비역을 소집하지 않고 월남에 이 전투부대들을 파병하였다. 그의 선택권은 특히 그의 자신의 성격과 전망을 합치시키는 하나의 방편으로 확대되었다. 그러나 그 결과가 국가 이익에 보탬이 되었는지는 분명치 않다. 따라서 대통령은 단 한 가지 경우에 너무 좌우되어서는 안 된다는 것이다. 존슨 대통령도 충분한 지상군을 보유하여야 한다는 데 반대하지는 않았다. 그러나 대통령의 군사적 선택의 폭을 확대시키는 것이 항상 좋다는 관념에는 의문의 여지가 있다. 우리가 항상 현명한 대통령을 가질 수만 있다면 좋은 일이다. 그러나 이것은 또한 그 지혜에 더 많은 부담을 안겨 주게 되고 그래서 그 지혜가 부족하게 되면 더욱 많은 부담을 안겨 주게 된다. 사람들을 곤경에 빠지지 않도록 하는 한 가지 길은 그들을 그 곤경에 빠지게 하는 수단을 거부하는 것이라는 옛말이 있다. 우리는 대통령의 손에 방대한 군사력을 맡겨 왔다. 왜냐하면 우리는 국가의 안보가 우리들로 하여금 그렇게 하도록 요구하고 있고 또한 우리는 대통령이 이 군사력을 현명하게 사용할 것이라고 믿어야 할 의무가 있다고 믿었기 때문이다. 그러나 단순히 그의 선택의 폭을 확대시키기 위하여 그의 권한을 확대시키는 것은 의무상의 신뢰를 강요하는 것이 될 것이다.

아무튼 대통령이 슐레진저의 제안처럼 필히 가져야 할 권한, 즉 제1격을 가할 수 있는 권한을 현재 가지고 있지 않다면 우리들 자신이 그가 그 권한을 가지도록 힘써야 한다는 것은 참으로 극히 기이한 제안이 아닐 수 없다. 크루즈 미사일과 같은 어떤 무기들은 그들의 정확도가 극히 높기 때문에 일부 환상적인 사람들이 말하듯이 그것을 파괴함으로써 어떤 희생이나 위험을 초래함이 없이 승리할 수 있는 그러한 결정적이고 주요한 목표공격surgical strike에 특히 유효할 것이다. 그러나 이런 무기를 요구하는 것은 대통령으로 하여금 이러한 시험을 자유롭게 할 수 있게 하기 위해서가 아니라 다른 이유에서이다.

사실에 있어서 위기가 닥쳐왔거나 닥쳐오고 있다면 미국의 권좌에 앉아 있는 사람은 적어도 쿠바 미사일 위기 시에 존 F. 케네디 대통령이 가졌던 조심성을 갖게 될 가능성이 크다는 것이다. 당시 케네디 대통령은 미국이 물리적 힘을 경솔하게 사용하게 되면 핵전쟁을 초래할 가능성이 있다는 그의 동생의 간절한 조언에 간담이 서늘해졌다.[17] 그러나 그는 대결하기로 결정함과 동시에 적에게 그의 요구사항을 명확하게 전달하였다. 케네디 대통령은 모든 대통령이 이 같은 상황에 처하였을 때 자기가 할 바를 알고 있기를 우리가 기대하는 그러한 비범한 용기를 지닌 사람이었다는 것에 불과하다. 그러나 이 위기 기간 중 그가 시험하고자 하였던 최후의 행동은 그의 결심을 보여주기 위해 폭력수단의 사용도 불사하겠다는 것이었음을 우리는 알고 있다.

1962년 10월의 위기보다 더 심각한 위기가 닥쳐올 수도 있다. 그러나 그러한 위기 중 미국을 위해 최종적인 결정을 내려야 하는 사람은 그가 보여주어야 할 결심을 필사적으로 탐구할 것임에 틀림없으며 또한 그것을 발견하는 데 어려움을 겪게 될 것이다. 요컨대 극도로 긴장된 위기, 더욱이 전역戰域전쟁이 진행 중일 때 제한된 수량이긴 하나 전략 핵무기를 발사함으로써 목적을 달성할 수 있다는 개념은 이러한 처지에 있는 국가에 모험을 안겨주고 또한 결심을 내려야 하는 사람에게 큰 짐을 지게 할 것이라는 것은 생각지 않은 듯 하다. 인간이 실제로 위기 시에 어떻게 행동하느냐를 떠나서 이것은 레이몽 아롱(Raymond Aron)이 정의한 바 있는 '공상 과학소설'과 같은 '전략적 공상'과 같은 것이라 할 수 있다.[18]

렘베드는 슐레진저의 제안은 바로 이제까지의 극히 경직된 사상에 융통성을 도입한 것이며, 또한 이전에는 전략이 존재하지 않은 곳에 전략-선택

---

17) Robert F. Kennedy, *op. cit.*
18) Alastair Buchan, ed., *Problems of Modern Strategy* (London : Chatto&Windus, 1970), p. 30에 있는 Raymond Aron, "The Evolution of Strategic Thought."

의 형태로－을 도입한 것이라고 주장하고 있지만 이것은 단지 그의 말장난에 지나지 않는다. 전쟁과 평화 간의 차이는 중대한 것이다. 전략 열핵전쟁과 우리가 과거에 알아왔던 전쟁과는 분명히 큰 차이가 있다.

우리들이 엄청난 참화를 입지 않게 하거나 적으로 하여금 열핵전쟁을 일으키지 않도록 하기 위해 우리가 경직성을 갖는다면, 그 경직성은 유익한 것이다. 그리고 고도의 긴장상태 하에서 대통령이 내려야 할 선택이 어느 누구의 전략이든 우리가 염려할 필요는 없다. 중요한 것은 그런 환경 하에서 현명한 선택을 하는 것이다.

전술 핵무기의 확전擴戰 위기 때문에 이의 사용을 계속 반대해 왔던 사람들에 의해 위에서 토의된 사상이 발전·추진되었다는 것은 특히 흥미 있는 일이다. 그리고 그 위험은 무기가 사용되는 전략목표의 종류와 형태에 따라 달라질 것임에 틀림없다. 비록 우리 자신의 보복전력을 관리하는 사람들이 한 발 또는 여러 발의 적의 탄두가 우리 머리 위에 떨어진다고 해서 그것을 전면공격의 개시로 생각하지 않도록 통제한다는 것은 참으로 바람직한 것이지만, 그 같은 통제가 가능하리라고는 우리 자신들도 거의 생각할 수 없으며 또한 우리는 상대편도 그렇게 생각해 주기를 기대해서도 결코 안 된다.

끝으로 이 제안에 한 마디 부언하고자 하는 것은 미국의 국방성에는 여러 가지 기술과 때로는 상당한 상상력을 가진 사람들이 많다는 것이다. 모든 개념과 제안은 "…라고 생각할 수 있다"는 말로 논의를 일으키고 또한 흔히는 고려해 보도록 권하고 있다. 이러한 말들은 그들 자신의 진실성을 입증한다. 왜냐하면 어떤 사람이 그 제안이 무엇이든 그것을 인식하였다는 사실은 그것이 고려해 볼 가치가 있느냐 하는 것과 별개의 문제이다. 우리는 그것에 많은 돈을 사용하기 전에 많은 생각을 하지 않으면 안 된다. 방위문제에 있어서 특정한 계획에 투입되는 금액은 막대할 수도 있고 흔히는 막대하기 때문이다.

'제한적 핵 선택'이라는 슐레진저의 당초 제안은 당시 새로이 등장한 크루즈 미사일과 다소 관계가 있었던 것으로 보이며, 크루즈 미사일은 다행히도 그것을 권고하기 위한 다른 요소들을 가지고 있었다. 그러나 작년에 콜린스 S. 그레이는 뉴욕 타임스지[19]의 「편집인에게 보내는 글」이란 칼럼에서 그가 보기에 확실히 미국이 장차의 전략 핵 교환을 개시한다고 현재 결정한 이상, 우리는 MX미사일 체계를 당장에 획득하여야 한다고 주장하였다. 다행히도 그레이는 국방성이나 군부의 고위 관리는 아니다. 그의 사려 깊은 저서는 국방기구 내에서 관심을 끌게 하였다. 그가 왜 특히 MX미사일이 공격 개시에 적합하다고 생각하였는지는 분명치 않다－크루즈 미사일은 적어도 고도의 정확도를 가진다는 이점은 있었다－. 그러나 그의 동료들의 대부분이 극히 의문시하고 있는 우발사태에 대비하기 위해 수십억 불을 투입하여야 한다는데 놀랐다. 따라서 그의 예측이 비록 옳다고 인정받기는 하였으나 MX미사일이 보복수단으로 채용되지는 않았다.

이들 문제에서 우리가 다루고 있는 것은 기본적으로 사람들의 상충적인 직관에 관한 것이다. 어떤 사람의 직관은 다른 사람의 직관보다 우수하다. 그러나 전자의 우수성은 때로는 명확하고 또한 설명할 수는 있으나 이를 입증하기는 어려울 때도 있는 것이다. 더욱이 독창적이고 새로운 가능성이 있는 착상은 믿어지지 않을 만큼 염가이고 그 실행이 용이한 것처럼 보이나, 그것을 입증할 책임은 그들의 특정한 개념을 실현시키기 위해 막대한 부가적인 비용 지불을 주장하는 사람들이 져야 한다.

---

19) *The New York Times*, October 19, 1977.

XIV. 현대전략에서의 지상전※

웟트 스미스 2세

「현대전략에서의 지상군」이라는 주제는 약간의 정의定義를 요구하는데, 나는 곧 그 정의에 도달할 것이다. 먼저, 두 가지 면에서 나의 위치를 분명히 하겠다.

먼저 나는 '지상군'만을 특별히 옹호하는 사람 즉 지지자가 아니다. 이것은 군대의 효력에 관한 권고가 아니다. 여전히 자유로운 상태로 남아 있는 문명사회의 군대들은 필요악必要惡이다. 그들은 해군이나 공군보다 더 필요하지도 덜 필요하지도 않으며 더 나쁘지도 덜 나쁘지도 않다.

다음 국가 전략적 과정에서 고위 군사 지휘자의 역할로서 내가 간주하는 것을 강조하기를 바란다. 국가 정책 결정자는 매일 혹은 적어도 각 예산주기豫算週期 동안에 군사력의 효용 문제에 직면하지 않을 수 없다. 그러나 그들이 군대 사용에 관한 결정에 직면하게 되는 것은 위기의 상황에 처해 있을 때인데 거의 주기적인 것이다. 내가 불변적으로 확신하는 한 가지 사실

※ U.S. Army War College 계간지. *Parameters*, Vol. 7, No. 3, 1977, pp. 2~7에서 轉載.

이 있다면 그것은 서구 민주사회의 고위 군사 지도자들은 결코 군대 사용의 지지자가 아님에 틀림이 없다는 것이다. 그들의 적절한 역할은 권고자의 그것이다. 그들 권고의 정당성은 군사직업military profession에 대한 연구와 실제의 생활에 기반을 두고 있다. 그들의 충고는 완전히 객관적이어야 한다. 그것은 해당 군대의 능력과 제약에 대한 신중한 분석에 기초를 두어야 한다. 군사 전문가들이 그들의 권고적인 역할의 범위를 넘어버리면 그들은 자신들의 능력 혹은 자신들의 권위를 넘게 되고 그리하여 자신들이 방어하려고 맹세했던 대상인 국가에 나쁜 영향을 미친다.

이러한 두 가지 조건은 나의 견해에는 구체적인 것들이다. 그것들은 내가 전략에 관해서 말할 모든 것들의 기초가 된다.

이제 정의定義로 돌아가자. '전략'부터 시작하겠다. 그 주제에 대한 모든 강사 혹은 저자著者는 그것에 대한 규정과 함께 시작해야 한다. 그 낱말은 그리스어에서 발생하였지만 오늘날에 들어와서 그것이 상습적으로 사용되기는 나폴레옹 전쟁 이후의 어느 때부터이다. 예들 들어 조지 워싱턴(George Washington)은 '소모전략' 혹은 '대륙적 전략'continental strategy의 관점에서 그의 행동들을 계획하지는 않았었다. 그는 그러한 관점에서 훈련되지도 않았다.

먼저 군대 종사자들이 그들의 직업을 분석하고 연구하기 시작할 때에는 그 낱말이 오히려 솔직한 방법으로 사용되었다. 클라우제비츠는 전략이란 "전쟁의 목적을 위해서 전투를 사용하는 것"[1]이라고 생각했다. 그러나 그 낱말이 군대에 의해서 사용되기 시작한 이후에는 어떤 국가가 다른 국가에

---

1) Carl von Clausewitz, *On War*, ed., and trans. Michael Howard and Peter Paret (Princeton : Princeton University Press, 1976), p. 128.

영향을 미칠 수 있는 유일한 수단이 군사력이라는 사실을 깨닫게 되었다. 구별이 되어져야 한다. 즉 저자는 군사력의 사용에 관해서만 혹은 전 국력의 사용에 관해서 이야기했는가? 다른 말로 하면, 국가전략 혹은 대전략과 군사전략 사이에 구별이 있어야 한다.

이와 같이 전략에 대해서 계속적으로 재규정하는 또 다른 이유는 초기 항공세력 이론가들early air power theorists이 그 말을 침해하고 오용誤用하였으며 그리고 마치 전술 공군tactical air force이 전략적으로 기여를 한다는 것이 그들에게는 결코 일어나지 않을 것처럼 '전략 공군력'strategic air power과 '전술적 공군력'tactical air power에 관해서 이야기 한다는 것이다. 하여간 초기 항공인은 그 문제를 혼동하였으며, 그리고 아직도 우리는 그러한 혼동을 하면서 살고 있다.

최근에 관리이론가management theorist들도 또한 그 낱말을 침해하였으며 그들의 심한 전문용어jargon 가운데에서 우리는 '전략계획'strategic planning이라는 아주 좋은 군사용어를 발견했다. 그것은 모든 것 중에서 가장 지독한 것이다! 하여간 나는 다른 사람들과 같은 위치에 있다. 그러므로 나는 나의 낱말들을 규정하여야만 한다.

전에는 '전략'이 당신에게 무엇을 뜻했던 간에 여기에서는 "전략이 우리가 행해야만 하는 것, 우리가 그것을 어떻게 행해야 하는가, 그리고 무엇을 가지고 우리가 그것을 행해야만 하는가 하는 것들을 망라한다. 군사전략은 군대 업무, 우리가 추구해야만 하는 작전교리 그리고 우리가 개발해야 하고 유지해야 하는 부대 태세를 망라한다"[2]고 생각하도록 하자.

2) Andre W. J. Goodpaster, "Military Strategy for the Eighties", address at the National War College, reprinted in *The National Security Affairs Forum*, Spring/Summer 1976, p. 9.

나는 여러 가지 이유에서 이러한 정의를 내리는 것을 좋아한다. 첫째, 그것은 지지advocacy 대對 권고적 역할advisory role에 관한 나의 확신을 침범하지 않는다. 둘째, 그것은 분리하여 제출될 수 있는 관리하기 쉬운 요소들을 가지고 있다. 마지막으로 그것은 이론가들이 아닌 실제 전략가들에 의하여 기술記述되었다. 그 저자는 앤드류 굿파스터(Andrew Goodpaster) 장군이다.

굿파스터 장군은 정의에서 "우리는 무엇을 행해야 하는가"에 관한 것부터 시작하고 있다. 그리고 곧 그는 정치적인 것과 군사적인 것 사이의 연계를 확립하기 시작한 것 같이 보인다. 더군다나 먼저 '무엇'what이라는 것을 목록에 올림으로써 그는 또한 정치 제일주의를 확립하고 있다. '무엇'은 목표이고, 이러한 맥락에서 보면 그것은 정치적 목적이다. 이러한 정치 제일주의가 잘 이해되리라고 나는 확신한다. 그리고 나는 군인에게는 정치적인 것이 나쁘다거나 혹은 불순한 낱말이 아니라고 말하는 것을 제외하고는 더 이상 그것에 대해 숙고熟考하지 않을 것이다. 결국 그것의 그리스 어원語源은 '시민'citizen을 의미하고 그리고 우리 서구사회西歐社會에 있어서 군인의 이익과 시민의 이익은 하나이며 같다.

굿파스터 장군의 '무엇'what에 되돌아가기 전에 나는 현대전략을 다루도록 요청받았을 때의 나의 반응을 여러분과 관련시켜야 한다고 생각한다. 처음으로 나는 다른 것에 대하여 클라우제비츠, 그란트(Grant) 혹은 슐리펜(Schlieffen)에 관한 논문을 보장할 시도가 있었다고 느꼈다. 그리고 여러분도 아마 "역사는 부질없는 것이다"(history is bunk)라는 헨리 포드(Henry Ford)의 말에 동의했을 것이다. 나는 역사는 부질없는 것이라는 말을 믿지 않으나, 약간 더 생각해 보고서 나는 '현대'전략에 관하여 다른 어떤 것이 존재한다는 것과 그것이 강조되어야만 한다는 것을 깨달았다.

전통적으로 군인들은 '전쟁'에 관하여, 즉 평화라고 불리는 상황에서 '전쟁'이라 불리는 상황으로 분명히 변화하고 난 후에 군대를 사용하는 것에 관하여 연구해 왔다. 오늘날의 전략, 즉 현대전략은 전쟁 일변도만큼 전쟁 방지war-prevention 그리고 전쟁통제war-control와 관계가 있다. 이것은 그레나디어Grenadier의 마음을 슬프게 할지 모르지만 그러나 그것은 사실이고 그리고 그런 것이 적당하다.

클라우제비츠가 그것을 묘사한(그는 그것을 권하지 않았다) 의미에서 보면 절대전쟁absolute war은 20세기 후반기에 있어서 거대한 비율을 취하기 때문에 그것이 모든 정치목적을 초과하여 버린다. 오늘날 절대전쟁 혹은 총력전쟁에 기반을 둔 전략은 '현대'전략이 아니며, 그것은 결코 전략이 아니다. 실제로 굿파스터 장군의 정의 중의 '무엇'은 전쟁이 절대적인 형태를 취하는 것을 방지하는 근본 목적을 포함하고 있음이 틀림없다.

현대전략은 전쟁시 뿐만 아니라 평화시에 그리고 또한 그들 사이의 모든 모호한 상황에서의 군대 사용을 다루는 것 같다고 나는 생각한다. 그것은 분쟁conflict을 방지하기 위해서 방지가 실패한다면 통제하기 위해서 그리고 그것이 통제되지 않는다면 전투를 종결시키기 위해서 군대를 사용하는 것과 관계가 있다.

이러한 '무엇' 즉 전쟁을 방지하고 통제하는 것은 '어떻게'how와 '무엇을 가지고'with what를 군인의 관심사 그리고 또한 민간 정책 결정자들의 관심사가 되게 만들었다. 그것은 결코 완전히 분명하지 않은 민간인과 군인의 관계를 상당히 복잡하게 만들었다. 전쟁을 방지하고 통제하는 목표의 맥락에서 지상군에 관한 주제가 강조되어져야 한다.

전투를 방지하고 통제할 필요성은 '어떻게'와 '무엇을 가지고'를 군인과 민간 정책 결정자의 관심사가 되게 만들었다. 그것은 결코 완전히 분명하지 않은 민간인과 군인의 관계를 상당히 복잡하게 만들었다. 전쟁을 방지하고 통제하는 목표의 맥락에서 지상군에 관한 주제가 강조되어져야 한다.

'지상군'land forces 혹은 '지상전'land warfare 혹은 '지상전투'land battle라는 용어들은 다소 그르치기 쉬운 것들이다. 비록 그들이 미 육군전쟁대학원 U.S. Army War College에서의 나의 임무 진술 속에 있었지만 그들은 어려움을 만들어내고 있다. 교전warfare은 3차원적인 것이며 그리고 적어도 스페인 내전 이래로 계속 존재하여 왔다. 전투가 바다를 지배하기 위한 것이든 간에 지상surface과 공중air을 구별하는 것은 잘못된 것 같다. '공중전'과 '지상전'을 구별하는 것은 보다 낮은 전술적 수준 혹은 절차적 수준에서 구별하는 것을 제외하고는 불가능한 것이며 그리고 확실히 전략적 수준에서는 구별을 할 수 없다. 거기에는 한 가지 공·지전空地戰, 한 가지 업무, 한 가지 작전이 있을 뿐이다. 그래서 지상군에 대한 나의 언급에 있어서 내가 보병, 기갑부대, 장갑부대, 야전포병 그리고 방공포병을 포함시키던 바로 그런 의미에서 전술공군을 포함시키고 있다는 것을 인식해야 한다.

이제 지상군을 포함한 군대는 적에게 두 가지 중요한 결과를 미친다. 하나는 물질적인 것이고, 다른 하나는 심리적인 것이다. 실제 전투에서는 양자 모두가 작용을 한다. 그러나 만약 현대전략의 '무엇'이 분쟁발발을 방지하는 것을 포함한다면 비실제적인 전투기간 동안의 군대의 심리적 효과는 극히 중요하다. 그것은 현대전략의 '어떻게'와 '무엇을 가지고'에 매우 큰 영향을 미친다(실제로 그것들을 결정하여 버릴 수도 있다).

추상적인 것으로부터 좀 더 구체적인 것을 살펴보면 오늘날 지구상의 가장 큰 지상군은 중공이 보유하고 있다. 지상군은 중공의 현대전략의 목표에 어떻게 기여하는지를 살펴보자.

인민해방군PLA은 138개 사단으로 나누어진 350만 명으로 구성되어 있다. 그것은 주로 1950년대의 무기로 무장한 보병부대이다. 그것은 또 다른 500

만 명(75개 사단)의 무장되고 훈련된 사람들로 구성되어 있는 다양한 민병대에 의하여 보강되어 있다. 중공은 고의로 이러한 민병대의 크기와 능력을 과장하고 있다. 서구(그리고 소련)의 기준에서 보면 이러한 부대는 분명히 낡은 것이다. 그것은 화력, 공군 지원, 장갑, 기동성, 통신체제 그리고 군수軍需에서 부족한 범위를 가지고 있다. 그들의 국경을 상당히 넘어서까지 병력을 투입하는 능력은 극히 제한되어 있다. 일반적으로 인민해방군은 중국 전역에 퍼져 있으나 그것이 집중되어 있는 중심은 북경의 북쪽과 북동쪽이다.

언급된 단점에도 불구하고 인민해방군은 당과 국가에 잘 기여하고 있다. 그것은 분명히 국내의 안전과 발전에 중요한 역할을 한다. 현재는 그것이 소련 연방에 위협이 되고 있지 않지만 상황이 변한다면－소련이 서부 전선에서 격렬하게 교전 중이거나 혹은 핵 공격에 의해 크게 피해를 입는다면－ 한 때 중국의 영토였던 지역을 수복하기 위해서 인민해방군은 그러한 상황을 이용할 수 있다.

그러나 인민해방군의 주된 업무는 중앙아시아와 동아시아에서 소련군의 위협이라고 중국인들이 인식하는 것에 대항하여 방어하는 것이다. 인민해방군의 배치는 흥미롭다. 그들은 침입로일 것이라고 예상되는 곳에 그들의 병력들을 채워 넣지 않았다. 오히려 그들의 병력들은 분산되어 있으며, 국경지역에서 상당히 떨어진 거리에 배치되어 있다. 인민해방군과 민병대의 편제뿐만 아니라 그들의 배치는 소련에 두 가지 중요한 메시지를 알리는 것이 된다.

첫째, 인민해방군이 소련의 동부 영토에 직접적인 위협이 되고 있지는 않다는 것을 소련은 인식하고 있다. 둘째, 분명히 어떠한 이유에서 발생한 것이든 간에 중공에 대한 침입은 모든 지역에서 열광적이고 장기적인 저항으로 대처될 것이라고 소련은 인식하고 있다. 소련은 중공에서 즉각적인 승리를 보장받을 수 없고, 결정적인 섬멸전투殲滅戰鬪를 기대할 수도 없으며, 칸네Cannaes와 1940년의 프랑스와 같이 될 수도 없다. 중공을 침범하는 것은 필요하다면 수 세기 동안 러시아인을 피로 물들이게 할 인민 저항전쟁의 결과가 될 것이라고 소련은 인식하고 있다. 중공은 그 자신의 억제전략抑制戰略을 가지고 있는데, 그 억제는 현대 유럽의 러시아를 파괴시키는 것에 근거를 두고 있는 것이 아니고, 세계 인구의 1/4을 가지고 승리할 수 없는 장기전에 휩싸이게 하는 데 기반을 두고 있다.

간단히 말해서 그것은 중공이 현대전략에서 비현대적 지상군을 어떻게 사용하느냐 하는 것이다. 매우 이용 가능성이 있고 또 가장 저렴한 상품인 인력에 투자함으로써 현재까지는 서구의 현대적인 억제책만큼 효과가 있다고 판명된 억제력을 만들었다.

동시에 소련 연방 이외의 지역 군사 강대국들－남한과 북한, 미국, 일본, 베트남 사회주의 공화국, 인도－에게 다음과 같은 사실을 주지시킬 수 있는 수준에서 인민해방군은 계속 유지되고 있다. 그 사실이란 그들은 중국의 국경과 접근해 있는 군대의 효용을 평가할 때, 항상 인민해방군을 고려해야 한다는 것이다.

그리하여 만약 중공의 정치적 목적이 국경을 따라 안정성을 유지하는 것이라면 비록 우리는 인민해방군이 낡은 것이라고 생각할는지 모르지만 인민해방군은 그 목적을 매우 잘 수행하는 것이 된다. 반면에 중공의 국가 목적이 영토에 야심을 두는 것이 아니고 남쪽으로 그의 영향력을 확장시키는 것이라면 인민해방군은 또한 그 목적을 뒷받침할 수 있다.

중공과 소련의 국경에 대해서 생각해 보면, 1967년경 이래로 소련 연방은 중공과 대치하기 위해 현대식 기계화 군대를 꾸준히 증강했다는 것을 우리는 알고 있다. 1972년에는 프로그램에 의해 규모와 편제를 구상하기에 이르렀으며, 그 이후 지금까지 그러한 상태를 유지하고 있다. 그것은 소련의 육·해·공군의 약 1/4을 구성하고 있으며, 병력은 거의 100만 명에 달하고 약 40개 사단에 해당한다. 그것은 서부에 존속되고 있는 소련 군대의 감축

없이 설립된 군대이다. 이러한 사실은 북대서양 조약기구NATO 혹은 중공에 의해 간과될 수 없다. 그것은 거의 서부에 있는 소련 군대만큼 현대식이다. 소련에 의해 세워진 모든 군대들처럼 그것은 공세적인 군대이다(그러나 현재는 수세의 위치를 고수하고 있다). 그것은 북중공과 만주로의 주요 진입로를 따라서 배치되어 있다. 그것은 소련 본토와 주요 도시들, 항구들 그리고 국경 가까이에 있는 철도들을 방어하기 위해서 뿐만 아니라, 중공 본토 깊숙이까지 공격을 감행하기 위해서 설립되고 배치된 부대인 것 같다. 소련은 중공 지도층에 어떤 분명한 암시를 시사하고 있는 것 같다.

첫째, 이러한 군대의 존재는 중공인들에게 그들이 그들과 소련 연방 사이에서 발생한 중요한 문제들－이데올로기적, 정치적 혹은 영토적－을 해결하기 위한 수단으로 군대를 보아서는 안 된다는 것과 그리고 그렇게 하려는 시도의 조짐은 소련의 심한 공격에 의해 선취先取될 수 있으며 또한 선취되리라는 것을 알려준다. 다음, 그것은 중국 남쪽 지역에서의 소련의 이익에 대항하고 있는 국가들에게 영향력을 행사하기 위해서 군대를 사용하지 않도록 중국 지도층에 경고한다. 마지막으로 그것은 미국 혹은 일본 혹은 그 두 나라 모두와 밀접한 군사적 관계를 맺지 말도록 경고한다.

만약에 중공을 중립화시키고 중공을 자연히 형성된 동맹국들과 격리시키고, 중공 국경 밖에서의 중공의 영향력을 감소시키는 것이 소련의 정치적 목적이라면 소련의 동부 군대들은 그 목적을 달성하는 데 주요한 기여를 하고 있는 것 같다.

그리하여 중앙아시아와 동아시아에 있는 소련의 현대식 지상군은 소련의 현대전략에 중요한 요소이며, 그것은 자국自國의 영토적 안전이 아니라 그러한 군대가 존재하지 않거나 그러한 군대가 능력이 없다면 존재하지 않았을지도 모르는 전략적, 정치적 행동의 자유를 제시해 준다.

그러나 만약 아시아에 존재하고 있는 소련의 지상군이 그들의 외교정책에 도움을 주고 있다면, 동유럽에 주둔하고 있는 소련 지상군은 절대적 위기에 봉착하게 된다. 1940년대 말과 1950년대에는 이 군대들이 서방의 우세한 전략 핵 능력에 대한 대對억제력으로서 효과적인 공헌을 했다. 서부 유럽에 대한 하나의 위협이 되고 있는 이들 군대의 주둔은 세계 모든 지역에서 미국의 선택권을 심하게 제한시켰다. 쿠바 격리에 대한 반응으로서 미국의 의사意思 결정자들이 기대했던 것은 베를린에 대한 조처였다는 것을 기억해야 한다.

제2차 대전 이래로 30년이 넘는 기간 동안 이러한 소련 군대는 '사회주의 진영'Socialist Camp－동독, 폴란드, 체코슬로바키아, 헝가리－을 성공적으로 유지하여 왔고 그리고 이러한 동맹에 대항하였을 때에는 신속하고 잔인하게 그들을 진압하였다. 분명히 이러한 조직을 창설한 것도 소련군이고 그들을 노예상태로 만들어버린 것도 소련군이었다. 소련이 그들의 군대를 가지고 획득한 것을 그들은 그들의 같은 군대를 가지고 보존하여 왔다.

지난 수 년 동안 우리는 동부 유럽(나는 이 지역에 서부 러시아를 포함시키고 있다)에 주둔하고 있는 소련 군대가 놀라울 정도로 증강되고 현대화되었다는 것을 목격했다. 사단의 수가 크게 증가되지는 않았지만, 이러한 사단들의 크기, 화력 그리고 현대화는 괄목할 만하다. 바르샤바 조약 동맹국에는 북대서양조약기구의 중앙지역에 대항하기 위하여 배치된 58개 사단이 있는 데, 이들은 대기전비待機戰備의 정도에 있어서 다양하다. 그들은 별다른 준비 없이 공격을 감행할 수 있고 그리고 전보다 더 오랜 기간 공격을 유지할 수 있는 태세가 갖추어져 있다.

그 군대의 위협으로 인해 소련이 획득하는 정치적 이득은 무엇인가?

바르샤바 조약국 내에서 규율을 유지시키고 그 국가들을 지배함으로써,

소련 군대는 자국과 역사를 통해서 보면 러시아를 침범했으며 특히 금세기에 와서 두 번씩이나 침입을 한 서유럽 국가들 사이에 지리적 완충기를 확실히 할 수 있다. 이것이 러시아인들이 민감하게 반응하고 있는 역사적 사실이다. 치명적인 적이었던 독일은 외국 군대들에 의해 점령된 채로 분단되어 있으며 핵으로 무장되어 있지는 않다. 이러한 일련의 상황들이 소련에게 특별한 만족감을 안겨준다고 나는 확신한다.

여러 서유럽 국가들과 대서양 국가들에게 미치는 이러한 현대적 공세력攻勢力을 갖춘 지상군의 영향력은 소련이 전략적 핵에서 동등한 위치, 즉 '본질적인 균형' 혹은 어떻게 부르든 간에 그러한 위치를 달성함으로써 특히 더 심각하다. 핵의 열세에 처해 있는 상황 하에서 조차 동유럽에 있는 소련의 힘은 동독, 헝가리, 체코슬로바키아에서 나타난 소련의 취약점에 관하여 서방이 주도권을 쥐지 못하게 하였으며, 그리고 한때 덜레스(Foster Dulles)에 의해 표방된 '역전'rollback 정책을 제지했었다. 유럽에서의 재래식 무기의 우세와 결합하여 전략핵의 동등한 수준은 전통적으로 보수적인 소련조차도 저항하기가 힘든 유혹에 빠지게 할 수 있다.

그러나 세계의 다른 지역에서 이러한 상황이 소련에게 제공할지도 모르는 정치권력과 행동의 자유는 서방에게도 동등한 관심사이다. 산업국가인 서방의 산업, 경제 그리고 사회적 상태가 의존하고 있는 물질을 제공해 주고 있는 이른바 제3세계 국가들에게로 소련의 세력과 영향력이 방해받지 않고 움직임에 따라서 유럽에서의 군사적 열세에 의해 마비상태에 이르게 된 대서양 공동체는 단지 자신들의 손을 굳게 마주 잡을 수밖에 없는 실정이다. 본질적으로 우리는 어떤 상황에 처하게 되는데, 전술적인 관점에서 보면 이 상황에서 서방은 유럽 내에서 속박 당하게 되는 한편 증가하는 소련 해군 즉 소련이 점차 대리인이 되고 있지만, 그렇다고 해서 알아차릴 수 없을 정도로 자신의 대서양 적국들을 격리시키는 것은 아니다.

사람들이 서유럽에 대한 공격이 각본과 같은 것은 아니라고 믿고 있지만, 그들은 여전히 동유럽에서 증강되고 있는 소련 군대의 세력을 쉽게 생각해서는 안 된다. 왜냐하면, 그 군대는 소련의 정당한 안보 이익에 기여할 뿐만 아니라, 또한 궁극적으로 대서양 공동체에게는 무방비 상태에서 공격을 받는 것과 같이 치명적인 것이 될 수 있는 영향력을 행사하기 때문이다. 동유럽에 주둔하고 있는 소련 군대는 무서운 군사기구이며 그리고 그만큼 강력한 정치도구이다. 그것은 소련 연방의 현대전략에서 중요한 요소이다.

중부 유럽에 있는 이러한 소련 군대에 대처하기 위해서 대서양 공동체의 국가들은 26개 사단과 약 1,600기의 전술 항공기를 갖춘 군대를 유지하고 있다. 이러한 군대의 효과성에 관하여 매우 빈번히 거론되고 있는 일련의 단점들이 존재한다. 그럼에도 불구하고 거의 30년 동안 그것은 그것이 창설된 기본 임무－서유럽에 대한 소련의 공격을 저지시키는 것－를 달성하였다.

그러나 군사적 상황이란 정적靜的인 것이 아니다. 나는 앞에서 소련 군대의 효과성이 증대되었으며 전략핵이 동등한 위치에 이르게 되었다고 언급했다. 후자는 소련의 침공에 대한 적절하고 유용한 대응책으로서의 전략적 핵무기와 전역 핵무기theater nuclear weapon의 신뢰도를 심각한 회의懷疑 속에 빠지게 만들었다. 그것은 독일에 배치된 재래식 군대를 증가시키지 않을 수 없는 부담을 주고 있다.

그리하여 대서양 공동체 군대의 취약성은 진실로 관심을 쏟을 것을 요하고 있다. 우리가 계속 이러한 비효율적 전개, 즉 전쟁 비축장비 부족, 군수품의 부족, 포병·탱크·화학·전자電子 전투능력의 열세, 장비와 전술교리의 비표준화 그리고 병참선의 취약성을 인정해야 하는가?

문제시 되는 것은 이 군대의 현재의 효과성이 아니고 미래의 효과성이다.

유럽에 주둔하고 있는 미국 군대를 위축시키기 위한 운동이 현재 가라앉고 있지만, 만약에 미국 내에서 정당하든, 정당하지 못하든 간에 서유럽 제국諸國들이 정당하다고 생각되는 부담을 감당할 수 없다는 생각이 퍼진다면 그러한 감축운동은 또 다시 고개를 들 것이다. 라인 강의 영국 군대는 불행하게도 북아일랜드를 위한 군대기지로써 계속 행동해야만 한다. 독일에 있는 벨기에, 네덜란드 그리고 프랑스 군대는 점차 자국으로 철수하고 있다. 북대서양 조약기구에서의 프랑스 군대의 역할은 불확실한 실정이다(확실한 것은 현재 북대서양 조약기구가 프랑스의 공약 수행과 그리고 프랑스 영토가 북대서양 조약기구의 방어기지에 제공되는 종심縱深으로부터 전략적으로 이익을 얻고 있지 않다는 것이다). 대서양 군대Atlantic army의 효과성의 침식은 필연적으로 정치적 의지, 전략적 융통성 그리고 행동의 자유를 침식하는 결과를 자아낼 것이다.

최소한으로 공격 선택권이 소련 연방에게 상실된 도구로서의 전략핵 억제를 대체代替하는 것은 대서양 군대의 임무이다. 그러나 그것은 최소한이다. 현대전략에 있어서 대서양 군대는 신념을 가지고 지구상의 일에 관해 행동하고 반응할 수 있도록 북돋아주는 정도까지 서방에게 안전감을 제시하여야 한다. 그것은 협박, 공갈 그리고 정치세력의 선택권을 소련 연방으로부터 따돌리게 한다.

정치적 요구조건은 중유럽에서의 군사적 상황이 균형상태에 있어야 한다는 것이다.—세계적인 행동의 자유가 손상 받지 않도록 하기 위해서 군사적 상황이 안정되어져야 한다. 이러한 현대전략의 정치적 요구조건이 충족되려면 수행되어야만 할 많은 일이 있다. 안전한 핵 균형은 유럽에서의 확실한 재래식 무기의 균형을 불가피하게 만든다. 그러한 안정성이 없다면 근동近東, 남아시아, 아프리카 혹은 상호관련을 맺고 있는 세계가 의존하고 있는 대양에서의 소련이 영향력을 확대하는 것에 대한 정치적 혹은 군사적 대응책이 존재할 수 없다. 북대서양과 북태평양은 이러한 대양지역大洋地域 중에서 보잘 것 없는 지역이 아니다– 북미北美에게는 매우 중요한 지역이다.

나는 여기에서 지상군land forces에 언급을 집중시켰다. 전략 핵부대, 해군, 전역戰域 핵부대 그리고 재래식 지상군의 가치를 우선순위에 따라 둘 수 있는지에 대해 나는 의혹을 가지고 있다. 사실 나는 그럴 수 없다고 확신하고 있다. 방어, 억제 그리고 행동의 전략적 자유라는 사슬에서 보면 모든 것들은 연계되어 있다. 다른 것을 희생하면서 강조되는 것도 없으며 또한 무시될 수 있는 것도 없다. 그럼에도 불구하고 지상군은 여전히 국가 이익의 보호와 국가 목표의 달성과 상당한 관련이 있는 것이 분명하다고 나는 생각한다.

일반적으로 지상군과 군대가 아무리 중요하고 관련이 있다고 하지만, 그들은 국가의 힘의 단지 한 가지 요소만을 나타낼 따름이다. 국력이란 군사적인 것만은 아니며 또 그렇게 될 수가 없다. 그것은 정치적, 경제적, 사회적, 물리적 그리고 기술적技術的인 것이다. 모든 것 중에서 가장 중요한 것은 국력이란 국민들이 도덕적 힘과 그들이 그들의 자유에 부여하는 가치에서 성장한다는 것이다.

XV. 마한의 해양 효용론※

윌리암 라이첼

마한의 해양력Maritime Power에 대한 사상을 완전히 이해한다는 것은 그렇게 쉬운 일이 아니다. 비록 정치가들이 잠자리에 들 때 그들의 베개 밑에 마한의 책을 넣고 잠들 정도로 열심히 읽는다고 상상해보더라도 분명한 것은 그들이 발전시키기를 원하는 국가 이익 및 정책과 관련하여 해군의 역할을 합리화함에 있어 주로 마한의 견해를 발췌하고 요약하여 인용하고 있는데 불과한 것이다.

전체적으로 볼 때 마한은 보편타당성 있는 일반론을 제시한 사상가는 아니었다. 사실상 그는 한 때 사상의 윤곽을 정립하였으며, 그의 일반론을 응용하여 쟁점과 상황의 분석을 활성화시키고 국민들의 행동을 설득함으로써 그에 대한 선호를 보였던 것이다. 미국의 여론 풍토는 미국의 과거, 현재, 미래의

• *Naval War College Review*, (1973. 5~6), pp. 73~82에서 轉載.

※ 편저자 주 : 『합동 · 연합작전 군사용어사전』(합동참모본부, 2006. 12)에 의하면, "해양력(sea power, maritime power"(p. 570)로 사용하고 있으나, 여기서는 'sea power'를 '해상세력'으로 번역하기로 한다.

역할에 대한 다양한 불확실성과 세계 속에서 담당해야 할 역할에 대한 책임감을 결합한 감수성 높은 분위기였다.

마한은 그의 동同시대인과 더불어 세계 도처에서 미국의 경제적, 정치적 위력을 과시하려는 국가적 이념에 고무되었던 것이다. 마한과 동시대인들은 경제적인 성숙은 그것을 원하고 필요로 하는 만큼 다른 위력을 가진 국가와의 분쟁에 개입하게 됨은 당연하다는 함축성을 수용하였던 것을 알 수 있다. 마한에 의하면 이러한 신념을 실행하는 데 근본적인 바탕은 해상세력sea power의 이해와 적절한 사용에 있다는 것이었다.

대체로 이 이론이 안주할 치밀한 역사적인 분석은 편협하고 전문적인 범위에 국한되었다. 마한과 민간인 및 군인을 포함한 다수의 동시대인들은 마한의 견해가 부분적으로 통용되었거나, 특별히 발췌된 부분만 사용되었다고 보았다. 군사 분야에 있어 특히 해군 지지자들은 이 발췌된 부분이 공식화되는 경향이 있었으며, 미국인에게 저항 없이 수용될 수는 없는 주장들을 정당화하려고 반복 사용하고 비판한다. 그 변화는 해군장관 스팀손(Stimson)의 "해군의 독특한 심리는 가끔 논리의 영역에서 벗어나 혼미한 신앙의 세계로 잠기는 것으로 해신海神이 하느님이고, 마한은 하느님의 선지자先知者인바, 미 해군만이 진정한 교회이다"는 혹독한 비평에 의하여 간단히 설명될 수 있다.

마한의 이론은 아직도 단편적으로 이용되고 있다. 그러나 그 이용은 3/4세기가 지난 오늘날의 국제적 상황에 있어 마한의 개념에 대한 적용 가능성에 의문을 제기하는 것은 당연하다. 이러한 의문점을 검토하는 데 신뢰할만한 논거를 제시하기 위하여 오늘날의 표현으로 보면 진부하고 판에 박은 문구들로 이루어져 있지만 —필요하다면 마한의 이론을 다시 정립하고— 최초의 원문 그대로 되찾아 재음미해야할 것으로 믿는다. 그렇게 하는 유일한 목적은 원문으로 되돌아가 접근해 보는데 있는 것이다.

마한의 방법론은 어떤 확신을 갖게 하는 데는 어려움이 따른다. 아무리 천천히, 조심스러운 탐구를 해봐도 다수의 다른 일반이론처럼 그의 핵심 사상을 찾아내기는 어려웠다. 그의 이론은 돌연적인 통찰력에서 발상을 얻어 탐구가 시작되고 논증을 조직화 및 확대한 것이었다.[1] 마한은 논증에 앞서 그가 논증하기를 원하는 것이 무엇인가를 알고 있었다. 결과적으로 마한의 이론은 심사숙고하여 정선精選한 것이다.

더욱 어려운 것은 마한의 기본적인 통찰력이 평화시, 외교시, 통상경쟁시, 제국주의 팽창시, 군사 충돌시 등에 있어서의 해상세력이란 다양한 맥락 속에서 확장·발전된 점이고, 어떤 특정 순간에도 그가 어떠한 맥락에서 주장하고 있는지가 불명확한 데 있다. 그는 그의 주요 일반이론을 어떤 특정한 국제적 위기에 미국의 역할과 정책에 그리고 보편적인 세계에 무분별하게 응용했던 것이다. 마한은 시간에 따라 발생될 주요한 변화에는 무관심한 채 현재에서 과거까지 그리고 과거에서 다시 현재까지 되돌아오면서 자유로이 비유법을 구사했다.

이러한 모험을 했음에도 불구하고 그의 이론은 재정립이 불가피한 것이다. 그러한 이론을 재정립하려면 마한 자신이 사용한 어구를 사용하든지, 그렇지 않으면 원문에 가깝게 의역意譯하되, 그 구성에 있어서는 물론 논리의 일관성을 가져야 하는 것이다. 다음 내용은 이러한 의도 없이 발췌한 마한의 해상세력의 개념에 대하여 기술한 것이다.

---

1) 1884년 당시 44세의 마한은 리마(Lima)에 있는 영국 클럽(Club) 도서관에서 몸센(Theodore Mommsen)의 『로마사』(*History of Rome*, New York : Scribner's, 1887)를 읽고 있었다. 정복자로서의 극적인 패배자가 된 한니발에 대하여 골몰하게 파고들어 심취한 나머지 "나에게 한 가지 구체적인 認知가 떠올랐다.… 해양의 통제는 역사적인 사실인데 한 번도 체계적으로 평가되고 설명된 적이 없다. 의식적으로 이를 集成한다면, 이 사상은 향후 20년간을 위한 나의 집필내용의 핵심이 될 것이다"고 역설하였다.

1 개념

바로 앞의 분석에서 해상세력의 개념은 인간과 사회에 대한 마한의 가정假定으로부터 유래된다. 다음 두 가지 인용으로 그 뜻을 읽기에 충분하다.

> 권력power과 세력force은 국가 생명national life의 기능으로서 국민에게 주어진 권능 중의 하나이다.… 어느 누구도 자기에게 위임된 이 지구에 뼈를 묻을 자는 자기의 책임을 다하지 않고는 이를 포기하지 않으리라. 국력은 국제체제에 있어 확실히 합법적인 요소이다. 왜냐하면 그것은 국제적 효율의 결과이기 때문이다. 그리고 효율성은 세계 문제에 대한 유리한 국면과 그 발휘 기회를 향유하도록 특전이 부여되어 있으며, …힘의 존재는 단지 우연한 속성이 아니라 마땅히 갖추어야 하고 확실히 지향해야 할 질적質的 징후를 국가간의 관계를 통하여 추진·상승하게 되는 것이다.[2)]

해양은 오늘날의 현실 세계에서 두드러지게 부각되어가고 있다. 해양이 자연적으로 인류의 커다란 교통 매개체 역할을 하게 된 것이다. 그러나 인류가 해양을 이용하는 정도만큼만 그 중요성이 커졌을 따름이다. 해양에 대한 인류의 관심은 바로 국가의 해양에 대한 관심으로서 이는 거의 전적으로 해양을 이용한 수송 즉 무역을 뜻하는 것이다. 모든 시대에 있어서 바다를 이용한 통상은 국가에 풍성한 부富를 가져다주었던 것이다. 부富는 국가 생명의 에너지, 물자 그리고 사고思考의 구체적인 표현을 말하는 것이다. 부와 해양통상간의 관계를 살펴본다면 해양은 불가피하게 부와 권력을 추구하는 국가간의 경쟁과 투쟁의 장場인 것이다.

---

2) 헤이그 회담의 主席이 마한의 공헌에 대하여 다음과 같이 보고한 바가 있다. "…그의 견해는 여하한 感傷的 逸脫도 효과적으로 방지하였다. 그가 주장을 내세우게 되면 천년 왕국이 물러가고 오늘날의 냉담하고 심각한 현실세계가 다가온다."

한 국가가 해양을 자유롭게 이동할 수 있는 능력과 다른 국가들의 그러한 항해 능력을 거부한다는 것은 비슷한 능력으로서 아주 중요한 고려사항인 것이다. 왜냐하면, 해상 이동 통제능력은 국가의 상대적인 힘과 번영을 결정하는 순수 물질적 요소 가운데 해상 이동의 자유를 희구하고 성취하며 유지할 수 있는 네 가지 기본 요건이 있기 때문이다.

첫째 : 한 국가는 상품을 생산하고 교환해야 한다.

둘째 : 교환의 도구인 해상 수송이 가능해야 한다.

셋째 : 식민지와 기지 등이 어떠한 경우에도 국가적인 안전의 관점에서 확보되어야 하고 해상 수송작전을 확대 보호할 수 있도록 보장되어야 한다.

넷째 : 해군은 이들 안전한 지점과 본국 기지 간에 통상로를 보호 및 개통 유지할 수 있어야 한다.

다른 관점에서 보면 해상세력은 해상 수송, 기지 그리고 이들을 지원하는 부속물로 이루어진다고 볼 수 있다. 해상 군사력sea force이란 해군을 칭하는 것이다.[3)]

국가의 생산성이 향상되고 동태성動態性을 유지하면 해양력의 체제화가 필요하게 된다. 이러한 상호 의존적 요소의 인식은 해양을 이용하는 국가들의 정책과 행동을 이해하는 데 있어 핵심이 되며 이들 국가에게는 해양 이용이 국가 생명에 치명적인 중요성을 갖게 하는 것이다.

대체로 국경이 해양에 접하고 있는 국가는 해양력의 조직화가 발전되기

---

3) 해상 군사력(sea force)은 마한의 용어가 아니다. 해양력(maritime power)이 하나의 분명한 통합체제로서 상호 연관성을 갖는 여러 요소들을 포함한다는 그의 주장을 좀더 명시적으로 설명하기 위해 해상 군사력이란 용어를 본문에서 사용하고 있는 것이다.

를 열망하나, 역사가 입증하듯이 사실 이를 성취한 국가는 몇 개국에 불과하다. 해양국가들은 결정적 특성의 관점에서 볼 때 큰 차이가 있다. 이러한 특징들은 지역적 위치, 자연적 지세, 영토의 넓이, 인구 수와 국민성, 정치체제의 성격 등인 것이다. 그러나 이러한 특징의 가치는 절대적이 아니며, 그것들은 시대와 환경에 따라 다르며 변할 수도 있다는 것이다. 그러나 일반적인 관점에서 보면,

(1) 만약 한 국가가 대양大洋으로 접근하기가 용이하며 또한 주요한 무역 항로를 좌우할 수 있는 위치에 있다면 그 국가는 해양력이 발전할 수 있는 것이며,

(2) 만약 그 나라의 자연적 지세地勢가 항구에 적합하고, 해양 개척에 용이한 배후지형을 가지고 있다면 자연적으로 해양력 발전에 자극을 주며,

(3) 만약 그 나라의 영토가 광대하거나, 분산되어 있으며, 인구가 많고 국민성이 적극적이며, 정치구조가 외부 지향적이어서 생산적 에너지를 필요로 하면, 이는 바로 통상通商 및 군사 목적상의 요구에 따라 해양 개척을 위한 불가항력적인 압력으로 작용하여 해상세력과 해상 군사력의 형태로 표현된다.

요컨대 진정한 해양국가가 출현하면 시대, 환경 및 정책적 과오에도 그 이점利點을 손상당하지 않으며 그 해양력은 증대되고 특색을 나타내게 된다. 이런 점에서 해양력은 그 국가의 생존과 복지가 서로 혼성된 국가 활동 체제로 밀착·조직되어 있는 것이다.

대영제국이 그 전형적인 사례事例이다. 18세기를 통하여 영국은 평화시에는 해상세력에 의하여 꾸준히 국가의 부富를 얻었으며, 전시에는 해군력의 덕분으로 해양을 지배하였다. 영국은 해양활동에 필요한 기지들을 전 세계의 곳곳에 확산하였는데, 만약 해상세력과 해군력이 해상 교통로를 개통 유

지하기 위해 결합하지 않았다면 기지들은 무가치하게 되었을 것이다. 영국의 해양력은 어떤 국가보다도 이 분쟁의 세기에 있어서 오랫동안 지배적인 요소가 되었다고 결론짓는 것을 아무도 부인하지 못할 것이다.

그러나 해양력의 부단한 행사가 곧 평화와 동일시 될 수 없다는 것이다. 어떤 해양국가의 사활적 중요성 및 권력을 강조하는 바탕은 전쟁이 발발할 때 예상되는 손실에 대한 두려움 때문에 전쟁을 억제하는 역할을 하지만, 바로 통상 이익이란 이유 때문에, 국가간의 통상경쟁이 치열해지고 무력 충돌을 가져올 야망을 품게 됨으로써 분쟁을 야기시키게 된다. 왜냐하면, 한 국가가 상선商船을 해외에 내보내게 되면 이들 배가 교역, 보급 혹은 구난을 위해 안식처가 될만한 위치를 당연히 찾게 되기 때문이다. 이에 따라 통제의 필요성이 따르게 되는데, 근본적으로 통상로의 확보문제는 효과적인 통제 수행을 위해 필요한 기지基地의 수를 배가시키게 되는 것이다. 이러한 진전이 공허한 세계에서 이루어지는 것은 아닌 바, 결국 한 국가의 해상세력은 해군력이 가세하지 않는 한, 그 진가를 발휘하지 못한다는 것이다.

해군은 평화적인 해운海運의 요구와 필요성을 뒷받침한다. 결과적으로 교역, 해운 및 통상의 보호와 관련 없는 해군의 기능은 별도로 생각할 문제이다. 그러나 만약 해군의 어떠한 기능이 기본적인 역사적 역할을 충족키 위해 대치되거나 약화되면, 한 국가의 해양력도 이와 동시에 감소될 것임을 예견할 수 있다.

해상 이동의 효율적인 이용과 통제는 부의 축적에 따른 일련의 물물교환 과정에서의 연결에 불과하나, 이 연결이 다른 국가로 하여금 해양력에 대해 의무를 부과하게 됨으로 이는 중요한 연결이 되는 것이다. 해양력의 지속적인 활동을 통한 궁극적인 목적은 한 국가가 상품을 생산하여 교환하고 모든 대륙과 통상을 자유롭고 안전하게 하며 모든 식민지와 기지 간의 교통망을 가지고 공해公海와 전 세계 항구마다 해양력과 해군력이 가시적으로 시현示顯할 수 있게 하려는 것이다.

국가 생존에 있어서 본 단계가 성취되면 해양력은 국가의 부와 위용威容의 항로 및 신장을 위한 체제의 기반이 된다. 해양력의 유지·발전은 국가 정책의 주 고려요소이며 국가 생존의 필수요소가 되고 있다. 그러나 오늘날 해양력의 체제는 규모와 복잡성에 있어 방대할 뿐만 아니라, 지극히 민감한 개입요소를 지닌 것 중의 하나이다. 해양력은 다양한 가능성과 여러 형태의 개입요소로 혼성되어 있으므로 해군에 있어서는 해상세력에 해상 군사력이 가세한 것으로 풀이되고 있다.

해상세력과 해상 군사력의 기본적인 관계는 단순하면서도 직접적이다. 해군은 통상해운merchant shipping의 필요성 때문에 생기게 되었다. 만약에 해상 통상이 국가 활동의 본질적 요소가 아니라면 해군은 사라질 것이란 주장이 이론적으로 논쟁이 가능하겠지만, 이 결론은 더 이상 실용적으로는 타당성이 없는 것이다. 오늘날 국제 활동의 실체는 그런 것을 부인하고 있기 때문이다.

모든 사실들이 현재 역사적으로 입증되고 있듯이, 해상세력의 운용은 경쟁을 불러일으켰고, 그 경쟁은 항상 무력의 형태로 나타났던 것이다. 따라서 해군은 평화시에는 분별없는 논쟁이 무력충돌로 확대되는 것을 저지하기 위하여 운용되었다. 동시에 분쟁을 억제하는 일상과업으로부터 때때로 전쟁을 치르는 역할로 전환하기 위해 필요한 전비태세戰備態勢가 해군으로 하여금 특별 요건과 더불어 그 자체의 특수 활동을 부여하는 효과를 지니게 했다. 이는 이따금 해상세력에 대한 해군의 기본적인 관계를 흐리게 하는 경향이 있었다.

한 가지 분명히 해야 할 것은 각국의 해군이 단순히 서로 싸우기 위하여 존재하는 것은 아닐 것이니, 서로의 승리를 쟁취하기 위한 전투는 열매 없는 영광을 거둘 뿐이기 때문이다. 각국 해군들 간의 전투 목적은 해양력을 유지하기 위한 것이다. 따라서 해군은 전쟁시 제일 먼저 그리고 항상 가장 포괄적인 뜻에서 적국의 해상 이동을 거부하는 데 목표를 두어야 한다. 이것은 우발적인 통상로通商路 파괴가 아니다. 그것은 전략적으로 우세한 해상 이동의 문제로서 모든 형태의 해상 이동은 결정적으로 우세한 해양력에 달려 있는 것이다.

완전한 요건을 갖춘 해양국가가 불가피하게 채용하고 있는 정책을 주시해 본다면, 그들의 해상세력을 세계의 가장 원격지까지 투사할 수 있도록 해상 군사력의 우위를 획득 유지하는 데 목적을 두고 있는 것이다. 사실 이들 국가는 자국의 해군력을 현재까지 겨우 유지했던 유형의 군비軍備 이상으로 증강시키도록 경고 받고 있기 때문에 논란이 되고 있는 것이다.

일단 해군이 발전하게 됨에 따라 그것이 만들어진 목적에 맞는 기본적인 역할에 추가한 기능을 맡기 시작하였다. 해군은 광의廣義의 국가정책 도구가 되었다. 상업이 한 국가의 연안을 넘어서서 국가간의 접촉으로 확대되면 해군은 이 접촉을 이해관계利害關係로 전환시키고 이해관계를 정치적 해양력의 개념과 이용에 습성화된 정치가들은 해군이 국제문제의 조정에 있어서 유용하지만 강압적인 수단임을 알게 되고 그러한 조정은 해상 군사력이 없이는 불가능하다는 것을 깨닫는다.[4)]

우리들은 해상세력을 보유하고 있지 않은 국가임에도 불구하고, 해상 군사력을 조성하려는 국가의 경우를 주목해야만 한다. 해상세력을 통하여 국가

---

4) 마한은 먼로주의(Monroe Doctrine)를 하나의 事例로 인용하였던 것이다. 한 나라의 포괄적인 위치를 지킬 수 있도록 보장하는 것은 해군력이라고 하였다.

이익을 구현할 수 없음에도 그러한 정책을 취함은 필연적으로 침략 기도를 갖고 있는 것이다. 그러한 해군력의 건설은 자동적으로 그 보유국에게 국제관계에서 불확실하고 위협적인 요소로 부각되는 것이다. 그러한 정책은 통상경쟁通商競爭이 아니라 무력 위협을 내포하고 있으므로 이미 발전한 해양국들에게 적극적인 대응조치를 취하도록 자극을 주지 않을 수 없는 것이다.

해양력 체제의 필수적인 구조를 집약해보기로 한다. 이는 지리적 위치와 생산적인 사회에 의존하게 된다. 이 기반으로부터 해상무역과 이에 따른 제반 지원구조가 생성된다. 이것이 바로 해상세력이다. 그리하여 무역의 망이 설치되고 이것이 보호되어야 하는 것이다. 해상 군사력이 체제의 한 구성요소이다. 이렇게 되면 해군은 그 자체의 요구를 갖게 된다. 이 요구가 때로는 본국 외의 영토 획득을 포함하기도 한다. 이러한 영토 획득은 이따금 새로운 시장이나 원자재의 출처 등과 같이 가치 있는 것이 될 경우, 해군의 요구와 해상세력이 호혜적인 관계를 갖게 된다.

현대까지는 해양체제의 구성 요소들이 복잡한 톱니바퀴처럼 얽혀서 연결되어 있었으나, 만일 이 체제가 효과적이고 경제적인 기능을 갖게 하려면 이 체제 내의 각 부분이 균형을 유지하도록 해야 하는 것이다. 만약 해상세력이 약화됨으로써 어떤 한 구성 요소가 균형을 잃는다든가, 해상 군사력이 해상세력과 연관성이 없이 팽창한다든가, 해양체제의 국내적인 조정이 요구되거나 아니면 국제적인 기반을 잃게 됨으로써 국가적 생산성이 정체되는 경우에는 균형이 요구되는 것이다. 다른 한편으로 만약 이 체제가 그 국가의 통상활동을 떠나서 식민지나 기지들을 획득하게 된다면 대체로 그런 팽창은 그 국가의 약화를 가져다주게 되는데 이는 너무 복잡한 통상로를 유지하기 위하여 국가의 자원과 에너지를 여기에 맞추어 분배해야 하기 때문이다.

2 개념의 적용

일찍이 대영제국의 경험은 해양정책에 대한 새로운 차원의 사상을 제공해 주었다. 영국이 해양력 성장을 뒷받침하면서 발전한 것은, 첫째, 기동성 있는 해군 때문이며, 둘째, 해군 기지로서 사용될 수 있는 거대한 해상통로를 연한 지역 거점들 때문이다.

국가의 소유가 아닌 대양에서 해군은 무엇보다도 우방국의 항구에 의존했는데, 이들 항구에 대한 의존성이 불확실한 경우에 바로 영토 획득을 하게 되었던 것이다. 현 시대에서 볼 때 이 결과는 너무도 엄청난 것이며, 해양력을 열망하는 모든 국가들이 이 팽창의 양태를 판단할 수 있다. 이 양태가 함축하고 있는 것은 분쟁에 대한 부단한 위협이 있음을 쉽게 판단할 수 있다. 더욱이 무역경쟁이 범세계적인 오늘날, 잠재적인 분쟁지역도 전 지구적全地球的이다. 범세계적인 규모의 통상로는 필연적으로 해양 위주가 되지 않을 수 없고, 이러한 통상로 때문에 분쟁은 곧 해전海戰을 의미한다. 이 해전을 치르는 것이 해군의 기본적 과업이다.

그러나 이러한 임무를 수행한다는 것은 상대국의 해군을 지배한다는 뜻이다. 이는 어떠한 경우에도 공격을 가해야 할 진정한 목표인 것이다. 고정된 진지陣地가 중요한 이상 함대 그 자체도 중요한 진지가 된다. 함대를 패배시킨다는 것은 패배를 안겨줄 해상의 장소에 관계없이 전 해양력 체제를 궁극적으로 와해시키는 것을 뜻한다. 대항세력의 해상 군사력을 제거하면 해양력의 잔여 요소도 완전히 파멸 당하게 된다. 이것이 해상통제control of the sea의 기본이다. 이 과업에 이어 해전의 궁극적인 목적인 진정한 목표는 자국의 통상을 보호하고, 적국의 모든 해상 통상자원을 박탈剝奪하는 것이다.

이와 관련하여, 해군 기능에 대하여 미국인들이 가진 잘못된 견해를 오용하지 않도록 하는 것이 중요하다. 미국이 역사적으로 보면 영토를 방어하고 통상교역에 있어 약탈한 적이 있었다. 이때는 연안과 항만을 방호防護하는 것으로 방어적인 역할이 부여되었고, 이 조치로써 방어해야 될 모든 장소를 망라하기 위해 대형 함정을 분할할 수 없었기 때문에 다수 소형 함정의 수요가 주로 제기되었다. 개별 함정들에 의한 상선商船 습격, 즉 공격 역할은 해양력을 보유하고 있으며 이를 이용할 줄 아는 적에게도 효과가 있었다. 이러한 국가들의 세력을 약화시키기 위해서는 단일 함정세력이나 호송함의 대결로써 되는 것이 아니라, 오직 해양에서 해상 군사력을 압도하여 문자 그대로 해상에서 적기敵旗를 제거하는 것만이 이 목적을 달성하는 길이다.

이러한 편협한 견해 때문에 주요한 사실이 등한시 된다. 생산력이 높은 국가들이 주도하려고 열망하는 세계의 정치 현실은 분쟁을 함축한 활동을 수용하고 있다. 미국인으로서 해군에 관한 진정한 배려는 미국이 차지하려고 원하는 정치 현실에 대한 판단인데 그것이 그들의 해상 군사력의 규모와 특성을 결정짓기 때문이다. 만약에 미국이 소박한 해양국가가 아니고 공세적인 국가라고 한다면, 그 수단들이 침략에 부합되는 것들로 이루어져야 하는 것이다. 그러나 미국은 잠재적 해양력을 가진 생산적 사회로서 자국이 원하건 혹은 원치 않건 간에 그 취하는 진정한 수단이 통상경쟁과 잠재적 무력분쟁의 세계에서 다른 국가들을 납득시킬 수 있는 것이라야 할 것이다.

국가 번영의 역사 속에서 해양력의 역할을 검토한 자로서는 미국의 중요성을 고려하지 않을 수 없는 것이다.

오늘날 다수의 문명국가들은 국경 밖의 시장을 발견·설치하려고 혈안이 되고 있다. 이로 말미암아 다방면의 속령屬領과 해군의 침략이 유도되고 있다. 미국은 미국의 정치적 및 통상적 문제들이 굉장히 많은 나라이지만 아직까지는 이러한 부분에까지 신경을 쓰지 않고 있다. 해상세력과 해상 군사력이 이러한 발전을 선도해 가고 있음을 부인할 사람은 아무도 없으며, 미국도 이 나라의 지리적 위치와 팽창하는 산업 및 무역 때문에 불가피하게 그 참여자가 되었던 것이다. 자연의 맹목적인 힘처럼 더 광범위한 범세계적 영향력을 얻으려는 국가의 움직임에 방해가 되는 모든 것을 마지막으로 제압하기 위해서 그 필요성은 인정이 된다.

세계 속에서 미국의 어쩔 수 없는 역할 때문에 해상세력과 이에 따른 필수적인 부속물인 한쪽만을 결코 생각할 수 없는 것이다. 통상에 대한 관심이 아주 큰 비중을 차지하고 정치적 고려에 대한 불확실성이 크기 때문에 이익을 확보하려는 욕구가 각국으로 하여금 무력을 보유하도록 유도하고 이 무력을 사용하려는 위험한 유혹에 빠지게 된다. 원격지遠隔地와 관련되는 세력이 곧 해상 군사력이다.

해양력은 공세적이 아니기 때문에 한 국가의 해양력 발전 그 자체가 위협으로 간주되지는 않는다. 사실 그러한 국가의 이익 추구는 일반적으로 평화적이지만 역시 이익 추구를 위해서는 자국의 연안을 넘어서 강압적인 팽창을 원하는 것이다. 그러므로 이러한 국가들의 강력한 영향력과 경합을 이루게 된다.

그러한 문제의 진전이 미국 한 나라에 국한된 것이 아니라, 전 세계에 걸쳐 정치적, 경제적, 통상적 문제들이 적극적인 해상세력과 대규모의 해군력의 필요성을 불러 일으켰다. 나아가서 여러 국가들이 지구 도처에서 경쟁적으로 밀어닥치고 있는 이 세계 속에서 한 국가가 배타적으로 해양을 다시 지배한다는 것은 불확실성이 매우 큰 것이다. 이러한 세계 속에서 미국이 자국의 이익을 유지하기 위해 대비하지 않는 한, 미국 국민들은 스스로가 소외되고 있음을 발견하게 될 것이다. 이는 참여하느냐, 국가 성장의 필수적 요소에서 차단되느냐의 문제이다. 요망되는 해양 지향적 대외정책을 유지하기 위한 수단이 발전되어야 할 것인 즉, 이 수단이 해상 군사력에 의해 방어되는 해상세력인 것이다.

3 마한의 세계관

마한은 국제적 생존에 대한 두 가지의 기본적인 가정을 제시했다.

첫째는, 오늘날 우리가 부르는 사회 진화론이란 것으로 적자생존에 의한 생존경쟁이고, 둘째는, 주로 17세기에서 18세기까지 인용된 마한의 역사적 증거가 19세기 말에서 20세기 초에 와서 아주 비슷한 상황을 나타내었다는 것이다. 이 두 가지 가정假定이 상호 보완되어 해양력의 개념이 전반적으로 적응되는 세계정세가 조성되었던 것이다.

결과적으로, 마한의 사상은 그 당시에 그를 둘러싼 세계관을－그가 말한 그대로 반복하든지 혹은 부연하지 않고는－ 완전하게 재연할 수 없을 것이다.

인간집단에 의하여 소유되지 못할 만큼 격리되어 있거나 버려진 지역은 없다. 다수의 이들 집단은 그들이 소유하고 있는 것을 지키기 위해 스스로 조직화할 능력이 부족한 것이다. 문화인은－이른바 현대사회, 조직사회 및 생산성이 높은 사회 속에서－ 자기가 통제하고 자기 나름대로 사용할 공간을 필요로 하며, 또한 찾고 있다. 현대세계의 주요한 특징은 약한 집단이 강한 집단의 압박을 받고 있다는 것이다.

이 압력은 자연의 힘인 바, 모든 자연의 힘과 같이 가장 저항이 적은 노선을 취한다. 인간집단이 가능성이 풍부한 지역에 도착했지만, 그 곳에 거주하는 주민을 무시하거나 혹은 자신의 무력함으로 말미암아 성공을 거두지 못하게 되는 데, 이러한 무능력한 종족은 우세한 종족의 끈질긴 영향으로 쇠퇴하고 말기 때문이다. 연약한 집단은 수적으로 압도적인 우세를 가진다 해도 조직화되지 못하면 물질적 번영으로 뒷받침되는 조직화된 세력과 대결할 때 쓸모가 없다. 지난날의 역사를 되돌아 볼 때, 증기기관이 발명된 당시 그것이 해상세력과 해상 군사력에 응용됨으로써 국민간의 접촉점을 배가시키고, 그 당시의 현저한 개별적 특수성을 보편화시켰다.

이러한 환경 속에서 통상을 주로 하는 국가들은 소극적 활동에 만족하려 하지 않는다. 통상활동은 생명과 재산의 안전 때문에 정부가 설정한 요구에 따라 일정하게 행하여진다. 생산력이 풍부한 국가들은 그들이 개설한 상업의 중심지를 통제하며 그러한 통제는 무역의 통로와 안전에 아주 영향력이 크다는 것을 인식한다. 그들이 구상하고 있는 무역은 단지 생존 유지를 위한 당면 과제를 훨씬 능가한다. 그것이 바로 국부國富의 원천이 되며, 국가의 중요성 인식에 대한 척도가 된다.

그러한 커다란 이익을 가져오는 무역경쟁이 군비 증강뿐만 아니라 군비를 표면에만 내세운 국민정신을 고양시키는 결과를 가져온다는 것에 놀랄 이유는 없다. 인위적인 제도 등의 조정으로는 강력하고 조직화된 국가들의 경쟁을 다소 완화시킬 수는 있지만, 강력한 선진 국가들과 약한 후진 국민간의 관계에는 적용시킬 수 없는 것이다. 현재의 발전단계에서 진취적인 국가들은 자국의 성장 장애요인에 대한 재처리를 불가피하게 시도해야 한다.

그러한 국가들은 그 외는 다른 방도가 거의 없다. 그들이 주도한 정치적 관심은 국민들의 창조적인 에너지의 분출구를 계속 개발·유지하는 데 있다. 그들은 전래의 투쟁적인 방법으로 문제들을 해결하려고 할 것이다. 그들은 비록 연약하지만 저항하는 사회와 대결할 뿐만 아니라, 배타적인 위치에서 상호 경쟁하게 된다. 지배정신이 깔려있으므로 무력행사의 가능성은 상존尙存한다. 세계는 분명히 변천의 와중에 있으므로 어떤 새로운 질서는 혼란에서 발전될 것이다. 그러나 출현하는 질서는 바람직할 것이며, 개입된 자연의 힘이 자율적으로 작동하고 스스로의 균형을 되찾게 되는 정도가 될 때까지는 지속될 것이다.

이러한 환경 속에서 효과적으로 행동하는 힘은 단지 우발적인 속성만은 아니다. 선진 국가들이 팽창 지향적인 정책을 뒷받침하기 위해 활발히 움직이고 있음은 그 속성으로 보아 당연한 귀결이다. 그러나 그들이 현재 관계하고 있는 약한 상대국들과의 상대적인 관계가 항상 유지되는 것은 아니다. 선진국들은 약소국들이 배울 수 있는 교훈만을 가르친다. 현재의 충돌은 좀더 빈번해질 것이고, 좀더 강도가 높아질 것이다.

이러한 대결은 광범위하게 확산되고, 선진국의 영토로부터 멀리 떨어진 곳에서 일어날 것인 바, 먼저 영향력을 행사한 연후에 복종시키게 하는 능력은 해양력을 보유한 국가의 특권이란 것이다. 사실 이는 선진국들이 본국에서 멀리 떨어진 곳에서 수적인 열세, 위치상의 불리, 통신의 곤란 등 문제를 보상받을 수 있는 수단이었던 것이다. 요컨대, 이 때는 해양력이 아주 우세한 시대였다. 해외무역의 확장과 더불어 통상로 및 기지의 통제와 안전이 국가 대외정책의 첫째 목적이었던 것이다.

결론적으로 모든 선진 국가들은 해양력 발전을 위하여 활발히 경쟁을 벌이고 있다는 것이다.[5)]

---

5) 마한의 견해가 특이한 것이 아니고, 그의 동시대인들 중에 다수가 이를 수용했다는 사실을 설명하기 위해서는 아담스(Brooks Adams)의 『미국의 경제적 우위』(*American Economic Supremacy*, New York : Macmillan, 1900)라는 저서의 다음과 같은 내용과 비교하기 바란다. "1890년을 지향하여 불안정의 신시대가 도래하였다. 문화는 새로운 불안기에 접어들게 될 것이며, 새로운 균형이 이루어질 때까지는 영구적인 안정조건은 형성될 수 없을 것으로 推論되고, …海洋民族과 非海洋民族間 또는 육상 및 해상 수송의 실력 경쟁으로 인한 분쟁이 야기될 것이다."

4 재논술의 요약

누구든지 마한의 전략이론을 현대의 상황으로 응용할 수 있는 가능성을 분석하기를 원하는 자는 사전에 해양력의 개념을 현대적인 용어로 요약하는 것이 유용할 것이다.

해양력은 포괄적이고 복잡한 체제이다. 또한 해양력은 해상세력과 해상군사력(해군)이란 두 개의 하부 조직을 갖고 있으면서 전체로서의 시스템의 속성을 지닌다. 이러한 하부조직의 각각은 특별하고 전문화된 속성을 가지고 있다. 대체로 운용면에서 보면 국가 해양정책을 반영한 것인데, 즉 국제경쟁상황 하에서 국가의 복지를 증진시키고 지원하는 데, 해양력을 조직적으로 유지하고 활용하는 것이다.

1) 해양력maritime power

상세히 말하자면, 필수적으로 주어진 지리적 이점과 국가 의지로 된 해양력은 최초로 과잉過剩 생산품을 교환하는 경제적 활동에 의하여 생성되었다. 이러한 과잉의 생산품을 처분하기 위해 해상무역이 일어나게 된 것이다. 그러나 이러한 과정은 그것을 운용하기 위하여 제도적인 장치를 필요로 했는데, 이는 금융, 보험, 수출업, 수입업, 중개인 등과 전문화된 산업인 조선造船, 수리修理, 하역업荷役業 등이었다. 그러한 장치들이 적절하게 만들어지고 원활하게 운용되지 않으면 국내외 시장은 발전될 수 없으며, 화물은 구할 수도 없고, 선박들은 이동할 수도 없으며, 어떠한 잠재력 있는 해양국일지라도 실현될 수 없는 것이다.

2) 해상세력sea power

해양력의 발전이 최초의 원동력이 된 해상세력은 해상 기동의 전문화된 하부조직이다. 해상세력의 기본 요소는 화물을 운반하는 상선들이지만, 그러나 그것들의 효과적인 이용은 전술前述한 지원시설에 달려 있다. 이러한 시설들이 조직적으로 연결되고 운용되면 해상세력은 세계 통상경쟁에서 성공적으로 이길 수 있고, 세계시장 확보가 가능하며 국가 경제활동에 필요한 원자재를 좀 더 용이하게 획득할 수 있는 것이다. 국가 생산의 기초가 되는 해양체제와 해상세력 체제의 해상 이동 능력 사이의 상호작용 논리는 지속적으로 국가의 부와 영향력을 증가시키며 궁극적으로는 해양의 지배를 가져온다. 그러나 해상세력은 노출된 체제이다. 그것은 정치적, 경제적 장애로부터 무력武力 공격에 이르기까지 여러 가지의 다양한 개입에 대하여 개방되어 있다. 그래서 조직화된 방어대책이 요구된다.

3) 해상 군사력sea force(navy)

해상 군사력(해군)은 본래 해상세력을 방어하고 지원하는 데 준비된 고도로 전문화된 하부조직이다. 이러한 하부조직의 구성요소들은 여기에서 상세하게 기술記述할 필요는 없는 것이다. 그러나 해상 군사력도 해상세력과 같이 주목하여야 할 것은 자체의 특수한 연안기지가 필요하나, 이런 것들은 해상세력 체제와 제한된 범위 내에서 서로 교환할 수 있는 것이다. 더욱이 해상 군사력을 조성하는 특별한 용도에 대하여 좀더 완전히 인식하게 됨으로써 정책 결정자들이 해군력의 기본적이고 제1차적인 기능인 해상세력의 방어와 지원에 대한 우선순위를 낮추려는 경향이 있음을 알게 된다. 그 결과로서 국가 해양력의 전문화된 하부조직으로서 해군력을 보는 것이 아니라, 국력의 군사적 요소로서 해군을 점차 동등시 하려고 했던 것이다.

현재까지 마한의 견해는 해양력 체제가 세계 속에 국가의 위치를 향상시키는 작용과 전반적으로 통합된다는 것이었다. 해양력은 한 국가의 모든 능력을 창출하고, 배분하고, 국제활동의 추세 속에서 유리하게 영향력을 행사하는 촉매역할을 하였다. 해양력은 해상세력 요소들을 통상通商경쟁에서 공세적으로 사용하였다. 해양력의 해상 군사력 요소들은 초기의 분쟁 속에 있어 수세적으로 사용되었다.

마한의 이론이 시종일관 상기시켜주는 것은 제도, 시설, 통상, 상선, 군함 등이 꽉 짜여진 체제를 이루고 있으며, 체제의 효과성이 상실되지 않는 한, 이들 요소 중 어느 하나도 부적절하게 작용하도록 허용될 수는 없다는 것을 강조하고 있는 것이다.

XVI. 항공력에 관한 10가지 명제

필립 멜링거

약 6년 전에 『미 공군 교범(AFM) 1-1』, 항공 우주 기본교리를 개정할 때, 미 공군의 기획/작전 참모부장 마이클 두간(Michael Dugan) 중장은 색다른 제안을 하였다. 교리에 대한 교범화 작업은 매우 잘 되었으나 좀더 간단명료한 형태, 즉 항공력air power의 핵심을 요약하는 것이 필요하며, 궁극적인 목표는 항공력에 관한 원칙이나 규칙을 요약하여 항공인들이 호주머니에 넣고 다닐 수 있도록 지갑 크기로 만들자는 제안이었다. 이때 내가 보인 첫 번째 반응은 회의적이었다. 역사학자로서 나는 복잡한 문제를 다루기 위해 시도하는 단순한 해법이라든가, 공식, 모델 및 이와 유사한 장치 같은 것을 만들지 말라고 배워왔기 때문이었다. 그러나 어떤 관찰자는 "전쟁의 원칙은 다수의 군사 이론가들이 그것에 대한 타당성을 의문시하고 있음에도 불구하고 그 일관성은 군사적 사고에 대한 깊은 욕구를 충족시킨다"[1]고 언급한

1) Svi Lanir, "The 'Principles of War' and Military Thinking", *Journal of Strategic Studies* 16 (March 1993), pp. 1~17.

바 있다. 이러한 '욕구'는 혼란에 빠졌을 때, 지침을 찾는 심리적 탐구와 일상생활에서 원인과 결과에 대하여 과학적 개념을 적용하려는 경향성 및 젊은 장교들에게는 교육적 도구로 사용하기 위한 이해할 수 있는 신념체계를 찾으려는 요구 등을 포함한다.

사실상 그 제안은 나의 뇌리를 떠나지 않았다. 그것에 대하여 생각하면 할수록 더 절실한 것처럼 생각되었다. 실제로 나의 생각에도 좋은 글은 짧고 용이하며 핵심을 짚는 것이어야 했다. 마크 트웨인(Mark Twain)도 "만약 내가 충분한 시간을 가질 수 있었다면 글을 좀더 간략하게 쓸 수 있었을 텐데…" 하고 말한 바 있다. 항공력에 대하여 항공인이 가지고 있는 신념의 핵심을 찾아서 그것을 간편하고 이해하기 쉬운－그러나 지나치게 간소화하지 않은－ 어떤 문구를 만드는 일은 하나의 도전이었다.

작업과정으로서 항공력 이론의 역사를 검토하는 도중에 나는 어떤 촉매제를 만나게 되었다. 항공력에 관한 최고의 이론가들 즉, 줄리오 두헤(Giulio Douhet), 휴 트렌차드(Hugu Trenchard), 빌리 미첼(Billy Mitchell), 존 슬레서(John Slessor), 항공단 전술학교ACTS의 장교단, 알렉산더 세버스키(Alexander de Seversky), 존 워든(John Warden) 등의 이론가들이 만들어 낸 사상을 검토하는 가운데 나는 많은 유사성을 발견하였다. 이들이 각기 같은 시대, 같은 장소 및 같은 환경에서 살지는 않았지만 이들은 시간이 지나도 변하지 않고 오히려 더욱 돋보이는 어떤 원칙, 규칙, 계율 및 교훈을 만들어 냈던 것이다. 이러한 이론 중 몇 가지는 전쟁을 통해서 실제로 입증되었지만, 몇 가지는 아직도 단순한 예언으로 남아있다. 그러나 필자는 75년이 지난 오늘날 그 이론들을 통해서 몇 가지 명제－원칙이라고 하기에는 그 용어가 너무나 거창한 명칭이지만－를 도출하기에 필요한 항공력 운용상의 좋은 사례나 잘못된 사례들이 충분히 나왔다고 생각한다. 그러면 먼저 이러한 명제들이 도출될 수 있는 항공력 고유의 특성－몇 가지 강점과 취약성－을 간략히 기술해 보고자 한다.

항공기가 발명되기 이전에도 작가들은 하늘을 이용하는 어떤 수단이 전쟁에 활용될 수 있는 고유의 능력을 가지게 될 것이라고 생각했다. 1903년 라이트(Wright) 형제에 의하여 최초로 동력 항공기의 비행이 성공한 이래 항공기를 무기로 사용하고자 하는 생각은 군인들에 의해 놀랄 만큼 빨리 전개되었다. 1911년 이태리와 터키 간의 전쟁에서는 항공기가 최초로 전투에 투입되었는데, 이때 사실상 전통적인 모든 항공 임무형태, 즉 정찰, 방공, 공중우세, 수송, 대지 공격, 심지어 폭격 임무까지 수행되었다.[2] 몇 년 후 발생된 세계대전에서는 이런 모든 항공임무가 재정립되었다. 1차대전 말기에 이르러서는 항공기가 지니고 있는 고유한 강점과 약점에 대해 항공 및 지·해상군 장교들에 의해 일반적인 합의가 이루어졌다.

항공력의 특성으로는 거리(range : 1918년 당시의 유치한 항공기도 수 백 마일 비행 가능), 속도(speed : 시간당 백 마일 이상의 속도로 비행 가능), 고도(elevation : 지상군에게는 장애가 되는 언덕, 강, 삼림을 건너갈 수 있는 능력), 치명성(lethality : 대량의 화력을 전투지역이나 후방에 있는 특정 지점에 집중시킬 수 있는 능력), 그리고 융통성(flexibility : 여러 가지 특성의 조화로 항공기가 다양한 방법으로 그리고 여러 곳에서 신속히 사용될 수 있는 능력) 등을 들 수 있다. 항공력이 지닌 제한점 역시 일찍부터 분명했다. 지·해상 전력과는 달리 항공기는 자체적으로는 생명을 지속시킬 수가 없으며, 연료 재보급 및 재무장을 위해 착륙하지 않으면 안 된다. 이 같은 제한점은 환언하면, 항공기는 단명하다는 것을 의미한다. 공중 강타는 일정시간 동안 계속되다가 끝나기 때문에 지속성이 부족하게 되는 것이다. 그리고 항공기가 비록 장애물

---

2) Renato D'Orlando, trans., *The Origin of Air Warfare*, 2d ed. (Rome : Historical Office of the Italian Air Force, 1961), passim.

을 실제로 건너 뛸 수는 있지만 기상이 나쁘거나 야간에는 그 운행이 제한된다. 더욱이 지·해상군도 마찬가지지만 항공기를 운용할 때와 장소 및 목적에 있어서는 정치적인 제약을 받는다. 끝으로 항공기는 지상을 장악하거나 점령할 수가 없다. 이러한 논의가 있은 지 75년이 지났지만, 항공력이 지닌 특성과 제한점들은 그 중 일부가 약간의 변화 징후를 보이고 있는 것을 제외하고는 전반적으로 여전히 사실로 존재하고 있다.

항공기가 어떻게 전쟁에 사용될 수 있겠는가를 보는 견해를 정당화하기 위해 항공력 및 지·해상군 지지자들은 오랜 세월을 두고 이러한 여러 가지 특성–긍정적 및 부정적 특성–에 대하여 나름대로 주장을 전개해 왔다는 것을 지적하는 것이 여기서는 매우 중요하다. 항공인들은 긍정적 특성의 중요성을 확대시키는 한편 제한점을 축소하려 했다. 그들은 지·해상군 사령관 예하에 소속되지 않은 독립된 군을 만들기를 원했다. 그러나 지상군 및 해군 지지자들은 항공기가 갖는 고유한 제한점들을 중요시 하고 긍정적인 측면들을 경시했다. 그들은 새로 나온 무기에 대해서 지배력을 계속 유지하기를 원했다. 항공력이 혁명적 혹은 발전적인 것인지의 여부와 또한 그것이 독립된 군에 소속되어야 하는지의 여부에 관한 이러한 정치적 논쟁은 수십 년 간에 걸친 뜨거운 논쟁이 되어 왔으며 동시에 불필요한 적개심의 원인이 되어왔다.

오늘날, 모든 주요 국가는 공군을 독립적인 군으로 가지고 있다. 그런데 여기서 더욱 중요한 것은 국민들이 이제 이 분리分離 독립이라는 것이 이상한 일이 아니라는 것을 알고 있다는 것이다. 전쟁은 여러 가지 무기를 이용해 다양한 방법으로 수행된다. 비록 특정 군이 전투conflict를 지배하는 일은 있어도 전쟁war이나 전역campaign을 전담하는 경우는 드물다. 적과 전쟁의 본질, 달성해야 하는 목표, 국민이 감수하려는 대가 등은 어떤 군사적 도구가 얼마만한 비율로 전쟁에 운용될 것인가를 결정한다. 따라서 필자가 이 논문을 쓰는 목적은, 군사력을 운용하는 사람들에게 좀더 올바른 방향을 제시하여 그들로 하여금 국가 지도자가 수립한 목표를 잘 달성할 수 있게 하고자 하는 희망에서 항공력에 관한 10가지 명제命題를 식별하고 이를 논의해 보려는 것이다.

1 하늘을 지배하는 자는 대개 지상·해상도 지배한다

만약 우리가 하늘의 전쟁에서 패배한다면 전쟁 전체를 패배하게 되고, 그것도 매우 빠른 시간 내에 그렇게 된다.

—몽고메리(Bernard Montgomery) 원수—

이 개념에 대해서 어떤 자는 제공권制空權(command of the air)이라 부르기도 하고, 또 어떤 자는 공중 우세air superiority라 하기도 한다. 그러나 여기서 분명한 것은, 공군의 제1차적 임무는 아군의 지상, 해상 및 공중작전이 적으로부터 방해받지 않으며 동시에 자기 나라의 치명적인 중심부와 군사력이 적의 공중 공격으로부터 안전할 수 있도록 적 공군을 패배 혹은 무력화시키는 것이라는 점이다. 실제로 모든 항공 이론가는 이 명제命題에 대해서 동의한다. 예를 들어, 두헤는 "제공권의 획득은 승리를 얻는 것이다"[3]고 간단하게 언명하였다. 같은 맥락에서 존 워든은 "1939년 독일군이 폴란드를 침공한 이래 적이 공중 우세를 가진 상황 하에서는 어떤 국가도 전쟁에서 승리하지 못했고, …반대로 공중 우세를 유지하는 한 어떤 국가도 전쟁에서 패배하지 않았다"고 말했다. 이러한 언명들이 비재래식 전쟁에서도 적용될 수 있느냐 하는 데는 다소 논쟁의 여지가 있다고 하더라도, 독일, 일본, 이

3) Giulio Douhet, *The Command of the Air*, trans. Dino Ferrari (1942 ; reprint, Washington, D.C. : Office of Air Force History, 1983), p. 25.

집트 및 이라크의 육군은 적이 제공권을 가진 상황 하에서는 재래식 지상작전을 수행하기가 불가능하든가 혹은 매우 곤란하다는 데는 분명히 동의할 것이다.

공중 우세의 획득에 대한 이와 같은 강조는 가끔 눈앞의 현상만을 중시하는 지상군 지휘관과 마찰을 불러일으킨다. 그들은 공중 우세의 획득을 위해 비행장이나 항공기 생산공장을 항공기가 공격하기보다 항공기를 곁에 대기시켰다가 적 항공기가 출현할 때 이를 불러내어 사용하기를 선호한다. 이 같은 욕구는 이해되는 일이긴 하지만, 그것은 방어역할을 위해 항공력을 정지하고 있는 상태로 묶어두는 현명치 못한 방법이기 때문에 잘못된 것이다. 미국에 있어서 공세적 교리는 예부터 매우 효과적인 것이었다. 미국은 1942년 이래 공중 우세 장악 없이는 결코 싸우지 않았고, 적의 공중 공격에 의해 미군 병사가 살상된 경우는 1953년이 마지막이었으며, 미 육군은 지대공 미사일을 결코 발사할 필요가 없었는데, 이것은 적 항공기가 그들 상공에 결코 가까이 접근할 수가 없었기 때문이었다. 실제로 육군 교리에서도 아군의 공중 우세 획득을 가정하고 있으며, 또한 항공력이 지상군 작전에 대하여 제공하는 가장 큰 기여가 공중 우세의 획득이라고 보고 있다.

하늘을 엄호하는 이러한 필요성은 해양작전海洋作戰에서도 마찬가지이다. 일찍이 1차대전시 존 타워스(John Towers) 같은 해군 조종사는 함대 상공의 공중 우세를 보장하기 위해서는 항공모함이 필요하다고 보았다. 수 년 동안 해군 제독들은 이러한 견해를 배척하였지만, 1941년에 일본군이 함상발진艦上發進 항공기에 의해 진주만이 피격되고 또한 영국군의 거대한 전함, '*Prince of Wales*'호와 '*Repulese*'호가 격침되자 함대가 효과적으로 작전하기 위해서는 공중 엄호가 필요하다는 사상이 드디어 명백해졌다. 항공모함은 해안에 대한 전력의 투사投射 능력을 증가시킴과 동시에 함대 상공의 공중 우세를 보장하기에 필요한 항공기에 대해 이동이 가능한 기지를 제공했다. 2차대전시 중부 태평양을 정복한 함대는 전투함 중심이 아니라 항공모함을 근간으로 했으며, 미 해군의 전력구조는 그 후 공중 우세에 대한 강조를 반영하고 있다.

항공 이론가들이 쓴 글이 함축하고 있는 분명한 사실은 공중 우세의 획득은 승리를 얻기 위해 매우 중요하다는 것이다(바꾸어 말하면, 공중 우세는 그 자체가 목적이 될 수도 있다는 것이다). 그러나 여기에는 두 가지 문제가 대두된다. 첫째, 공중 우세는 정치적 의지가 그것을 활용할 수 있을 때만 가치가 있다는 것이다. 예를 들어, 국제연합UN 항공기는 보스니아 상공을 쉽게 지배할 수 있었다. 그러나 그 공중 우세가 어떻게 활용될 수 있었던가? 만약 비타협적인 적국이 그들의 산업이나 군사력에 대한 공중 타격이 뒤따를 것이라고 믿지 않게 되면 제공권은 아무런 의미가 없는 것이 되고 만다. 둘째, 공중 우세의 획득은 결정적인 대對병력counterforce 전투개념을 재생산한다는 것이다. 다른 나라를 침략하는 육군이나 자국의 일부를 점령하거나 보급망을 차단하는 국내 위기를 해결하기 위해 육군이 진군할 때 적을 고의적으로 회피 및 우회하는 경우가 있는 것처럼 공군도 역시 적 공군의 방공防空 영역 내에서 발생할 수 있는 큰 손실을 도외시하면서 적국의 심장부를 향해 직진할 수 있다. 이때 국가의 운명이 결과적으로 제공권 획득을 위한 전역戰役에 의해 좌우된다고 한다면, 추측컨대 상대국도 그들의 노력과 자원을 그 분야에 집중시킬 것이다. 만약 이런 상황이 발생한다면 항공전투는 시간을 오래 끌게 될 수도 있고, 매우 비참하며, 어떤 지상전투와 마찬가지로 살상율만을 높이는 대상이 될 수도 있다

이러한 현상이 2차대전에서 발생하였다. 항공력은 그 전쟁에서 1차대전에서 나타난 참호 속의 대학살 같은 것을 없애지는 못하고 단지 그것을

20,000피트 상공으로 옮겨 놓았을 뿐이었다. 실제로 공중 우세의 획득은 아직까지 어떤 국가를 무릎 꿇게 하는 정도에 도달하지는 못했다. 따라서 이 명제, 즉 공중 우세는 필수적인 것이지만, 승리를 위한 충분한 조건은 되지 못하는 것으로 남아 있다. 그것은 단지 핵심적인 첫걸음일 뿐이다.

2 항공력은 본질적으로 전략적 전력strategic force이다

항공력은 전쟁 억지력으로서 그리고 전쟁이 발발했을 때는 적의 잠재력을 파괴하고 전쟁 수행 의지를 치명적으로 손상시키는 엄청난 능력을 가진 가장 뛰어난 전력이 되었다.

— 브래들리(Omar Bradley) 장군 —

전쟁과 평화는 전쟁의 전략적 수준에서 결심, 조직, 기획, 보급이며 그리고 지휘를 받는다. 주요 도시에 위치하는 정치 및 군사 지도자들은 그들의 산업체와 천연자원 및 인구가 군사력을 충원 및 장비하도록 지시한다. 한 국가가 가진 이러한 '치명적인 중심부'는 보통 후방 깊숙한 곳에 위치하고 있으며, 군대와 방어적인 요새로 보호된다. 따라서 항공기로부터의 공습이 있기 전까지의 시대에 전쟁을 수행하는 국가는 이와 같은 내부의 좀더 취약한 부분을 격파하기 위해서 통상 적의 방어적인 요새나 적의 군대를 대상으로 하여 군사력을 투입해야 했다. 군사학자軍史學者 한 사람이 최근에 쓴 글에서 "클라우제비츠와 일반 상식에 따른다면 전시에 육군은 적 육군을 패배시켜야 성공한다. 군이 효과적으로 기능하기 위해 적국의 정규 군대를 파괴하는 것은 군사적 승리를 가로막는 장애물을 제거하는 것이다"고 말한 것처럼 일부에서는 아직도 이런 식으로 생각하고 있다. 나폴레옹이 오스터리츠Austerlitz에서 그리고 이에나와 아우엘슈테트의 전투에서 그랬던 것처럼 때때로 국가는 운좋게 적 육군을 섬멸할 수도 있었으며, 이러한 성공은 무조건 항복을 신속히 가져올 수 있었다. 그러나 일반적으로 전투에서는 과다한 출혈이 있었고 결정성이 부족했기 때문에 전쟁 자체는 살상극이나 탈진상태를 연출하게 되는 경우가 더 많았다. 전쟁이 좀더 전면전全面戰이 되고, 군사력의 규모가 더 커지며, 사회가 더욱 산업화 될수록 전투에서 결정성을 얻고자 하는 꿈은 대개 얻을 수 없는 환상이 되었다. 육군은 전장에서의 승리가 축적되면 결정적이고 전략적인 위치에 도달할 수 있다는 희망으로 열심히 적 육군과 싸우는 전술적 도구가 되었다.

어느 정도까지는 해군도 역시 전쟁의 전술적 수준에서 싸운다고 비난받고 있다. 제해권制海權을 획득한 이후에라야 함대는 해안 요새에 포격을 하거나, 봉쇄를 강화하거나, 혹은 상륙작전을 수행할 수 있다. 그러나 첫 번째의 경우는, 함포의 사정거리 때문에 결과가 제한될 수밖에 없으며, 두 번째 경우는, 적이 그 결과를 단지 간접적으로 느낄 뿐이며 그리고 시간이 오래 걸린다. 봉쇄를 통해서 적국이 전쟁을 지속하는 데 필요한 것들을 필경 박탈할 수는 있겠지만, 그러나 봉쇄당한 측에서도 박탈된 것을 보상하기 위해 대안을 마련하거나 자원을 재분배할 수도 있는 것이다. 간단히 말하면, 간접적인 경제전쟁은 시간이 오래 걸린다는 것이다. 실제로, 봉쇄작전은 아주 드문 경우에만 적의 항복을 받아냈을 뿐이다. 그리고 마지막 경우의 상륙작전은 지상작전을 지속하기 위한 시작에 불과하며, 이것 역시 육군 대 육군이라는 과정으로 우리를 되돌려 놓을 뿐이다.

그런데 항공력은 전략과 전술 사이의 선을 압축함으로써 모든 일을 변화시켰다. 항공기는 전략적 수준의 효과를 획득할 수 있는 작전들을 일상적으로 수행할 수 있다. 크게는 지상군이나 함대 또는 지리적 장애물을 뛰어 넘어서 직접 적의 핵심부를 강타할 수 있는 능력이 있기 때문에 지형이나 환경 때문에 직면했던 요구사항들을 제거한다. 이러한 능력은 유혈적이고, 장기적으로 시간을 끄는 지상전이나 견딜 수 없는 해군의 봉쇄작전 같은 것에 대한 대안을 제공하기도 한다. 사실, 비록 초기의 항공력 이론가들이 이 개념이 가진 잠재력에 대하여 빈번히 얘기한 바는 있지만, 그것은 수 십 년 간에 걸친 꿈이었다. 항공력은 2차대전 기간 중에도 지상전역地上戰役의 필요성을 제거하지 못했고, 그리고 비록 일본 본토에 대한 침공이 불필요했다고는 하더라도 확실한 증거가 없었으며－최종적이고도 결정적인 항공전 단계를 마련하기까지는 모든 군이 투입되는 합동작전이 필요했고 그것도 무려 4년간이나 걸렸다. 한국전과 베트남전에서도 일부에서 말하기로는 그 전역에서는 마땅히 증명할 수 있는 기회가 충분하지 못했다고 말하는 이도 있지만, 어쨌든 대부분의 사람들에게는 항공력이 효과적인 전략무기가 아니었다는 것이 드러났다. 그러나 한편, 사막의 폭풍작전에서는 초기의 이론가들의 주장이 현실화되는 쪽으로 상황이 근접하였다. 그 결과가 예언의 적중인가 혹은 이상한 일이 발생한 것인가 잠깐 살펴보자.

만약 그것이 전자前者라고 한다면, 사막의 폭풍에서 항공 지휘관들의 목표는 적을 전쟁의 전술 수준에서 싸우도록 강제하면서 그들은 전쟁의 전략 수준에서 작전함으로써 그들이 가진 고유한 장점을 극대화했다는 근거를 확인하는 것이다. 연합국 항공력은 걸프전에서 이와 같은 어울리지 않는 대결 형태를 달성했는데, 예를 들면 당시에 연합국 항공력은 이라크 공군으로부터 중앙 통제 능력을 탈취했고, 비효과적인 전술적 작전으로 들어가게 했으며, 전략적인 것은 아무 것도 얻지 못하게 만들었다. 누구라도 항공력을 작전 및 전술 수준에 운용할 수는 있지만, 그러나 이때는 그것이 의도하는 효과가 마땅한 가치가 있는 것이라는 보장이 있어야 한다. 핵심적으로 말하면, 항공전은 넓고도 전략적인 사고思考를 필요로 한다. 항공 지휘관은 전쟁을 순서적으로 보거나 한정된 모양으로 보아서는 안 되고 총체적으로 보아야 한다.

끝으로, 우리는 항공력이 비살상용 전력으로서 큰 전략적 능력을 가지고 있다는 점을 명심해야 한다. 존 워든이 흥미 있는 관찰을 통해 언급한 바와 같이 기본적으로 항공력은 전략적 첩보를 배달한다. 그 중 일부는 '부정적'인 것(폭탄과 같은 것)이고, 또 일부는 '긍정적'인 것(식량과 같은 것)이다. 예를 들어, 1948~49년 동안에 있었던 베를린 공수작전空輸作戰은 아마도 베를린 장벽이 스스로 무너지기 이전의 냉전시대에 발생한 서방측의 가장 위대한 승리라 할 수 있을 것이다. 이 공수작전은 항공력이 평화적으로 운용될 수 있다는 것을 과시한 사건이었다. 서베를린으로 향하는 모든 지상 교통망을 소련이 차단한 이후 10개월 동안 공수 항공기가 모든 식량, 의약품, 석탄 및 시민의 생활필수품들을 공급했다. 공수작전의 성과는 막대하였다. 서베를린 시는 자유상태로 남아있었던 것이다. 이것은 일차적으로 전략적 승리였는데, 항공력이 무력을 전혀 사용하지 않고 달성한 것이었기 때문에 결코 그 가치를 축소시킬 수 없는 것이다. 외부세계에서는 이 공수작전에 내포된 전력의 운용과 인도주의적人道主義的인 두 가지 측면 모두에 대하여 크게 동조하였다. 기술의 발달도 이와 유사하게 군사력의 지휘와 통제(C^2), 고도로 정확한 위치보고location reporting, 정보수집 및 국제협약 등의 준수사항 등을 동시적으로 보장하는 통신 및 정찰위성과 같은 우주, 즉 기지 항공 자산의 중요성을 강조하고 있다. 따라서 국가 안보를 위한 전략적 항공력의 중요성은 감소되지 않고 확대되고 있다는 것이 확실하다.

3 항공력은 1차적으로 공세적 무기이다

전쟁을 일단 시작했으면 공세적으로 그리고 적극적으로 수행하여 적이 공세를 받아 넘기지 못하도록 완전히 패배시켜야 한다.

—마한(Alfred Thayer Mahan) 제독—

전쟁에서 방어가 더 강력한 전쟁 방식이라는 생각은 지·해상전 이론가들에게는 자명한 것이다. 그것은 방어가 몇 가지 특별한 이점들을 제공하기 때문에 약한 위치에 있는 국가나 육군은 일반적으로 수세를 채택하게 된다는 것이다. 방어자는 참호 속에 숨을 수 있고 요새를 건설할 수도 있으며, 아군지역 내에서 작전을 지속할 수도 있고 또한 지형에 익숙할 수도 있다. 그렇지만, 공격자는 이토록 방어태세가 잘 갖춰진 적을 공격해야 하며 대개 적의 화력에 자신을 노출시켜야 한다. 더욱이 적의 영토 안으로 깊이 들어갈수록 아군의 보급원補給源과는 거리가 멀어진다. 방어가 갖는 이 같은 고유한 장점들이 손자孫子로 하여금 "패배하지 않으려면 방어를 해야 한다. 왜냐하면 공격하는 적에게 취약점이 발생하기 때문이다"고 말하게 했다. 표준 규칙에 의하면 진지를 구축하여 방어하고 있는 적을 공격하기 위해서는 3배나 우세한 전력이 필요하다. 그 결과 공세자는 방어자가 전혀 기대하지 않는 곳을 공격하며 중요한 순간에 수적 우세를 지녀야 하는 것이다. 그러나 우리는 방어가 전쟁에서 좀더 강한 전쟁수행 방식이라고 확신하는 이론가들도 방어 자세의 지속만으로는 결코 전쟁에서 승리할 수 없고 결국 공세적 활동이 필요하다는 것을 인정하고 있다는 점을 이해해야 한다. 따라서 방어자는 적절한 기회에 공세로 전환할 수 있도록 하기 위해 전력자원戰力資源을 보존해야 한다.

항공력에 대해서는 이러한 공식이 적합하지 않다. 육군은 지상에서 일반적으로 설정된 통로를 따라 이동하지만 하늘이라는 광대하고 통행의 제약이 없는 곳에서는 어떤 방향으로도 적을 공격할 수 있다. 여기서 공중 공격에 대한 유격遊擊은 핵심적 문제인데, 레이더Radar는 분명히 공중 공격자를 감시할 수는 있지만 공격기가 지형지물을 이용하거나 전자전 수단을 사용할 때, 그리고 조심스럽게 항로를 설정하는 등의 방법이나 또한 저탐기술stealth technology에 대해서는 공중 공격을 예상하거나 이를 대비하기가 매우 곤란하게 되었다. 웰즈(H. G. Wells)는 1908년에 하늘에는 하이웨이가 없으며 어떤 곳에 어떤 방향으로라도 갈 수 있다[4]고 말한 바 있다. 그의 말은 그 당시뿐 아니라, 오늘날에도 옳다. 왜냐하면, 하늘에는 전선前線이나 측면flank이 없으며 방어자는 하늘에다 방어를 좀더 효과적으로 할 수 있도록 적이 진입하는 예상 통로를 만들거나 요새를 구축하기가 불가능하다. 공중 공격을 완전히 차단하기란 사실상 불가능하여－방어망을 침투하는 항공기는 있게 마련이다. 1943년 가을 미 제8 공군 폭격기단이 독일의 슈와인푸르트Schweinfurt 시를 폭격할 때 최악의 손실률을 경험할 순간에도 85% 이상의 폭격기가 적 방어망을 통과하여 표적을 강타하였다. 이에 비하여 지상군은 일반적으로 돌파를 하거나 아니면 격퇴당하거나 하는 "전부 아니면 무"all－or－nothing의 명제이다.

더욱이 중요지역을 전부 방어하기 위해서는 공중 방어자는 보유 전력을 넓게 분산시켜야 하며 각각의 방어 지점마다 공격자를 몰아낼 수 있을만한 충분한 능력을 가져야 한다. 지상 방어자와는 달리 공중 방어자는 특별한 장점이 없기 때문에－수동적 방어는 비실용적이다. 또한 공격자는 어떤 것이라도 사실상

4) H. G. Wells, *The War in the Air* (London : George Bell, 1908), pp. 247~248.

공격할 수 있는 데 반해, 방어자는 공격자에 대한 공격이 제한되기 때문에— 방어는 비효율적이다. 추가하여 효율적 방어를 위해서는 방어망이 잘 조직되고 대응성이 있으며, 지휘·통제(C^2)망의 생존성이 필요하지만, 공격자는 그렇지 않다. 그리고 비록 이와 같은 효율적인 방어체계가 유지되더라도 국가의 중요 지역을 전부 방어하기 위해 전력을 분산하는 것은 공격자에게 국지局地 공중우세를 사실상 제공할 수도 있다. 다시 말하여, 항공전에서 방어자는 원래 보유하고 있는 3대 1의 우세를 포기하는 것이며, 그리고 이론적으로도 방어자가 공격자보다 더 많은 전력을 필요로 하기 때문에 지상전 상황과는 정반대의 상황이 된다. 이와 같은 사유思惟는 두헤를 위시한 이론가들이 주장한 것으로 항공기는 극히 우수한 공세攻勢 무기라는 개념으로부터 유래한 것이다. 이 개념이 사실이라면 흥미 있는 결론이 뒤따른다.

첫째, 공세를 취하는 자는 보답을 얻는다.

공중에서 기다리는 것은 패배의 위험을 기다리는 것이다. 따라서 압도적인 공중 강타가 큰 유혹을 제공한다. 이 같은 공세를 수행하면 진주만에서나 1967년의 아랍—이스라엘 전쟁에서처럼 그리고 사막의 폭풍작전에서와 같은 대단한 효과를 얻을 수 있다. 매우 드문 경우에라도, 선제권先制權을 유지하기 위한 요구조건은 적대행위 발생시 즉각적이고도 결정적인 행동을 취할 때를 대비하여 충분한 항공력의 유지를 필요로 한다. 항공전에서는 몇 주일이나 몇 개월이 걸리는 기동이 용납될 수 없다. 왜냐하면, 그 기동이 효과를 보기 이전에 전투가 끝날 수도 있기 때문이다.

이와 유사한 것으로, 『손자병법』에서 "현명한 지휘관은 적의 전략을 친다"(上兵伐謀)는 격언은 적의 전략이 무엇인지 알아낼 때까지 기다린 연후에 대응행동으로 들어가야 한다는 것을 가정하기 때문에 항공전에서는 부적합하다. 이것은 위험한 일일뿐만 아니라(적의 전략을 잘못 판단하여 잘못된 대응행동을 취하기가 쉽기 때문에), 적에게 선제권을 양보하는 것이다.(※ 편저자 주 : 『손자병법』의 '上兵伐謀'는 국가 전략적 차원의 명제이지, 군사 전략적 차원의 명제로 해석하는 것은 잘못이다.)

둘째, 공세 항공력 개념은 전술적 예비대의 필요성을 제거한다.

지상군은 승리 후 전과확대를 위해서나 위협이 있는 곳에 대한 전력 보강을 위해 투입되기를 기다리는 예비전력을 유지한다.

앞의 두 가지 경우 모두가 반응적이고 방어적인 자세가 내포되어 있다. 반면에 공중전투는 매우 한정적인 경우를 제외하고는 발생과 종결이 매우 신속하여 항공 지휘관은 예비전력 유지를 회피해야 하며, 그 대신 모든 가용전력을 전투작전에 투입시켜야 한다. 사실상 이 문제는 차후에 연구를 계속하기에 충분한 이중성二重性을 지니고 있다. 분명한 것은 지상작전에서 말하는 그런 예비 전력개념은 항공전에서는 비실용적이라는 것이다. 그러나 혹자는 수 백 마일 떨어져 있는 외국의 기지에 있는 항공기가 단지 지척에 있는 전투공간에 대해 '전술적 예비전력'이 실제로 될 수 있을 것인가에 대해 논쟁할 수는 있다.

요약하면, 항공력이 지닌 속도, 거리, 융통성 등의 특성은 항공력에게 편재성遍在性(ubiquity)을 제공하였으며, 항공력에게 공세적 능력을 고취시켰다. 항공전에서는 일반적으로 공세를 통해 전승을 얻기 때문에 "좋은 공격이 최선의 방어이다"는 말은 항공전에서는 거의 변함없는 진실이 되고 있다.

4 항공력의 핵심은 표적 선정targeting이고, 표적 선정의 핵심은 정보intelligence이며, 그리고 정보의 핵심은 항공작전의 효과에 대한 분석analyzing이다

적에 대해서 무지하면서 그들에게 무엇을 해야 할 것이라고 어떻게 말할 수 있겠는가?

– 조미니(Antoine Henry Jomini) 장군 –

항공력은 거의 어떤 대상에 대해서도 적용할 수 있다. 걸프전에서는 견고한 철강 콘크리트를 사용하여 지하로 깊숙이 숨어들어간 지역도 항공기가 투하하는 정밀 침투폭탄에 대해서는 안전하지 못하다는 것이 드러났다. 이라크 공군의 견고화 엄체호는 핵 공격에 견딜 수 있도록 설계된 것이지만 정확하게 투하된 고성능 폭탄에 대해서 생존하지 못했다. 그러나 여기서, 항공력이 어떤 것이나 공격할 수 있다는 것은 어떤 것이라도 공격해야 한다는 의미는 아니다. 따라서 공격하거나 영향을 미칠 목표물의 선정은 항공전략의 핵심이다. 사실상 모든 항공 이론가들은 이 점을 인식했지만, 불행히도 그들은 이 문제에 대해서는 애매한 태도를 보였다.

예를 들어, 두헤는 적의 '치명적 중심부'vital center를 결정하는 일을 항공 지휘관의 천재성에다 남겨두었다. 그러나 그는 제일 중요한 한 가지로 국민대중의 의지意志를 지적하였다. 그는 만약 고성능 폭탄, 가스탄, 소이탄 등을 사용해 도시지역에 대한 폭격을 수행한다면 적국의 국민들은 전쟁에 염증을 느끼고 궐기하여 정부에 대해 평화를 요청하게 된다고 예언했다. 다른 이론가들은 우선적 표적으로 여러 가지 다른 것들을 선정했다. 미 항공대 전술학교ACTS에서는 적의 산업체에 관심을 집중해야 한다는 교리를 만들었다. 'Industrial Web'이라는 그들의 이론은 독립적인 별개의 요소가 서로 의존하고 있는 조직체계와 같은 국가의 산업구조를 특성화하는 것으로서, 엉성하게 지어진 가옥처럼 만약 한 부분이 무너지면 조직 전체가 무너져서 국가의 전쟁수행 능력이 파괴된다는 이론이다.[5] 영국 공군의 슬레서는 적국의 수송구조transportation structure가 갖는 취약성을 강조하여 병력이나 보급에 대한 후방차단을 목표 달성의 가장 최선책이라고 주장했다. 존 워든은 적의 지도부leadership를 강조했다. 국가 지도자는 전쟁이냐 평화냐를 결정하기 때문에 모든 항공력을 적 지도자들의 의지에 맞춰 운용함으로써 그들이 평화를 원하도록 만들어야 한다는 것이다.[6] 빌리 미첼의 초기 저작(1925년 이전)에서는 전략적 항공력의 1차적 표적으로 적 육군을 지적하고 있음을 볼 수 있다.[7] 이처럼 모든 전통적 항공 이론가는 중력 중심重力中心에 대해 비슷한 생각들을 지니고 있었으나, 가장 중요한 것을 뽑아내는 데는 생각이 일치되지 않았다. 실제로 항공전략의 역사 자체가 단일하고도 완전한 하나의 표적을 찾아온 역사라는 회의주의자懷疑主義者들의 주장이 나올 만 하기도 했다. 그럼에도 불구하고 항공전략을 결정하는 기본 골격은 매우 유용한 첫걸음이었으며–그러나 이것도 본 주제에서는 단지 시작일 뿐이다.

표적에 영향을 미치는 항공력의 능력은 표적을 식별하는 능력을 언제나 능가해 왔다. 걸프전은 표적의 존재를 알지 못하면 항공력의 운용이 비효과

5) Maj Gen. Don Wilson, "Origins of a Theory of Air Strategy", *Aerospace Historian* 18(Spring 1971) ; pp. 19~25.

6) Col. John A.Warden Ⅲ, "Employing Air Power in the Twenty–first Century", in Richard H. Shultz, Jr., and Robert L. Pfaltzgraff, Jr., eds., *The Future of Air Power in the Aftermath of the Gulf War* (Maxwell AFB, Ala. : Air University Press, July 1992), p. 65.

7) Brig Gen. William L. Mitchell, *Our Air Force : The Keystone of National Defense* (New York : Dutton, 1921), p. 15.

적일 수 있다는 것을 보여주었다. 예를 들어, 비록 다국적군 항공기가 이라크 내에 있는 식별한 모든 핵, 생물학 및 화학전 연구시설의 대부분을 파괴했지만, UN조사단이 전후에 이라크 내를 돌아다니면서 발견한 바로는 식별되지 않은 것이 훨씬 더 많았다고 한다. 항공인들이 이것을 항공력의 실패가 아니고 정보의 실패라고 한다면 이는 책임의 회피이다. 왜냐하면 이 두 가지는 쌍둥이처럼 내적으로 통합되어 있고 또한 그렇게 해왔기 때문이다. 정보는 표적 선정의 핵심이며, 더욱이 항공전을 수행하기 위해서는 양자가 각별히 맞물려 있을 필요가 있다. 군사첩보 수집기구는 수 세기 전부터 존재해 왔지만, 그 산출물은 전술적 성격을 띠는 것이었다. 적은 얼마나 많은 병력을 보유하고 있는가? 그들의 위치는 어디인가? 진군 방향은 어떠한가? 그들이 가진 최신 무기의 발사율은 얼마인가? 등등.

비록 이러한 전술적 첩보도 전술적 항공전투에서 싸우는 항공인들에게는 필요한 것이지만 전략적 항공전에서는 더 많은 정보가 요구된다. 즉 적국의 사회구조 및 산업구조는 어떠한가? 제철공장과 발전소는 어디인가? 민간 및 군사 지도자들은 하부기관과 의사전달을 어떻게 하는가? 주요한 철도 조차장操車場은 어디인가? 화학전 계획은 어느 정도 발전되고 있는가? 사회의 핵심적 지도자들은 누구이며 그들의 권력기반은 무엇인가? 이런 종류의 의문들은 항공 기획자들에게 필수적인 것들이지만 항공기가 발달하기 이전에는 별다른 필요성이 없었기 때문에 별로 중요시되지 않은 것들이다. 분석가 두 사람은 정보는 "산업시대의 자본과 노동력처럼 후기 산업시대에 가치와 영향력을 지닌 것으로 증명될지도 모르는 전략적 원천이다"고 주장한다. 이런 공식에 따른다면 모든 분쟁에서 핵심이 되는 요소는 정보이다.

앞에서 논의한 두 가지 문제보다 그 중요성이 못지않은 세 번째 단계는 항공 공격의 효과분석이다. 이 문제에 대하여 우리가 알고 있는 한 가지 방법은 폭격 피해평가BDA로 용어화된 것이 있는데, 그러나 이것은 일반적으로 전술적인 적용력을 가지는 방법에 불과한 것이다. 폭격 피해평가를 결정하기 위한 가장 손쉬운 방법은 사후정찰事後偵察을 이용하는 것인데, 이 방법은 정밀 무장의 발달에 따라 부적절한 것으로 드러나고 있다. 예를 들어, 걸프전 기간 동안 다국적군 항공기는 이라크의 정보본부 건물을 폭격했다. 이때 폭격 피해평가는 그 건물의 1/4이 파괴되었기 때문에 25%의 효과를 산출했다고 보고했다. 그러나 실제로 폭탄은 원하는 표적이 위치한 건물의 날개 부분에 정확히 명중되었으므로 그 출격은 완전한 효과를 거둔 것이었다. 또한 폭격 피해평가 절차는 정밀공격이 발달되지 않았을 때 적절한 측정방법으로 사용된 것이기 때문에 많은 삭제작업이 필요하다. 간단히 말하여, 폭격 피해평가는 과학과 비슷한 기술이기 때문에 정밀 공중 공격의 효과를 측정하기에는 다소 어려움이 있다는 것이다.

전략수준에서의 평가문제는 이보다 훨씬 더 복잡하다. 전략적 공중 강타의 효과성을 측정하기 위해 사용되는 현용 기준은 불충분하다. 어떤 경우에는 전력망戰力網에 대한 피해평가에서처럼 파괴와 효과성 간의 관계가 일치되지 않는 것도 있다. 예를 들어 '사막의 폭풍작전' 기간 중 이라크에서는 일부 피격되지 않은 발전소도 가동을 중단했는데, 이것은 공격을 회피해 보려는 의도가 분명했다. 다국적군의 의도가 발전소 자체를 폭격하려는 것이 아니고 발전을 금지시키려는 것이었기 때문에 공격위협이 공격 자체만큼 효과를 본 것이었다. 따라서 소량의 폭탄으로도 막대한 전력의 손실을 생산했다.[8] 그러나 불행히도, 발전소가 전기를 생산해 내지 않는다는 것을 확인

---

8) "Gulf War Air Power Survey", *Effects and Effectiveness Report*, vol. 2 (Washington, D.C. : Government Printing Office, 1993), p. 303.

할 수 있다 해도 어떻게 그 사실이 방공망防空網(공격의 실제적 목표가 될 수도 있는)의 능력에 피해를 주는가를 판단하는 일은 좀더 어려운 과제이다.

이 평가 작업은 수 십 년에 걸쳐 항공 기획자들을 괴롭혀 왔다. 어떤 사람은 2차대전 중 수행된 전략폭격의 효과성에 대하여 아직도 논쟁하기를 좋아한다. 선정된 표적은 올바른 것이었는가? 항공전 수행에 좀더 나은 방법은 없었는가? 놀랍게도 이러한 질문은 컴퓨터 워 게임war game을 통해서도 정답을 얻지 못했는데, 그것은 워 게임에서도 항공폭격의 전략적 효과에 대한 평가가 불가능했기 때문이다. 그런데도 항공폭격이 보여주는 시각적인 인상 때문에 참전국들은 그들이 과학적 방법으로 교전하고 있다고 믿도록 잘못 유도되었던 것이다. 항공인들이 부딪치는 도전은 적국 내부의 복합적인 체계들 사이의 관계를 분석하고 이들을 최대로 혼란시키는 방법을 결정하며 경제 전반에 걸쳐 이 체계들의 손실이 가져오는 단계적인 효과를 측정하는 방안을 강구해야 한다는 것이다.

우리는 많은 일들, 특히 우리가 느끼는 효용성을 양적量的으로 계산 및 측정할 필요가 있는 사회에 살고 있다. 군인들은 전사자 수를 헤아리고 용적容積톤 수를 말하며 출격 가동률 및 표적 명중률 등을 측정하는 것이 몸에 배어 있다. 이러한 습관은 특히 항공전에서 널리 통용되고 있는 데, 그것은 우리가 항공전의 진행 경과를 측정할 명확한 방법을 갖고 있지 못하기 때문이다. 지상군은 지도상에 선을 그릴 수 있지만, 항공인들은 항공기 출격을 계산하고 애매하고 상충되는 첩보자료를 때때로 분석하지 않으면 안 된다. 따라서 항공작전의 정확한 평가는 통상 전후에 드러나기도 한다. 우리는 어떻게 하면 이 같은 미국식의 '닌텐도 전자오락같은 전쟁'Nintendo Warfare에 대한 선호사상選好思想을 타파할 수 있겠는가? 항공력은 전략적 전력이기 때문에 우리는 전쟁 수준에서의 항공력의 효과성을 좀더 잘 이해하고 측정하며 그리고 예견해야 한다. 항공인들은 경험적 증거보다는 논리와 일반 상식을 강조하는 '확신에 근거'한 표적 선정標的選定 철학에 너무나도 오랫동안 의존해 왔던 것이다.

5 항공력은 제4차원, 즉 시간을 지배함으로써 육체적 및 심리적 충격을 생산한다

모든 군사작전에서는 '시간이 전부다'라는 말은 정말 사실이다.

—웰링턴(Wellington) 공작—

나폴레옹이 오스터리츠의 성공 이유를 검토하면서, 그는 그의 적敵과는 달리 분分 단위의 시간 가치를 중요시 했다고 증언한 바 있다. 실제로 그는 시간의 중요성을 이해했으며, 시간 맞추기timing를 좀더 선호했다. 여러 개의 단위부대가 효과를 최대로 발휘하기 위해서는 서로 조화를 이루는 행동이 매우 중요하며, 이것이 곧 시간 맞추기, 즉 타이밍이다. 또한 이에 못지않게 중요성을 갖는 것은 시간을 소요기간duration으로 생각하는 것이다. 지휘관들은 부대를 진지로 이동시키고 또한 실제로 운용할 때 소요되는 시간을 고려해야만 한다. 그리고 지휘관들에게 좀더 중요한 것은 전력을 신속하게 운용하면 느리게 운용할 때는 생기지 않는 육체적 및 심리적 충격 효과가 발생한다는 것을 인식해야 한다는 점이다. 항공력은 어떤 일을 멀리서 처리할 수 있는 능력을 가지기 때문에 현대전에서 가장 효과적인 시간 관리자이다. 따라서 항공력은 충격을 생산한다.

충격에 대한 육체적 및 심리적 요소를 분리시킨다는 것은 쉬운 일이 아니라고 할 수도 있겠지만, 이 두 가지는 결정적인 차이점이 있다. 육체적 충격은 힘이 어떤 목표물과 충돌할 때 생기는 것이다. 그것에는 저항을 용납하지 않는 압도적인 힘이 하나의 요소로 작용한다. 금세기 이전에는 일반적으로 중기병重騎兵이 충격을 생산했으며, 때로는 밀집대형의 중무장 보병의 전개 역시 이러한 충격을 생산할 수도 있었다. 사실상, 적절히 다룬다면, 배치된 병력의 돌격은 아르벨라(Arbela, 331 B.C)와 로스바하(Rossbach, 1757)에서처럼 때로는 적군을 완전히 휩쓸어버릴 만큼 대단한 충격을 생산한다. 그러나 이런 경우는 항상 있는 것이 아니다. 크레시(Crécy, 1346)와 워털루(Waterloo, 1815) 전투에서처럼 화력이 때로는 이러한 기병의 돌격을 격퇴할 수도 있었다. 그럼에도 불구하고 전장에서의 충격효과는, 비록 그것이 오늘날에는 기갑군에 의해 제공되고 있지만 여전히 중요하다. 항공력은 특정지역에 막대한 양의 화력을 집중 투하할 수 있기 때문에 이와 유사하게 육체적 충격 효과를 생산한다. 19톤의 고성능 폭탄을 탑재한 B-52의 충격은 전설적인 것이지만, F-15E 1대만 하더라도 주택 크기 만한 작은 지점에 4톤의 폭탄을 투하할 수 있다.

더욱 중요하게는, 항공력은 심리적 효과를 생산한다. 본질적으로 전쟁은 심리적인 것이다. 심리적 충격을 증대시키는 최선의 방법은 육체적 충격을 증대시키는 것이라 볼 수 있지만, 여기서 우리는 파괴와 효과를 동일시하지 않도록 주의해야 한다. 오히려, 지휘관은 항공력이 지닌 속도, 편재성遍在性 등 전투작전의 진행속도를 극적으로 증대시킬 수 있는 능력을 활용해야 한다. 비록 가장 원기 왕성한 육군 부대라도 행군의 속도에 의해 제약을 받는다는 점을 생각한다면 항공력이 지닌 이러한 특성의 중요성을 인식할 수 있다. 수 세기 동안 발생한 수 천 개의 전역戰役에 대한 연구를 통해, 미 육군의 연구가 한 사람은 기계화 및 기갑군은 90내지 99%의 시간을 움직이지 않고서 있었다는 것을 발견했다고 한다. 적과 치열한 교전을 벌이고 있는 때에도 그들은 하루에 대략 3마일 정도의 속도로 전진했다. 즉, 보병의 전진 속도와 비슷하게, 예외도 물론 있었지만, 그 연구는 지상에서의 전진 속도는 기간 중 내연기관의 발달에 따라 전역戰域에 이러한 변화가 왔음에도 불구하고 지난 4세기 동안 별로 변한 것이 없었다고 그는 결론을 내리고 있다.

항공력은 양量의 질서에 의해 기동 속도를 증대시킨다. 항공기는 보통 700mph를 넘는 속도로 적 영토 내로 수 백 마일까지 침투한다. 이런 기동성은 지휘관이 지형지물에 무관하게 수많은 방향으로 매우 신속하게 항공력을 기동시켜서 방어자로 하여금 심각한 불이익에 처하게 만들 수 있다는 것을 의미한다. 항공력은 기습을 통해 시간을 정복함으로써 적의 심리에 영향을 미쳐 혼란과 무질서를 불러일으킨다. 관찰－적응－결심－행동 고리(OODA : observe－orient－decide－act loop)라는 존 보이드(John Boyd)의 이론理論은, 시간의 확대－어떤 결심이나 위치에 신속히 도달하는 것－는 그것이 적에게 주는 막대한 심리적 부담감 때문에 전쟁에서 결정적인 요소라는 전제에 바탕을 두고 있다. 또한 속도와 기습은 때때로 대량大量에 대한 대안이 된다. 만약 적이 육체적 및 심리적으로 공격에 대한 준비가 되어 있지 않을 때는 신속히 그리고 예기치 않게 적용된 힘은 적을 압도할 수 있다(예 : 1940년의 프랑스 및 1941년의 러시아). 더욱이 기습과 속도는 사상자를 축소하게 되는데, 그 이유는 공격자가 방어자의 화력에 노출이 덜되기 때문이다. 속도가 곧 생존이라는 사실은 세계적으로 전술적 항공 임무수행을 위해 왕복기관 제트 항공기로 신속히 대체된 이유 중 하나이다.

핵무기는 항공력이 심리적 충격 효과를 생산한다는 가장 좋은 증거가 된다. 사람들은 무기의 파괴력 증가를 위해서는 수 세기의 오랜 기간 동안에도 별로 한 일이 없었다. 로마군은 카르타고를 완전히 괴멸시켰는데, 건물을 완전히 파괴하고, 주민을 모두 죽이고, 토양을 소금으로 뒤덮어 식물이

자라지 못하게 했다. 히로시마와 나가사키의 파괴는 핵 풍압과 방사능으로 인해 이와 유사한 결과를 초래하였다. 이 두 가지 사건의 차이점은 몇 개의 로마군 군단이 카르타고를 괴멸시키는데 20년이 소요되었지만, B-29기는 단지 2초 밖에 걸리지 않았다는 것이다. 그것은 순간적인 파괴, 즉 시간의 정복으로서 일본인뿐 아니라, 전 세계인들의 의지에 영향을 미쳤던 것이다. 사실 그러한 파괴는 아직도 발생하고 있다.

이 점은 저강도 분쟁에서의 항공력의 효과성에 대한 중요한 암시를 가져다준다. 게릴라전은 장기전이기 때문에 그 특성상 항공력에는 부적합하며 신속하게 결정할 수 있는 항공력의 능력을 거부한다. 베트남전에서 롤링 턴더Rolling Thunder 같은 전역戰役은 시간의 효과를 확대하는 기회가 거부될 때 항공력은 특히 비효과적이라는 것을 시사한다. 이와 같은 사례들에서 항공력의 제한점은 매우 크게 나타난다. 실제로 시간이라는 차원을 빼앗기게 되면 항공력이 갖는 심리적 충격 효과는 거의 없어질지도 모른다.

6 항공력은 모든 전쟁수준에서도 병행작전parallel operations을 동시적으로 수행할 수 있다

> 지상전에서는 노력의 비중을 한 지점에서 다른 지점으로 옮기려면 시간이 요구되지만, 항공력은 고유의 융통성이 있기 때문에 작전전구作戰戰區 내에서 목표를 다른 곳으로 바꾸는데도 기지 이동이 불필요하다.
>
> –몽고메리(Bernard Montgomery) 원수–

육군의 규모는 보통 적 육군의 규모에 따라 결정되는데, 이는 지휘관이 추구하는 목표가 대對병력counterforce 전투에서의 승리이기 때문이다. 일단 그 목표가 달성되고 나면 –장시간에 걸쳐 많은 지출 이후에나 가능한 것이지만– 육군은 영토의 점령이나 행정 임무수행을 위해 사용될 수 있다. 그렇지만 이것이 육군의 주 임무는 아니다. 두 가지 임무 중 어떤 경우에라도 정책적 혹은 준準군사적 병력이 이러한 임무를 효과적으로 수행할 수 있기 때문이다. 그러나 반면에, 공중전空中戰을 수행하는 것은 항공력이 수행할 수 있는 여러 가지 임무 중 단 하나에 불과하기 때문에 공군의 규모는 적 공군의 규모에 따라 좌우되지는 않는다. 좀더 중요한 것은, 여기서 다른 여러 가지 임무－중심重心에 대한 전략 공격, 후방 차단, 전투 중인 지상군에 대한 근접 항공지원 등의 임무－는 그 잠재적 중요성이 훨씬 더 큰 것이며 공중 우세 전역戰役과 동시에 수행될 수도 있다.

서로 다른 전쟁 수준에서 서로 다른 표적을 상대하는 여러 가지 다른 전역戰役들이 동시에 수행될 때 병행竝行전쟁은 이루어진다. 작전적 및 전략적 목표로 옮겨가기 전에 전술적 전투를 승리하지 않으면 안 되는 지상군과는 달리 공군은 여러 가지 다른 전쟁 수준에서 별개의 전역을 수행할 수 있다. 예를 들어 적국의 무기 생산공장을 공격하는 전략임무를 수행할 때에도 항공력은 적의 수송 및 보급체계를 혼란시키는 작전 수준의 전역을 수행할 수 있고, 동시에 항공력은 전술 수준에서 적의 야전 배치 군사력을 공격할 수도 있다.

이것은 '사막의 폭풍'에서 정교하게 수행한 작전들과 같은 것이다. F-117, F-15, F-111 및 토네이도 기機들이 이라크 핵무기 연구시설, 정유시설 및 비행장들을 공격할 순간에 F/A-18, F-16 및 자가르Jaguar 기들은 이라크 육군에 대한 병력 증원 및 보급품 유입을 방해하기 위해 이라크 남부지역에 위치한 철도 조차장操車場 및 교량들을 폭격하였다. 동일한 시각에 A-10, AV-8 및 헬기들은 쿠웨이트 주둔 이라크 병력 및 장비에 대하여 수 천회를 출격하였다. 이를 종합해 보면 육·해군의 작전에 대해서는 이를 전술적인 것 혹은 전략적인 것으로 구분하기가 쉽지 않으나, 항공력에 대해서는 누구라도 전술적 혹은 전략적인 구분을 할 수 있게 되었다는 것을 알 수 있다. 그렇게 된 가장 큰 이유는 항공력이 지닌 융통성을 모든 사람이 사실로 인정하게 되었기 때문이다.

이와 비슷한 것으로, 항공력은 동일한 전쟁 수준 내에서도 공중 우세 전역戰役과 전략 폭격전역처럼 상이한 유형의 항공전역航空戰役을 동시에 수행할 수 있다. 제2차 세계대전 기간 중 실제로 연합군 항공력은 대서양에서 독일군 잠수함에 대응하여 승리를 추구하면서도 북아프리카의 롬멜군에 대한 증원을 차단하고 또한 유럽 상공의 공중 우세 확보를 위해 독일 공군과 경쟁하면서 독일의 산업시설을 폭격한 경우처럼 제3의 혹은 제4의 분리된 전략적 전역을 수행할 수도 있다.

끝으로, 아마도 가장 중요한 것으로, 항공력의 속도와 거리는 적국의 가장 종심 깊은 곳에 위치한 표적이라도 공격할 수 있게 한다. 지상군에게는 한 전투에서 다른 전투로 옮겨가는 것이 매우 위험할 뿐만 아니라 매우 복잡한 기동을 필요로 하지만 항공기는 다른 전투로 옮겨가기 위해서 하나의 전투 임무를 마치고 교전을 중지할 필요가 없다. 한 임무지역에서 교전 중지한 항공기는 진흙탕 도로를 가야할 필요가 없고 물이 불은 강을 건너갈 필요도 없으며 보급선을 재설정할 필요도 없다. 이스라엘 공군은 1973년에 욤 키퍼Yom Kippur 전쟁에서 이 같은 능력에 대한 좋은 사례를 제공하였다. 이스라엘군의 항공력은 지속적으로 시나이 전선에서 골란고원으로 전장戰場 이동하였으며, 또한 후방차단 임무에서 근접지원 임무로 임무전환을 실시하였다. 그들은 몇 주간 동안 이와 같은 임무전환을 일일 단위로 수행할 수 있었다.

이와 같은 병행작전의 수행은 병행적인 효과를 가져 오고 적에게 다중적인 위기를 갑자기 안겨줌에 따라 적은 어떤 곳에서도 효과적으로 대응할 수가 없게 되었던 것이다. 이러한 현상에 관한 가장 처참한 사례는 걸프전 시 초전 2일간에 발생했는데, 당시 수 백 대의 연합군 항공기가 여러 가지 표적 중에서 이라크의 방공망, 발전시설, 핵무기 연구시설, 군사 지휘본부, 전자 통신탑, 지휘소 벙커, 정보기관 및 대통령 궁을 공격했다. 이러한 공격들은 이라크의 몇몇 중심重心에 대하여 매우 신속하고도 강력하게 수행되어 적국을 기동 불능상태에 빠뜨렸으며, 초전初戰 수 시간 이내 전쟁이 결판나게 하였다. 이라크 지휘부는 병력과 보급품의 이동, 명령 하달, 전선에서의 보고 접수, 대국민 홍보, 레이더 사이트 작동, 혹은 효과적인 방어작전의 기획 및 조직 등의 업무 수행이 극히 어려워졌다는 것을 발견했다. 물론 공세攻勢 대응작전의 모색은 한층 더 어려웠지만.

연합군이 쿠웨이트에 있는 이라크 병력에 대해서도 항공작전을 동시에 수행했다는 사실을 감안하더라도 우리는 병행작전이 적에게 미칠 수 있는 충격을 식별할 수 있다. 이 같은 병행전쟁의 효과는 플러(J. F. C. Fuller)가 상상한 '두뇌전쟁'[9]brain warfare을 대변하는 것으로 전쟁의 작전 혹은 전술 수준에서보다는 전략 수준에서 유일하게 발생하는 것이다. 오랫동안 군사 지휘관들은 적과 전투하기보다는 적을 마비시키는 방법, 즉 손으로 서로 격투를 벌이는 것 대신 적의 척추(지휘구조)를 절단시키는 방법을 모색해왔다. 이제 병행적 항공작전이 바로 이러한 기회를 제공하게 되었다. 항공력이 지닌 특성 중 핵심이 되는 융통성이 병행작전 수행에서보다 더 분명하게 드러나는 것은 아무것도 없다.

9) J. F. C. Fuller, *The Reformation of War* (New Yokr : Dutton, 1923), pp. 48~50.

7 정밀 항공무기는 집중의 의미를 재정의했다

승리의 대가로 치명적인 손실을 입는다면 결정적인 승리가 무슨 소용이 있겠는가?

— 처칠(Winston Churchill) 경 —

집중은 오랜 기간 동안 전쟁의 원칙 중 한 가지로 고려되었다. 적 방어망을 돌파하기 위해서는 병력과 화력을 특정 지점에 집중시켜야 한다. 화기의 성능이 점점 치명적인 것이 되고 사정거리가 길어짐에 따라 19세기 중반부터는 방어요새의 중요성이 증대되기 시작하였다. 또한, 방어망을 돌파하는 화력이 강력해지고 병력이 대량으로 집중됨에 따라 방어망 자체도 매우 강력하게 되었다. 결과적으로, 지휘관들은 어디에서나 강력하려고 하는 것은 아무 곳에서도 강력하지 않게 된다는 것을 알고 보유 전력을 분산시키거나 분할시키지 않아야 한다는 경각심을 가지게 되었다. 집중의 원칙은 지상전을 지배했으며, 기획자들은 적이 탐지하기 전에 대량의 병력을 적절한 장소, 시간에 집결 가능토록 보장하는 수송 및 통신 수단을 개선하는 데 관심을 집중시켰다. 란체스터(F. W. Lanchester)의 'N승乘 법칙'N-squared law은, 어느 한편의 양적 우세가 증가되면 손실률은 그 제곱근에 따라 감소한다고 하는 것으로 집중의 원칙에 대한 신념에다 과학적 신뢰성을 차용한 것이었다.

이 원칙은 항공전에서도 사실로 드러나는 것 같았다. 2차대전시 미 제8 공군은 초기 항공작전에서 독일의 전쟁무기 생산에는 별로 피해를 입히지 못하면서도 항공기 손실률은 매우 높았다. 제8 공군 사령관 아이러 에이커(Ira C. Eaker) 장군의 주장으로는, 그의 전력이 양적으로 충분치 못했다는 것이었다. 효과적인 공격을 보장하기 위해서는 폭격기 방어능력이 구비된 상태에서도 폭격기 편대군이 최소한 300대 이상의 폭격기로 편성되어야 한다고 했다. 그러나 그것도 결코 많은 것이 아니라는 사실이 입증되었다. 독일군의 방어망이 너무나 완벽했기 때문에 미 공군의 신형 엄호기가 전구에 도착하기 전까지 폭격기의 손실률을 줄이기 위해서는 극히 대규모의 편대군이 필요했는데, 마치 란체스터의 '법칙'이 실제로 입증되는 것 같았다.

더욱이 폭격의 정확성은 독일군의 강력한 방어망이라든가, 기만작전 혹은 악기상惡氣象 등의 요인 때문에 기대에 너무나 미치지 못하였다. 결과적으로 작은 가옥 같은 소규모 표적을 파괴하기 위해서도 중폭격기 4,500대가 총 9,000톤의 폭탄을 퍼부어야 했다. 불행하게도, 이러한 과정은 적국 내에 위치한 주요 체계를 무력화시키기 위해 긴 시간을 필요로 하였다. 정유시설 하나를 가동 중지시키는 데도 수백 대의 폭격기가 필요했고, 더욱이 하나의 표적을 파괴한 연후에나 다른 표적에 대한 공격으로 옮겨가야 했다. 연합군 항공기는 각 표적마다 대량 공격이 필요한 수백 개의 표적을 공격해야 되었기 때문에 독일군은 차기 공격이 재개되기 전에 공격받은 시설을 충분히 복구할 수가 있었다. 바꾸어 말하면, 정밀성의 결여는 항공력으로 하여금 누적적 효과에 의존하는 소모전消耗戰에 빠지게 했으며, 본질적으로 항공력을 전술적 수준으로 몰아갔다.

2차대전 중 독일의 루이나 정유공장에 관한 사례는 이러한 상황의 좋은 보기이다. 중요한 시설 하나는 연합군 폭격기의 공격으로부터 정유소 위치를 감추기 위해 마치 연막을 분사하는 기계처럼 발사하는 막강한 대공포 방어망을 구성하고 있었다. 결과적으로, 루이나 지역에서는 투하 폭탄의 단지 2.2%만이 실제 정유시설에 명중되었다. 전쟁 말기에 연합군은 정유소를 가동 중단시키기 위해서 그 지역에 22회나 공격을 수행해야 했다. 전후戰後 미국의 전략폭격조사위원회에서는 "전체 표적에다 500 파운드짜리 폭탄을 소나기처럼 쏟아 붓기보다는 소량의 폭탄을 정확하게 투하하는 것이 훨씬 더 효과적이었을 것이라고 결론지었다." 그 판단은 정확한 것이었다.

폭격의 정확성에 따른 폭탄의 수량은 오랜 시간 지나오면서 변화되었다. 베트남 전에서는, 1972년 라인벡커 전역戰役 수행 시 최초로 정밀유도무기PGM가 광범위하게 사용되었는데, 미 공군에서는 소위 '작은 가옥' 하나를 거의 95대의 항공기가 투하하는 190톤의 폭탄으로 파괴할 수 있게 되었다. 사막의 폭풍에서는 정확성이 더욱 높아졌다는 것을 보여 주었는데, 스텔스 기술과 연결되어 출격 당 손실률이 현저하게 줄어들게 되었다(0.5% 이하). 항공기는 주어진 시간대에 좀더 많은 표적을 안전하게 공격할 수 있었다(예를 들면, 병행작전 수행이 가능하였다). 레이저 유도폭탄이 건물의 환기구나 벙커의 문틈을 통해 날아들어 가는 모양을 보여주는 조종석 비디오의 영상을 아무도 잊지 못할 것이다. 불과 소량의 폭탄만이 정밀유도방식으로 투하되었고 또한 그 중 일부는 표적을 명중시키지 못하기도 했지만, 그럼에도 불구하고 적절한 기상상태에서 연합국 항공기가 정밀유도무기를 사용할 때는 소위 작은 가옥같은 것은 단 1대의 항공기가 투하하는 2발의 폭탄으로 파괴시킬 수 있게 되었던 것이다. 정확성과 은밀성의 결합은 항공기가 표적을 신속하고도 안전하게 강타할 수 있다는 것을 의미했다.

항공전에서 '환기공換氣孔을 통과하는 정확성'airshaft accuracy을 지향하는 경향성은 집중의 중요성이 갖는 명예를 실추시키는 결과를 낳았다. 정밀유도무기는 힘에 대한 효율적인 척도가 되는 밀도密度－단위 용적 당 수량－개념을 가져왔다. 단적으로 말하여, 표적들은 이제 더 이상 대량의 표적이 아니며, 어떤 항공무장도 표적 전체를 무력화시키기 위해 사용되지는 않는다는 것이다.

혹자或者는 어떤 표적이라도, 비록 1대의 탱크나 1문의 포 혹은 1명의 보병 병사라 할지라도, 정밀표적이라고 주장할 수 있게 되었다. 허공이나 흙바닥에 대고 아무렇게나 탄환이나 폭탄을 낭비하는 것은 어떤 타당한 이유도 더 이상 존재할 수 없는 것이다. 이상적理想的으로 화력발사 행위는 어떤 것이라도 당연히 흔적을 발견해야 한다. 이런 식의 정확성과 은밀성의 보호를 일상적으로 획득 가능하게 되면 정치적, 경제적 및 군수 측면에 미치는 영향도 매우 크다. 그렇게 되면 매우 소량의 항공기가 필요하기 때문에 비용과 위험을 감소시키고 또한 쌍방의 손해와 민간인 사상자를 축소시키는 가운데 적을 위협할 수 있으며 필요시에는 적을 공격할 수도 있다. 또한 정확성과 은밀성은 보급선補給線을 매우 축소시키기도 하는데, 걸프전에서는 하루에 소요되는 모든 정밀유도무기 공급을 위해 아주 소량의 수송기만이 소요되었다. 그러나 한편, 이러한 사실이 항공 지휘관들에게는 어떤 별난 문제를 제공받을 수도 있다.

정밀공격이 가능하게 되었기 때문에 이제 국민들이 그것을 기대한다는 것이다. 따라서 항공전은 고도로 정치화되고 있다. 항공 지휘관들은 전쟁 수행 쌍방의 민간인 희생자 및 피해를 최소화하도록 극도의 주의를 기울여야 하게 된 것이다. 모든 폭탄들이 정치적 폭탄이 되기 때문에 항공 지휘관들은 새롭게 출현하는 이러한 속박들을 인식해야 한다. 예를 들어, 조지 부시 전 미 대통령 암살 기도에 대한 보복으로 1993년 6월 중 이라크에 대하여 수행한 미국의 공격 결과처럼, 공격에 사용된 순항 미사일의 '신뢰성이 완전하지 못하기' 때문에 몇몇 유럽 언론에서는 우려를 표명했다. 그들은 30발의 순항 미사일 공격으로 8명의 이라크 민간인이 사망했다고 보도했으며 일부는 이보다 많다고 생각하기도 하였다. 케이블 뉴스망의 카메라가 가지고 있는 전 세계적인 시야는 어떤 미래의 군사작전에 대해서도 보도 기능을 수행할 것이라는 점은 누구나 쉽게 예상할 수 있다. 따라서 전 세계의 수십억 인구가 앞으로 항공 지휘관이 지휘하는 모든 일에 대하여 그 적절성을 심판하게 될 것이다.

이러한 현실은, 미래의 항공인들은 전쟁을 출혈 없이 그리고 섬세하게 수행하지 않으면 안 되기 때문에, 의사결정 과정에서 반드시 고려되어야 한다. 비살상용 무기 분야에 대한 연구는 분명히 이 같은 경향성에 대한 반응이다. 출혈 없는 전쟁이라는 이상理想은 비록 수 세기에 걸쳐 군사 지도자들에 의해 추구되어 왔지만 여전히 도달하기 어렵다는 것이 증명되고 있으며, 따라서 이러한 의문은 계속되고 있다. 항공력이 지닌 고유한 정밀성과 유별난 특성(증가되고 있는 가치) 때문에 항공력이 결국에는 소망하는 위치에 도달할 수 있을지도 모른다. 이와 동시에, 변화하는 세계 상황은 미국이 전쟁 발생을 줄이고 인도적人道的 무마撫摩나 평화유지 임무 같은 작전에 관여할 기회가 더욱 증가하게 될 것이라는 점을 시사한다. 보스니아에서 무슬림들에게 식량을 공중 투하한 것은 이 같은 경향성의 본보기이다. '식량 투하' 작전 같은 것은 국가 지도자가 항공력을 좀더 평화적으로 적용함으로써 정치적 목적을 달성하게 하는 것으로 그 효과가 더욱 증대되고 있다.

8 항공력은 그 고유한 특성 때문에 항공인에 의한 중앙 통제를 필요로 한다

항공력은 작은 부분으로 분할하면 안 된다. 항공력은 항공기의 행동반경에 의하지 않고서는 지상 혹은 해상에서의 경계선을 모른다. 그것은 단일체unity이며, 따라서 지휘의 단일화unity of command를 요구한다.

—아더 테더(Arthur Tedder) 공군 원수—

칼 스파츠(Carl Spaatz) 장군은 한때, 육·해군 간부들이 지상군 지휘관 양성을 위해 다년간 종사했던 경험에 대해 자못 심각한 척 얘기하면서 외부인들로 하여금 그들 내부의 비밀스런 업무에 대해서 이해하지 못하도록 만든다고 격분하면서 비판한 적이 있다. 그런데도 육·해군은 그들이 공군을 운용할 수 있다고 느끼고 있었다. 장군이 언급한 바와 같은 이러한 비판은 수십 년 동안 미국의 항공인들에 의해 되풀이된 것이기도 하며, 독립적 공군을 세우겠다는 그들의 호소 저변에 존재하고 있었다.

오랜 기간 동안 항공 이론가들은 공군이 지상군 장교들에게 지배되는 한, 항공력 본래의 잠재력을 발휘 및 성장시킬 수 없다고 생각했다. 항공력을 사용하는 전쟁은 재래식 전쟁과는 너무나 판이하기 때문에 육·해군 출신의 장교들이 그것을 이해하기는 쉽지 않았던 것이다(분명히 말하자면, 그 문제는 극복할 수 없는 것은 아니었다. 사실상 초기의 모든 항공인들은 육군 혹은 해군 경력으로부터 출발했기 때문이다). 좀더 실용적인 수준에서, 항공력을 누가 통제하느냐 하는 문제는 행정적인 문제가 되었다. 만약 항공력이 다른 군에 예속된다면, 그 군에서 조직, 교리, 전력 구조 및 인사 문제를 결정해야 한다. 예를 들어, 미국의 육군 항공대는 비조종사가 지휘했고, 분할되어 지상군 각 부대별로 배속되어 있었기 때문에 부대별로 임무수행에 적합한 특정 항공기의 조달요구가 나왔으며, 비조종사에 의해 진급 대상자도 추천되었던 것이다. 조종사들이 이 같은 제도가 항공력의 잠재력을 질식시키고 있다고 생각한 것도 당연한 일이었다. 또한 기본적인 관료제적官僚制的 이유로도 항공인들은 분리 독립을 원했다. 추상적인 고위직 수준에서도 항공력은 그 고유한 특성을 알고 있는 조종사가 지휘해야 가장 효과적이라는 것을 확신했다.

지상전은 대개 지형에 의해서 영향을 받고 지도상에 그려낼 수 있는 선형線形 상황이다. 현대전에서 전투 공간이 비록 극적으로 확대되었지만, 지상전은 일차적인 전술적 초점을 가지고 있으며 또한 기본적으로 전선에 위치한 적군이나 장애요소를 상대하는 경향이 여전히 존재한다. 지상군 지휘관들은 필경 전선에 도착한 후에 발생하는 결과에 대하여 걱정을 하지만, 작전적 기동 속도가 하루 평균 몇 마일 정도밖에 되지 않는다는 점을 생각하면 이것은 매우 장기적인 성격의 것이다. 새로운 무기체계가 영향력 범위를 확대함에 따라 육군의 공격거리가 확대되고 동시에 활동영역도 넓어졌지만, 그럼에도 불구하고 이 확대현상은 항공력의 것에 비하면 아무 것도 아니다. 항공기는 수백 마일 떨어진 지점에 수 분 내에 몇 톤의 무장을 운반할 수 있으며, 이러한 능력은 우리에게 작전적 및 전략적 수준의 사고思考를 요구한다.

항공인은 전쟁에 대하여 좀더 넓은 시야를 가져야 한다. 왜냐하면 그들이 운용하는 무기가 좀더 광범위한 전쟁 수준에서 영향력을 가지기 때문이다. 우주 및 기지 항공자원들은 공중경보통제체계AWACS와 합동감시표적공격레이더체계JSTARS와 같은 체공체계滯空體系에 못지않게 전구戰區 차원의 영향력을 제공한다. 더욱이 사막의 폭풍작전은 실로 지구 차원의 항공전－최초로 수행된－으로서 전 세계에 있는 모든 요원들이 직접적인 역할을 수행했다. 예를 들면, 콜로라도 체엔네 산에 있는 우주요원은 이라크군의 스커드 미사일 발사를 탐지 추적하여 사우디아라비아에 있는 패트리엇Patriot 포대에 정보를 중계했다. 이와 유사하게, B-52기들은 루지애나에 있는 기지로부터 이라크의 표적까지 계속 비행하여 폭격임무를 수행하였다. 공수 항공기들은 인원 및 보급품 수송을 위해 미 본토에서 중동지역까지 매일 수 십 회의 임무를 수행하였다.

항공인들은 만약 지·해상군 지휘관이 항공력을 통제하게 되면 전반적인 전구전역戰區戰役에는 손상을 가져오면서도 그들 자신의 작전 지원을 위해 항공력을 분할할 것이라는 것을 두려워했다. 그러나 전형적인 전역戰役에서 수행되는 작전들에는 밀물과 썰물 같은 현상이 있어서, 어떤 지역이 한때는 매우 강력한 교전 및 기동이 이루어지는 반면 어떤 때는 정적이고 정지상태를 이루게 된다. 그리고 이러한 상황들은 종종 적군의 상황에 따라 결정되곤 한다. 따라서 만약 항공력이 분할 배치된다면 어떤 지역에서는 쉴 새 없이 작전을 계속하고 있는 데도 불구하고 어떤 지역에 있는 항공력은 별로 하는 일 없이 놀게 될 수도 있는 것이다. 이러한 현상이 비록 지상군 부대에게는 괜찮은 일이 될 수도 있겠지만, 그들이 전선의 다른 지역에 있는 아군 부대를 지원하기에는 일반적으로 매우 제한된 능력만을 가지고 있을 뿐이다. 항공력은 전략적이건 전술적이건 그 사용 목적과는 무관하게 전체 전구에 걸쳐 신속한 개입이 가능하다. 그런데도, 그것을 지상군 지휘관들에게 배분하는 것은 그것을 한 전구에서 다른 전구로 신속하고도 효율적으로 전환시켜 항공력의 효율성을 극대화 시키는 일을 사실상 불가능하게 만드는 것이다.

항공인들은 중앙 통제의 필요성을 충분히 보아왔다. 제1차 세계대전 이래, 항공기의 행동반경과 화력이 크게 증가한 것처럼 항공력의 중앙 통제의 절대적 필요성도 크게 증가되는 것을 보아 왔다. 초기에, 모든 국가의 공군은 전술적인 지·해상군 지휘관에 의해 통제되었다. 그러나 오늘날, 사실상 모든 국가의 공군이 독립했다. 몇 가지 보기가 이런 경향성을 보여준다. 1942년의 아프리카 전역戰役에서 영국 공군은 항공력을 소규모 단위로 분할하여 지상군 지휘관이 통제하도록 했다. 그 결과는 비참하였으며, 곧 기본 교리의 수정을 가져오게 했다. 한편, 남태평양 전구의 조지 케니(George Kenny) 장군 전역과 유럽 전구의 호이트 반덴버그(Hoyt Vandenberg) 장군의 전역들은 전구 수준에서 항공자원의 사용이 극히 효과적이었다는 것을 보여준다. 한국전은 공군과 해군이 상호 협조는 거의 없이 별개의 전투 임무를 수행한 또 하나의 부정적인 보기이다. 베트남전은 이러한 상황의 되풀이였는데, 추가적으로 여기서는 공군 자체가 중앙 통제의 원칙을 위반했다. 자군 내에서 생긴 갈등 때문에 제7 공군은 베트남 국내에서의 항공전을 수행했고, 제13 공군은 태국지역 내의 항공전을 그리고 전략공군은 B-52기로서 또 다른 전역을 수행하였다.

사막의 폭풍작전에서는 드디어 모든 일들이 합쳐졌다. 노만 슈왈츠코프(H. Norman Schwarzkopf) 장군은 찰스 호너(Charles Honer) 장군을 합동군 공군 구성군사령관JFACC으로 선택했다. 여기서 호너 장군은 연합국 자원을 포함하여 전군 내의 모든 고정익fixed-wing 항공자산을 통제했다. 다양한 공군이 하나의 지휘관 아래 팀을 이루어 노력을 집중시키기 위해 같이 일함으로써 얻는 상승작용은 승리를 위한 주요한 역할을 했다. 이 전투 시험 중에 합동군 공군 구성군사령관의 개념이 적용되었다. 이러한 이유 때문에, 이 같은 방식은 미래의 조직구조에 대한 선택 안이 될 것이다. 미래의 전쟁은 사막의 폭풍과 같은 압도적인 항공자산의 운용이 불가능할지도 모르기 때문에 이것은 특히 중요성을 갖는다. 미래의 분쟁에서 우선순위를 결정하는 어려운 결심들은 반드시 항공력을 잘 알고 있는 사람이 해야 할 것이다.

9 기술과 항공력은 필수적 및 상승 작용적 관계가 있다

> 과학은 말을 타고 있는 자이다. 과학은 우리가 그것을 좋아하든, 좋아하지 않든 간에 명령자이다. 과학은 정치학이나 군사문제를 능가한다. 과학은 우리의 제도가 수용해야만 하는 새로운 상황들을 만들어낸다. 과학을 있는 그대로 지키자.
>
> —칼 스파츠(Carl M. Spaatz) 장군—

최근에 나온 미 육군 팸플릿에서는 사람들—기술이 아니라—은 전쟁에서 항상 지배적인 전력이 되어왔고 또 앞으로도 그렇게 될 것이라는, 즉 "전쟁은 첫째로 마음과 의지의 문제이며, 그 다음에 무기와 기술의 문제이다"고 기록하고 있다. 보병 병사와 소총을 중시하는 사상은 육군의 문화에서 되풀이 되는 주제이다. 이러한 시각이 기술의 중요성을 저하시키기 때문에 대부분의 항공인들은 그것에 동의하지 않는다.

항공력은 기술의 산물이다. 사람들은 과거 수 천 년 동안 손이나 단순한 도구를 사용하여 싸울 수 있었고 근육의 힘이나 바람을 이용하여 항해할 수도 있었지만, 비행을 하기까지는 첨단기술이 요구되었다. 이와 같은 불변적인 사실의 결과처럼 항공력은 지상군에는 큰 관계가 없는 기술과의 상승적相乘的 관계를 누려왔는데, 이것이 항공인들이 이룬 문화의 한 부분이다. 항공력은 항공역학, 전자공학, 야금학 및 컴퓨터 기술 분야의 최첨단적인 발전에 의존한다. 항공력이 가진 우주적 능력 측면을 생각할 때 이 같은 기술 의존성은 더욱 분명하게 나타난다. 우리는 금세기에 지상전쟁이 어떻게 발전되는가를 봤는데, 기관총, 탱크 및 포의 발전 속도는 매우 느렸다. 그 속도가 비교 가능한 다른 어떤 시대보다도 필경 빨랐겠지만, 키티 호크Kitty Hawk에서 스페이스셔틀 우주선에 이르기까지의 항공력 발전 속도에 비교한다면 아무것도 아니다.

더욱 중요하게 미국은 이 분야에 있어서 강력한 우세를 이끌어왔다. 미국인들은 어떤 문제가 생길 때 이를 기술로 해결하려는 경향이 있는데, 전쟁에 대해서는 이러한 경향성이 확실하게 드러났다.[10] 결과적으로, 미국은 세계에서 기술적으로 가장 앞선 군사력을 발전시켰다. 몇 가지 예외를 제외하고는, 미국이 가진 모든 분야의 장비들에 대적할 만한 것은 없다. 사실상, 어떤 분야에 있어서는 어떤 국가도 우리와는 경쟁을 할 수 없을 정도로 그 우월성이 크며, 이러한 우월성은 항공력에 있어서는 특히 두드러진다. 이라

---

10) Russell Weigley, *The American Way of War* (New York : Macmillan, 1973)

크는 도전을 단순히 포기했는데, 이라크 전투기들은 연합국의 전투기에 좀처럼 대들지 못했으며, 그리고 2주 후에는 파괴를 피하기 위해서 이란으로 도주해야 되겠다고 느끼기 시작했다. 이와 유사하게, 과거의 소련만이 전략공수 능력 규모나 공중 급유 전력에 있어서 미국에 접근할 수 있었는데, 이러한 능력마저도 제국의 붕괴 이후 급격히 쇠퇴하였다.

오늘날 미국 항공력의 규모와 정교함은 세계의 다른 나라들과 비교하여 놀랄만하다. 최근 랜드(RAND)연구소에서는 잔여 세계(미국의 동맹국들이나 과거의 소련을 제외하고)가 복합적인 전선 전투기를 가진 것보다 더 많은 F-15기들을 미국이 보유하고 있다는 것을 발견했다. 그 공군들이 특정 기술수준과 단지 가장 부유한 국가나 혹은 최선진국만이 수용할 수 있는 경제적 투자를 요한다는 점을 고려할 때 우리는 이러한 바람직한 균형상태가 앞으로도 지속될 것이라 기대할 수 있다. 끝으로, 어떤 국가도 현재 미국이 보유한 혁명적 정찰, 감시 및 통신 기능을 가진 우주 관련 하부구조를 복제할 수가 없다. 오늘날, 오직 미국만이 힘을 범세계적으로 투사할 수 있는데, 이러한 사실은 엄청난 의미를 지니는 것이다.

기습적인 사건은 언제나 발생할 수 있지만, 이 같은 기술적 첨단화는 앞으로 수십 년 동안에는 큰 변화가 일어날 것 같지 않다. 냉전 종식 이후 미국의 방위예산이 비록 크게 감소되고는 있지만 러시아는 훨씬 더 축소되어 그 총액이 미국에 비하여 겨우 1/6밖에 되지 않는다. 이와 유사하게, 미국이 수행한 항공학적 연구개발 기초에 대해 생각할 때, 미국은 풍동, 제트 및 로켓 엔진 시험설비, 우주 실험실 및 탄도 실험장 등을 잔여 세계가 가진 것보다 2배 이상이나 많이 가지고 있으며, 동시에 그것을 최첨단 기술로 유지할 수 있다. 그러나 우리는 이러한 우세가 유럽이나 아시아 제국들이 자체적으로 항공 우주산업을 개발시킴에 따라 위축되고 있다는 점을 생각해야 한다.

우리는 자기만족을 경계해야 한다.

어떤 사람들은 현재 전쟁이 군사·기술 혁명MTR을 경험하고 있으며, 그리고 이 혁명은 인류 역사를 통해 세 번째 것이라고 주장한다. 첫 번째 것은 화약의 발명이었고, 두 번째 것은 19세기 말에서 20세기 초까지의 기간에 폭발적으로 발생한 것으로 철도, 기관총, 항공기 및 잠수함 등의 출현을 낳은 것이라고 한다. 존 워든은 좀더 나아가 현재 진행 중인 군사·기술 혁명을 인정하면서도 그것이 실제적으로는 첫 번째로 발생하는 것이라고 주장한다. 그는 오늘날과 같은 기술적 도약은 너무나도 큰 것이어서 과거에 발생한 여러 가지 변화들은 조그마한 진화과정에 불과하다고 생각한다. 이 군사·기술 혁명이 첫 번째 것이건 혹은 세 번째 것이건 간에, 항공력은 우주, 컴퓨터, 전자, 저탐지 기술 및 정보체계 등 각 분야에 적용된 첨단 기술이 전쟁 문제를 결정할 때 기술에 의존하는 군의 능력을 강화할 것이기 때문에 가장 큰 영향을 받는 자산이다.

10 항공력은 군사자원뿐만 아니라 항공 우주산업과 상업 항공까지 포함한다

항공인과 함께, 우리나라의 미래는 항공력의 발달에 연속적으로 연계되어 있다.

–빌리 미첼(Billy Mitchell) 장군–

항공기의 집합만이 항공력이 아니라는 사실은 거의 모든 이론가들에게 인식되어졌다. 일찍이 1921년에 미첼은 강력한 민간 항공산업의 중요성과 이 산업의 육성을 위한 정부의 역할 및 국민들에게 '항공 지향성'air mindedness을 주입시키는 일의 중요성에 대하여 글을 썼다.[11] 후기에 쓴 그의 저서에서 이러한 점들에 대한 그의 입장은 좀더 단호하였다. 이와 유사한 저서가 세버스키(de Seversky)에 의해, 그리고 가장 최근에는 미국을 '항공 우주국가'로 발전시킨 항공 지도자—항공기 창안자—들에게 이어졌다.[12] 미국 국토의 광대한 크기와 동부에서 서부 해안까지—사실은 알래스카에서 하와이까지— 연결해야만 하는 필요성은 신속하고 신뢰할 수 있는 그리고 비용·효과적 수송방법을 요구하게 되었다. 다양한 항공기 제작공장들—여전히 세계적으로 가장 크고 재정 규모가 막강한—의 발달은 미국의 지리적 환경과 그것을 일으켜야만 했던 필요성의 직접적인 산물이었다.

이와 같은 경제적 및 문화적 불가피성을 인식했기 때문에 미첼이나 세버스키같은 사람은 항공력이 항공기만으로 이루어지는 것이 아니라는 점을 강조했던 것이다. 앞에 논의한 바와 같이 일류의 군사 항공기를 발전시키는데 요구되었던 기술은 너무나도 엄청나고, 복잡하며 그리고 값이 비쌌기 때문에 정부와 기업들의 적극적인 역할이 필수적이었다. 초기에는 공항, 항공로 구조물, 위치 표시등, 기상대 및 연구개발 지원비 등도 정부의 보조금을 필요로 하였다. 이러한 새로운 산업 분야에 소요된 투자 규모는 기업들이 자기 자본으로 해결하기에는 너무나 엄청난 것이었다.

다수의 이론가들 역시 군사 및 상업용 항공기는 유사한 성격을 가질 것이며 공생적 설계관계를 가지게 될 것이라고 생각했다. 예를 들면, 두헤와 세버스키는 민간 항공기를 군용 폭격기나 수송기로의 전환 가능성에 대하여 언급하였다. 더욱 중요한 것은 이러한 항공기를 만들고 정비하며 조종하는

---

11) Mitchell, *op. cit.,* pp. 143~158. pp. 199~216.

12) Alexander P. de Seversky, *Victory through Air Power* (New York : Simon & Schuster, 1942), p. 329 ; and Donald B. Rice, *The Air Force and U.S. National Security : Global Reach–Global Power* (Washington, D.C. : Department of the Air Force, June 1990), p. 15.

기술 역시 유사하다는 것이다. 이론가들은 항공분야에서 발전하고 있는 밀접한 관계, 즉 군사와 민간 분야 사이를 오고가는 훈련된 인력 집단—기술자, 조종사, 항법사, 항로 관제사 등등—이 생산되고 있음을 보았다. 핵심적으로, 이 두 가지 분야에서는 육군이나 해군에서는 존재하지 않는 상호 의존성이 존재하였다. 예를 들어, 기갑 병력의 발전 능력이 공군이 항공기 산업체와 항공사의 조종사 연합에 의존하는 정도만큼 자동차 산업체나 트럭 운전사 조합에 의존하지는 않는다.

또한, 항공우주 복합체의 자질은 매우 중요하다. 만약 수송이 참으로 문명의 핵심이 되는 것이라면 항공은 미국이 지배적 위치를 지켜야 하는 하나의 산업체이다. 미국은 종종 출현하는 기술—철도, 조선, 자동차, 전자 및 컴퓨터 분야—의 최전선에 위치해 왔으며, 후에는 경쟁자들을 남겨둔 채, 그 분야에서 철수해 왔다. 우리는 항공과 우주 분야에 있어서는 그렇게 할 수가 없다. 우리는 비록 현재 상황이 만족스럽다 해도 부정적 경향성을 회피해야 하는 것이다.

1991년에 항공 우주산업은 최고로 1,400억 달러를 판매했다. 세계의 항공사들은 미국산 항공기를 압도적으로 운용했다. 유럽의 에어버스Airbus가 대형 상업용 제트 항공기 분야에서 15~20%의 시장 점유율을 유지할 수 있었지만, 나머지 80%는 보잉사Boeing와 더글러스사Douglas가 차지했다. 더욱이 새로 나온 보잉 777기는 전 세계 항공사들로부터 이미 거의 150대(항공기 시장의 80%에 해당)에 가까운 주문을 획득했다. 내부적으로, 이와 같은 시장 지배는 항공 우주산업이 미국의 국민 총생산GNP 형성에서 단지 농업생산과 자동차 산업에만 뒤지고 있다는 것을 의미한다. 결과적으로, 항공 우주산업은 1991년에 300억 달러 이상의 무역 흑자를 기록하여 전통적으로 선두를 지켜왔던 농업생산을 큰 범위로 능가하였다. 동시에 항공기 탑승객 숫자도 항공 수송의 중량 및 수입이 증가하는 것처럼 계속 증가하고 있다. 더욱이, 대략 백만 명의 인구가 미국의 항공우주산업에 고용되어 국내에서 10번째로 큰 고용 규모를 이루고 있다. 이러한 모든 진보는 철도산업이 사양길에 접어들고 상업용 조선산업이 완전히 사라진 시기에 나타났다.

유리하고도 막강한 힘을 지닌 항공 우주산업으로 옮겨간 이러한 현상은 미국에 의해서 지배되었다. 앞에서 이미 언급한 것과 같이, 미국이 가진 군사항공 및 우주 자산의 우월성은 상업 분야보다 훨씬 더 크다. 세계의 어떤 국가도 그 규모, 능력, 다양성 및 질적인 면에서 미국의 항공 우주전력과 경쟁 상대가 되지 못한다. 불행하게도, 이 지배성은 냉전 종식 후 대량의 군사력 감축으로 인해 위험한 지경에 처한 것 같다. 어떤 정보에 의하면, 미국은 위성통신의 수위권 유지 경쟁에서 유럽과 일본에 뒤처지고 있다고 한다. 우리는 미국이 가진 항공 및 우주에 대한 지배성이 자동적으로 이루어지는 것이 아니라, 지속적으로 재확인되어야 한다는 것을 기억하는 고통을 감내해야 한다.

끝으로, 다수의 이론가들은 미국인들은 영국인들이 오랜 기간 동안 스스로를 해양국가라고 생각한 것과 같이 미국을 항공력 국가라고 생각한다고 주장했다. 미국인들은 하늘과 우주에서 그들의 운명을 보아야 한다. 이러한 인식은 이미 매우 깊이 자리 잡고 있을지도 모른다. 그것은 Star Trek, Star Wars, The Right Stuff, Top Gun 등과 그리고 미국에서 큰 인기를 끌고 있는 다른 종류의 영화들이 만들어 내는 것과 같은 특별한 효과에 대하여 매혹을 느끼는 것은 필경 아니다.[13] 매우 현실적인 감각으로 볼 때, 항공력은 환상적인 발전요인을 간직하고 있다.

---

13) Robert Wohl, "Republic of the Air", *Wilson Quarterly* 17 (Spring 1993) : pp. 107~117.

이상과 같은 것들이 항공력에 관한 10가지 명제이다. 대부분이 '오랜' 혈통을 가지고 있는 것으로, 두헤, 미첼, 트랜차드 및 초기 항공의 많은 사람들이 이해하고 표명한 것들이다. 그리고 일부는 단순한 예언으로서 그 진실성을 확인하기 위해 전쟁을 통한 실험을 필요로 한다. 그리고 중앙통제를 다루는 명제와 표적 선정 및 정보를 연결해야 한다는 것과 같은 몇 가지 명제는 과거의 몇몇 전쟁에서의 적용 및 실험을 통해서 이해된 것이다. 정밀성의 중요성에 관한 것과 같은 또 다른 명제들은 이제 막 그 중요성을 보이기 시작한 것으로서 그 타당성에 대한 의혹을 불식시키기 위해 미래의 분쟁에서의 실험을 기다리고 있는 것들이다.

그럼에도 불구하고, 이 명제들은 총체적인 시각에서 항공력이 한 세기世紀도 안 되는 시간 내에 전쟁의 형태를 일변시킨 혁명적인 힘이 되었다는 것을 보여준다. 전쟁의 기본 성격 – 어떻게, 어디서, 어떤 수단으로 싸울 것이냐 하는 것에 대한 – 이 변화되어 왔다. 항공 이론가들에게 있었던 한 가지 불행한 특성은 그들이 선택한 도구가 해낼 수 있는 것보다 더 많은 것들을 너무나 일찍 약속했다는 것이다. 이론이 기술의 발달을 앞질렀으며, 또한 항공인들 역시 이론가들의 예언을 실현시킬 수 있는 발명이 계속되도록 하는 노력을 옹호하는 위치에 있지 못했던 것이다. 이제 그런 날들은 지나갔다는 것이 드러나고 있다. 항공력은 유아기와 청년기를 지나왔고, '90년대에 발생한 전쟁 – 특히 페르시아 만에서의 전쟁(1991) – 은 항공력이 성년기에 도달했다는 것을 보여 주었다.

Military Strategy 군사전략론

제3편 군사전략의 실제

XVII. 군사전략 개발을 위한 방법론

아더 라이케 2세

군사전략에 대한 개념적 접근법은 등식을 형성하는 결과가 되었다. 즉, 군사전략military strategy＝군사목표military objectives＋군사전략개념military strategic concepts＋군사자원military resources이다.[1] 군사전략에 대한 이러한 정의는 미국 합동참모본부U.S. Joint Chiefs of Staff와 의견을 같이 하는 것이었다.

> 무력을 사용하는 것에 의하여 혹은 무력으로 위협함으로써 국가정책의 목표를 확보하기 위해서 국가의 군사력을 사용하는 기술과 과학.[2]

군사전략에 대한 개념과 정의의 일반적인 이해가 좋은 출발점이다. 그러나 군사 전략가들은 그 이상의 것을 수행해야만 한다. 그는 국가정책의 광

1) Arthur F. Lykke, Jr., "Towards an Understanding of Military Strategy", Carlisle Barracks, PA : Department of Military Strategy, Planning, and Operations, U.S. Army War College, 1981.
2) JCS Pub., 1 : *Dictionary of Military and Associated Terms*, Washington : U.S. Department of Defense, 1 June 1979, p. 217.

범위한 목적을 나타낼 뿐만 아니라, 군사계획과 작전에 있어서 구체적으로 응용되는 전략을 개발할 수 있어야 한다. 군사전략을 개발하는 데 필요한 개념적 모델은 성격상 세계적인 전략 혹은 지리적 지역이나 특정한 나라를 특히 지향하는 전략에 적용될 수 있어야 한다. 유용한 것이 되기 위해서 모델은 장기적인 전력개발전략force developmental strategy과 단기적인 작전전략operational strategy 모두를 구체화하는 데 적당해야만 한다. 그리하여 이러한 전략들이 군사계획을 위한 기반으로서 사용되어져야만 한다.

모델을 찾기 위한 출발점으로 우리는 옛 것, 즉 지휘관의 상황판단을 새롭게 알아야 한다.[3] 실제로 그것은 어떠한 문제라도 논리적으로 해결하기 위한 믿을 만하고 진실한 절차이다. 이제, 우리들의 모델을 위해서 전략가의 상황판단을 꾸며보자.

우리의 평가의 첫 번째 지침은 **임무**를 규정하고 있다. 이것은 국가정책 혹은 보다 높은 기관, 예를 들면 대통령이나 국가 안보이사회National Security Council나 의회와 같은 기관에서 내려오는 적절한 지시에 해당된다. 이러한 지침은 군사전략을 형성할 때, '왜'why라는 미국의 국가 이익을 진술하는 형태를 띨지도 모른다. 이러한 것들은 자기 보존, 독립, 국가통합, 경제적 복지 그리고 원자재와 시장에의 접근과 같은 국가의 기본적인 관심사라고 규정될 수 있다. 국가 이익이 관련된 국가 혹은 지역에 우리가 관계하는 근본적인 이유이다. 군사전략은 시간을 넘어 변화하는 이러한 국가 이익을 보호하는 데 초점을 둔다. 시간이 변화함에 따라 국가 이익은 변하고 그러므로 우리들의 정책과 군사전략 또한 변해야만 한다. 이것은 실행보다 말하기가 훨씬 더 쉽다. 환경이 변화했음에도 불구하고 군사전략과 방위공약은 너무 자주 고

3) *Ibid.*, Appendix A, pp. 161~162.

정된 상태를 유지한다. 정책지침은 정치적 혹은 경제적 목표의 문구로 표현될 수도 있다. 이러한 것들은 후에 군사적 자원이 응용되는 군사적 목표, 구체적 임무 혹은 업무로 바뀌어져야 한다.

군사전략을 개발하기 위한 모델

"전략가의 상황판단"

1. 임 무	국가정책(지침) 국가이익/목적	왜(why) (이유)
2. 상 황 a. 작전지역 (1) 군사지리 (2) 수송 (3) 통신 (4) 기타 b. 전투력 비교 (1) 적의 능력과 취약점 (2) 아군의 능력과 취약점	지 역 군사자원	장소(where) 사람(who)
3. 행동방책 a. 적군 b. 아군 c. 분석과 비교	군사목표 군사전략개념	대상(what) 방법(how) 시기(when)
4. 결심	군사전략 -지원계획이 첨가된다.	

국가전략 혹은 대전략은 거의 기록되지 않기 때문에 지침을 발견하기란 어려울지도 모른다. 그러나 어떤 행정부는 다른 것보다 그것을 발견하기가 더욱 용이하도록 조처해 왔다. 매년 리처드 닉슨 대통령은 '평화를 위한 새로운 전략'(A New Strategy for Peace)이라는 제목으로 의회에 보내는 보고서인 「1970

년대를 위한 미국의 외교정책」(U.S. Foreign Policy for the 1970's)을 발표했다. 유감스럽게도 그 후의 대통령들은 이러한 예를 따르지 않았다. 그러나 현재의 미국 국가안보정책을 결정하는 데 있어서 한 가지 계속적으로 중요한 자원은 국방장관에 의해 의회에 보내지는 연례보고서Annual Report이다. 이러한 문서는 중기적인 범위에서 장기적인 범위까지의 전략―군사력과 군사자원이 그것을 위해서 존재할 수도 있고 존재하지 않을 수도 있는 전략들―을 개발하는 데 가장 유용하다. 미국 군대는 국방계획예산제도PPBS, 즉 담당국의 중요한 문서인 국방지침서(DG : Defense Guidance) 내에 중기 전력개발전략(3~10년)을 위한 정책 지침을 가지고 있다. 이와 같은 군사계획의 일부로서 합동참모본부는 합동전략계획문서(JSPD : Joint Strategic Planning Document)에서 국방장관에게 제시된 국가 군사전략을 발전시켰다. 단기 군사작전전략(1~2년)을 위해서 미국 군대는 우발사태 계획을 위한 정책 지침서(PGCP : Policy Guidance for Contingency Planning)와 합동전략능력계획(JSCP : Joint Strategic Capabilities Plan)과 같은 문서 내에 있는 합동전략계획체제(JSPS : Joint Strategic Planning System)의 체제 범위 안에서 자신의 정책지침을 획득하고 있다.

전략가 평가의 두 번째 단락은 **상황**이라는 표제가 붙여진다. 이것은 고려대상지역을 검토할 것을 요하며 그리고 '장소'where 문제를 해결하여 준다. 작전지역은 상세하게 분석되어져야 한다. 군사지리, 수송, 그리고 통신 등과 같은 주제에 관한 유효한 정보는 그것들이 우리의 전략에 어떠한 영향을 미치는지를 알기 위한 노력에서 연구되어져야 한다.

다음 단계는 우리 자신과 우방의 이용 가능한 자원과 우리들의 이익을 위협할 가능성이 있는 가상 적假想敵의 자원에 대한 전투력을 비교·검토하는 것이다. 이것은 '누구'who라는 질문에 대한 대답을 줄 것이다. 단기 작전전략을 위해서 우리가 이용하고 있다고 생각하는 군사력이 존재해야 한다고 기억하라.

우리 자신의 능력과 취약성뿐만 아니라, 적의 능력과 취약성도 검토되어야 한다. 우리는 작전지역과 적의 군사력에 대하여 우리가 바라는 정보를 얻지 못하고 있는 실정이다. 그래서 그 결핍을 메우기 위해서 가정假定이 필요하게 된다.

우리는 대상지역 내의 적대 군사력과 중요한 군사작전능력을 가진 가상적假想敵이 우리의 이익을 위협할 수 있다고 생각해야 한다. 그러나 우리의 전략은 지나치게 위협과 관련되어져서는 안 된다. 그것이 지나치게 수세守勢이어서는 안 된다. 우리는 우리의 이익을 증진시키고 주도권을 장악하기 위한 기회를 잡기 위해 항상 대기태세를 취하고 있어야 한다.

전략가 평가의 세 번째는 **행동방책**이다. 여기서는 군사목표와 전략개념의 여러 대안들을 분석하고 비교해야 한다. 군사적 자원이 이용되는 군사목표, 특별한 임무 혹은 업무는 국가정책의 지침에서 이끌어 내어져야 한다. 그것들은 무엇을 하기 위해서 군대가 요구되어지는가를 밝혀준다. 군사전략개념은 군사목표를 확보하기 위한 군사 행동방책이다. 그것들은 군사전략의 방법을 묘사한다. 즉 군사자원이 어떻게 사용되는가를 묘사한다. 이때에 미국이 군사력 혹은 군사자원을 사용하는 장소와 시기를 결정하기 위해서 여러 가지 가능한 시나리오들이 검토되어진다. 작전지역 외에서 존재하는 환경에 의하여 우리의 전략에 부과되는 제약점이 있을 수 있다. 예를 들어 미국 국민의 가치 체계는 우리들로 하여금 적대감을 갖는 것을 허용치 않을 수도 있다. 그래서 극단적인 위기의 경우를 제외하고는 예방전쟁은 미국 전략가들에게는 생존할 수 있는 선택권이 될 수가 없다.

마지막으로 전략가 평가의 네 번째는 **결심**이다. 우리는 적합성, 실행 가능성, 그리고 수락성의 검증에 대처할 수 있는 목표, 개념 그리고 자원들의 최상의 결합을 선택해야만 한다.

첫 번째 기준인 적합성은 주로 군사목표가 바람직한 결과를 이끌어 내는지의 여부를 결정하는 것과 관련이 있다. 그러나 추구된 목표는 또한 실행이 가능해야 한다. 이것은 다음과 같은 사실을 요구한다. 즉 목표달성을 위해 이용할 수 있는 자원은 그 달성을 방해하는 적의 능력에 비교되어야 한다는 것이다. 마지막으로 전략개념이 적합성과 실행 가능성의 요구에 대처하려면 작전이 수락성이 있는, 즉 합리적인 대가를 치르고 군사목표를 달성할 수 있는지의 여부가 결정되어야 한다. 군 사령관의 충고를 받은 후, 만약에 정치 지도자가 수익이 비용을 정당화시키지 못한다고 결정을 내린다면 이러한 요인의 영향력은 전체 계획의 포기를 요구할 수도 있다.[4)]

군사전략에 대한 결심 혹은 선택은 분명하고 간략하게 진술되어야 한다. 군사전략에 대한 표준형은 존재하지 않는다. 그러나 군사전략이 군사목표, 군사전략개념 그리고 군사자원으로 구성되어져 있다고 기억된다면 그것들은 모두 이야기되어야 한다. 이유why와 장소where와 시기when가 포함되어야 한다.

이제 우리는 우리가 군사전략을 개발하는 데 도움을 줄 수 있는 전략가의 상황판단의 모델을 가질 수 있다. 이 모델은 세계전략이나 지역전략에 이바지할 것이고 장기 전력개발전략이나 단기 작전전략에 이바지할 것이다. 그것은 또한 위기관리crisis management와 위기에 대처하는 우발사태계획을 위해 유용한 도구이다. 위기의 기간 동안에 누구who, 무엇what, 어디where, 언제when, 어떻게how와 왜why라는 필수요건들 중 많은 부분을 알아야 한다. 또한 국력의 요소들, 즉 군사적 요소뿐만 아니라, 정치적, 경제적, 기술적, 사회 심리적인 요소들이 매우 효과적으로 조정되어야 하는 것도 이 때이다.

우리의 마지막 단계-전략과 계획 사이의 관계를 확립하는 것-가 남아 있다. 전

---

4) William O. Staudenmaier, "Strategic Concepts for the 1980's", Carlisle Barracks, PA : Strategic Studies Institutes, U.S. Army War College, 5 February 1981, p. 14.

략은 '종합기본기획'master plan이기 때문에 군사전략과 계획은 밀접한 관련을 가지고 있다. 미래의 업무를 달성하고 또한 미래의 우발사태에 대처하기 위해서 고안된 예정 행동방안predetermine courses of action은 군사계획을 발전시키는 데 근본적인 첫 단계이다. 군사전략은 계획과 작전을 위한 기본적인 것이다. 군사전략을 고려하지 않고 작성된 계획은 가치가 없고, 그것을 기반으로 하는 군사작전은 실패하기 쉽다. 요약하면 군사전략은 국가 안보정책, 군사계획 그리고 군사작전 사이의 관계에 있어서 매우 중요한 사슬을 이루는 고리이다.

XVIII. 전략 : 과정과 원칙

데니스 드류

일반인들도 전략을 채택하고 적용해 왔다. 기업인, 노동조합 간부, 정치인, 경제인에게도 모두 성공을 거두기 위한 전략이 있지만 심지어는 연인들에게도 유혹전략이라는 것이 있다. 본래 전략이라는 용어는 군사용어이지만 일반인들의 사용 내지는 오용 때문에 군사적 의미가 흐려지고 혼동되었으며, 복잡해졌기 때문에 필자는 전략에 관한 본래의 의미를 되새겨 보아 그 의미를 명확히 해 보고자 한다.

가장 단순한 용어로서의 전략은 목표를 달성하기 위한 노력을 조직화하는 일종의 행동계획이다. 그러나 이런 간단한 정의로는 전략을 모든 군사술軍事術의 가장 근본적이고도 가장 어렵게 만드는 제반 요인을 밝혀주지는 못한다.

이 같은 어려움은 전략의 복잡성에서 유래된다. 전략이란 전략가 자신들의 계획과 적의 반응을 모두 고려해야만 하는 '두 행위자'two actor 간의 술책術策이다. 동시에 전략가들은 하나의 행동계획을 개발하기 위하여 노력을 할 때에 그에 미치는 정치, 경제 및 문화적 영향과 투쟁해야 한다. 끝으로 모든 지휘 차원은 전략 수립 시에 각기 역할을 지니고 있고, 각 차원마다 관점이 다르고 고유의 문제점을 가지고 있기 때문에 전략은 복잡하다고 볼 수 있다.

전략을 단순화하기란 불가능하지만 전략을 수립하는 궁극적인 목적의 측면에서 전략을 생각해 보면 좀더 쉽게 이해할 수 있으며, 이 궁극적인 목적이란 목적과 수단을 연결시켜 주는 것이다. 전략이란 궁극적인 목적과 이 목적을 달성시켜 주는 데 이용될 수단을 연계시켜 주는 과정이다. 따라서 본 논문에서는 전략과정과 그 과정에서의 각 단계별 중요한 본질, 그리고 전략의 기본 원칙을 검토해 보았다.

1 전략과정

전략과정은 전략가가 내려야만 하는 의사결정의 형태를 정하는 네 가지 기본적인 단계로 구성된다. 이 단계는 국가목표와 그러한 목표를 달성하기 위한 대전략의 결정으로부터 군사전략과 그에 따른 전장전술戰場戰術에 이르기까지 다양하다. 그리고 각 단계는 목적과 수단을 연결해야만 하는 쇠사슬에서 하나의 연결고리와 같다.

가. 첫째 단계 : 국가 안전보장 목표의 역할

표적도 없는데 명중시킬 수가 없는 것과 마찬가지로 만일 계획된 행동목표를 모른다면 행동계획을 성공적으로 수립한다는 것 또한 어렵다. 클라우제비츠는 흔히 인용되는 그의 전쟁에 대한 정의定義에서 정치목적과 그것을 성취시키는 수단을 필히 연결시킬 필요성이 있다고 강조하였다.[1] 전략가들의 1차 과업은 전략과정의 기본이 되는 국가안보 목표를 정확히 조사하여 결정하는 것이다.

이에 대한 확실한 증거로서, 미국이 월남에서 곤경에 처하게 된 것은 잘못 정의되고, 부정확하며, 일관성 없는 국가목표에서 기인되었다는 사실을 들 수 있다. 월남에서 미국 장성급 장교들을 무작위 추출하여 조사한 결과 이들의 약 70%가 동남아시아에서의 미국의 목표를 확실히 알지 못했었다는 것이다.[2] 미국의 국가목표는 공산주의를 견제하기 위함인가? 중·소 영향을 막기 위함인가? 미·월 조약에 나타난 책임을 이행하기 위함인가? 미국의 월남에 대한 영향력을 확대하기 위함인가? 독립국가로서 자유 월남의 생존권을 보장하기 위함인가? 아니면 통킹만의 미군에 가해진 공격에 대한 보복 수단을 강구하기 위함인가? 1968년 이후의 미국의 유일한 목표는 아직도 미국이 자존심을 어느 정도 갖고 있는 동안 월남에서 철수하기 위함이었던가?

제2차 세계대전시 연합국의 목표는 동남아에서의 혼란과는 아주 대조적인 양상을 보여주고 있다. 추축국의 무조건 항복이라는 연합국의 목표—연합국의 지혜에 관계없이—는 명확하였다. 유럽대륙에 진군해서 독일 지상군을 격멸시키라는 아이젠하워 장군에게 하달되었던 간단명료한 지시는 연합국 목표의 명확성을 뒷받침하는 것이었다.[3]

월남의 경우도 국가의 목표가 필요하다고 증명되었지만 본질적으로 진실된 민족적 목표에는 어떠한 필수조건이 있다는 것도 강조되었다. 민주사회에서 '국가목표'라는 말은 적어도 관심 있는 국민의 대다수가 지지를 하고 있다는 가정 하에서만 성립된다. 비록 미국의 월남참전 반대자들이 미국 전

---

1) Carl von Clausewitz, *On War*, edited and translated by Michael Howard and Peter Paret (Princeton, New Jersey : Princeton University Press, 1976), p. 87.
2) Douglas Kinnard, *The War Managers* (Hanover, New Hampshire : University Press of New England, 1977), pp. 15~33.
3) Dwight D. Eisenhower, *Crusade in Europe* (Garden City, New York : Doubleday, 1948), p. 225.

시민 중의 소수인에 불과할지라도 소위 '다수 침묵자'보다는 어느 정도 국가목표 - 이 목표가 어떠한 것이건 간에 - 를 인식하여 주창하였기 때문에 국내 여론에 많은 영향을 미쳤다. 결과적으로 월남참전 반대로 인해 국가 의지와 사기의 저하를 가져왔으며, 결국 아시아의 '십자군'인 미국군은 불명예스런 철수를 하였으니 이로 인해 미국은 안도의 한숨을 쉬게 되었다.

나. 둘째 단계 : 대전략의 입안

전략가들은 국가목표를 평가하고 인지한 후에는 목표를 달성하는 데 필요한 국력의 수단을 결정해야 한다. 대전략이란 국가안보 목표 달성에 필요한 이러한 수단들의 개발 및 사용을 통합 조정하는 기술과 과학이다.

대전략에 관한 이 같은 정의는 모든 국력의 수단 - 정치, 경제, 군사적 수단 등 - 의 개발과 사용, 그리고 이러한 수단을 통합 조정하는 것 모두가 포함된다. 대부분의 경우, 중대한 국가목표는 국력의 수단을 통합 조정하여 사용함으로써 달성될 수 있다. 즉 통합 조정을 하지 않을 경우, 이 같은 국력의 수단은 서로 목적이 엇갈려 사용될 수 있다. 대전략 단계에서는 역할과 임무를 할당해야 하고, 이렇게 할당된 역할 및 임무들이 상호 지지 보완되도록 만들어야 하며, 서로 마찰이 생길 가능성이 있는 부분을 인지하여야 한다.

말레이시아에서 대반란전counterinsurgency campaign을 성공적으로 지휘한 톰슨(R. Thompson) 경은 군사력의 임무와 역할에 관한 통합 조정의 실패로 최소한 1964~68년까지의 기간 동안 미국이 월남에서 직면했던 모든 문제에 중대한 원인이 되었다고 평가하고 있다. 다시 말해서, 민간 차원에서의 국력의 수단도 강화계획講和計劃에 투입되는 한편, 군대도 월남 변방에서 적 주력부대를 추격하는 임무를 수행하였다. 그 당시 군대는 강화를 '그들의 전투와는 별개의 것'으로 보았지만 실은 양식은 달랐어도 똑같은 전쟁이었다고 톰손은 주장하고 있다. 말레이시아의 대반란전對反亂戰을 성공적으로 이끌었던 훌륭한 경험을 가진 톰손은 군사적인 행위와 강화 캠페인이야말로 긴밀하게 통합 조정되어야 하고 상호 지원되어야 한다고 확신했다.[4)]

목표 추구에 적절한 대전략을 개발하는 일은 성공을 거두기 위해 매우 중요하나, 이러한 일은 역할, 임무 그리고 합동예산배당合同豫算配當에 따른 많은 경쟁 요인들 때문에 달성하는 데 어려움이 따른다. 비군사적인 국력의 수단 간에 경쟁을 야기시킬 뿐만 아니라 대전략은 이러한 국력의 비군사적 수단과 군사적 편제編制 간에 서로 공유하는 최우선적인 영역이다. 대전략 단계는 국제관계에 있어서 군사력 이용과 국가정책에 있어서 군대의 영향에 관한 논쟁의 초점이 되는 단계이다.

다. 셋째 단계 : 군사전략의 결정

전략가는 국력의 수단을 선정하고, 그 수단에 역할과 임무를 부여한 다음에는 각기 선택된 수단에 필요한 구체적인 전략을 세워야 한다. 국가 안전목표를 달성하기 위한 군사력의 개발, 전개, 운용을 통합 조정하는 기술과 과학인 군사전략이 이 논문에서 가장 중요시 되는 단계이다. 이 정의에는 특히 네 가지 중요한 용어를 포함하고 있다. 하나는 군사력의 개발과 전개가 반드시 전시戰時작전을 의미하지 않는다는 것이다. 군사력의 개발과 전개 그리고 군사력을 사용하겠다는 분명하거나 암시적인 위협은 국가목표를 달성하도록 해 줄 수 있다. 예를 들면, 핵 억제개념은 개발되거나 전개된 핵전력核戰力을

---

4) Robert Thomson, *No Exit from Vietnam* (New York : David Mckay, 1969), pp. 145~162.

사용하겠다는 위협에 근거를 두고 있다. 한편, 이 말은 교전시 군사력의 최종적인 사용이라는 의미를 나타내는 용어인 군사력의 운용을 포함한다.

조정coordination은 모름지기 전략을 정의하는 데 가장 중요한 단어일 것이다. 대전략 단계에서의 조정은 국력의 수단들 간의 관계에 관련되어 있으나, 군사전략 단계에서 조정은 어느 하나의 국력의 수단 내에서의 관계를 언급하고 있다.

군사력의 개발과 전개는 요구되는 최후의 운용을 위해 과거에는 부적절할 때가 자주 있었다. 제2차 세계대전 이전, 독일 국경지대에 구축된 일련의 고정된 요새인 마지노 선maginot line은 프랑스 방어에 중추가 되었을 뿐만 아니라, 생존의 수단이 되었다. 사실상 그것은 프랑스에 구축한 중국의 만리장성과 같은 것이었다. 요새 건설의 엄청난 비용과 만족감으로 인해 프랑스 육군의 현대화가 너무 늦게까지 지연되었다.[5] 그 결과로 연합군은 전투 전야까지 36개 사단을 이 요새 안에 주둔시켰었다.[6] 불행하게도 프랑스로서는 고도의 기동력을 갖춘 독일군 부대가 프랑스 요새를 우회하여 프랑스군 후방지역까지 깊숙이 공격해 들어감으로써, 마지노 선의 프랑스군을 무력하게 만들었다.

프랑스는 정말로 필요한 경우에 운용할 수 있도록 그들 군사력의 개발 및 전개를 통합하는 데 실패하였다. 그 원인은 시간적으로 특히 항공기나 전차와 같은 내연기관에 의한 기동성의 혁신이 가진 의미를 적절한 시기에 인식하지 못한 데 있다. 프랑스는 기술의 영향을 분석하지 못함으로써 장소보다 오히려 기동이 미래전의 수행과정을 결정할 것이라는 것을 예견할 수가 없었다.

---

5) Alistair Horne, *To Lose a Battle, France 1940* (Boston : Little, Brown, 1969), pp. 26~31.

6) William L. Shirer, *The Collapse of the Third Republic* (New York : Simon and Shuster, Pocket Book Edition, 1971), p. 609.

군사전략 단계에서 해야 할 근본적인 것은 국가 목표를 달성하기 위한 적절한 군사전략의 개발이다. 적절한 군사전략은 전장戰場에서의 승리를 의미하는 것은 아니다. 월남에서 압도적인 화력을 사용하기 위하여 전투에서 적을 수색하는 미국의 군사전략은 연속적인 승리를 가져왔으나, 불행하게도 월남에서의 최후의 성공은 인민을 죽이는 것이 아니라 인민을 지배하는 것이었다.[7] 미국도 독립전쟁 기간 중 많은 패배를 당하여 진정한 승리를 거의 맛볼 수 없었으나, 결국은 영국으로부터 독립하였다는 사실이 이를 뒷받침해 준다.

라. 넷째 단계 : 전장전략戰場戰略의 역할

명확한 국가목표, 잘 통합 조정된 대전략, 그리고 적절한 군사전략에도 불구하고, 어떤 국가는 전장에서 모든 것을 잃어버릴 수도 있다. 전략과정에 있어서 네 번째 기본적인 단계는 통상 전술로서 알려진 전장전략을 결정하는 것이다. 전장전략이란 국가 안전보장 목표를 달성하기 위하여 전장戰場을 운용하는 기술과 과학이다.

다음은 전술과 보다 높은 차원인 전략 간의 차이에 관해 살펴보겠다. 전략과정의 전후관계에서 전통적인 차이를 보면 대전략과 군사전략은 병력을 전장에 보내기 위한 것인데 반해 전술은 전장에서 병력의 사용을 통제하는 것을 의미한다. 그리고 전술은 전투를 올바르게 수행하는 데 관련되고, 보다 높은 차원의 전략은 전투를 수행하는 데 관련된다.

특히 전술의 중요성에 대한 좋은 예는 제2차 세계대전에서 찾아볼 수 있

---

7) John M. Collins, "Vietnam Postmortem : A Senseless Strategy", *Parameters*, January 1978, p. 9.

다. 미국은 대독주간정밀폭격對獨晝間精密爆擊을 위한 초기 전술에서 엄호를 받지 않는 폭격기를 사용하였는데, 슈와인푸르트에서의 예기치 못했던 독일 공군 요격기에 의한 막대한 손실로 인해 장거리 엄호 전투기가 생산되어 전장에 전개될 때까지 이 같은 공격을 지연시켰다.[8] 그러나 그 같은 전술적인 과오를 시정하고 그런 과오를 가져오게 했던 교리를 재평가하기 위한 시간과 방법을 갖게 해 주었기 때문에 미국으로서는 천만다행스러웠다. 명백한 목표를 위해 군사력을 적절히 훈련시키고, 장비를 갖추고 전개시켰음에도 불구하고 전술이 부적절하게 되면 이 명백한 목표달성을 위해 할당된 지극히 중요한 임무와 역할은 좌절되고 만다는 사실은 여전히 진실로 남아 있다.

전장에서 승리를 성취하는 전술이라도 언제나 목표를 달성하게 하지는 못한다. 군사전략에서도 마찬가지지만 전술도 국가 목표를 달성하는 데 적절해야 한다. 월남에서 우세한 화력을 사용하여 적을 격파시키는 수색 및 파괴작전은 미국의 많은 군사전략 중에서 하나의 중요한 전술이었다. 수색 및 파괴작전은 계속 승리했으며, 전 지역을 휩쓸었고, 베트콩을 몰아냈다. 그러나 미군이 곧 새로운 작전을 위해 이동하게 된다면, 베트콩은 신속히 그 곳으로 다시 돌아올 것이므로 월남주민들은 연합군이 그들의 안전을 보장해 줄 수 없다고 생각했다. 그 때문에 월남주민들은 베트콩의 말에 강제적으로 순응해야 했다.[9] 이와 같이 전장에서 성공을 가져다주는 전술도 전반적인 국가 목표를 달성하는데 부적절할 경우도 있다.

8) Winston S. Churchill, *Closing the Ring* (Boston : Houghton Mifflin, 1951), p. 522.
9) Guenter Lewy, *America in Vietnam* (New York : Oxford University Press, 1978), p. 70.

2 전략과정에 미치는 영향

앞에서는 정치목적과 전장戰場 수단을 연결하기 위하여 이론적으로 가식 없는 전략과정을 기술하였다. 그러나 현실적으로는 최소한 세 가지 요인이 전략과정을 복잡하게 하고 있다.

첫째, 겉으로 보기에 전략과정의 단계도 구분화된 것 같이 보이지만 실제로는 그렇지 않다. 이러한 단계들은 국가 목표로부터 전술에 이르기까지 혼합되어 국가 목표에서 전술화되어 버리는 경향이 있다. 몇 명의 저술가들은 어떤 상황을 정확히 설명하기 위한 시도에서 '대전술'grand tactics, '저차원 전략'low-level strategy, '고차원 전술'high-level tactics과 같은 중간 용어를 만들어냈다. 이 같은 조어적造語的인 용어의 사용은 만일 전략이란 일련의 막연히 관련된 계획수립 결과라기보다는 오히려 하나의 과정이라는 것을 유의한다면 불필요할 것이다.

또한 전략과정 내에도 역류와 피드백 체계feedback system가 있다. 결과는 과정에서 나오는 것이기 때문에 대전략, 군사전략 및 전술은 최소한 부분적으로 변화하기 마련이다. 미국의 대독對獨 폭격임무－엄호하지 않은 상태－로 입은 막대한 손실에 대한 미국의 반응은 전략과정에 미치는 피드백 효과에 관한 매우 좋은 예라고 볼 수 있다. 이 예에서 주요 변화는 군사전략(신新장비와 전개)과 전술(엄호 폭격기 출격 회 수)로 인해 일어났다.

끝으로 국가 목표로부터 전장전술까지의 일직선상의 전략과정은 전략가와 그의 유용한 선택을 제한하는 여러 가지의 외적 요인에 의해 압축되고 왜곡된다. 이런 요인들의 몇 가지는 위협의 본질, 국내정치, 경제, 기술, 물리적인 환경과 지리, 국제정치, 문화유산, 군사교리 등이다.

이에 대한 〈그림 1〉은 전략과정과 전술과정상에 미치는 외부 영향을 묘사하고 있다. 그러나 이것은 그런 외부 영향들의 몇 가지에 불과하다. 이러한 외부 요인들이 미치는 영향은 상황에 따라 다르다. 이들 하나하나가 미치는 영향은 그 범위 및 중요성에서 꼭 동일한 것은 아니다. 예를 들면, 전략과정에 미치는 경제적 영향은 예산 배정이 역할과 임무의 할당을 수반하기 때문에 대전략 단계에서 대단히 중요하다. 이와 같이 경제적 요인은 전력을 개발하고 전개하며 운용하는 데 따른 경비 때문에 군사전략에 막대한 영향을 미친다. 그러나 전술에 미치는 경제적인 영향은 차상급次上級 전략 차원에서 파생되는 간접적인 영향일 뿐이다.

이러한 외부 영향은 전략과정의 각 단계에서 유용한 전략의 선택을 제한한다. 한정되어 있는 예산에 반영되는 경제적인 요인은 가장 명확하고, 변치 않는 제약 요소이다. 그러나 이 밖에 다른 영향 요인들도 전략가의 선택을 배제시킨다. 예로서 월남에서 미국의 한 가지 전략 선택은 핵무기 사용이었다. 그렇지만 국제적 내지는 국내적 정치여건과 문화적 가치가 핵 운용의 가능성을 효과적으로 배제시켰다.

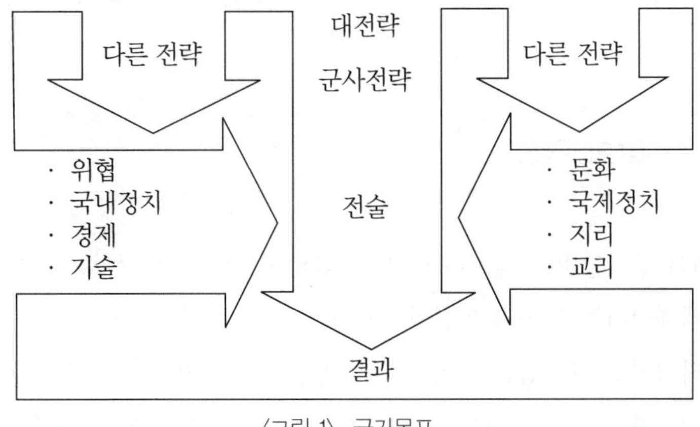

〈그림 1〉 국가목표

사람들은 군사교리가 전략의 선택을 제한하는 것 이상의 큰 역할을 한다고 말할지도 모른다. 교리는 필요에 따라 좀더 중요성을 띨지도 모른다. 전투에서 결정적인 타격을 주는 전략폭격교리가 제2차 세계대전 당시 미 육군항공대 전략으로 직접 도입된 경우도 있지만, 군사교리의 중요성이 그 밖에 다른 요인들 때문에 무시되어진 때도 빈번히 있었다. 한국과 월남에서는 정치적인 요인들 때문에 연합군이 적의 중요한 성역지대聖域地帶를 공격하는 데 방해를 받았다. 이것은 전통적인 군사교리를 위반한 것이다. 결과적으로 군사교리에 관해 언급할 수 있는 가장 구체적인 것은 군사교리가 전략의 선택을 제한하려고 하는 또 다른 외부 영향 요인이라는 것이다. 교리가 미치는 영향과 또 다른 외부 요인들이 미치는 영향은 상황에 따라 다르다.

만일 위의 〈그림 1〉이 다른 국력의 수단의 사용을 위한 전략과정을 충분히 나타낸 것이라면, 그 〈그림 1〉에 있는 어휘들 중에 몇 가지의 위치가 바뀔 것이라는 사실을 주목하는 것은 참 흥미롭다. 만일 〈그림 1〉이 군사적 수단이 아니고 경제적 수단을 설명한 것이라면 앞에서 본 〈그림 1〉에서의 수직 화살은 '군사전략' 대신에 '경제전략'이 위치할 것이고, 전략과정에 미치는 외적인 영향 요인은 '경제적 요인' 대신에 '군사적 요인'이 위치할 것이다.

3 전략의 원칙

위에서 살펴본 바와 같이 전략은 목적과 수단을 조화시키는 기본적인 과업을 체계화하는 일종의 복잡한 4단계 과정을 거쳐 개발됨을 알았다. 그러나 논리적이고 질서정연한 과정을 따랐다고 해서 반드시 정확한 결정을 내렸다고는 볼 수 없다. 따라서 성공의 확률을 높이기 위한 전략가는 다음과 같은 기본적인 세 가지 전략의 원칙(연계성의 원칙, 미래성의 원칙, 현실성의 원칙)을 결부시켜 사용해야 한다.

가. 연계성連繫性의 원칙

목적과 수단을 연결시키는 원칙은 전체 전략과정의 핵심이다. 전반적인 정치목적과 각각의 부속되는 목표에 대한 충분한 고려사항은 전략과정에서 추진 요인이 되어야 한다. 이 말은 목표는 명확하게 정의되어야 하고, 달성 가능해야 하며, 수락 가능해야 한다는 것을 뜻한다. 전략과정의 각 단계는 그 이전의 단계에 기초를 두고 국가 목표로부터 전술 수단으로 직접 연계되어야 한다.

나. 미래성의 원칙

앞에서 말한 것처럼 전략을 가장 쉽게 표현하면 하나의 행동계획이고, 계획수립의 목적은 미래에 대비하기 위한 것이다. 그러므로 전략의 개발에 관한 두 번째 원칙은 미래 지향적이어야 한다.

전략가의 주요 활동영역이 언제나 미래 지향적이어야 하기 때문에 전략가는 현재의 당면문제를 너무 중요시해서는 안 된다. 사실은 현재의 병력 규모와 효율성은 과거의 전략 결정에 의해 결정되었다는 것이다. 만일 전략가가 현재의 우발사태에 대응해야 할 필요가 있다면, 그는 전에 사용할 수 있도록 만들었던 선택권option을 행사할 수밖에 없다. 사실상, 현재의 전략가는 과거에 집착하고 있는데, 현재의 성공에 많은 관심을 갖기보다는 미래의 성공에 더 많은 관심을 가져야 한다.

전략가는 미래에 있을 많은 위험과 불확실성을 처리할 수 있는 방법을 발견해야 한다. 왜냐하면 전략가도 미래상황이나 미래의 요구조건에 관해 신빙성 있고 정확한 정보를 거의 갖지 못할 경우도 있기 때문이다. 따라서 전략가의 가장 중요한 기능은 역경을 극복하기 위해 가능한 한 많은 전략을 선택하여 이용 가능토록 유지하는 것이다.

양차兩次 세계대전에서 겪은 프랑스의 경험은 중요한 선택을 잘못 처리한 좋은 예가 된다. 앞에서 논의된 것처럼 마지노 선 구축과 유지를 위한 경제적 부담은 1918~40년 사이에 프랑스 육군을 위축시켰다. 그처럼 많은 비용이 드는 방어수단을 선택했기 때문에 프랑스 육군의 현대화라는 전략의 선택을 너무 늦게까지 제외시켜 버렸다. 프랑스는 1940년에야 자동 추진식포自動推進式砲, 충분한 활동 범위를 갖춘 전차, 대對전차 무기, 대對항공기 무기 등이 엄청나게 부족하다는 것을 알았다.[10] 경제학적 용어에서 마지노 선의 '기회 비용'opportunity cost은 대단히 중요한 것이었다.

이와 반대로, 맥나마라 미 국방장관 재임기간에 미국에서 개발되었던 군사전략인 '유연반응'flexible response은 새로운 선택을 이용 가능토록 하기 위한 시도였다. 또한 이 전략의 목표는 대량 핵 보복의 'all or nothing' 전략에 대한 의존도를 줄이고, 어떤 도발에도 적절하게 대응할 수 있는 군사적 능력을 창조하기 위한 것이었다. 사람들은 유연반응의 효과를 논할지 모르지만, 그러나 그것은 새로운 전략의 선택을 이용 가능토록 하기 위한 명확한 시도였으며, 많은 사람이 볼 때도 성공적이었다.

미국은 오늘날 상당한 비용이 소요되는 현대 무기체계에 관한 의사결정을 할 때도 경제학적 '기회 비용'이라는 딜레마에 직면한다. 확실히, 이 같

---

10) Horne, *op. cit.*, pp. 26~31.

은 현대의 고차원적인 무기체계는 여러 가지 전략의 선택을 제공해 준다. 그러나 이 같은 엄청난 비용으로 인해 프랑스의 마지노 선과 마찬가지로 미국도 다른 많은 중요한 전략의 선택을 상실할 수도 있다.

전략가가 미래 지향적이라고 해서 그것이 곧 과거를 무시할 수 있다는 것을 의미하지는 않는다는 사실을 우리들은 알아야 한다. 역사는 전략가가 미래를 향한 전략의 기반을 구축할 수 있는 기초와 교훈을 제공해 준다. 경우에 따라서는 역사적인 경향을 정확히 분석함으로써 미래상황에 대한 전략가의 견해를 불투명하게 만드는 불확실성의 그림자를 제거하는 데 도움이 되기도 한다.

다. 현실성의 원칙

전략의 세 번째 원칙은 전략과정의 모든 결심이 환상적인 것보다는 오히려 현실세계를 다루어야 한다는 것이다. 과거에 현실 취급의 실패로 인해 가혹한 결과를 가져온 적이 있다. 1938년 영국의 체임벌린(N. Chamberlain) 수상은 나치스의 야심은 체코슬로바키아의 일부 지방을 인도하면 가라앉을 것이라는 착각을 했었다. 그러나 히틀러의 정복욕은 늘어만 갔고, 만족할 줄을 몰랐다. 이 같은 체임벌린의 '우리 시대의 평화'라는 환상으로 오히려 영국과 프랑스가 현실을 인식하지 못했으므로 나치스에게 용기를 가져다주었고, 마침내는 전 세계를 전면전쟁이라는 깊숙한 소용돌이 속으로 몰아넣고야 말았다.

현실을 무시하는 습성은 과거에만 국한되는 것은 아니다. 'No More Vietnames'와 같은 오늘날의 말은 많은 사람들이 고난의 현실을 무시하고, 한층 친숙하고 한층 안일한 환경에 접하기를 바란다는 사실을 입증해 준다.

여러 가지 우발사태에 대한 준비를 거의 못할지라도 하나의 유럽 분쟁의 준비에 따른 미국의 강박감은 동일한 현실의 인식 문제의 징조일지도 모른다.

최소한 다음의 세 가지 '새로운 현실'은 전략가들의 주요 관심사이다.

첫째는, 군사력의 전이轉移이고 미국 혼자만이 더 이상 세계 권력구조의 정상이 아니라는 사실에 대한 인식이다. 소련은 핵무기 분야에서 미국과 균형을 이루었고 SALT협정은 잘해야 핵 균형의 몇 가지 형태를 지속시킬 뿐이다. 미국의 1950년대와 1960년대의 '큰 막대기'는 현재의 핵 교착상태에서 쓸모없는 도구가 될지도 모른다. 핵 수준 이하에서 미국은 과거에 소련보다 무기의 수적인 면과 화력 면에서 우세하였지만 현재는 열세에 놓이게 되었고, 군사기술면에서도 소련으로부터 심한 도전을 받고 있다.

두 번째, '새로운 현실'은 미국이 주요 자원 면에서 세계 여러 나라에 의존하고 있다는 것이다. 오늘날 미국은 자국의 경제에 필수적인 30종류의 광물자원 중에서 20종류를 수입하는 데, 필요량의 50%를 수입한다. 여기에 석유는 포함되어 있지 않다. 이러한 자원의 주요 공급원은 아프리카, 아시아, 라틴 아메리카에 주로 위치해 있다.[11)]

세 번째, '새로운 현실'은 월남전쟁에서 도입된 것으로서 미국 국민은 자국의 이익에 직접적인 위협이 가해지지 않는 한, 장기의 외국전쟁을 지원하지 않을 것이라는 것이다. 한국과 월남의 전쟁이 트루먼 대통령과 존슨 대통령의 사임의 원인이 됨으로써 이 같은 사실을 더 확고하게 만들어 버렸다. 대통령의 전쟁수행권한戰爭遂行權限을 제한하기 위한 국회의 기도는 최근의 외국문제 개입을 반대하는 징후의 표현이다.

이 같은 '새로운 현실'들에 대한 다양한 의미들은 전략가들에게 큰 의미

---

11) David J. Kroft, "The Geopolitics of Non-Energy Minerals", *Air Force Magazine*, June 1979, p. 77.

를 지닌 여러 가지 의문을 야기시킨다. 미·소의 핵 세력의 백중지세가 제3세계에서 혼란을 일으킬 일부 약소국들의 모험주의에 용기를 불어넣어 줄 것인가? 중요한 원자재의 수요 증가, 공급 감소, 그리고 불안정한 출처로 인해 미국의 관심과 공약이 나토NATO로부터 제3세계로 옮겨질 것인가? 외국문제 개입 반대 징후가 지속될 것인가? 아니면 자원문제가 세계를 지배하려는 미국의 취향을 다시 일깨울 것인가? 만일 제3세계 사태에 미국의 개입이 요구된다면 군대가 준비되고 여론이 호응할 것인가?

미국－그리고 세계－이 안일하고 통제가 가능한 전후시대(제2차 세계대전 이후)로부터 불확실하거나, 모름지기 불길한 미래로 변화하고 있다는 것은 명백하다. 무적의 막강한 세력에서 균등세력으로, 풍요로운 상태에서 부족한 상태로, 확신감에서 불신감으로, 뚜렷한 목적이 있었던 상태에서 혼란과 이의제기가 속출하는 상태로 등의 변화로 말미암아 미국의 여러 목표, 가정假定 및 전략에 대해서 그것도 너무 늦지 않았다면 전면 재평가하여야 하는 것은 명백하다.

전략과정의 기초와 전략수립에 관련된 원칙들은 전략의 재평가를 위한 기반과 제시된 대안을 평가하기 위한 기초를 형성해 준다. 전략과정과 전략의 원칙은 전략가로 하여금 전략의 본래의 의미로 되돌아가지 않을 수 없게 해 준다. 따라서 혼란하고 무질서한 시기에 전략에 대한 본래의 의미를 되새겨 본다는 것은 뜻 깊은 일이라 생각된다.

XIX. 군사전략 수립의 방법론※

이 종 학

1

1982년 8월 미 육군전쟁대학원U.S. Army War College에서 월남전쟁에 대한 교훈의 내용으로 진지한 국제 학술세미나가 개최되었는데, 필자도 참석할 기회가 있었다. 세계 최강을 자부했던 미 육군이 왜 월남전쟁에서 패배하고 말았던가 하는 문제에 대한 분석·평가였다. 우리 국군도 월남전쟁에 개입하였고 그 후 철수했지만, 이 문제에 대한 국내 학술세미나를 개최했다는 얘기도 듣지 못했을 뿐만 아니라, 무언 중에 월남전쟁에 관해 얘기하는 것을 꺼리는 경향도 엿보인다. 과거를 기억하지 못하는 자들은 또다시 지난 과오를 되풀이할 가능성이 짙다는 사실을 감안한다면, 월남전쟁의 사실의 파악과 이에

※) 이 논문은 『군사발전』(육군 교육사령부, 1984)의 제16, 17, 18, 19호에 게재되었던 것을 수정·보완한 것이다.

대한 해석, 그 결과로부터 최초 개입의 목표에 이르기까지의 추적, 그리고 사용된 여러 가지 수단의 조사 및 평가 등을 통하여 교훈을 찾아야 하리라.

미 육군은 연간 100만 명에 가까운 병력을 월남에 수송하고, 먹이고 입히고 무기·장비 및 탄약 등을 공급하여 전투하는 데 조금도 지장이 없을 정도로 했으니 군수 및 관리면에 있어서 훌륭하게 업무를 수행했다고 본다. 그리고 실제 전장戰場에 있어서도 미 육군은 전투를 거듭할 때마다 베트콩과 월맹군에 막대한 손실을 입혀 패주케 했다.

그러나 종국에 가서 승자가 된 것은 미국이 아닌 월맹이 되고 말았으니 그 이유는 도대체 무엇일까? 월남전쟁이 끝날 무렵, 미국에서는 다음과 같은 씁쓸한 이야기가 한창 나돌았다.

"1969년 닉슨 행정부가 들어선 후 월맹과 미국에 대한 모든 자료, 즉 인구, 국민총생산, 군수물자, 생산능력, 병력 규모, 전차, 함정, 항공기의 숫자 등을 국방성 컴퓨터에 넣고 '미국이 언제쯤 이길 수 있겠는가?'를 물었다. 그 때, 컴퓨터에서 나온 답은, '미국이 1964년에 승리했다'는 것이었다."

이 이야기는 정곡을 찌른 것으로, 자원면에서 본다면, 세계 최강의 미국과 월맹을 비교한다면 상대가 되지 않겠지만, 아무리 성능이 우수한 컴퓨터라 할지라도 전쟁은 수치로 표시할 수 없는 다른 요인에 의해서도 결정된다는 것을 여실히 보여주었다. 그렇다면 그것은 과연 무엇일까?

필자가 즐겨 사용하는 등식이 있으니, 그것은 다음과 같다.

힘=자원×전략×의지

힘이란 컴퓨터에 숫자로 표시할 수 있는 자원만이 아니라, 숫자로 표시하기 어려운 전략과 의지의 곱셈임을 명심해야 한다.

미국이 월남전에서 패배한 요인 가운데 가장 먼저 열거하고 싶은 것은 전략의 부재 내지 빈곤에 기인한 것으로 보아야 한다. 그것은 제2차 대전 후, 핵무기의 등장으로 인해 전략의 연구를 소홀하게 생각했던 것이다. 재래식 전쟁에 있어서 전략의 임무는 전쟁의 준비와 수행이었다.

그러나 핵무기의 출현으로 그것을 절대무기로 생각하여, "전쟁이란 다른 수단에 의한 정책의 계속"이라는 클라우제비츠의 명제命題는 낡은 것이 되었으며, 따라서 전쟁에서의 승리는 무의미할 뿐만 아니라, 전략의 임무는 전쟁의 억제에 두었다. 따라서 억제가 실패했을 때, 예컨대 2차 대전 후 미국이 수행한 한국전쟁 및 월남전쟁을 수행하기 위한 전략은 빈곤했던 것이다. 해리 서머스 대령은 그의 『월남전의 분석』에서 다음과 같이 언급했다.

"정치학자들은 전쟁을 정치적인 목적과 결부시켜 해석하는 데 일익을 담당하여 미국이 '왜' 전쟁을 수행하지 않으면 안 되었는가에 대한 해답을 제시하였으며, 이와 같은 방법으로 체계분석가들은 우리가 '어떤 수단'을 사용해야 하는가에 대한 해답을 주었다. 그러나 이와 같은 논리의 전개과정에서 꼭 필요한 부분이 빠져 있다. 즉, 위와 같은 수단을 '어떻게' 사용하여 목적을 달성하는가 하는 '방법'이 빠져 있는 것이다.

따라서 이 빠진 부분은 마땅히 군사전략가의 전략에 의해 채워졌어야만 했다. 그러나 전쟁을 어떻게 수행해야 할 것인가에 대한 전문적인 군사전략을 제시해야 할 군은 체계분석가들과 함께 전쟁에 사용해야 할 물질적 수단을 결정하는 데에만 열중했다. 실제로 많은 육군 장교들은 '육군은 전략을 만들지 않는다' 또는 '육군의 전략이란 존재하지 않는다'라는 판에 박힌 안이한 사고방식에 젖어 있었다.… 군이 전략에 대한 기피 자세는 알지 못하는 사이에 군의 사고능력의 퇴보를 가져왔다."

일찍이 클라우제비츠는 그의 명저 『전쟁론』(1832)에서, "전쟁수행을 위해서는 두 가지의 주요한 활동분야가 있다. 하나는 전쟁을 준비하는 행위이고, 다른 하나는 전쟁 그 자체를 수행하는 행위이다. 이러한 차이는 전쟁이론에서도 명백히 구분되어야 한다. 전쟁 준비에 대한 지식과 기술은 전투부대의 창설, 훈련 및 유지에 관한 것이고, 다른 한편으로 전쟁 그 자체에 대한 이론이란 일단 이러한 수단이 구성되었을 때에 전쟁목적을 위하여 이를 직접 사용하는 데 관한 것이다"라고 했다.

미국은 맥나마라 국방장관이 도입한 합리적인 제도, 즉 기획·계획 예산제도PPBS는 군사전략의 반쪽 측면만 다루었다. 그것은 물자 및 장비 공급의 문제를 통제·관리하는 데는 진가를 발휘하여 '전쟁준비'를 위해서는 효과적인 제도였으나, 이 제도는 전쟁 그 자체를 수행하기 위한 것도 아니고 또한 할 수도 없는 것이었다.

여기서 미 육군의 월남전 수행을 위한 전략의 부재不在라는 견해가 나오는 것이다. 전쟁의 준비에서 이루어진 군사력을 가지고 정치목적을 달성하기 위해 어떻게 효과적으로 운용하는가 하는 방법이 바로 전략인 것이다.

미국의 정책·전략 수립가들은 위에 말한 차이점을 분명히 인식하지 못했기 때문에 '전쟁준비'를 위한 정책결정 수단이 되는 PPBS제도에 의해 '전쟁 자체를 수행'하기 위한 정책을 수립했던 것이며, 이러한 정책의 결과로 미국이 월맹에 대해 서서히 압력을 증가해 나가면 어느 시점에 가서는 월맹이 손을 들게 될 것이라는 생각이었다. 특히 이것은 미 공군의 폭격작전의 성격이 결국 장차 미 육군의 공세작전에 대해 가공할 영향을 미치게 될 전략이론, 즉 점진적 대응이론theory of graduated response을 만들어내고 말았는데, 그 이론의 유래를 살펴보면 다음과 같다.

"전체적으로 보아 논쟁은 폭격을 할 것인가, 안 할 것인가로부터 어떻게 수행할 것인가로 비약하고 말았다.… 민간인 정책기획진政策企劃陣에서는 월맹측에서 명백히 감지할 수 있도록 처음에는 조금씩 시작해서 그 후 정확히 계산된 압력을 점진적으로 증가시키려 했다.

그 이론대로라면 호치민(胡志明)은 이와 같이 압력을 가중시키는 형식의 전략을 미리 알아차려 월맹이 쑥밭이 되는 것을 사전에 방지하기 위하여 월남과의 전쟁을 멈출 것이라는 것이었다. 당시 미 국방차관인 맥너턴은 이 전략을 '서서히 목조르기 전략'slow squeeze strategy이라 부르면서, 이를 교향악에 있어서 종장終章에 다다르면서 점점 강하게 연주하는 기법에 비유하여 설명했다. 그는 계속해서, '그 각본은 어느 시점에서 전쟁을 계속하느냐 마느냐, 확전擴戰하느냐 안 하느냐, 아니면 템포를 빨리 하느냐 늦추느냐 등의 선택권을 미국이 갖도록 계획되어 있다'고 말했다.

합참은 이러한 맥너턴 차관의 견해를 못마땅하게 생각했다. 합참의 장군들은 일단 전투력을 투입하기로 했으면 최소의 손실로 최대의 효과를 얻을 수 있도록 전투력을 강력하고 신속하게 운용해야만 한다고 주장하며 슬며시 시작해서 서서히 확전해 나가는 것은 마치 이빨을 단번에 뽑지 않고 조금씩 잡아 빼면서 고통을 참는 것과 같은 것이라고 했다. 또한 합참은 전쟁목적이 하노이 측의 의지를 꺾는 것이라면 미국은 월맹의 주요 요충지들을 일제히 강타하고 군사력을 무제한으로 사용하겠다는 의지를 보여 주어야 한다고 강조했다.…

중앙정보부, 국방성 정보국 및 국무성 정보국 요원들로 구성된 정보계통에서도 군의 견해를 강력히 지지했다.…

그러나 존슨 대통령은 그의 정보 및 군사문제 담당 보좌관들의 반대를 일축해 버렸다. 사실은 맥나마라 장관이 보좌관들의 이와 같은 의견을 과연 대통령에게 전하려는 생각이 있었는지 조차 분명치가 않다. 그 때까지도 '장군'이라고 불리던 테일러 대사大使 역시 합참측 안合參側案을 반대하며 이로써 '점진적 대응전략'graduated response strategy이 탄생하게 된 것이었다."

전쟁에 있어서 군사문제에 정통하지 못한 존슨 대통령이 군사전문가 집단인 합참이 건의한 전략을 채택하지 않음으로써 값비싼 대가를 지불했던 것이다. 즉 인적·물적 손실도 막대했지만, 패배라는 정신적 부담감과 좌절감을 가져다주었고, 소련과의 전략 핵무기 증강 경쟁에서 열세를 가져오게 했다.

일찍이 손자는 말하기를, "전쟁을 하는 데 있어서 장기전을 벌이면 무기가 무디어지고 장병들의 사기士氣도 저하된다.… 그래서 전쟁은 속전속결로 승리하는 데 가치가 있는 것이지, 결코 지구전持久戰을 하는 데 가치가 있는 것은 아니다"고 갈파했던 것이다.

전쟁에 있어서 군사 원칙을 범하게 되면 다만 패배가 있을 뿐이다.

월남군의 합참 정보국장이었던 렁 대령은 『전략과 전술』이라는 저서에서 다음과 같이 밝혔다.

"월남의 국가 목표와 전략은 미국의 지원이 불필요하게 될 때까지 계속될 것이라는 가정에 근거를 두고 있었다. 이러한 미국의 지원은 유럽과 아시아에 있어서 공산주의 팽창을 저지하기 위하여 2차 대전 종료로부터 줄곧 계속되어온 미국 전략의 일환으로 간주되고 있었다. 그러나 이러한 가정은 결과적으로 볼 때 잘못된 것이었다."

손자는 말하기를, "용병의 원칙은 적이 오지 않으리라고 믿어서는 안 되며, 언제 와도 대적할 수 있는 자신의 대비를 믿어야 하고, 적이 공격하지 않으리라는 것을 믿을 것이 아니라, 공격해 오지 못하도록 하는 방비태세를 믿어야 한다"고 갈파했다.

렁 대령은 계속하기를, "닉슨 대통령의 월남화 정책은 월남 공군의 현대화와 확장 그 이상의 것을 의미했다. 본질적으로 그것은 미국의 참여가 크게 감소된 후의 월남의 존속을 말하고 있는 전략이었다. 만일 티우 대통령이나 월남 합참에서 이러한 사실을 명백하게 깨달았다면 아마도 그들은 이에 대처할 전략을 수립하려 했을 것이다. 그러나 이와는 반대로 월남 공군은 교리敎理나 편성 또는 훈련에 있어서 미국의 군대와 화력지원의 철수에 대비한 아무런 보완조치도 취하지 않았다"고 술회했다.

월남전이 끝난 후, 월남의 전 고위 군사 및 민간 지도자들(인원 27명)과 가졌던 일련의 인터뷰에서 전략기획에 관한 질문이 나왔을 때, 응답자들은 다음과 같은 내용의 답변을 했다.

"사실상 사이공의 전략기획이란 별로 없었습니다. 다시 말해서 미군이 월남 주둔 시에는 월남 자신의 전략이란 없었으며, 미군 철수 후에는 전략다운 전략을 개발하지 못했습니다."

전략이란 다른 면에서 표현한다면 한 민족이나 국가의 생존방식일진데, 이것을 소홀히 다룬다면, 더욱이 약소국에 있어서는 멸망을 자초할 뿐이다. 우리는 결코 월남의 비극에 대한 교훈을 잊어서는 안 될 것이다.

일찍이 장제스(蔣介石) 총통은 "군사교육은 철학, 과학 및 병학의 세 가지 학술을 융합하여 이루어진 것"이라고 지적한 바 있다. 그리고 그는 "과거의 군사교육이 실패하게 된 원인은 곧 철학을 교육의 기초로 삼지 않고, 과학을 교육의 중점으로 하지 않은 채, 다만 외국에서 수입해 온 얼마 되지도 않는 군사학을 놓고 군사교육이라고 실시했기 때문이다"고 지적했다.

이상으로 미루어 볼 때, 전략 연구의 성패는 필연적으로 전쟁의 승패, 더 나아가서 국가의 존망과 국민의 사생에도 깊은 영향을 미쳐 왔다. 따라서 전략의 연구는 인간 지혜의 최고의 발로인 만큼 이는 실로 한 나라 국민의 중지衆智를 모아 집중적으로 연구하는 데서 비롯될 것이리라.

3

전략(혹은 군사전략)이란 무엇인가? 군사전략에 대한 보편타당한 정의定義는 아직 없으며 또한 합의의 근사치에 도달하지도 못 하고 있다. 그럼에도 불구하고 많은 사람들이 애용하고 있기 때문에 광범위하고 애매하게 그리고 모호하게 사용되는 경우가 많다. 그러나 몇 가지의 정의를 소개하면 다음과 같다.

· 군사전략은 작전 구상의 술術이며, 전술은 실시의 술이다. －로오란
· 전략은 전쟁목적을 달성하기 위한 전투 운용에 관한 기술이며, 전술은 전투에서 전투력 사용에 관한 기술이다. －클라우제비츠
· 전략은 정책의 여러 목적을 달성하기 위하여 군사적 수단을 분배·적용하는 기술이며, 전술은 직접 전투행위를 위하여 병력을 배치하고 지휘하는 기술이다. －리델 하트
· 군사전략은 무력을 사용하거나, 무력 시위를 통하여 국가정책의 목표를 달성하기 위한 군대 운용의 기술과 과학이다. －미 육군

몇 가지의 군사전략의 정의를 통하여 볼 때, 그것은 국가정책의 목적을 달성하기 위한 효과적인 군사력의 운용방법으로 생각할 수 있다. 그렇다면 군사력의 운용방법에 대한 구체적 내용은 무엇일까? 이 문제에 대해서는 스위스 출신의 조미니(Jomini, 1779~1869) 장군의 『전쟁술』(1838)이 군사전략을 이해하는 데 도움이 될 것이다.

· 전략이란 도상圖上에서 전쟁을 계획하는 술術이며, 모든 작전지역을 포

함하고 있다.

· 대전술大戰術이란 도상의 계획을 대조하면서 현지의 특성에 따라 전장에 부대를 배치하고, 이것을 행동으로 옮기고 또한 지상에서 전투를 시키는 술이다.

· 군수軍需는 전략 및 전술의 계획을 수행하기 위해 여러 수단과 준비로 구성되어 있다.

· 전략은 어디까지 행동할 것인가를 정하고, 군수는 그 지점에 부대를 옮기고, 대전술은 전투 실행의 양식과 부대의 운용법을 결정한다.

전략은 다음 내용을 포함한다.

(1) 전역戰域의 선정과 전략이 그것을 가능케 하는 각종 계획의 명시
(2) 이런 계획에서 생기는 결승점과 그리고 유리한 작전방향의 결정
(3) 고정 기지 및 작전지대의 선택과 설정
(4) 공·수세를 불문하고 목표의 선정
(5) 전략 정면, 방위선 및 작전 정면
(6) 목표 혹은 전략 정면에 이르는 작전선作戰線의 선택
(7) 주어진 작전에 대해서 일어날 수 있는 모든 사태에 대응하기 위해 필요한 최선의 전략선戰略線 및 기타 기동
(8) 불의不意에 대비한 작전기지와 전략 예비
(9) 기동으로 간주되는 군의 행군
(10) 보급창의 위치와 행군과의 관계
(11) 전략적 수단으로서의 군의 피난 장소 및 작전 진행에의 장애로서의 요새공위要塞攻圍의 실행과 이의 방비
(12) 참호, 야영지, 교두보 및 기타
(13) 견제행동의 실시와 이를 위해 필요한 대규모의 파견 등이다.

조미니는 군사전략이 무엇을 해야 하는가 하는 내용을 구체적으로 명시했다. 한편 소련의 소콜로프스키 원수元帥가 편집한 『소련의 군사전략』(1962)에 의하면, 군사전략 이론의 영역은 다음과 같다.

(1) 무력전武力戰을 지배하는 일반적 방책

(2) 미래전의 상황과 성격

(3) 국가 및 국군의 전쟁준비의 이론적 원칙과 전쟁계획의 원칙

(4) 국군의 각 군종軍種과 그 전략적 운용의 기초

(5) 무력전 수행의 방책

(6) 무력전에 대한 물질적 및 산업기술적 기초

(7) 국군의 지도指導 및 일반 전쟁수행의 원칙

(8) 잠재적 적국의 전략적 견해

무력전武力戰을 지배하는 일반적 법칙의 지식은 지휘관이 미래전에 있어서 군사적 사건의 성격을 예견하고, 군사작전의 현명한 지도指導에 있어서 이러한 원칙을 적용하여 성공하는 것을 가능케 하는 것이다. 이것이 객관적 법칙을 적용하는 경우의 주관적 측면이다.

군사전략의 내용에 있어서 다음 중요한 요소는 미래전의 성격에 관한 문제이다. 여기서 전략은 주어진 역사적 시점에 있어서 미래전의 성격, 군사적 및 정치적 세력의 배치, 무기의 질과 양, 군사적 및 경제적 잠재력, 대항하는 연합국의 당연히 예상되는 편성과 강도强度 그리고 그들의 지리적 분포를 주어진 역사적 시점에 있어서 결정하는 조건과 요소의 연구를 포함한다.

전쟁 그 자체의 성격과 관련하여, 전략적 분석은 전쟁의 수행, 계속기간, 긴장 그리고 지리적 범위의 기본적 의의를 중시한다.

군사전략은 미래전의 성격에 대하여 군대에 전쟁준비를 시키는 양식 및

수단을 연구한다. 이 경우 첫째로 유의해야 할 문제는 다음과 같다. 즉 정치적 요구, 경제적 잠재력 그리고 과학적 및 산업기술적 성과를 고려하여 전쟁 준비의 과학적 계획, 전략적 정보부의 조직, 전략적 문제를 해결하기 위해 필요한 군대의 편성, 전략 예비의 편성 및 준비, 물질적 자재의 저장 그리고 군사작전장軍事作戰場으로서의 국토의 준비이다.

국군의 각 군종軍種에 관해서 군사전략은 그 구성과 상호관계, 정치적 및 전략적 전쟁목적의 변화, 그리고 그 밑에서 수행되는 상황을 고려하여 각 군종에 주어진 요구, 미래전에 있어서 그 목적과 임무 그리고 장래의 개발 원칙과 장기 목표를 결정하는 요소를 연구하는 것이다.

군사전략은 가장 먼저 미래전이 어떻게 해서 일어나는가의 연구 및 군대의 전략 전개의 특수한 모습과 최초의 일격을 가해 초기의 작전을 수행하는 수단 그리고 각 군종의 전략적 운용의 상세한 연구에 관심을 기울인다.

무력전의 물질적 요구는 전쟁 전반 및 전략적 작전의 상이相異한 형식의 수요와 관련하여 연구된다. 이 경우 전략적 후방조직을 고려하게 되지만, 그 가운데는 국군의 후방기관의 배치를 포함하며, 무력전의 물질적 및 산업기술적 후방지원에 관한 작전계획 및 실시상의 수단의 원칙이 연구의 대상이다.

국군의 지도 원칙을 검토함에 있어서 군사전략은 무엇보다도 전쟁수행 전반과의 관계를 생각해야 한다. 그것은 생각할 수 있는 전략적 지도기관, 그 조직 기구와 기능 및 각 국의 군사 연합국의 군대를 지도하는 원칙 및 방법을 결정해야 한다.

군사전략은 잠재 적국의 전략상의 여러 견해를 연구함에 있어서, 미래전에서 그 군사적 및 정치적 목표가 무엇인가, 또 그와 같은 전쟁을 위한 적측의 경제적, 군사적 및 정신적 능력은 어떠한 것인가에 주의를 집중한다. 더욱이 다음 사항에 대한 적의 견해에 관심을 기울여야 한다. 즉 종사하는 전쟁의 성격과 기술면, 군대의 편성 및 전쟁을 위한 경제, 인적 자원 및 국토의 준비 등이다.

지금까지 군사전략을 수립하는 데 필요한 구성요소 및 고려요소에 관해 고찰했다. 그러면 실제의 군사전략은 어떻게 수립할 것인가에 대해 미 육군 전쟁대학원의 라이케 대령의 「군사전략의 이해理解」를 뼈대로 하여 깊게 그리고 구체적으로 설명을 시도해 보고자 한다.

군사전략은 국가전략의 일부분이며, 또 국가전략을 지원해야 하고, 국가정책에 상응해야 한다. 국가정책은 국가목적을 추구하기 위하여 국가 수준의 정부가 채택한 광범위한 행동방책 또는 지침으로 정의된다. 바꾸어 말하면, 국가정책은 군사전략의 능력 및 제한에 영향을 받는다.

군사전략에는 두 가지의 형태가 있는데, 하나는 작전전략operational strategy이고, 다른 하나는 전력개발전략force development strategy이지만, 요즘 여기에 핵전략nuclear strategy을 첨가하는 경향도 있다.

현재의 군사 능력에 입각한 전략이 작전전략이며, 이것은 단기간의 행동을 위한 특정 계획의 수립의 기초로서 사용된다. 이런 수준의 전략을 고등전술higher tactics 혹은 대전술grand tactics, 작전술operational art이라고도 한다.

전력개발전략은 장기전략으로서 장래의 위협 및 목표의 예측에 기초해야 하기 때문에 현 병력 수준에는 제한을 받지 않으며, 또 성질상 세계적인 문제를 다루게 되는 경우도 있고 특히 군사 능력의 개선을 요구하게 된다.

우리나라의 『국방기획관리제도』(1983. 7. 30. 국방부)에 의하면, 전력개발전략은 『합동전략목표기획서』에 수록되어 있으며, 이것은 국방목표를 달성하기 위하여 중기대상中期對象 기간 중의 위협 요소를 분석·평가하여 이에 대처할 수 있는 전략과 행동방책을 설정하고, 이를 뒷받침할 수 있는 군사력의 목표 소요와 우선순위를 제기하는 문서로서 국방 5개년 계획 및 율곡 기본계획 수립에 필요한 기본 자료를 제공하고 있다. 한편 작전전략은 『합동전략능력기획서』에 수록되어 있으며, 이것은 목표 연도의 실제 전력戰力에 기초를 둔 단기 군사전략과 각 군의 과업을 설정하고 목표 연도에 전쟁이 발생하였을 경우, 실제적으로 사용할 수 있는 전시가용전력戰時可用戰力의 상태를 제시함으로써 국방동원운영계획서, 국방전시사업계획 및 예산서, 합동작전 계획과 각 군의 전시문서 작성을 위한 지침과 자료를 제공하며, 군의 과업 달성을 위한 전력 운용에 필요한 기획 지침을 제공하고, 전력 능력 전반의 취약점을 평가하여 이에 대한 보완능력을 갖추게 하는 데 있다.

전략=목적+방법+수단이라는 등식은 전략의 일반적 개념으로서 군사전략으로 접근할 수 있는 방법을 개발할 수 있다. 목적은 군사목표로 표현할 수 있으며, 방법은 군대를 사용하는 여러 가지 방책과 관련된다. 근본적으로 이것은 군사목표를 달성하기 위한 행동방책의 모색을 의미한다. 이러한 행동방책은 군사전략개념으로 표현되며, 수단은 임무를 달성하기 위한 군사자원으로 표시된다. 그래서 군사전략은 다음과 같은 등식으로 표시할 수 있다.

군사전략=군사목표+군사전략개념+군사자원

가. 군사목표

군사목표는 군사 능력 및 자원을 투입해야 할 특정 임무 혹은 과업으로 표시할 수 있다. 예컨대, 침략의 억제, 병참선의 보호, 조국의 방위, 실지의 회복, 적 주력의 격멸 등이다. 이 목표는 성질상 군사적인 것이다. 클라우제비츠, 레닌, 마오쩌둥(毛澤東) 등 모두가 전쟁과 정치의 통합적 관계를 강조하였지만, 군대에는 능력 범위 내의 적절한 임무가 부여되어야 한다. 리델하트는 다음과 같이 강조했다.

"전략에서 목표로 하는 주제를 논의함에 있어서 정치 및 군사목표의 구별을 분명히 하는 것이 기본적이다. 이 둘은 서로 다르나 분리되는 것은 아니다. 왜냐하면 국가는 전쟁 그 자체를 위해 싸우는 것이 아니고, 정책을 추구하기 위해 싸우는 것이기 때문이다.

군사목표는 정치목적의 수단인 것이다. 그러므로 군사목표는 정치목적에 의해 통제되어야 하며, 정책이 군사적으로 불가능하다고 요구하지 않는 기본적 조건에 따라야 한다."

군사목표는 정치목적 내지 전쟁목적을 달성하는 데 이바지할 수 있는 목표가 설정되어야 하며, 훌륭한 군사전략이나 승리라는 것도 궁극적으로 정치목적 내지 전쟁목적의 달성 여부에 의해 평가되는 것이다.

조미니는 군사목표에 두 가지가 있다고 했다. 즉 '기동상의 목표'와 '지리상의 목표'이다. 지리상의 목표는 중요한 요새, 하천의 선, 유리한 방어선 등이다. 기동상의 목표의 중요성은 이와 대조적으로 적 주력의 상황에 의해 결정된다. 그리고 이것은 적 주력군의 격멸과 깊은 관계가 있으며, 나폴레옹의 훌륭한 승리를 획득하는 최선의 길이 적 야전군의 섬멸에 있었다고 지적했다. 그러나 조미니는 '지리상의 목표'를 강조했고, 특히 한 나라의 수도는 교통상의 중추일 뿐만 아니라, 권력과 행정부의 소재지로서 훌륭한 군사목표라 했다.

한편 클라우제비츠는 나폴레옹의 전쟁방식을 견문하고 또 체험했을 뿐만 아니라, 깊이 연구하여 조미니와는 달리 '기동상의 목표'를 체계화했다. 그

는 정치와 군사와의 관계를 정립했을 뿐만 아니라, 정치목적과 군사목표와의 관계도 분명하게 밝혔다. 즉,

“정치적 이해관계利害關係와 군사적 이해관계와의 상극은 본질적으로 존재할 수 없으며, 만약 그런 상극이 생긴다고 한다면 그것은 정치와 전쟁과의 관계에 대한 통찰의 불완전으로 간주해도 좋다. 정치는 전쟁에 대하여 달성할 수 없는 것을 요구할 리가 없다. 왜냐하면, 정치는 자기가 사용하는 도구가 어떤 것인가 하는 것을 알고 있다는 것이 전제로 되어 있기 때문이다. 이것이야말로 정치와 전쟁과의 관계에 있어서 절대로 불가결하고 또 가장 자연스러운 전제인 것이다. 정치가 전쟁의 여러 가지 사건을 바르게 판정하는 한 군사 목표에 적합한 것은 어떠한 사건이며, 또 이러한 사건에 주어지는 방침은 어떠해야 하는가를 결정하는 것이다. 즉 정치의 임무이며 또 정치만이 가능한 것이다.”

클라우제비츠는 전쟁에서의 목적과 수단 및 군사목표에 대해 다음과 같이 주장했다.

“전쟁이 정치목적에 대한 정당한 수단이 되기 위해서는 어떠한 목표를 가져야 하느냐 하는 것을 문제로 삼을 때 우리들은 전쟁의 정치목적이 각각의 상황과 마찬가지로 그것은 경우에 따라 여러 가지가 있다는 것을 알게 될 것이다. 전쟁의 정치목적이라는 것은 엄밀히 말해서 전쟁의 영역 밖에 있다는 것이다. 왜냐하면, 전쟁이 만약 적을 굴복시켜 우리들의 의지意志를 받아들이게 하는 폭력행위라고 한다면 언제나 적을 타도하는 것, 즉 적의 저항력을 탈취하는 것만이 유일한 목표가 되며, 또 그것만으로 충분하기 때문이다.

전쟁에 의해서 또한 전쟁에 있어서 무엇을 달성하려고 하는 이 두 가지 질문에 대답하지 않고서 전쟁을 개시하는 사람은 아무도 없다. 이 질문의

첫째는 전쟁목적에 관한 것이고, 또 둘째는 군사목표에 관한 것이다.…

군사 목표는 언제나 적의 타도, 즉 적 전투력의 격멸이야말로 모든 군사 행동의 주요 목표라는 결론에 도달한다.…

공격은 각각의 경우 적의 중심重心을 이루는 곳으로 지향되어야 한다. 알렉산더 대왕, 구스타프 아돌프, 샤를 12세 및 프리드리히 대왕 등에 있어서 중심重心은 그들의 군에 있으며, 따라서 만약 군 자체가 분쇄된다면 그들의 역할은 그것으로 종말을 고했으리라. 당파로 인하여 분열되어 있는 국가에 있어서 중심重心은 대개 수도首都에 있다. 열강국에 의존하고 있는 약소국에 있어서 중심重心은 그들의 동맹군에 있다. 여러 국가가 서로 모여 결합된 동맹에 있어서 중심重心은 이해관계利害關係의 일치에 있다. 국민 총무장의 경우에 중심重心은 주로 지도자 자신에게 있다.…

아군이 공격 목표로 하는 적의 중심이 어떠한 것이든 적의 전투력을 파괴하는 것이야말로 승리의 가장 확실한 단서이며, 또 어떠한 경우에도 가장 중요한 일이다.

많은 경험에 의하면 적을 타도하기 위한 조건으로서는 다음과 같은 상황이 있는 것으로 생각된다.

(1) 적측에서 군이 중심重心을 이루는 경우에는 군을 분쇄한다.

(2) 적국의 수도가 국가 권력의 중심지일 뿐만 아니라, 정치단체 및 당파의 소재지인 경우에는 수도를 침공한다.

(3) 적의 가장 중요한 동맹자가 적보다 유력한 경우에는 그 동맹자에게 강력한 공격을 가한다.…

전쟁의 정치적 목적을 달성하기 위한 적절한 수단이 되기 위해서는 어떠한 목표를 가져야 하는가.…

첫째 : 적의 전투력을 격멸시켜야 한다. 다시 말하면, 전투력은 투쟁을 계

속할 수 없는 상태로 빠뜨려야 한다.

둘째 : 적의 영토는 점령되어야 한다. 그 이유는 국토는 새로운 전투력이 형성될 가능성이 있기 때문이다.

셋째 : 적의 의지를 굴복시켜, 강화조약을 조인시켜 적 국민을 항복시켜야 한다."

1941년 12월 일본 해군에 의한 진주만 기습작전을 검토해 보기로 한다. 일본의 연합 함대사령관 야마모토(山本) 제독은 일본과 비교해 보았을 때, 인구와 군사자원 면에서 월등하게 미국이 우세하기 때문에, 작전의 선제권을 활용하여 개전벽두에 적의 주력함대를 격파하여 미 해군뿐만 아니라 미 국민으로 하여금 구제될 수 없을 정도로 전의戰意를 상실케 하겠다는 관점에서 군사목표로 진주만의 미 주력함대를 선정했다. 일군日軍은 380대의 항공기로 진주만을 기습 공격하여 다음과 같은 전과를 얻었다. 즉 미국의 전함 6척, 중순양함 1척, 유조선 2척을 격침시켰고, 전함 2척, 순양함 7척, 구축함 3척, 보조함 3척을 중파中破시켰으며, 격파한 항공기 300대, 또 항만 및 비행장의 시설에 상당한 손해를 입혔고, 전사자 2,403명, 중상자 1,078명에 달했다. 한편 일본군의 손실은 항공기 28대에 지나지 않았다. 따라서 물적인 그리고 전술적 차원에서 본다면 일본 해군의 대승리로 평가될 가능성도 있으나, 미 해군 태평양 방면 총사령관 니미츠 제독은 일본군의 진주만 기습 공격의 전과에 대해 다음과 같이 논평했다.

"미국 측의 관점에서 보는 경우, 진주만의 참패의 정도는 당초에 생각했던 것보다는 크지 않았으며, 예상했던 것보다는 경미한 것이었다. 진주만에 격침당한 구식의 전함은 일본의 새로운 전함과 대항하기에도, 또한 미국의 고속 항모와 행동을 같이 하기에도 너무 속력이 느린 것이었다. 아리조나와

오클라호마 호號 이 외의 구식 전함은 부양浮揚 후에 개장改裝되었다. 이들 개장된 구식 전함의 주요 임무는 전쟁의 마지막 2년간 육상 목표에 대한 공격이었다. 구식 전함을 일시적으로 상실했다는 것은, 다른 편에서 본다면 당시 대단히 부족했던 훈련을 쌓은 승무원들을 항모와 수륙 양용부대에 충당할 수 있었으며, 그것은 미국으로 하여금 결정적으로 입증된 항모전법航母戰法을 채용할 수 있게 했다.

공격 목표를 함선에 집중했던 일본군은 기계공장을 무시하고 수리시설에는 사실상 공격을 가하지 않았다. 일본군은 항구 내에 가까이 있는 연료탱크에 저장되어 있었던 450만 배럴의 중유重油도 놓쳤다. 오랜 동안 걸려서 비축한 연료의 저장은 미국의 유럽에 대한 약속으로 생각하는 경우 대단히 소중한 것이었다. 이 연료가 없었더라면 함대가 수 개월 간에 걸쳐 진주만에서 작전을 일으킨다는 것은 불가능했으리라.

미국에 있어서 가장 다행한 일은 항모가 위기를 면했다는 것이다. 사라토가 호는 미국의 서해안에 있었고, 렉신턴 호는 미드웨이에 항공기를 수송중에 있었으며, 엔터프라이즈 호는 웨이크에 항공기를 수송하고 진주만으로 귀항 길에 있었다. 거기에다 손해를 입은 순양함과 구축함은 대단히 적었다. 이리하여 제2차 대전에서 가장 효과적인 해군 무기인 고속 항모 공격부대를 편성하는 데 필요한 선박에는 피해가 별로 없었다."

일본은 진주만의 기습작전을 대성공으로 선전하면서 마치 전쟁에서 승리한 것처럼 소란을 피웠다. 야마모토 제독은 미국의 주력 함대를 진주만에서 격멸함으로써, 미 해군뿐만 아니라 미 국민들의 전의戰意를 상실케 하려던 군사전략은 완전히 실패하고 말았다. 왜냐하면, 이 불의의 기습으로 미 국민으로 하여금 2차 대전에의 개입에 주저하고 회의하는 풍조를 일소했을 뿐만 아니라, "회상하라, 진주만!"이라는 구호로 일본의 타도를 외치는 미 국민들의 단합과 사기앙양의 촉진제 역할을 했기 때문이다. 진주만 공격이라는 군사목표는 국가정책(전쟁목적)의 수행에 역행하는 결과를 초래하고 말았다.

그리고 전술적 차원에서의 목표 선정도 전쟁의 진행과 더불어 과오였음이 나타났다. 그 이유는 2차 대전 이전만 해도 대함거포주의 사상大艦巨砲主義思想이 지배적이었기 때문에 해전에서의 목표는 적의 주력 전함이었다. 그러나 2차 대전은 해군 전략·전술의 전환기로 전함 대 전함의 전투가 아니라 항모를 수반한 항공주병주의 사상航空主兵主義思想에 의한 전투로 변했기 때문에, 미 전함의 격침은 오히려 미 해군 전략과 전술의 전환을 촉진하는 결과가 되었다. 더욱이 진주만의 함선 수리시설 및 연료탱크를 파괴하지 않았다는 것은 목표 선정에 있어서 일본군의 커다란 과오였다.

1941년 6월 독일군은 소련에 대해 기습 공격을 가했는데, 그들은 3개의 중요한 군사목표를 추구했다. 즉 모스크바, 레닌그라드 그리고 스탈린그라드였다. 이들 목표는 너무나 멀리 떨어져 있기 때문에 각 방면의 작전은 전혀 별개의 작전이 될 수밖에 없었다. 따라서 충분히 강력하지 못한 독일군은 어느 한 목표에 주력해야 했음에도 불구하고 확고한 목표 선정을 하지 않았기 때문에 군사력의 분산이 불가피하게 되었고, 특히 국경지대의 전투가 끝난 후에 키에프 작전으로 인한 B집단군의 정군停軍은 소련군으로 하여금 모스크바 방어를 강화할 수 있는 시간을 허용했으며, 다시 모스크바로 방향을 돌렸을 때는 이미 모스크바를 점령할 가능성도 희박하였다. 독일군은 소련군의 중심重心을 향해 군사력을 집중하지 않았기 때문에 실패하고 말았다. 이것은 마치 사냥꾼이 세 마리의 토끼를 한꺼번에 잡으려고 했던 것과 비슷했다.

미국의 월남전 수행에 있어서도 군사목표 선정에 문제점이 있었다. 즉 미국의 정치목적은 월남전쟁 기간 중 단 한 번도 천명된 적이 없었다. 월맹의 정치목적은 단 하나, 즉 월남의 정복인데 반하여, 미국은 22개의 각각 다른 명분이 있었으며, 이를 다음과 같이 세 가지로 구분할 수 있다.

첫째는, 1949년부터 1962년까지 공산주의자들의 침략을 저지해야 한다는 것, 둘째는, 1962년부터 1968년까지 대對게릴라전에 역점을 둔다는 것, 셋째는, 1968년 이후의 것으로 미 행정부의 공약에 대한 신의를 지키는 것을 강조하는 시기였다.

웨스트몰랜드는 장군에 의하면, 주월 미 군사지원사령부駐越美軍事支援司令部의 목표는 다음과 같은 것이었다. 즉 "그 목표는 월남정부 및 월남군을 지원하고 그들로 하여금 외부로부터의 지령과 지원을 받아서 수행하고 있는 월남 공산당의 정부 전복 및 침략 행위를 격퇴시키게 하고 안정된 상황 하에서 여러 기능을 발휘하는 월남의 독립을 달성할 수 있도록 지원하는 데 있다."

이러한 목표에 대하여 임무 분석을 해 보면, 서로 상반된 두 개의 명시된 과업이 있다는 것을 바로 알 수 있다. 이 임무에서 첫 번째로 명시된 과업은, '월남정부와 월남군을 도와 외부의 직접적인 지령과 지원을 받는 공산주의자들의 전복과 침략을 격퇴하는 것'으로 어렵기는 하지만 군사목표이다. 두 번째로 명시된 과업, '안정된 상황 하에서 여러 기능을 발휘할 수 있는 독립된 월남을 건설하는 것'은 군사목표가 아니라 정치 목적이다. 이처럼 주월 미 군사지원사령부의 임무 자체가 목표에 대하여 혼동하고 있었다는 사실은 미군의 월남전 수행에 큰 장애를 안고 있었다.

미국의 걸프전(1991) 당시 미 공군의 워든 3세(Warden Ⅲ) 대령은 다음과 같이 군사목표의 우선순위를 정했는데, 항공력의 등장으로 인해 군사목표의 우선순위가 달라졌다는 데 유의해야 한다.

(1) 지휘구조(C^4I, Leadership)

(2) 주요 생산시설(전기, 정유시설 등, Essential Industry)

(3) 수송체제(Transportation System)

(4) 인구 및 식량원(Population and Food Source)

(5) 야전군(Fielded Military)

군사전략의 수립자는 전쟁에 의해 달성하고자 하는 정치적 목적을 명확히 인식하고, 상황의 변화를 인식하면서 정치적 목적을 달성할 수 있는 군사목표를 선택하는 것이 가장 중요하다. 그리하여 군사목표의 선정에 따라 작전 및 전쟁의 성패를 좌우한다는 것을 앞의 전례戰例에서 소개했다.

나. 군사전략개념

이것은 전략적 상황 예측의 결과로 군사 행동방책으로 정의될 수 있다. 따라서 군사전략 개념은 광범위한 선택을 포함한다. 예컨대 전쟁의 억제, 공세, 수세, 선수후공先守後攻, 전진방위前進防衛(전진기지前進基地/전진배비前進配備), 전략 예비증강, 무력의 시위, 집단안보 및 안보협력 등이다. 군사 행동방책에 대한 군사전문가들의 견해는 다음과 같다.

손자는 다음과 같이 말하고 있다. "우리의 많은 병사들이 적과 마주쳐서 결코 패하지 않는 것은 우리를 이길 수 없는 방어正와 우리가 적을 이길 수 있는 공격奇이 있기 때문이다. 돌을 가지고 알을 깨뜨리는 것처럼 쉽사리 싸우면 반드시 승리하는 것은 충실한 전투력을 가진 군대實를 가지고 허술한 적虛을 공격하기 때문이다. 모든 전투는 정正으로써 대치하고 기奇로써 승리한다."

『이위공문대李衛公問對』의 이정(李靖)은 다음과 같이 말했다. "본인의 연구에 의하면, 손자의 말에 '이길 만 하지 못할 때는 지키고, 이길 만 한 때는 공격한다'란 말은 적에게 아직 이길 만 한 허虛가 없기 때문에 아군은 잠시 방어를 취하며, 적에게 승리할 만한 약점이 생기는 것을 기다려 이것을 공격한다는 것을 말하였을 따름이지, 다만 군사력의 강함과 약함을 가지고 한 말은 아니다.… 공세와 수세는 같은 법칙에 지배되지만 적과 우리로 나누어져 두 가지 일이 되어 대립한다. 만약 우리의 일이 성립되면 적의 일은 무너지고 적이 성공하면 우리가 실패한다. 득실得失과 성패成敗에 의해 피아彼我의 일이 둘로 나누어지나, 공세와 수세는 한 원리이다. 이 하나의 원리를 파악한다면, 백 번을 싸워도 백 번 다 이길 수 있다. 그러므로 손자는 '적을 알고 나를 안다면, 백 번을 싸워도 위태롭지 않다'고 했다. 그것은 공수攻守의 원리는 하나라는 점을 깨달은 것을 설파한 것이다."

클라우제비츠는 그의 『전쟁론』에서 다음과 같이 주장했다. "방어는 공격보다 강력한 전쟁 형식이지만, 그러나 소극적 목적을 가진 데 지나지 않으므로 아군이 열세하기 때문에 부득이 이 형식을 사용하는 것이다. 따라서 아군이 강력하고 적극적 목적을 세우는 데 충분한 것이라면, 곧 그러한 형식을 버려야 한다는 것은 말할 필요도 없다.… 무릇 적극적 원리를 결여한 방어는 전술에서와 마찬가지로 전략에 있어서도 그 자체가 모순이라는 것이 우리들의 본래의 주장이 되지 않으면 안 된다. 따라서 어떠한 방어도 방어의 이점利點을 모두 활용했다면, 곧 공격으로 옮겨야 한다는 것을 반복하여 지적해 둔다."

조미니는 그의 『전쟁술』에서 다음과 같이 주장했다. "일단 전쟁을 수행하기로 작정하면 다음으로 제일 먼저 결정해야 할 일은 공세냐 수세이냐 하는 것이다.… 사기 및 정책적 견지에서는 공세가 거의 언제나 유리하다. 왜냐하면, 공세는 전쟁을 해외 국토에서 치르고, 그의 국토가 황폐당하지 않으며, 그의 자원을 증가시키고 적의 자원을 감소시키며, 자군自軍의 사기를 높이고 일반적으로 적군의 사기를 저하시키기 때문이다. 그러나 때때로 침공이 적대국의 의기意氣와 활기를 자극하게 되는데, 특히 적대국에 의해 조국의 독립이 위협받는다고 느낄 때는 그러하다.

군사적 견지에 보면 공세는 그 장·단점이 있다. 전략적으로 침공이 비우호적인 나라에서는 항상 위험한 종심 깊은 작전선을 유지하게 된다. 산, 하천, 계곡, 요새 등 적국의 모든 장애물은 방어에 유리하며 침략군의 수단으로 이용될 수 있는 가능성은 거의 없으므로 그 지방의 주민과 당국도 일반적으로 공세자에 대하여 적대적인 것이다. 그러나 만약 침공이 승리를 거둔다면 수세자는 치명적인 지점에서 격파 당하게 될 것이다….

전술적으로도 공격 역시 이점利點을 지니고 있으나, 전략적인 면만큼은 적극적인 이점이 없다. 왜냐하면, 작전이 제한된 야지野地에서 행해지고, 주도권을 장악할 부대가 적의 관측으로부터 노출 당하게 되고, 이에 따라 적이 이들의 행동계획을 탐지하여 강력한 예비대를 투입해서 제압시켜 버릴 것이기 때문이다.…

수세적인 전쟁은 현명하게 실시한다면 반드시 불리하지만은 않다. 수세적인 전쟁에는 수동적인 것과 적시에 공세에 의한 적극적인 것이 있다. 수동적 방어는 항상 치명적이지만, 능동적 수세는 커다란 성공을 쟁취할 수도 있다….

수세자는 공세자로부터 어떠한 타격을 당하더라도 이를 감당하면서 현 진지에 남아 있으려고 해서는 안 되며, 이와는 반대로 자신의 활동을 배가시키고 공세자의 약점을 반격할 좋은 기회를 잡기 위해 부단히 경계태세를 유지하고 있어야 한다. 이러한 전쟁계획을 선수후공先守後攻(defensive-offensive)이라 부르며, 이것은 또한 전략적 뿐만 아니라 전술적인 이점을 가진다. 이는 공세와 수세의 양 체제를 겸비하게 된다. 그 이유는 가용한 여러 가지 자기의 자원을 보유하고자 자국 영토 내에 자리잡고 있다는 이점을 누리면서, 준비된 야지野地에서 적을 기다리는 자는 승전勝戰의 희망을 가지고 주도권을 쟁취할 수 있으며 타격을 가할 시기와 장소를 충분히 판단할 수 있기 때문이다."

이 군사전문가들의 견해는 약간의 표현의 차이는 있으나, 대체로 적의 어떠한 공격에도 견딜 수 있는 방어태세를 갖춘 연후에 좋은 기회를 잡아 공격을 가해야 한다는 것이다. 그리고 정상적으로 야전에서 싸우는 경우 선수후공先守後攻의 이점을 열거하고 있으나, 이것은 보편적인 얘기이다. 각 나라는 그 나라의 지정학적 위치, 적의 성향, 무기체계의 발달 등의 영향을 고려해야 한다는 것을 잊어서는 안 된다. 특히 한국처럼 종심縱深이 얕고 수도 서울이 전선에서 40㎞밖에 떨어져 있지 않은 상황에서 어떤 것이 가장 훌륭한 전략개념이 될 수 있는가 하는 문제는 중대한 과제라 하겠다. 왜냐하면, 우리가 한반도에서의 전쟁 억제에 실패하여 전면전쟁을 수행하게 된다면, 우리들이 취할 수 있는 주요한 군사전략개념은 세 가지, 즉 공세, 수세 및 선수후공先守後攻이기 때문이다.

존 콜린즈는 그의 저서, 『대전략大戰略』(1973)에서 전략적 선택을 다음과 같이 열거했다.

(1) 공세적 전쟁 또는 수세적 전쟁

(2) 선제적先制的 공격 또는 제이격第二擊

(3) 대량보복 또는 유연반응柔軟反應

(4) 현존 병력 또는 신속 동원

(5) 국지전쟁 또는 세계전쟁

(6) 전격전 또는 소모전

(7) 무력투쟁 또는 파괴활동

(8) 소극적 저항 또는 적극적 대응

(9) 고립주의 또는 집단안보

(10) 대對병력 또는 대對도시

(11) 통제된 확전擴戰 또는 무차별 공격

(12) 세력권 또는 전면적 대결

다. 군사자원

이것은 군사 능력의 결정 요인으로 인식되며, 보통 재래식 또는 재래식 일반 목적군, 전략 및 전술 핵부대, 수세 및 공세부대, 현역 및 예비부대, 인력, 전시물자 및 무기체계 등이 포함된다. 동맹국 및 우방국의 역할과 잠재적 공헌에 대해서도 고려해야 한다. 총병력 비용total force package은 전투, 전투지원 및 전투 근무지원과 균형을 유지해야 한다. 개발된 전략의 유형에 따라서 운용하고자 하는 부대는 현재 실재할 수도, 안 할 수도 있다. 단기 작전전략에서는 부대가 실재해야 하지만, 장기 전력개발전략에 있어서 전략개념은 실재해야 할 군사력의 유형 및 운용되어야 할 방법을 결정해야 한다.

어떤 사람은 군사자원이란 전략을 지원하는 데 필요하나 전략의 구성요소는 아니며, 또한 군사전략이란 군사목표와 군사전략 개념으로 한정하려는 견해도 있다. 그러나 수적 우위를 논의하면서 클라우제비츠는 군대의 규모를 결정하는 것은 '전략의 중요한 부분'이라고 언명한 바 있고, 또 버나드 브로디도 '평시의 전략은 무기체계의 선택'이라고 표현할 수 있다고 지적했다.

예컨대, 2차 대전 중 북아프리카 전투에서 '사막의 여우'로 알려진 독일군의 롬멜 장군은 그의 체험을 통하여 군사자원의 중요성을 다음과 같이 말했다.

"어려운 전투를 수행할 수 있게 하기 위해서 군대에 첫째 필요한 것은 적절한 무기와 유류 그리고 탄약의 저장량이다. 실제로 전투는 교전이 시작되기 전에 군수 장교에 의하여 이루어지고 또 결정되어 버린다. 가장 용감한 군대도 총포 없이는 아무 것도 하지 못하며, 총포가 있다 할지라도 탄약 없이는 아무 소용이 없다. 기동전에 있어서 아무리 많은 총포나 탄약이 있어도 그것을 운반할 수 있는 기동력이 없으면 소용이 없다. 군수軍需에 관한 한, 그것의 지속성도 또한 적의 그것에 못지않게 양과 질에 있어서 비등하여야 한다."

군사전략의 군사목표 및 군사전략 개념은 자원의 소요량을 설정하지만, 반면에 자원의 가용도에 따라 영향을 받는다. 군사자원을 군사전략의 구성요소로 간주하지 않으면, 소위 전략과 능력의 불균형을 초래하게 된다. 그 결과가 어떤 것인가에 대해 전례戰例를 통해 살펴보고자 한다. 태평양 전쟁(2차 대전)에 있어서 가달카날도島 방면의 전투와 임팔작전은 좋은 실례라 하겠다. 특히 가달카날에 파견된 일군日軍 제17군의 약 3만 명의 장병 중 적의 총포에 의해 쓰러진 자는 약 5,000명, 굶어 죽은 자는 약 15,000명이며 약 10,000명이 구출되었다.

이 전투의 패배에 대해 당시 사령관이었던 이마무라(今村) 장군은 "보급을 고려치 않고 전략·전술만을 연구하고 교육해 왔던 육군의 오랜 세월의 병폐가 가져온 결과이며, 이미 제공권을 상실하기 시작한 시기에 조국으로부터 멀리 떨어진 적지에 가까운 작은 섬에 30,000명의 장병을 파견한다는 것은 중앙의 과실이었다"고 기록했다. 아무튼 전략개념을 수행하여 군사목표를 달성하는 데 있어서 전략과 능력의 불균형은 실패와 패전을 가져오기 마련이다.

군사전략은 선언적宣言的일 수도 있고 또 그렇지 않을 수도 있다. 어떤 사람은 군사전략을 공개적으로 표명한다는 것은 현명치 못하며, 불가능하거나 위험하다고들 한다. 그러한 행동은 위기상황에서 선택을 제한하거나 또는 가상 적국에 우리의 행동에 대한 정보를 누설한다는 것이다. 예컨대, 월남전 수행 당시 미국은 월맹 본토에 대해 침공할 의사가 전연 없다는 것을 언명言明했는 데 이런 따위는 현명치 못한 처사였다.

한 국가는 한 개 이상의 군사전략을 가지고 있어야 한다. 예를 들면, 한 국가가 단지 억제전략만 갖고 있다가 억제가 실패하면 다음은 무엇을 할 것인가? 축차적 공격을 시도하고, 점진적 피해만 입을 것인가? 전쟁 위주 전략을 갖고 있지 않으면 몇 개의 결정적 선택방책을 갖고 있어야 한다.

군사전략은 목표가 즉각적으로 변경되기 때문에 신속하고 빈번하게 변경될 수도 있다. 그러나 새로운 목표 및 개념에 부응하기 위한 군사력의 변경은 상당한 시간이 소요된다.

요약하면, 군사전략은 군사목표의 설정, 목표달성을 위한 군사전략개념의 형성, 그리고 전략개념을 수행하기 위한 군사자원의 사용으로 구성된다. 이 기본 요소의 어떤 것이 다른 것과 양립하지 못할 때, 국가안보는 위기에 봉착하게 된다.

군사전략을 개발하기 위해서는 그것의 개념과 정의의 일반적인 이해가 좋은 출발점이 될 것이다. 예컨대, 미 합참에서 발간한 군사사전에 의하면, "군사전략은 무력을 사용하는 것에 의하여 혹은 무력으로 위협함으로써 국가정책의 목적을 확보하기 위해서 국가의 군사력을 사용하는 기술과 과학

이다"고 했다. 군사전략가는 군사전략의 개념과 정의를 이해하는 그 이상의 것을 수행해야 한다. 그는 국가정책의 목적을 달성할 뿐만 아니라, 군사기획과 군사작전에 있어서 구체적으로 활용되는 군사전략을 개발할 수 있어야 한다.

군사전략을 개발하는 데 필요한 개념적 모형은 성격상 세계적 전략, 혹은 지리적 지역이나 특정한 나라를 지향하는 군사전략에 적용될 수 있어야 한다. 유용한 것이 되기 위해서 그 모형은 장기적인 전력개발전략과 단기적인 작전전략 모두를 구체화하는 데 적당해야만 한다. 그리하여 이러한 전략들이 군사기획을 위한 기반으로서 사용되어져야만 한다.

모형을 찾기 위한 출발점으로 지휘관의 상황판단을 새롭게 알아야 한다. 실제로 그것은 어떠한 문제라도 논리적으로 해결하기 위한 믿을만하고 진실한 절차이다. 우리들이 바라는 모형을 위해 전략가의 상황판단을 꾸며 보면 도표와 같다.

군사전략을 개발하기 위한 모델

－전략가의 상황판단－

1. 임 무	국가정책(지침) 국가이익/목적	왜(why) (이유)
2. 상 황 a. 작전지역 (1) 군사지리 (2) 기상 (3) 수송 (4) 통신 (5) 기타 b. 전투력 비교 (1) 적의 능력과 취약점 (2) 아군의 능력과 취약점	지 역 군사자원	장소(where) 사람(who)
3. 행동방책 a. 적군 b. 아군 c. 분석과 비교	군사목표 군사전략개념	대상(what) 방법(how) 시기(when)
4. 결 심	군사전략 －지원계획이 첨가된다.	

평가의 첫째의 지침은 임무를 규정하고 있다. 이것은 국가정책 혹은 보다 높은 기관, 예컨대 대통령이나 국가 안전보장회의와 같은 기관에서 내려오는 적절한 지침에 해당된다. 이러한 지침은 군사전략을 수립할 때, '왜'라는 질문에 해답을 준다. 정책지침은 국가 이익을 진술하는 형태를 띠게 된다. 이러한 것들은 자기 보존, 독립과 자유, 국가 통합, 경제적 복지 그리고 원자재와 시장에의 접근과 같은 국가의 기본적인 관심사라고 규정할 수 있다.

국가 이익이 관련된 국가 혹은 지역에 우리가 관계하는 근본적 이유는 여기에 있다. 따라서 군사전략은 시간을 넘어 변화하는 이러한 국가 이익을 보호하는 데 초점을 둔다. 시간이 변화함에 따라 국가 이익은 변하고, 그러므로 우리들의 국가정책과 군사전략 또한 변해야만 한다. 이것은 실행보다 말하기가 훨씬 더 쉽다. 환경이 변했음에도 불구하고 군사전략과 방위공약 등이 너무 오랫동안 고정된 상태를 유지한다는 것은 바람직한 것이 못 된다.

전략가의 평가의 두 번째는 상황이다. 이것은 고려 대상지역을 검토할 것을 요하며 그리고 장소 문제를 해결해 준다. 작전지역은 상세하게 분석되어야 한다. 군사지리, 기상, 수송 그리고 통신 등과 같은 주제에 관한 유효한 정보는 그들이 우리의 군사전략에 어떠한 영향을 미치는지를 알기 위한 노력에서 연구되어야 한다.

다음 단계는 우리 자신과 우방의 이용 가능한 자원과 우리들의 이익을 위협할 가능성이 있는 가상 적假想敵의 자원에 대한 전투력을 비교 검토하는 것이다. 이것은 '누구'라는 질문에 대한 해답을 줄 것이다. 단기의 작전전략을 위해서 우리가 이용할 수 있다고 생각하는 군사력이 존재해야 한다는 것을 기억해야 한다. 우리 자신의 능력과 취약성뿐만 아니라, 적의 능력과 취약성도 검토되어야 한다. 우리는 작전지역과 적의 군사력에 대하여 우리가 바라는 정보를 얻지 못하고 있는 실정이다. 그래서 그 결핍을 메우기 위해 가정假定이 필요하게 된다.

우리는 대상지역 내의 적대 군사력과 중요한 군사작전 능력을 가진 가상 적이 우리의 이익을 위협할 수 있다고 생각해야 하고, 또한 우리의 군사전략이 지나치게 수세여서는 안 된다. 우리는 우리의 이익을 증진시키고 주도권을 장악하기 위한 기회를 잡기 위해 항상 대기태세를 취하고 있어야 한다.

세 번째는 행동방책이다. 여기서는 군사목표와 전략개념의 여러 대안을 분석하고 비교해야 한다. 군사자원이 이용되는 군사목표, 특별한 임무 혹은 업무는 국가정책의 지침에서 이끌어내야 한다. 그것은 무엇을 하기 위해 군대가 요구될 것인가를 밝혀 준다. 전략개념은 군사목표를 달성하기 위한 군사행동방책이다. 그것은 군사전략의 방법을 묘사한다. 즉 군사자원이 어떻게 사용되는가를 묘사한다.

마지막으로 전략 평가의 네 번째는 결심이다. 우리는 적합성, 가능성 그리고 수락성의 검증에 대처할 수 있는 군사목표, 전략개념 그리고 군사자원의 최상의 결합을 선택해야 한다.

첫 번째 기준인 적합성은 주로 군사목표가 바람직한 결과를 이끌어내는지의 여부를 결정하는 것과 관련이 있다. 그러나 추구된 목표는 또한 실행이 가능해야 한다. 이것은 다음과 같은 사실을 요구한다. 즉, 목표달성을 위해 이용할 수 있는 자원은 그 달성을 방해하는 적의 능력에 비교되어야 한다는 것이다. 마지막으로 전략개념이 적합성과 가능성의 요구에 대처하려면 작전이 수락성이 있는 것, 즉 합리적인 대가를 치르고 군사목표를 달성할 수 있는지의 여부가 결정되어야 한다. 군 지휘관의 충고를 받은 후, 만약 정치 지도자가 수익이 비용을 정당화시키지 못한다고 결정을 내린다면, 이러한 요인의 영향력은 전체 계획의 포기를 요구할 수도 있다.

군사전략에 대한 결심 혹은 선택은 분명하고 간략하게 진술되어야 한다. 군사전략에 대한 표준형은 존재하지 않는다. 그러나 군사전략은 군사목표, 군사전략개념 그리고 군사자원으로 구성되어 있다는 것을 상기한다면 그것들이 모두 진술되어야 한다. 이유와 장소 그리고 시기도 포함되어야 한다.

이제 우리들은 군사전략을 개발하는 데 도움을 줄 수 있는 '전략가의 상황판단'의 모형을 가지게 되었다. 이것은 세계전략이나 지역전략을 수립하는 데 이바지할 뿐만 아니라, 전력개발전략이나 작전전략에도 이바지할 것이다. 그것은 또한 위기관리와 위기에 대처하는 우발사태기획을 위해 유용한 도구이다. 위기의 기간 동안에 누가, 무엇을, 어디서, 언제, 어떻게 그리고 왜는 필수 요건들 중 많은 부분을 알려 준다. 또 국력의 요소, 즉 군사적 요소뿐만 아니라, 정치적 경제적, 기술적, 심리적 요소들이 매우 효과적으로 조정되어야 하는 것도 이 때이다.

우리의 마지막 단계, 즉 전략과 기획 사이의 관계를 확립하는 것이 남아 있다. 군사전략은 종합기본기획master plan이기 때문에 전략과 기획은 밀접한 관계를 가지고 있다. 미래의 업무를 달성하고 미래의 우발사태에 대처하기 위해서 고안된 예정된 행동방책은 군사기획을 발전시키는 근본적인 첫 단계이다. 군사전략은 기획과 작전을 위한 기본적인 것이다. 군사전략을 고려하지 않고 작성된 기획은 가치가 없고 또 그것을 기반으로 하는 군사작전은 실패하기 마련이다. 요약하면 군사전략은 국가 안보정책, 군사기획 그리고 군사작전 사이에 있어서 매우 중요한 사슬을 이루는 고리이다.

이제 우리들은 실제의 사례를 살펴보고자 한다.

제2차 세계대전에 있어서 연합군 전략의 기본 개념의 수립은 대단히 중요한 내용을 담고 있다. 유럽 및 아시아의 양쪽에서 일본, 독일 및 이탈리아의 침략으로 위협당하고 있는 세계정세로 보아 미국이 이 전쟁에 참가하기 이전에 가장 중요한 전략개념이요, 확고한 것은 독일을 먼저 타도한다는 결정이었다. 이로 인해 미국의 전쟁계획은 새롭게 수립해야만 했다.

제1차 대전 후, 미국의 전략가들의 견해로는 예견할 수 있는 장래의 가상적국은 일본이었다. 그리하여 1919년부터 1938년까지 미국의 군사전략은 주로 극동방면의 미국의 국가 이익과 영토에 대한 일본의 침략에서 야기되는 여러 문제에 집중되었다. 그리하여 1924년 미국이 채택한 전략개념은 "가장 빠른 시일 내에 서부 태평양 방면의 미 해군력을 병력상 일본 해군력보다 우세하게 만든다는 목표를 가지고, 주로 해군의 공세적 전쟁으로 싸운다"는 것이었다. 미국은 일본과의 전쟁에 대처할 육·해군의 전쟁계획, 소위 말하는 '오렌지' 계획을 1924년 8월에 완성했다.

미국의 전략가들은 전쟁이 일어날 가능성이 가장 없으리라고 생각되는 사태에 대해서도 무시하지 않았다. 그것은 영국과의 전쟁이며, 이것을 그들은 '붉은 계획'이라 하여 연구했다.

세계정세는 변하기 시작했다. 그러나 미국은 1938년 2월 새로운 '오렌지' 계획을 수립했는데, 이 계획은 전통적인 태평양 방면의 공세전략을 유지하고 있었으나, 또 대서양 방면의 동시 전쟁의 위험도 고려하고 있었다. 1939년 봄, 미국의 군사전략가들은 미국이 일본, 독일 및 이탈리아의 공동 위협에 대결해야 하는 정세의 변화에 대처하여 준비해야 할 대안代案을 만들어 6월에 승인했는데, 이 전쟁계획을 '무지개' 계획이라 했고, 이것은 다섯 가지의 특정한 정세에 입각한 전쟁계획이었다.

1939년 9월 1일 나치 독일군의 폴란드 공격으로 2차 대전이 발발했다. 미국의 전략가들은 여러 가지 사태에 대처하는 여러 가지 대안을 토의·검토했으며, 특히 1941년 1월 29일 워싱턴에서 미국과 영국의 참모회의가 개최되어 3월 29일까지 14회의 회의 끝에 제출된 보고서는 제2차 세계대전에 있어서 연합군 협의 기본 지도指導방침을 규정한 것이며, 또한 전반적인 전략개념을 나타내고 있었다. 영국이 수락한 주요 전략 목표 속에는 다음과 같은 내용이 포함되어 있었다.

(1) 추축국 가운데 가장 유력한 독일을 조속히 타도한다. 그래서 미국의 최대의 군사력을 결전정면決戰正面의 대서양 및 유럽방면에서 행사한다. 다른 전투정면의 작전은 주공정면작전主攻正面作戰을 용이하게 하는 방식으로 수행해야 한다.

(2) 지중해 방면에 있는 영국 영토 및 연합국 영토를 유지한다.

(3) 일본의 경제력을 약화시키고 또 일본군을 말레이시아로부터 멀어지게 함으로써 말레이시아 방어선의 방위를 지원토록 최선의 방법으로 미국 함대를 공세적으로 사용하고, 극동방면에서는 전략적 수세를 취한다.

이러한 전략목표를 달성하기 위해 미·영 대표단은 몇 가지의 특정 조치에 합의했으며, 그 가운데 경제적 압박, 독일 군사력에 대한 항공 공세의 지속, 이탈리아의 조기早期 전쟁 이탈, 모든 기회를 이용한 기습과 소규모의 공세, 추축군 지배의 피정복, 국내의 저항운동의 지지 등이 포함되었다. 이런 모든 조치는 독일에 대한 최종 공세 준비를 하는 것이었다.

미국이 2차 대전에서 '독일을 먼저 타도한다'는 결단은 군사 전략적 차원뿐만 아니라, 고도의 정치적 국가 전략적 차원의 결단이라 평가한다.

다음은 1941년 12월 일본군의 진주만에 대한 전략적 기습작전에 대해 살펴보고자 한다. 원래 일본 해군은 1907년에 제정된 '국방방침國防方針'에 의해 '미국을 주된 가상 적국'으로 하고 '용병강령用兵綱領'에 의해 대미對美전략은 "개전 벽두에 먼저 동양에 있는 적 해상 병력을 소탕하고, 서태평양을 제압하여 교통선을 확보하고, 수세작전에 의해 적의 도양래공渡洋來攻을 일본 근해에서 요격·격파하여 불패지구不敗持久의 전략태세를 확보해서 적국의 전의戰意를 좌절시키는 데 있다"고 했다. 이런 대미전략은 30년 이상이나 일본 해군의 정통파적正統派的인 대미對美전략사상이 되어 군비軍備, 편제, 교육 및 훈련은 모두 이것을 기초로 하여 실시되었다.

한편 이에 대해 야마모토(山本) 사령관은 일본 해군의 전통적인 대미전략, 즉 미국 함대의 침공을 기다려 이를 일본 근해에서 요격하여, 전함을 핵심으로 하는 일·미 함대의 결전에 의해 적 함대를 격멸한다는 수동적 전략개념으로는 대미전쟁에서 성산成算를 찾을 만한 대승리를 획득하기 어렵다고 생각했다. 오히려 미국보다 열세한 일본 해군으로서는 개전벽두에 적극적인 전략에 의해 미국의 주력함대를 격멸해서 주도권을 장악하여, 그 후에도 적극적인 작전으로 미국 함대를 수세로 몰지 않고는 승산勝算을 찾기 어렵다고 생각했다.

한편 그는 일찍부터 항공기의 장래를 예견하고 해군의 미래의 주병력主兵力으로 미 해군에 대항하는 구상을 가지고 그 육성에 노력했다. 1940년 봄의 함대 훈련 때, 함대의 항공부대의 전함전대全艦戰隊에 대한 공격의 성과, 특히 어뢰공격의 성과를 보고 "항공모함에 의한 하와이 공격은 할 수 있을까?" 하고 그의 참모장에게 말하기도 했다. 동년 11월 말, 그는 비밀히 검토를 해 본 후, 개전벽두, 항공부대를 가지고 하와이에 있는 미 주력함대에 통격을 가하는 작전을 단행키로 결심하고 1941년 1월 오이가와(及川) 해상海相에게 보내는 서한에서 "개전벽두, 우리의 항공부대를 가지고 미 주력함대에 통격을 가하여 미국의 해군 및 국민의 사기를 구할 수 없을 정도로 상실케 하고" 또 "동시에 남방작전을 개시하여 미 주력함대의 손실에 의해 사기가 떨어진 남방지역의 적을 격파하여 급속히 요지要地를 공략 확보한다"고 했다.

그는 이러한 전략개념의 구체적 기초 연구를 1941년 1월 말부터 가장 적임자로 생각되는 항공함대 참모장 오니시(大西瀧治郎) 소장에게 명했다. 하와이 기습작전에 관한 연합함대의 기초 안은 4월 10일부로 군령부軍令部(해군의 용병을 관장하는 부서)에 접수되었으나, 종래의 전통적인 전략개념에 의한 요격작전에 성산이 있다고 판단하고 있는 군령부는 이 기습작전이 너무나 투기적이어서 성공의 확신을 가질 수 없고, 실패하는 경우 다른 방면의 작전에 지대한 영향을 미친다는 이유로 채택에 난색을 표명했다. 야마모토 제독은 그의 직위를 걸고라도 하와이 작전의 수행을 결의했던 바, 군령부 총장의 승인을 10월 19일에 얻었다.

연합함대에 주어진 임무는 "조속히 재동양 적함대在東洋敵艦隊 및 항공병력을 격멸하여 남방요역南方要域을 점령 확보하여 지구불패持久不敗의 태세를 확립하는 동시에 적 함대를 격멸하여 종국에 가서 적의 전의戰意를 상실케 하는 데 있다"고 했다.

일본 해군의 군사전략은 다음과 같다.

· 제1 항공대를 기간으로 하는 부대를 가지고 개전벽두 하와이 소재 적 함대를 기습하여 그 세력을 격멸하는 데 있다.

군사전략에 일시日時가 없는 것은 당시 미·일간에 외교 교섭이 진행 중이었기 때문이리라. 연합함대 사령부에서는 작전계획입안에 있어서 대국적인 지도를 행하는 것 외에는 전면적으로 제1 항공함대에 맡기는 방침을 택하고, 한편 군령부와 밀접한 연락을 유지하면서 군령부의 적극적인 협력 하에 정보의 입수, 기밀의 유지 및 통신계획 등에 협조를 아끼지 않았으며, 하와이 기습작전계획은 다음 사항을 검토했다.

(1) 사용병력의 결정

(2) 항로의 선정

(3) 항속력 연신대책航續力延伸對策

(4) 통신계획

(5) 기상예찰氣象豫察

(6) 공격계획

· 지휘계통

· 공격 순서

· 공격목표

· 항공모함의 행동

· 공격시각

· 사전정찰

· 항공공격

군사전략에 입각하여 군사기획 및 군사작전 등을 기획하거나 결정하는 자가 어떤 과제를 해결하는 데 거쳐야 하는 사고思考 과정 내지 절차는 결함과 오류를 범하는 것을 피하게 하고 또 건전한 방향으로 인도해 준다. 이제 그 방법론에 대해 미 육군전쟁대학원에서 사용하는 『건전한 군사 의사 결정』(1982)을 소개하면 다음과 같다.

● 제1단계 : 문제의 본질에 대한 이해

"정치목적 – 전쟁을 수행하는 근본 동기 – 은 이리하여 군사목표와 그것이 요구하는 노력의 정도를 결정한다."

– 클라우제비츠 –

1) 바라는 결과

· 그 지역에서의 미국의 정치목적

· 그 지역에서의 미국의 군사목표

2) 배 경

· 미국의 지역적 이익

· 국제환경과 미국의 지위

· 정치적, 군사적 시나리오와 관련되어 있으면서 구체적이고 다른 정책지침에 대한 분석

3) 결 론

· 임무의 기술記述

–규정되고 파생된 군사목표

–군사목표의 우선순위

· 결 과

어떤 문제를 해결하기 위해서 사람들은 먼저 문제가 무엇인지에 대해 분명하게 이해하여야 한다. 즉 행해져야만 하는 것이 무엇인가, 그리고 그 행동은 어떠한 배경에서 일어나는가에 대해 이해해야 한다.

문제를 해결하기 위한 확실한 기초가 확립되어져야 한다. 군사적 문제와 다른 지시의 두드러진 면들은 군인 혹은 민간인들로 구성된 보다 고위 당국에 의해 제시될 것이다.

그러나 군사전문가들은 고위 당국으로부터 하달되는 이러한 지시가 상황의 모든 국면들을 제시할 것이라고 추측해서는 안 된다. 왜냐하면, 문제를 해결(기획)하는 과정에서 경험에 의해 얻어진 군사적 판단과 추리력을 사용할 것이 기대되기 때문이다. 예컨대, 제2차 세계대전에 있어서 고위 당국으로부터 다음과 같은 지시가 내려졌다. 즉 유럽대륙을 침공하라는 지시, 그리고 다른 연합국들과 협력하여 독일의 심장부를 겨냥하고 독일군을 격멸시킬 것을 목표로 하는 작전을 수행하라는 지시이다.

임무 분석의 이러한 첫 단계는 두 가지의 일반적인 고려대상으로 분리될 수 있다. 즉 1) 바라는 결과, 2) 배경이다.

1) 바라는 결과

군사력의 사용은 그 국가의 민간 행정부에 의해 세워진 정치목적에 기여해야 한다는 생각은 미국의 군사전문가들에게 깊이 스며들어 있다. 그러나 이런 솔직한 개념 이면에는 상당히 생각해야 할 점이 있다. 지휘관은 정부 당국이 무엇을 달성하기를 원하는지, 그것이 군사적 수단에 의해 어떻게 달성될 수 있는지, 그리고 그것이 과연 군사 수단에 의해 달성될 수 있는가 하는 것을 분명히 이해해야 한다.

정치목적을 적절한 군사목표로 바꾸는 것은 개념 발전에 있어 중요한 요인이다. 정부 당국은 과연 국가가 무엇을 달성하기를 원하는지에 대해 분명한 언질을 제시해야 한다. 광범위한 군사목표로 초기에 변형시키는 것은 보통 국가정책 결정 수준에서 이루어질 수 있는데, 이 때 군사적인 조언을 고려해야 한다. 어떤 경우에는 지휘관에게 제시된 지시는 아주 상세할 것이며, 그리고 다른 경우에는 일반적일 수 있다.

군사목표에 대한 지휘관의 분석에는 정치목적을 달성하는 것이 미래의 군사 임무에 어떤 영향을 미칠 것인가에 대해 구상하는 것이 포함되어져야 한다. 만약 특별하게 제시된 지시가 논리적으로 볼 때 업무 달성에 필수적인 군사 업무를 방해한다면, 적절한 정책 형성수준에서의 해결을 요하는 첫 번째 문제점을 알게 될 것이다. 문제를 분류하고 해결함에 따라서 개념 발전의 연속은 새롭게 시작된다.

2) 배 경

어떤 지역에 있어서의 우발사태기획의 발전을 위한 요구는 미국이 그 지역에 국가 이익을 가진다는 것이다. 이러한 이익이 무엇인가를 파악하는 것이 필요하다. 만약 그들에게 주어진 지시에서 완전하게 언급되어 있지 않다면 그들은 그것을 추론해야 한다. 이익은 진공 속에서 존재하는 것은 아니기 때문에 그들이 존재하는 국제상황과 그 환경 속의 미국의 지위는 또한 지휘관들에게 중요하다. 이러한 요인들이 인식된다면, 그들은 완전한 이해를 얻기 위해서 계속하여 기획지시企劃指示를 검토할 수 있을 것이다. 이용 가능한 정보 속에 틈이 존재하는 경우에는 가정이 제시될 것이다. 지휘관은 주어진 가정들과 그들이 그 지역에서의 군사작전에 어떻게 관계할 것인가에 대해 이해해야 한다. 그는 가정이 제시되지 않았던 요인들이 얼마나 중요한가도 고려해야 한다. 지휘관의 구상과 관계가 있는 이러한 요인들 중의 몇 가지는 아래와 같다.

(1) 미국 군대가 동시에 개입할 것을 요구하는 상황의 관점에서 군대를 이용할 수 있는 가능성
(2) 대통령, 국회 그리고 국방장관에 의해 위임된 신속한 행동
(3) 우발사태에 깊이 개입된 군대를 지휘하기 위한 명령, 통제, 통신, 전술정보 그리고 정보와 관련된 이점利點의 배분
(4) 국가 자원의 관점에서 판단하여 우발사태에 배정된 우선 순위의 초기 결정
(5) 어떤 국가들이 영공을 비행할 권리를 부여할 것인가
(6) 어떤 국가들이 착륙 권리를 부여할 것인가
(7) 어떤 국가들이 미국이 그들의 영토 내에 있는 기지에서 군수활동, 작전활동 그리고 정보와 관련된 활동들을 지지할 권한을 위임할 것인가

첫 번째 단계인 문제의 본질을 파악하는 것에 대한 이러한 토의는 비교적 높은 수준이었다. 이리하여 정치목적을 이해해야 한다는 강조가 있었으며, 그리고 군사목표는 이러한 정치목적과 조화를 이루어야 한다는 조건을 강조했다. 군사적 문제를 해결하는 데 있어 첫 번째 그리고 필연적인 단계는

완전한 파악을 하기 위해서 할당된 임무를 분석하는 것이다.

3) 결 론

바라는 결과와 문제의 배경을 분석하면 임무에 대한 초기 결론에 도달하게 될 것이다. 보다 구체적인 군사목표는 할당된 군사 임무뿐만 아니라, 정치목적에 대한 고려를 함으로써 이끌어 낼 수 있다. 목표를 분석하면 목표의 우선 순위를 결정할 필요성을 알 수 있게 된다.

중간 목표 혹은 보안목표는 궁극적인 군사목표에 의해 암시될 수 있다. 이러한 것들은 지휘관이 그의 임무에 대한 완전한 파악을 확실히 하기 위해서 고려해야만 하는 몇 가지에 불과하다.

지휘관은 전체적으로 기획을 수립하려는 노력의 과정에서 계속 건설적인 회의懷疑와 의문을 가져야 한다. 군사 수단에 의해 성취될 확실하고 적절한 목표를 확립하는 과정에 이러한 태도에 대한 요구는 강제적이다. 군사사軍事史는 실패한 군사작전으로 어수선하게 되어 있는데, 그 이유는 작전이란 불확실하거나 혹은 부적절하거나 혹은 불확실하면서 부적절하거나 하는 군사목표를 달성하기 위해 노력했기 때문이다.

지휘관의 가장 큰 기여는 바라는 정치목적과 관련하여 추구되어야 할 확실하고 적절한 군사목표를 규정하고 확립하는 데 있다. 정치목적의 확립은 정부 당국의 권한이지, 군사 당국의 권한이 아니다. 반면에 현명한 정부 당국은 만약 군사목표가 부적절하거나 혹은 불확실하게 될 운명이라면 알려주어야 한다고 생각해야 한다. 그러고 나서 정부 당국은 군사 수단으로써 목적을 달성하려는 것에 대해 재고再考해야만 할 것이다.

그의 임무에 대해 완전하고 분명하게 이해함으로써 지휘관은 그의 임무의 목표를 달성하기 위한 작전개념을 계속하여 발전시킬 수 있다.

● 제2단계 : 그 지역의 특징

1) 지 리
- 지 형
- 수 로
- 기 후 / 기 상

2) 수 송

3) 통 신

4) 경 제

5) 사 회

6) 과학 및 기술

지휘관은 계획된 군사작전이 시행될 지역의 독특한 특징을 고려해야 한다. 그가 이러한 특징에 대해서 그리고 그것들이 군사작전의 수행에 어떻게 영향을 미치느냐에 대해서 완전하게 알면 알수록 작전에 대한 그의 구상은 더욱더 확실해 진다.

중요한 지리적 특징에는 지형, 수로水路, 기후 그리고 기상 상태 등, 즉 그 지역의 자연적 특징들이 포함된다. 수송과 전기, 통신망 시설, 경제체제와 정치체제 그리고 사회체제, 과학적·기술적 기반, 도시화의 정도, 국민의 사기 상태와 같이 인간에 의해 만들어진 인간적 특질들이 여기에 포함된다.

일단 지휘관이 그 지역의 특징에 대해 모든 것을 알게 되면 그는 그러한 특징들이 군사적 행동방책의 선택에 어떻게 영향을 미치는가를 생생하게 마음에 그려야 한다. 그는 각 특징들이 얼마나 중요한가를 판단하고 추측해야 하며 그리고 특별한 요인要因 혹은 가정假定이 그 자신 혹은 적의 작전에 어떻게 영향을 미치는가를 판단해야 한다.

군사 기획의 대부분의 다른 단계에 있어서와 마찬가지로 이런 요인들에 대한 검토는 모순을 나타낸다. 지리적 특징에 대한 포괄적이고 깊이 있는 고려를 하자면 많은 시간과 노력이 요구된다. 노력을 집중시키는 장소에 관하여 그리고 이러한 검토의 범위에 한계를 긋는 방법과 장소에 관하여 결정이 이루어져야 한다. 이것은 아군과 적군의 상대적 전투력에 관한 자료가 검토될 때인 제3단계에도 또한 적용될 것이다. 보통의 경우, 지휘관에게 현재의 분석과 평가가 발생하는 상세한 정보를 제공함으로써 이러한 모순은 상당히 완화될 수 있다.

그리하여 기초로서 이러한 자료를 가지고 하는 유용한 접근법이란 너무 깊이 세부사항에 얽매이지 않고 그 지역의 자연적 특징을 전략적으로 인식하기 위해 폭 넓게 물러서서 관찰을 행하는 것이다. 이것은 군사작전의 수행에 결정적인 영향을 미칠 수 있는 특징들을 인식하는 데 도움을 주어야 한다.

예컨대 지상 혹은 항공작전을 방해할 수 있고, 혹은 도울 수 있는 주요한 지형 특색이 있는가? 지형의 특징이 너무 커서 기동의 융통성을 엄격하게 제한시키지는 않는가? 훨씬 더 정확하게 지형은 항공지원, 포병, 핵무기와 화학무기, 통신시설과 같은 무선 방송시설 등을 이용하는 데 심각한 영향을 미치는가? 작전의 범위를 제약하는 중요한 경계지역이 있는가? 공급과 지원이 가능한 수단은 무엇인가? 중요 지점들 사이의 거리는 화기지원과 군수지원을 위해 기지의 일반적인 위치를 제시하는가? 어떠한 지형적 특색이 이롭게 이용될 수 있는가?

관심을 집중시킬 장소의 문제는 언제 그 지역의 인간에 의해 만들어진 특징들을 고려할 것인가 하는 문제를 야기시킨다. 몇 가지 가능한 의문은 다음과 같다. 그 지역의 경제적, 정치적, 사회·기술적 발달의 수준은 부대(아군과

적군 다같이)의 종류를 어떻게 관찰하는가? 이러한 발달 수준은 이 부대들이 이용할지 모르는 방법에 얼마나 영향을 미치는가? 가능한 행동방책을 수행하는 데 이용할 수 있을 뿐만 아니라, 적당한 철도, 도로, 항구, 비행장 그리고 연료 수송계통의 설비가 있는가? 만약 없다면 주된 제약점은 무엇인가?

지역적 요인에 얼마나 많은 관심이 주어져야 하는가를 결정하려고 할 때 그 지역에서 시작될 수도 있고 또 시작되지 않을 수도 있는 군사작전의 종류를 광범위하게 구체화하는 것은 유용할 것이다. 예컨대 만약 상륙작전이 착수되는 것이 분명하다면, 상륙 전투에 특수하고 광범위한 요인들이 중요시된다. 그 지역 해변가의 수심은 얼마인가? 밀물과 썰물은 어느 정도인가? 현재 조류의 빠르기는 어느 정도인가? 해안선의 특징은 무엇인가?

어떤 지역의 특징에 대한 현재의 상세하고 정확한 정보분석의 유용성은 추측의 여지를 여전히 남기고 있다. 이러한 분석은 정상적인 상황에 대한 정보를 제공한다. 기획을 수립하기 위해 자료를 사용함에 있어 많은 요인들, 특히 날씨에 관한 가정假定이 이루어져야 한다. 어떤 가정이 유효하고 근사한 사실에 의해 지지될 수 있지만, 만약 그것이 행동방책에 비판적이라면 대안적 개념들이 세워져야 한다. 왜냐하면, 그 사건에서 가정된 상황 혹은 사건은 부정확하거나 잘못된 것이라고 판명되기 때문이다.

예컨대 2차 대전 때 노르망디 침공의 작전 개시일로 정해진 날에 예기치 못했던 나쁜 날씨가 됨으로 인해 재난의 결과가 되었는데, 그 기획은 일련의 대안적 날짜를 미리 기획하고 있지 않았기 때문이었다. 다행히 조류의 요인에 의한 위급한 바람이 불기 전에 날씨가 누그러졌다. 사막의 인질 구출을 위해 고안된 기획의 성공에 불행했던 것은 평상시는 아니지만 그러나 예기치 않았던 모래 바람으로 인해 협조와 기계작전에 미친 악영향을 극복하기 위한 대안적 행동방책의 부족 때문이었다.

간략하게 말해서 군사작전이 행해지는 어떤 지역의 뚜렷한 특징은 작전, 즉 전략적 그리고 전술적 개념의 발전과 그것의 성공을 위한 기획에 영향을 미칠 것이다. 그 영향력은 크기 때문에 이 단계에서의 분석은 중요한 과정이다. 그것은 경험에 바탕을 둔 통찰력뿐만 아니라 창조적 상상력과 추리력을 요구한다.

지역적 조사에서 얻어진 자료와 주요한 지역 요인과 관련하여 만들어진 가정들은 상대적 전투력을 분석할 때(제3단계), 적의 능력을 고려하고 가능한 행동방책을 만들 때(제4단계), 그리고 행동방책을 결정할 때인 제5단계에서 이용될 것이다.

● 제3단계 : 상대적 전투력

1) 적 군
- 병력
- 편제
- 위치 및 배치
- 증원부대
- 시간 및 공간요인
- 능률

2) 아 군
- 병력
- 편제
- 위치 및 배치

· 증원부대

· 시간 및 공간요인

· 능률

3) 결 론

· 장점과 단점

· 상대적 중요성

개념을 발전시키는 데 있어서 이러한 단계는 상대적 전투력의 요인들에 관계된다. 그것은 아군과 적군의 군사력의 형세에 대한 평가이다. 이러한 평가에는 이런 요인들이 작전지역의 특징에 의해 얼마나 많은 영향을 받는가에 대한 고려가 포함되어야 한다.(제2단계)

반드시 단절적으로 그리고 연속적으로 일어나지 않는 이 과정에서의 '단계'에 관한 주의는 이 점에서 특히 적절하다. 제1단계인 문제의 본질을 파악하는 단계에서 배경과 바라는 결과에 대한 완전한 파악은 이용 가능한 수단에 대한 적어도 예비적인 고려를 필요로 할 것이다. 이와 유사하게 제1단계와 제2단계의 분석에서 배운 것은 제3단계에서 상기되어야 하고 또 검토되어야 한다. 이 단계를 마치게 되면 비용 측면에서의 수락성 뿐만 아니라, 행동방책의 가능성을 결정하는 데 중요한 기준을 알 수 있게 될 것이다.

이 단계는 주로 자료의 수집, 분석, 평가 그리고 해석에 관계되어 있는데, 그것은 또한 사람들이 어떻게 그리고 어디에 자신들의 관심을 쏟아야 하는가 하는 문제들을 야기시킨다. 참모의 브리핑이 도움을 줄 것이다. 군사력의 형세에 직접적으로 관계된 요인들-병력의 수, 편제, 무기의 유형, 위치와 배치, 증원부대의 유용성, 이동과 활동 그리고 군수-이 강조되어야 한다.

지휘관은 해당 부대의 능력과 성격을 고려해야 한다. 이러한 능력과 성격이란 그들의 훈련, 사기, 통솔력 그리고 궁극적으로 효율성과 관련이 있는 다른 요소들을 말한다. 이러한 모든 것들은 특별한 장점과 단점을 파악할 수 있게 할 것이다.

1) 적 군敵軍

먼저 지휘관은 적의 군사적 효과성에 대한 평가를 재평가해야 할 것이다. 인사와 무기에 관한 적의 조직적 교리는 감지되어야 한다. 그의 전술적 교리는 무엇인가? 현재의 정보는 적의 주요한 부대 요소들이 어떻게 배치되어 있는가에 대해서 그리고 어떠한 장점을 가지고 있는가에 대해서 상당히 정확한 것을 제시할 것이다. 적의 상급 지휘관에 관한 배경 정보뿐만 아니라, 그들 부대들의 훈련과 사기 상태는 개념 발전에 있어서 후속되는 단계와 관련을 가질 것이며, 적의 부대가 이미 작전지역에 전개되었는가? 그렇지 않다면 그들의 가능한 반격 시기는 언제일 것인가? 증원 능력을 제공해 줄 수 있는 부대는 어디에 있는가? 적의 공군력의 기동성뿐만 아니라, 도로망과 철도망은 작전에 영향을 미칠 수 있는 시기적으로 알맞은 증원부대의 이동 능력에 관하여 무엇을 암시해 주는가? 작전지역과 관련한 병참 지원체제는 무엇인가? 현재 혹은 미래에 있음직한 위치로부터 발생하는 공중, 지상, 해상 화력 지원체제의 제약점은 무엇인가? 계획된 작전에 대한 중요한 적의 다른 무기체계의 특징은 무엇인가? 이러한 것들은 지휘관이 적에 관하여 필요로 하는 자료의 유형이다.

2) 아 군我軍

적에 관한 많은 것이 불완전한 정보, 심지어 추측이나 가정에 기반을 두어야 한다면, 아군에 관해서 생각할 때보다 어려운 정보들이 이용될 것이다. 계획을 수립하는 데 이용되는 지상, 해상, 공군부대의 종류에 관한 자료는 제시된 지침(제1단계)에 포함될 수 있다. 이러한 부대들의 응답성에 관해서 어떠한 평가가 내려질 수 있는가? 다른 적절한 정보뿐만 아니라, 동원과 징병의 수단을 포함하는 준비행동에 관한 계획지침이 제시될지도 모른다. 초기의 군사 전개와 지속적인 작전을 위한 군수 지원체제는 무엇인가? 어떤 종류와 어느 정도의 증원부대가 이용될 수 있으며, 그리고 어느 때에 이용될 수 있는가? 요구되는 다른 자원들이 계획된 시간의 틀 안에서 이용될 수 있는가? 현존하는 지휘·통신·통제(C^3) 구조가 상황에 적당한가 혹은 다른 C^3가 개발되어야 하는가?

C^3는 어떠한 취약성을 가지고 있는가? 어떠한 정보가 이용될 수 있는가? 앞에서 제시된 것처럼, 지휘관은 아마도 이미 제1단계의 과정에서 행한 분석의 결과로서 이러한 요인들에 대해 어느 정도 인식하고 있을지도 모른다. 그러나 지금은 그들에 대해 좀더 자세히 관심을 집중해 볼 필요가 있다.

이용할 수 있는 수단에 대한 평가는 동맹 혹은 다른 우방국가의 지원에 관한 자료를 포함해야 한다. 이러한 종류의 정보는 특별 시나리오 지침에 포함될지도 모르며 그리고 제1단계 과정에서 분석될지도 모른다. 그러나 지휘관은 이러한 자원의 본질과 정도, 투입의 확실성 그리고 그 지원에 관하여 어떠한 가정이 세워져 있는가를 분명히 이해해야만 한다. 작전부대 이외의 동맹·우방국의 병참적, 행정적 배후 안전 그리고 다른 지원을 위한 현재 존재하고 있는 기획협정이 존재하는가?

3) 결 론

상대적 전투력에 대한 이러한 초기의 평가는 부대, 함정, 항공기, 미사일,

총포 등의 숫자 이상의 많은 것들을 고려해야 한다. 그것은 어떤 다른 요인들뿐만 아니라, 해당 부대들의 능력과 특징, 즉 체제 능력에 대해서 고려해야만 하는데, 그것은 그들의 궁극적인 전투 효과성과 관련이 있다.

고려 대상지역의 특징과 제시된 지침을 마음에 새기고 이용 가능한 수단과 반대되는 수단에 대해 조사할 때, 지휘관은 그 자신의 부대와 적의 부대의 장점과 단점에 관한 적절한 자료를 요약한다. 이러한 방법을 택할 때, 장점과 단점이 보다 명확해지고, 그리고 각 요인들이 행동방책에 어떻게 영향을 미치느냐에 관한 신중하고 논리적인 결론을 이끌어 낼 수 있다.

상대적 전투력에 대한 이러한 평가의 특질은 그 과정에 적용되는 판단 그리고 기술과 마찬가지이다. 어떠한 요인들이 중요한가에 대해 결정하는 것은 그 과정의 주요 부분이다. 중요성의 정도는 상황의 본질에 따라서 매겨질 수 있다. 예컨대 적의 공군기가 우리의 공군력에 대항해서 사용될 수 없다면, 공중 방어 장비의 유형과 양은 크게 중요하지는 않다. 전 과정은 판단적 고려와 사실적 고려의 혼합체일 것이다.

일련의 평가를 행하고 그리고 중요한 세부사항에 관한 결론을 형성한 후에 지휘관은 다음 단계인 군사적 행동방책을 고려하기 위한 확실한 기초를 개발해야 한다.

● 제4단계 : 작전개념

1) 적 능력의 추론推論

· 그 지역에서의 적의 이익

· 그 지역에서의 정치목적

· 적의 군사목표

· 적의 능력(행동방책)

· 적의 취약점

2) 아군 행동방책의 개발

· 지정된 목표의 재검토

· 작전지역에 관한 가정

· 행동방책 범위의 검토

· 적합성, 가능성, 수락성을 위한 행동방책의 검증

· 보류된 행동방책

행해져야 할 일, 그것이 수행되어질 장소 그리고 이용될 수 있는 전투력과 적대되는 전투력을 알았기 때문에 이제 지휘관은 수행되어야 하는 적과 자신의 행동을 고려해야 한다.

지금까지 일반적으로 그 과정은 자료수집과 평가의 하나였다. 필연적으로 그것은 우방 그리고 적의 지상·해상·공군력의 이용될 수 있는 방법들을 구체화화는 것을 포함하였다. 그 단계는 현재 가능한 작전개념 혹은 행동방책에 대한 명백한 고려를 위한 것이다.

지휘관은 적에 대해 생각할 때, 적의 능력에 대한 충분한 범위를 검토하여야 한다. 적이 무엇을 알 수 있는가, 그가 그것을 어디서 그리고 언제 할 수 있는가에 관하여 업무에 전념하기 위해 그가 수행해야 하는 데 필요한 지원에 대해 생각해야 한다. 어떤 의미에 있어서 적의 능력은 적의 행동방책이다. 그러나 분명히 적의 능력과 자신의 행동방책이라고 하는 것은 관습적인 것이다. 이 점에 있어서의 분석을 위하여 적의 능력은 소유자가 없는 능력이라고 생각해야 한다.

지휘관이 자신의 가능한 행동방책을 명확하게 하는 것은 진실로 창조적인 노력이다. 업무는 본질적으로 계획단계의 활동과는 다르며, 그러한 계획단계에 있어서의 활동은 자료수집, 그것의 검토와 평가 그리고 결론을 내리기 위해 판단을 행하는 것이다. 이제 그는 그의 임무를 달성할 목적으로 부대와 자원을 사용하기 위한 대안적 방법을 구체화하기 위해 고도의 상상력을 갖고 그 자신의 모든 경험과 판단력을 사용해야 한다. 이 단계의 결론에서 지휘관은 적의 능력과 자신의 행동방책 중에서 어느 것을 다음 단계에서 보다 더 분석하기 위해 보류할 것인가를 결정해야 할 것이다.

1) 적 능력의 추론

적의 능력은 적 기획가의 견지에서 보아야 한다는 데 의미가 있다. 그 지역에서의 적의 국가 이익과 정치목적에 관한 이치에 닿는 평가는 그의 군사목표가 무엇인가에 관한 통찰력을 제시할 것이다. 이러한 분석은 고려되어야 할 적의 능력의 분야를 좁혀 줄 것이다. 물론 이러한 한도를 위한 이론적 근거는 확실하다. 그렇지 않다면 제한은 위험할 수가 있다.

지휘관은 적의 능력을 구체화함에 따라 그 지역의 특징(제2단계)과 상대적 전투력(제3단계)에 관한 초기의 분석을 마음에 새겨두어야 한다. 적의 능력(행동방책)의 범위는 적합성, 가능성 그리고 수락성이라는 검증을 적용함으로써 훨씬 축소될 것이다. 만약에 성공적으로 수행된다면, 그 능력은 목표를 달성하는 데 기여하는가? 특별한 능력의 행사는 현 상황에서 성공할 수 있는 상당한 기회를 가지는가? 그것은 수반되는 희생을 정당화할 수 있을 정도의 이득을 우리에게 주는가? 분명히 이러한 검증 중의 어떠한 것도 대처하지 못하는 능력은 더 이상의 고려대상에서 제외되어야 한다.

그러한 검증을 통하여 살아남은 것들은 중요성에 따라 분류되어야 하며 그리고 더욱 분석되어야 할 필요가 있다.

그것이 적용될 때, 각 능력에 대한 분석은 적의 취약성에 대한 토의를 포함해야 한다. 즉 그 취약성이란 적의 손실, 사기, 패배를 당하게 하는 상황 혹은 환경 등이다. 지휘관은 자신의 행동방책을 계속 검토하기 전에 이 과정 중에서 알게 된 중요한 적의 취약성을 목록에 기록하는 것이 중요하다. 실제로 있다면, 이러한 것들은 계속되는 분석에 유용할 것이다.

2) 아군 행동방책의 개발

지휘관은 주어진 목표에 대한 재검토와 함께 자신의 행동방책을 발전시키기 시작해야 한다. 기획과정에서 지금까지 달성되어 온 것의 견지에서 볼 때, 현재보다 더 명확한 분석이 가능하다. 제1단계에서 충분히 알 수 없었던 성공에 대한 장애물 혹은 다른 제약점들은 목표의 달성을 방해하기 위해서 적이 행할 수 있는 것을 구체화하는 가운데 알게 되고 또 연구되어야 한다.

작전지역에 이용될 수 있는 요인에 관한 가정들, 즉 기획지침에 제시된 가정들이나 혹은 기획 중에 개발된 가정들에 대한 간단한 검토는 이 점에 있어서 중요할 것이다. 이러한 가정들은 작전개념을 고려하는 데 유용할 것이다.

특별한 상황에는 단지 몇 개의 행동방책만이 적절하다는 것이 명백할 수가 있다. 반면에 지휘관은 상상적인 사고思考를 위한 욕구와 군대를 사용하는 방법 중에서 익숙한 방법에만 의존하려는 경향을 피하려는 욕구에 민감해야 한다. 정보의 정직성은 필수적이다. 선입감先入感, 즉 전통에 의해 부적절하게 형성된 아이디어 혹은 감정이나 편견에 의해 영향을 받은 아이디어에 기초를 둔 행동방책을 발전시키는 것은 해로울 수 있다. 작전개념은 기획과정의 초기에 버려질지도 모른다. 왜냐하면, 지휘관이 그것에 익숙하지 않고 그리고 그것에 대한 경험이 미숙하기 때문이다. 보다 깊은 연구가 진행됨에 따라, 이러한 개념은 확실한 행동방책 혹은 심지어 가장 좋은 행동방책이라고 판명될 수도 있다. 그것은 이러한 과정에서 아주 객관적인 지휘관의 편에서 직관과 상상력에 의해 강화된 의지라는 행위를 요구한다.

가능한 행동방책의 범위는 만약 적합성, 가능성 그리고 수락성이라는 기준이 적용된다면 실제적으로 축소될 것이다. 적합성에 대한 검증은 행동방책이 실제로 그것이 타당하리라 생각되는 업무를 행하느냐에 관한 것이다. 어떤 행동방책이 적당하다고 판단될 수 있다. 그러나 그것이 목표를 달성하기 위해 실제적 방법이 될 수 있는가? 이것이 가능성의 검증이다. 적절하고 실행될 가능성이 있는 것 같은 행동방책들은 이제 그것을 실행하는 데 초래되는 비용의 가치가 있는지의 관점에서 검토되어야 한다. 이것이 수락성에 대한 검증인데, 이 검증은 위의 두 검증보다 훨씬 복잡하고 주관적이다.

앞에서 행한 분석은 의도적으로 다른 여러 가지 군사행동 대안들을 보존하는 결과가 되어야 한다. 그 분석이 완전히 만족스러운 행동방책이 존재하지 않는다는 것을 제시하는 것은 있음직한 일이다. 이러한 경우에 지휘관은 주요한 문제를 인식하게 되는데, 그러한 주요 문제는 보수적 행동을 위한 추천뿐만 아니라, 그러한 결론을 위한 이론적 근거를 따라서 해결을 위한 정책 결정과정에 삽입시켜야 한다.

지휘관이 보다 깊은 분석을 위해 보류되어야 하는 적의 능력과 자신의 행동방책을 일단 선택하기만 하면 그는 이것을 형성하는 데 있어서 다음 단계를 수행할 준비가 갖추어지게 된다.

● 제5단계 : 작전개념의 형성

1) 적 능력의 분석

· 적의 능력에 대한 재검토

· 보류된 적의 능력

2) 우리 자신의 행동방책의 분석

· 적의 능력이 우리의 행동방책에 대해 미치는 있음직한 영향에 대한 결정

· 각 행동방책의 이점과 단점

· 각 행동방책이 기반을 두고 있는 가정의 변화

3) 바람직한 행동방책의 선택

· 행동방책의 대안에 대한 재고

· 적합성, 가능성 및 수락성에 관한 대체안의 비교

· 적합성, 가능성 및 수락성이라는 모든 기준을 거의 충족시키는 행동방책의 선택

4) 행동방책을 작전개념으로의 전환

· 주요 부대의 분배 및 시기

· 전개 요약

· 운용 요약

· 지원작전

· 군수지원

· 지휘관계

지휘관은 이제 작전기획operations plan을 전개하는 기초로서의 작전개념 concept of operations으로 결국 변형될 우선적 행동방책을 선택해야만 한다. 이것은 그가 일련의 미니 워 게임mini-war game을 구체화하고 그리고 그것을 지적知的으로 수행하는 것을 필요로 하는 데, 그는 적의 능력에 대하여 자신의 행동방책을 검증할 것이다.

1) 적 능력의 분석

제4단계에서 추론된 적의 능력은 여전히 유효할 것이고 그리고 그것은 간단하게 재검토할 필요가 있다. 그러나 지휘관 자신의 가능한 행동방책에 대한 분석은 이제 적의 몇 가지 능력에 대한 재고再考를 요구할 것이다. 아무튼 지휘관 자신의 행동방책에 대항하기 위해 존속될 그러한 능력은 인지되어야 한다. 또한 적절한 적의 취약성도 다시 주지되어야 한다.

이러한 분석에서 효과적으로 다루어질 수 있는 많은 적의 능력에 실제적인 제약이 존재한다. 만약 논리적으로 우방의 작전에 영향을 미칠 수 있는 많은 제약이 존재한다면, 생각되고 있는 군사행동에 대항하며 지탱할 수 있는 것들만을 실행함으로써 그 숫자를 줄일 수 있다. 예컨대 상륙작전의 초기단계에서는 적의 해상 및 공군 능력이 최고로 중요할 것이다. 그러므로 지휘관은 지상작전의 성공에 미치는 그들의 영향력에 크게 관심을 쏟아야 할 것이다. 그러나 한 단계에서 중요성이 그다지 크지 않은 지위로 전락된 적의 능력은 작전개념이 발전됨에 따라 보다 큰 중요성을 갖게 될지도 모른다. 하여간 분석적 작업을 줄이기 위해서 적의 능력을 임의로 제거하는 것은 확실히 위험한 것이다. 분석을 하기 위하여 특별한 적의 능력을 보류하는 것에 관하여 의심스러울 때에는 그것을 선택하여 분석하는 것이 최선의 방법이다.

같은 방법으로 모든 행동방책에 영향을 미치는 적의 능력은 분석에서 제외될 수 있다. 왜냐하면, 그것은 특정한 행동방책의 장점과 단점을 구별하는 데 도움을 주지 않기 때문이다.

2) 우리 자신의 행동방책의 분석

우리 자신들의 행동방책을 분석하는 데 있어서, 첫 번째 단계는 각각의 행동방책을 성공시키는 데 미치는 개개의 적의 능력의 영향을 결정하는 것이다. 이것이 앞에서 언급한 미니 워 게임이다. 그것은 가장 논리적이거나 가능성이 있는 결론을 내리는 데 자신의 부대를 사용하기 위해 개념을 계획하는 것을 포함한다.

각각의 행동방책은 무엇을 산출할 것인가? 변화된 상황은 적에게 어떤 효과를 초래할 것인가? 적은 그의 행동을 어떻게 조정할 것인가? 이것은 어떠한 장애를 창출할 것인가? 그리고 그 장애를 극복하기 위해서는 어떠한 것이 이루어져야 할 것인가 등을 구체화하는 것이 필요하다. 각 행동방책에 일어나는 이점 및 단점은 모의실험에 나타남에 따라 알려져야 한다.

지휘관이 개개의 적의 능력에 대하여 자신의 행동방책을 분석할 때 앞선 단계에서 개발된 중요한 사건들과 가정들의 결과가 고려된다.

구체화하는 동안에 지휘관은 있음직한 중요한 사건과 지역 그리고 만약 필요하다면 그것에 대처하는 방법을 결정해야 한다. 그것이 명확하게 됨에 따라 정밀한 것과 세부적인 것이 그 자신의 행동방책에 첨부되거나 혹은 새로운 행동방책이 개발될 수 있고, 또 분석이 계속될 수 있다.

이러한 분석의 한 가지 중요한 목적은 지배적인 것처럼 보이는 중요한 요인들, 즉 지형, 군수, 상대적 전투력 또는 정치적 방향 등을 확인하는 것이다. 이러한 지배적인 요인들은 각 행동방책을 분석하는 동안에 확인되어야 하고 또 주목되어야 한다. 왜냐하면, 그것은 대안들을 평가하기 위하여 사용되어지는 기준이며, 그리고 각각의 상황에 따라 변화할 것이기 때문이다.

지휘관은 작전에 있어서 지배적이라고 생각되는 요인들을 고려하여 그 자신의 행동방책들 하나하나가 갖고 있는 이점과 단점을 판별해야 한다. 이러한 비교 분석에서 그는 과연 어떤 이득과 손실이 각각의 행동방책에 매우 중요한지를 판단해야 할 것이다. 이러한 판단은 주관적인 평가에서 추론되는 데, 그 안에서 그는 어떠한 행동방책이 지지를 받는지를 결정하기 위해서 각각의 지배적인 요인에 대하여 각각의 행동방책을 분석한다.

이러한 동태적인 검증과정 혹은 자신의 견해를 의심해 보는 것은 각각의 행동방책에 수반되는 위험을 알 수 있게 할 것이다. 보다 중요한 이런 과정은 군사 행동방책을 수행하는 데 본질적으로 내재해 있거나 혹은 그러한 수행으로 인해 발생할 수도 있는 문제들을 확인하는 데 도움을 줄 것이다.

3) 바람직한 행동방책의 선택

행동방책에 대한 지휘관의 분석과 검증은 전에 깨닫지 못했던 것들을 고려할 수 있게 하고 그리고 몇몇 행동방책을 각하시켜 버리는 결과를 만들 수 있다. 그것은 또한 적합성, 가능성 그리고 수락성을 고려하여 행동방책들을 비교할 필요성을 지적할 수 있다. 이러한 분석은 심지어 몇몇 행동방책들은 결합되어야 한다는 결론에 이르게 할지도 모른다.

만약 분석과 비교가 적합성, 가능성 그리고 수락성을 가장 잘 충족시켜 주는 행동방책, 즉 가정들의 변형에 가장 적게 민감하며 최대한의 행동 자유를 제공해 주고, 적의 능력에 의해 가장 적게 영향을 받으며 그리고 확립된 다른 검증을 가장 잘 충족시켜 주는 행동방책을 명확하게 확인하여 준다면, 이것은 분명히 바람직한 행동방책일 것이다. 그러나 지휘관은 어느 행동방책이 지지받는지에 관하여 전문적인 판단을 한 번 이상 행하여야 한다. 어떠한 행동방책들도 바람직한 행동방책이라고 정당화할 수 없다는 것이 이 과정의 결론이다. 이 경우에 지휘관은 개념 발전과정의 모든 측면에 대해서 완전한 검토를 할 것을 요구하는 모순에 직면하게 된다. 만약 바람직한 행동방책을 결정할 수 없다면, 지휘관은 이 문제를 지침서 내의 개정 혹은 조정을 위한 건의을 통하여 고위층에 알리도록 해야 할 것이다.

일단 결심이 되면, 선택된 행동방책은 작전개념으로 바꾸어야 한다.

4) 행동방책을 작전개념으로의 전환

작전개념은 지휘관이 그것을 관찰함에 따른 전반적인 작전형태를 표현한 것이고, 그리고 선택된 행동방책을 확장한 것이다. 그것은 주요한 부대 배치와 관련된 시기를 나타내며, 그리고 배치·운용의 행동의 개요를 제시한다. 작전개념은 또한 지원작전, 지휘관계 그리고 군수지원을 제시한다. 왜냐하면, 그것은 상세한 계획을 이루기 위한 요지이기 때문이다.

개념 발전과정 중의 어떠한 때라도 지휘관은 그 과정에 상당한 영향을 미칠 수 있는 문제들을 확인해야 할 것이다. 이것은 앞선 토의에서 언급되었다. 그러나 다음의 그리고 마지막 단계인 제6단계에서의 논평은 비록 그 단계가 앞선 다섯 단계가 존재한다는 관점에서 보면 실제적으로 연속적인 단계는 아니라고 하더라도, 이러한 매우 중요한 면을 강조하고 그리고 요약하고 있다.

● 제6단계 : 문제점 및 정책

"군사전략이 적절한 목표를 추구하도록 할 뿐만 아니라, 전략과제가 적당한 수단이 되도록 하며 그리고 가장 좋은 상황에서 수행토록 하는 것은 정책의 임무이다."

—미 해군전쟁대학원, 1942—

1) 작전개념의 재검토
- 중요한 가정假定들의 변형
- 중요한 요인들의 식별
- 부수적인 주요 제약점과 모험의 평가

2) 문제점의 식별
- 작전개념을 궁극적인 성과의 방향으로 운용하는 것을 구체화함
- 중요한 요인, 가정, 제약점들이 임무 성공의 가능성에 미치는 영향의 분석
- 해결해야 하는 개념과 관련된 문제점의 식별
- 만약 적용이 가능하면, 문제를 해결하기 위한 건의의 식별

3) 정책적 관련
- 문제점 및 건의를 정책과정에 삽입
- 새로운 작전개념 발전의 반복을 위한 어떤 정책의 재 지시 및 요구에 대한 평가

문제를 인식한다는 것은 전반적인 건전한 개념발전에 필수적이다.

1) 작전개념의 재검토

이러한 재검토 기간에 계획된 개념들을 검증하는 수단으로서의 주요 가정

들은 변화되어야 한다. 예컨대, 기획지침이 X·Y·Z라는 국가가 영공침해 혹은 착륙권리를 부여하고 있다는 가정을 포함한다면, 이러한 경우가 실제 현실이 되었을 때, 과연 이러한 국가들 중 어느 국가가 이런 권리 가운데 하나 혹은 그 이상을 거절하려고 하겠는가? 이것은 작전개념에 어떠한 영향을 미치겠는가? 가정假定에서의 변형은 개념 발전과정의 초기에 고려되었으며 그리고 상기될 필요가 있다.

지휘관은 기획된 작전에 중요하고 지배적이라고 생각되는 요인들을 검토해야 한다. 예컨대, 군수 지원기지軍需支援基地의 확립에 따라서 작전이 정해질 수가 있다.

주요한 제약점과 위험은 다시금 보여주어야 하고 또 주지되어야 한다. 여러 가지 중요한 자원 제약 혹은 정책 제약은 일반적으로 행동방책이 개발됨에 따라 식별되어야만 했고 그리고 현재는 기획에 미치는 가능한 결과를 결정하기 위해서 관심이 집중될 필요가 있다.

2) 문제점의 식별

문제점에 대한 식별을 용이하게 하기 위해서 지휘관은 작전의 궁극적인 결론의 방향으로 작전개념을 집행하도록 구상하여야 한다. 그 작전의 성공 가능성에 미치는 영향을 명확하게 하기 위해서 이러한 구상화는 주요 요인, 가정 그리고 제약점을 통합해야 한다. 자원 제약 혹은 정책의 제약에 의해 야기되는 위험은 보다 뚜렷할지도 모른다.

작전의 성공에 중요한 문제점들은 그것의 해결을 위해서 정책 결정자의 관심을 불러일으켜야 한다. 이러한 문제점을 해결하기 위해서 행해져야만 하고 또한 행해질 수 있는 것은 이러한 분석의 통합 부분이고 그리고 그것은 적절한 건의를 위한 기반을 형성해야 한다.

3) 정책적 관련

보통 주요한 제약점과 내재적인 위험 그리고 개념발전과 관련된 보수적 행동을 식별하는 데는 형식적 과정이 있다. 어떠한 형식적 과정에도 상관하지 않고 중요한 문제점을 식별하고 그리고 기획 조건을 확립한 사람이 누구이든 그들의 관심을 그러한 문제점에 대해 불러일으키는 것은 지휘관의 책임이다. 이것은 결국 새로운 정책방향을 산출할지 모르며 그리고 이러한 정책방향은 마침내 작전개념 발전의 몇 가지 과정 혹은 전체과정의 반복을 불가피하게 만드는 변화된 기획지침이 된다.

▣ 참고문헌

- 이종학, 『현대전략론』(서울 : 박영사, 1972)
- 클라우제비츠, 『전쟁론』 이종학 역(서울 : 일조각, 1974)
- 해리 서머스, 『미국의 월남전 전략』 민평식 역(서울 : 병학사, 1983)
- 조미니, 『조미니의 병술론』 이종학 역(서울 : 박영사, 1987)
- 服部卓四郎, 『大東亞戰爭全史』(東京 : 原書房, 1965)
- 防衛廳防衛研究所戰史室, 『ハワイ作戰』(東京 : 朝雲新聞社, 1967)
- 今村 均, 『私記 一軍人六十年の哀歡』(東京 : 芙蓉書房, 1971)
- Holt and Miliken, ed., *Strategy : A Reader*, Washington : National Defense University, 1980.
- John M. Collins, *Grand Strategy*, Naval Institute Press, 1973.
- Arthur F. Lykke, Jr., ed., *Military Strategy : Theory and Application*, Carlisle Barracks, PA : U.S. Army War College, 1982.
- Kent Robert Green Field, ed., *Command Decisions*, New York : Harcourt, Brace and Company, 1950.
- *Sound Military Decisionmaking*, U.S. Army War College, 1982.
- E. B. Potter, *NIMITZ*, Annapolis, Mahyland : Naval Institute Press, 1976.

Military Strategy 군사전략론

[부록 : 서평]

[부록 : 서평] 군사전략론

최 병 갑※

이종학 편저

군사전략론 : 이론과 실제

서울 : 박영사, 1987, 407면

I

편저자는 이 책의 발간 취지를 다음과 같이 기술하고 있다. 즉 “우리들은 그동안 한국전쟁과 월남전쟁을 통하여 많은 실전實戰경험을 쌓았다. 그러나 우리들은 전투는 했어도, 전쟁은 하지 않았다는 것을 결코 잊어서는 안 된다. 군사전략에는 두 가지의 면이 있는데, 즉 이론면理論面과 실제면實際面이다. 이론면은 전략의 원칙 및 전쟁계획 작성상의 이론적 근거가 되는 것을 다루게 된다. 실제면은 공세攻勢, 수세守勢, 선수후공先守後攻 및 전략적 규모

※ 국방대학원 안보문제연구소 부소장·군교수·군사학

의 군사행동의 신속한 준비 및 실행 등과 같은 특정한 구체적 문제를 다루게 된다. 이 책은 특히 군사전략의 수립에 있어서 구체적 방법, 절차 및 기준에 역점을 두고 엮었다."

우리들은 여기서 세 가지 점에 유의할 필요가 있다.

첫째 : 우리들은 전투는 했어도, 전쟁은 하지 않았다는 것.

둘째 : 군사전략의 수립에 있어서 구체적 방법, 절차 및 기준에 역점을 두고 엮었다는 것.

셋째 : 한국의 지정학적 위치와 수도 서울의 방위종심防衛縱深이 얕다는 사실을 바탕으로 하지 않은 외교·군사정책, 안보·국방 논의 및 군사전략·전술 등은 우리들에게 도움을 주지 않을 뿐만 아니라 오히려 해로운 것이 되리라.

이 책은 미 국방대학원 및 미 육군전쟁대학원의 군사전략 교재에서 우리 실정에 적합한 22명의 집필자가 쓴 다양한 논문으로 구성되어 있으며, 세 편으로 분류되었다.

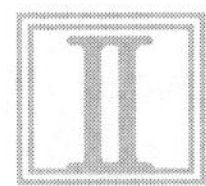

왕왕히 군사전략의 문제를 다룸에 있어서 우리들은 정보의 중요성을 소홀히 하는 경향이 있으나, 이 책의 편저자編著者는 군사전략의 기초편의 첫 번째로 「위협평가의 문제」에서 정보의 문제를 다루고 있다. 현실적인 표현으로 "정보의 결핍은 눈을 가린 채 '링' 안에 서있는 격이다." 고금의 병가兵家 가운데 정보의 중요성을 가장 잘 다룬 사람은 손무孫武이며, 그의 저서 『손자孫子』(2,500 B.C.?)일 것이다. 즉 "총명한 군주나 현명한 장수가 행동만 하면 적에게 승리하고 여러 사람들보다 출중하게 공을 세우는 것은 먼저 적의 의도와 능력을 알기 때문이다."

위협평가의 과정에서는 세 가지의 기본적인 고려사항으로 구분해서 보게 된다.

① 능력 : 적이 무엇을 할 수 있는가?

② 의도 : 적이 무엇을 할 것인가?

③ 취약점 : 적의 두드러진 약점은 무엇인가?

의도와는 대립되는 전략적 능력은 전·평시를 막론하고 어떤 주어진 국가가 자신의 목적을 만족시키거나 타국의 목표를 특정한 시기 및 장소에서 좌절시킬 수 있는 능력을 구성하는 것이다.

능력은 비교적 안정적이며 거의 급속한 변화에 좌우되지는 않는다. 그것은 수량화되고 비교될 수 있으며, 또한 객관적으로 분석될 수 있는 것들이다. 따라서 기획하는 데에 상당히 확고한 토대를 마련하여 준다.

의도는 특정계획을 하고자 하는 한 국가의 결의를 뜻한다. 이것은 주관적인 마음의 상태이고 은폐하기 쉬우며, 갑작스런 변동에 예민하므로 일반적으로 능력의 경우보다 파악해 내기가 어렵다. 의도는 제반諸般이익, 목표, 정책, 원칙 및 공약들로 형성된다. 적의 능력이나 또는 의도에만 의존하는 것은 대단히 위험한 일이다. 영리한 전략가들은 이 두 가지를 고려하여 있을 법한 적의 행동방안에 입각하여 전략을 수립하게 된다.

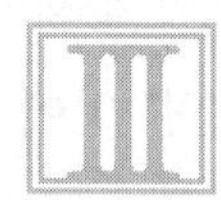

마이클 하워드는 「전략의 잊어버린 차원」에서, 금세기 초까지 전쟁은 네

가지 차원, 즉 작전적 차원, 군수적軍需的 차원, 사회적 차원 그리고 기술적 차원에서 수행되었다. 이들 네 가지 전부를 고려하지 않고서는 성공적인 전략을 수립할 수가 없었으나, 상황의 변동에 따라서는 이들 중의 하나 또는 둘이 지배적일 수도 있다. 전략적 결론은 서구의 방위에 대해서 불안한 암시가 내포되어 있다는 것을 부인할 수 없다. 우리들의 잠재적인 적국들은 대단히 현명하게도 사회적인 중요성을 무시하는 따위의 징후를 전혀 나타내지 않고 있는 데 반해서, 우리들은 그것을 무시해 버리고 전략의 작전적 요구를 희생하고 전략의 기술적 차원에 의존하고 있는 것 같다. 유럽에서의 전쟁은 거의 틀림없이 작전의 성과를 획득하거나 아니면 그것을 좌절시키는 것을 목적으로 한 군대간의 교전交戰으로 시작될 것이다. 그러나 과거, 즉 1862년, 1914년 또는 1940~41년에 있었던 것처럼 사회적 요소가 다음과 같은 것을 결정할 것이다. 즉 최초의 작전 결과를 결정적인 것으로 받아들일 것인지의 여부, 또는 병참 소모兵站消耗에 의해서 교전국 사회의 결의를 더 시험해야 되는지의 여부 또는 핵전核戰을 개시하기 위해서 자국 국민의 안전과 단결 그리고 적대국의 불안정성을 충분하게 신뢰할 것인지의 여부를 결정한다.

만약 한반도에 있어서 전쟁이 재발한다면 사회적 차원의 중요성이 더욱 부각될 것이며, 이것은 전시戰時가 아닌 오늘날의 평시에 있어서도 중요성이 재평가되어야 할 문제라 생각된다.

줄리안 리더의 「전략의 현대적 개념」은 오늘날 전략이란 용어가 어떤 다양한 뜻을 지니고 있는가를 잘 명시해 주고 있다.

전략의 첫 번째 범위에서 볼 때, 전략이란 개념은 무장된 폭력을 사용하는 것 이상을 의미하는 것으로 정책의 수단인 전체의 조병창造兵廠, 즉 정치적, 경제적, 이데올리기적, 기술 과학적인 것 등을 포함하고 있다.

두 번째 범위에서 볼 때, 전략이라는 개념은 전쟁 이상을 의미하는 것으로 평화시의 군사행동도 내포하고 있다.

널리 받아들여지고 있지는 않지만, 전략개념의 세 번째 발전은 수단과 목적의 범위를 도입했다. 전략이란 가끔은 정치적 목적 전체 −혹은 거의 전체− 를 달성하기 위해서 모든 국력, 즉 국가의 경제적, 정치적, 이데올로기적, 군사적 그리고 다른 잠재적인 힘들의 총체를 사용하는 것이라고 정의되어 왔다.

이처럼 전략에 대한 개념의 발전으로 인해 두 가지 새로운 문제점이 조사되어야 한다. 첫째로, 전시나 평시에 있어서 전략의 현대적 내용과 구조, 그것의 차원 그리고 구성요소가 조사되어져야 하고, 둘째로, 국가전략에서 군사전략이 차지하고 있는 위치를 알아야 한다. 세 번째 문제점은, 전통적인 것으로 전략과 다른 군사술military art의 요소들과의 관계에 관한 것이다.

전략이 군사문제의 분야에서 보통 수행하는 주된 임무를 분석하는 접근법에는 군사계획의 다음과 같은 요소들이 주어져 있다.

① 전쟁(모든 가능한 형태의 전쟁)에서 추구하는 정치적 목적

② 전쟁에서의 군사적 목표(군사전략 목표)

③ 군사전략 목표 달성을 추구하는 작전형태

④ 전쟁의 군사적 목표, 나아가서 정치적 목적을 달성하기 위한 적당한 힘을 개발하기 위한 방법

이러한 접근법의 보다 압축된 적용에서 볼 때, 전략이란 두 가지 주된 부분으로 구성되어 있다고 알려져 있다. 첫째는 전쟁의 목적(혹은 군사행동)이고, 두 번째는 그것을 달성하기 위해 취하게 되는 체계적인 수단을 다루게 된다. 후자는 사용되는 방법과 요구되는 무기를 선택하는 것을 포함한다. 이러한 접근법은 실제로 교리를 지닌 전략이라고 생각되며 그것이 전략연구

에 도움이 안 되는 것은 아니다. 왜냐하면, 그것은 학자들이 대안적 해결책을 제시하는 주된 분야를 지적하여 주기 때문이며 통솔력이 대안책代案策 가운데서 선택을 한다. 가장 넓은 의미에서 볼 때, 전략이란 정책을 지원하기 위해서 평화시에 군사력을 사용하는 것을 다루며, 또한 전쟁을 성공적으로 억제하기 위한 방법도 일련의 기본적인 전략적 임무로서 추가되어 왔다.

군사전략과 정치 사이의 관계는 국가정책을 수행하기 위한 여러 수단들 가운데서 전략이 차지하고 있는 지위를 나타낸다. 그러나 군사전략의 전통적인 주된 기능, 즉 무장된 전투는 군사술military art에서 전략이 차지하는 지위에 우리들의 관심을 집중시킨다. 전략은 군사적인 전쟁수행의 문제점들을 해결하기 때문에 그것은 자주 군사술과 동등한 것으로 여겨진다. 그러나 엄격한 의미로 말한다면, 그것은 단지 군사술의 한 분야를 구성하는 것에 불과하다. 군사술이란 모든 수준의 군사작전의 계획과 실행을 의미한다.

군사전략은 국가전략의 일부분이며, 또 국가전략을 지원해야 하고, 국가정책에 상응해야 한다. 국가정책은 국가 목적을 추구하기 위하여, 국가 수준의 정부가 채택한 광범위한 행동방책 또는 지침으로 정의定義된다. 바꾸어 말하면 국가정책은 군사전략의 능력 및 제한에 영향을 받는다.

군사전략에는 두 가지의 형태가 있는데, 하나는 작전전략operational strategy이고, 다른 하나는 전력개발전략force development strategy이지만, 요즘 여기에 핵전략을 첨가하는 경향도 있다. 현재의 군사능력에 입각한 전략이 작전전략이며 이것은 단기간의 행동을 위한 특정 계획수립의 기초로서 사용된다. 이런 수준의 전략을 고등전술higher tactics 혹은 대전술grand tactics, 작전술

operational art이라고도 한다. 전력개발전략은 장기전략으로서 장래의 위협 및 목표의 예측에 기초해야 하기 때문에 현 병력 수준에는 제한을 받지 않으며, 또 성질상 세계적인 문제를 다루게 되는 경우도 있고, 특히 군사능력의 개선을 요구하게 된다.

군사전략은 다음과 같은 등식으로 표시될 수 있다. 즉

군사전략=군사목표+군사전략개념+군사자원

1) 군사목표

이것은 군사능력 및 자원을 투입해야 할 특정임무 혹은 과업으로 표시할 수 있다. 예컨대, 침략의 억지, 병참선의 보호, 조국의 방위, 실지失地의 회복, 적 주력의 격멸, 적 수도의 점령 등이다. 이 목표는 성질상 군사적인 것이다. 조미니는 군사목표에 두 가지가 있다고 했다. 즉 '기동상의 목표'와 '지리상의 목표'이다.

많은 경험에 의하면 적을 타도하기 위한 조건으로서는 다음과 같은 상황이 있는 것으로 생각된다.

㉮ 적측에서 군이 중심을 이루는 경우에는 군을 분쇄한다.

㉯ 적국의 수도가 국가 권력의 중심일 뿐만 아니라, 정치집단 및 당파의 소재지인 경우에는 수도를 침공한다.

㉰ 적의 가장 중요한 동맹자가 적보다 유력한 경우에는 그 동맹자에게 강력한 공격을 가한다.

2) 군사전략개념

이것은 전략적 상황 예측의 결과로 채택된 군사행동 방책으로 정의될 수 있다. 따라서 군사전략 개념은 광범위한 선택을 포함한다. 예컨대, 전쟁의 억제, 공세, 수세, 선수후공, 전진방위前進防衛, 무력시위武力示威 등이다.… 이들 병학자兵學者들의 견해는 약간의 표현의 차이는 있으나, 대체로 적의 어떠한 공세에도 견딜 수 있는 수세태세를 갖춘 연후에 좋은 기회를 잡아 공세를 가해야 한다는 것이다. 그리고 정상적으로 야전에서 싸우는 경우 선수후공先守後攻의 이점을 열거하고 있으나, 이것은 보편적인 얘기이다. 각 나라는 그 나라의 지정학적 위치, 적의 성향, 무기체계의 발달 등의 영향을 고려해야 한다는 것을 잊어서는 안 된다. 특히 한국처럼 종심이 얕고, 수도 서울이 전선에서 40㎞ 밖에 떨어져 있지 않은 상황에서 어떤 것이 가장 훌륭한 전략개념이 될 수 있는가 하는 문제는 중대한 과제라 하겠다.

3) 군사자원

이것은 군사능력의 결정 요인으로 인식되며, 보통 재래식 또는 재래식 일반 목적군, 전략 및 전술 핵부대戰術核部隊, 수세 및 공세부대, 현역 및 예비부대, 인력, 전시 물자 및 무기체계 등이 포함된다. 동맹국 및 우방국의 역할과 잠재적 공헌에 대해서도 고려해야 한다. 개발된 전략의 유형에 따라서 운용하고자 하는 부대는 현재 실재實在할 수도, 안 할 수도 있다. 단기 작전전략에서는 부대가 실재해야 하지만, 장기 전력개발전략에 있어서 전략개념은 실재해야 할 군사력의 유형 및 운용되어야 할 방법을 결정해야 한다.

어떤 사람은 군사자원이란 전략을 지원하는 데 필요하나 전략의 구성요소는 아니요, 또한 군사전략이란 군사목표와 군사전략 개념으로 한정하려는 견해도 있다. 그러나 수적 우위를 논의하면서 클라우제비츠는 군대의 규모를 결정하는 것은 '전략이 중요한 부분'이라고 언명한 바 있고, 또 버나드 브로디도 '평시의 전략은 무기체계의 선택'이라고 표현할 수 있다고 지적했다.

군사전략을 개발하기 위해서는 그것의 개념과 정의의 일반적인 이해理解가 좋은 출발점이 될 것이며, 또 군사전략은 국가정책의 목적을 달성할 뿐만 아니라, 군사기획과 군사작전에 있어서 구체적으로 활용되는 군사전략을 개발토록 우리들은 노력해야 한다. 군사전략을 개발하는 데 필요한 개념적 모형模型은 지휘관의 상황판단을 새롭게 이해하는 데서 출발된다. 실제로 이것은 어떠한 문제라도 논리적으로 해결하기 위한 믿을 만하고 진실한 절차이다. 우리들이 바라는 모형을 위해 '전략가의 상황판단'을 꾸며보면 다음 그림과 같다.

전략가의 상황판단

1. 임 무	국가정책(지침) 국가이익/목적	왜(이유)
2. 상 황 a. 작전지역 (1) 군사지리 (2) 수송 (3) 통신 (4) 기타 b. 전투력 비교 (1) 적의 능력과 취약점 (2) 아군의 능력과 취약점	지 역 군사자원	장 소 사 람
3. 행동방책 a. 적군 b. 아군 c. 분석과 비교	군사목표 군사전략개념	대 상 방 법 시 기
4. 결 심	군사전략	

여기서 '전략가의 상황판단'에 대해 일일이 설명할 지면紙面의 여유는 없다. 결론적으로 말해서, 군사전략에 대한 결심 혹은 선택은 분명하고 간략하게 진술되어야 한다. 군사전략에 대한 표준형은 존재하지 않는다. 그러나 군사전략은 군사목표, 군사전략개념 그리고 군사자원으로 구성되어 있다는 것을 상기한다면 그것들이 모두 진술되어야 한다. 이유와 장소 그리고 시기도 포함되어야 한다.

군사전략은 다음 세 가지 기준에 입각하여 검토되어야 한다.

· 적합성 – 성과가 바라던 결과를 달성하느냐?

· 가능성 – 행동이 이용 가능한 수단에 의하여 달성될 수 있느냐?

· 수락성 – 비용의 결과가 바라던 결과에 의하여 정당화되느냐?

이 책은 모든 군인들에게 필독서가 되어야 할 필요는 없다. 그러나 군의 간부 및 간부가 되고자 하는 군인에게는 필독서가 되어야 할 충분한 이유와 내용을 갖춘 책이라 생각된다.

–『국방연구』 제30권 제1호(국방대학원, 1987) –

찾아보기

ㅊ

ㅋ

ㅌ

ㅍ

ㅎ